普通高等院校环境科学与工程类系列规划教材

水环境化学

主编　张倩　李孟

中国建材工业出版社

图书在版编目(CIP)数据

水环境化学/张倩，李孟主编．--北京：中国建材工业出版社，2018.6（2021.1 重印）
普通高等院校环境科学与工程类系列规划教材
ISBN 978-7-5160-2194-1

Ⅰ.①水… Ⅱ.①张… ②李… Ⅲ.①水环境—环境化学—高等学校—教材 Ⅳ.①X131.2

中国版本图书馆 CIP 数据核字（2018）第 053476 号

内 容 简 介

本书针对水环境化学的研究方法和理论基础作了较全面的阐述，注重原理和概念表达的严谨性，所用资料新颖。全书包括绪论，天然水体系的组成与性质，水体污染，水中无机污染物的迁移转化，水中有机污染物的迁移转化，水中重金属的迁移转化，水中营养物质的迁移转化，水中污染物的生物化学过程和水环境修复化学共九章内容。

本书可作为高等院校市政工程、环境工程、土木工程等专业的教材，也可供从事环境科学研究与工程技术的人员学习参考。

水环境化学
主编 张 倩 李 孟

出版发行：中国建材工业出版社
地 址：北京市海淀区三里河路1号
邮 编：100044
经 销：全国各地新华书店
印 刷：北京雁林吉兆印刷有限公司
开 本：787mm×1092mm 1/16
印 张：18.25
字 数：450千字
版 次：2018年6月第1版
印 次：2021年1月第2次
定 价：58.80元

本社网址：www.jccbs.com 微信公众号：zgjcgycbs
本书如出现印装质量问题，由我社市场营销部负责调换。联系电话：（010）88386906

《水环境化学》编写委员会

主编：张　倩　李　孟

参编：李肇东　许入义　詹志威　范子晳　仇　玥

万仲豪　李博远　李　尧　卢　芳　张　哲

前 言

水是地球上的宝贵资源，但目前在全世界范围内普遍存在着一系列的水环境问题，且日益严重，水环境问题已成为制约人类生存和发展的重要因素。作为给排水科学与工程专业的基础课，《水环境化学》近年来在高等院校里越来越受到重视。但是我国一直缺乏专业性、系统性的《水环境化学》教材。

本教材针对我国目前复杂的水环境情况，对化学物质在水环境中的迁移、转化和净化处理进行理论阐述。在教材的编写上力图体现“新”字，使教材的内容编排能够跟上目前最新的发展趋势，让读者接触到目前最新的研究思想，培养和激发读者对本专业的学习兴趣。同时，针对一些经典的原理和内容作了较深入的理论阐述，尽量做到重点突出，主题明确。

全书由张倩、李孟主编。第1章、第2章由李孟、李肇东、许入义编写，第3章~第5章由张倩、范子哲、詹志威、仇玥编写，第6章~第9章由李孟、万仲豪、李博远、李尧、卢芳编写，张哲参与了本教材的图表绘制及校对等工作。全书由李孟统一审校完稿。在本书的编写过程中，编者参考了众多文献，文献名未一一列出，谨向这些文献作者致以谢意。

最后，因时间仓促、水平有限，敬请读者对本教材的疏漏之处提出批评。

编者

2018年5月

目录

第1章　绪论

1.1　水环境

1.1.1　环境与地球环境

对某一生物主体而言，环境原是与遗传相对的名称，指的是那些影响该主体生存、发展和演化的外来原因和后天性的因素。在此，我们将围绕着某一有生命主体的外部世界称为环境。例如相对于人这一主体而言的外部世界，就是人类的生存环境。广而言之，人类的生存环境指的是围绕着人群的、充满各种有生命和无生命物质的空间，是人类赖以生存并直接或间接影响人类生产、生活和发展的各种外界事物及力量的总和。也可以说，人类的生存环境包容了人类以外的自然界中的一切事物。由此看来，它是一个有序的、广度可及至宇宙的无比巨大的系统。对于如此巨大的系统，人们是无从下手研究的。目前环境科学所研究的环境范围局限于包括自然环境和生态环境在内的地球环境系统。地球环境是人类活动的最基本范围，人和环境间的交互作用也主要发生在这一范围之内。

作为太阳系中八大行星之一的地球是目前唯一已知的适合于人类和各种生物生息繁衍的星球。其平均半径约6371km，质量约5.977×10^{24}kg，其所有构成物质皆由92种化学元素组成。如图1-1所示，所谓地球环境在地球中所占的空间范围包括地球大气圈（主要是对流层和平流层下部）、水圈、岩石圈（主要是其附属层土壤圈）及生物圈（相当于人类面对的生态环境）。

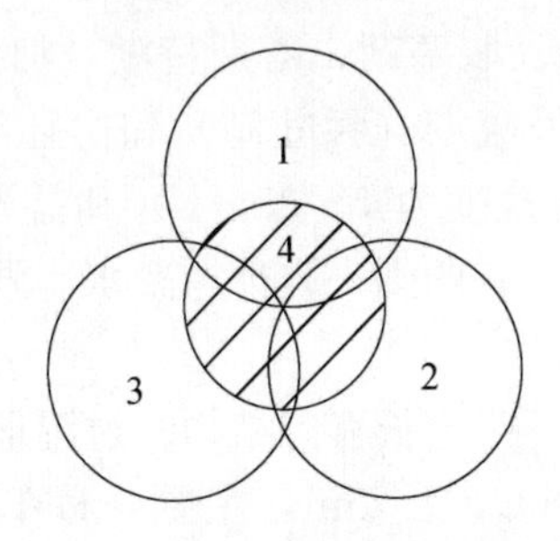

图1-1　构成地球环境的圈层

1—大气圈；　2—水圈；　3—岩石圈；　4—生物圈

所谓环境要素包括水、大气、岩石、土壤、生物、地磁、太阳辐射等。这些要素是组成环境的结构单元，即由此组成环境系统或环境整体。在这些要素间存在着互相联系和互相作用的基本关系，而地球环境也正是通过这些要素来显示出它对环境生物主体的各种功能，显示出它对进入环境的各种污染物的影响，以推动它们发生迁移和转化。

1.1.2 水环境

水环境是指自然界中水的形成、分布和转化所处空间的环境，是指围绕人群空间及可直接或间接影响人类生活和发展的水体，其正常功能的各种自然因素和有关的社会因素的总体。也有的指相对稳定的、以陆地为边界的天然水域所处空间的环境。在地球表面，水体面积约占地球表面积的71%。水是由海洋水和陆地水两部分组成，分别占总水量的97.28%和2.72%。后者所占总量比例很小，且所处空间的环境十分复杂。水在地球上处于不断循环的动态平衡状态。天然水的基本化学成分和含量，反映了它在不同自然环境循环过程中的原始物理化学性质，是研究水环境中元素存在、迁移及转化和环境质量（或污染程度）与水质评价的基本依据。

水环境主要由地表水环境和地下水环境两部分组成。地表水环境，包括各种液态的和固态的水体，主要有河流、湖泊、沼泽、冰川、冰盖等。它是人类生活用水的重要来源之一，也是各国水资源的主要组成部分。

河流分布较广，水量更新快，便于取用，历来就是人类开发利用的主要水源。一个地区的地表水资源条件，通常用河流径流量表示。河流径流量除了直接受降水的影响外，地形、地质、土壤、植被等下垫面因素对径流也有明显的影响。雨水、冰雪融水通过地表或地下补给河流。地下水补给河流部分叫做基流，水量较为稳定，水质一般良好，对供水有重要价值。中国大小河流的总长度约为42万km，径流总量达27115亿m^2，占全世界河流径流量的5.8%。中国的河流数量虽多，但地区分布却很不均匀，全国河流径流总量的96%都集中在外流流域，面积占全国总面积的64%，内陆流域仅占4%，面积占全国总面积的36%。冬季是中国河川径流枯水季节，夏季则为丰水季节。这部分水量是比较容易开发利用的地表水资源。汛期洪水难以直接利用，需要修建水库调节。

冰川是指极地或高山地区地表上多年存在并具有沿地面运动状态的天然冰体。冰川是多年积雪经过压实、重新结晶、再冻结等成冰作用而形成的。它具有一定的形态和层次，并有可塑性，在重力和压力下产生塑性流动和块状滑动，是地表重要的淡水资源。

湖泊包括湖盆及其承纳的水体。湖盆是地表相对封闭可蓄水的天然洼池。湖泊按成因可分为构造湖、火山口湖、冰川湖、堰塞湖、喀斯特湖、河成湖、风成湖、海成湖和人工湖（水库）等。按泄水情况可分为外流湖（吞吐湖）和内陆湖；按湖水含盐度可分为淡水湖（含盐度小于1g/L）、咸水湖（含盐度为1～35g/L）和盐湖（含盐度大于35g/L）。湖水的来源是降水、地面径流、地下水，有的则来自冰雪融水。湖水的消耗主要是蒸发、渗漏、排泄和开发利用。

沼泽是一种独特的水体，是一些生长喜湿植物的过湿地区。中国沼泽的分布很广，仅泥炭沼泽和潜育沼泽两类面积即达11.3万km^2，主要分布在东北三江平原、嫩江平原的低洼处以及黄河上游和沿海的一些地带。中国大部分沼泽分布于低平而丰水的地段，土壤潜在肥力高，是中国进一步扩大耕地面积的重要对象。沼泽实景如图1-2所示。

地下水是指赋存于地面以下岩石空隙中的水，狭义上是指地下水面以下饱和含水层中的水。在国家标准《水文地质术语》（GB/T 14157—1993）中，地下水是指埋藏在地表以下各种形式的重力水。地下水环境包括泉水、浅层地下水、深层地下水等。其具体如图1-3所示。

泉是地下水天然出露至地表的地点，或者地下含水层露出地表的地点。根据水流状况的

图 1-2 沼泽

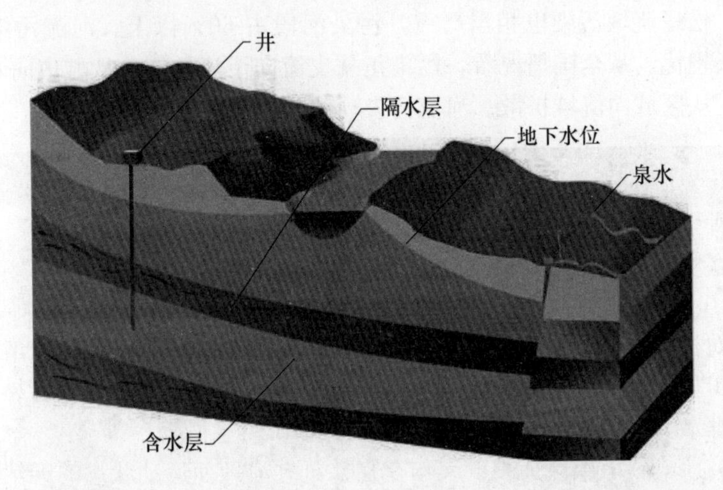

图 1-3 地下水

不同，可以分为间歇泉和常流泉。如果地下水露出地表后没有形成明显水流，称为渗水。根据水流温度，泉可以分为温泉和冷泉。泉可以按照其流量大小分为八级，一级泉的流量超过2800L/s，二级泉的流量在280～2800L/s之间，八级泉流量则小于8mL/s。

浅层地下水是指地表以下60m内的含水层，是地质结构中位于第一透水层中、第一隔水层之上的地下水，由大气降水、地表径流透水形成，埋深浅，更新较快，水质较差，水质与水量均受降水和径流影响，典型代表为井水（非机井）。由于其埋深浅，未经深层岩石过滤，水体极易被工厂排放的污水和农田残留的农药污染，饮用浅层受污染的地下水会危害健康。

深层地下蓄水层是指深度在地表之下1km左右的蓄水层，其蓄水量要比地表河湖总蓄水量大得多，目前探明的蓄水量已是地表水量的100倍。某些地下蓄水层甚至还存在着被封闭了几百万年的“化石”水。

水环境是构成环境的基本要素之一，是人类社会赖以生存和发展的重要场所，也是受人类干扰和破坏最严重的领域。

1.2 水环境问题

1.2.1 河流

水污染是我国最严重的河流水环境问题。水利部 1993～1995 年期间组织开展了中国水资源质量评价，结果表明：在评价的七十余条河流中，水质良好的只占评价河长的 32.2%，受污染的河长已占评价河长的 46.5%。在全部评价河长中，有 2.5 万 km 的河段水质不符合渔业水质标准，90%以上城市水域污染严重。而在 1984 年完成的第一次全国水资源质量评价中，在 8501km 评价河长中，受污染河长为 1853.2km，占 21.8%。十年间，污染河长增加了 1 倍以上。在全国七大流域中，太湖、淮河、黄河水质最差，均有 70%以上的河段受到污染；海河、松辽流域污染也相当严重，污染河段占 60%以上。河流污染形势严峻，其发展趋势也令人担忧。从全国情况看，污染正从支流向干流延伸，从城市向农村蔓延，从地表向地下渗透，从区域向流域扩散。河流污染现状如图 1-4 所示。

图 1-4 河流污染

河道功能退化、河流枯竭成为又一个严重的水环境问题。从 1972 年到 1997 年的 26 年间，黄河下游共有 20 年发生断流，其中 1997 年断流时间最长，累计断流已近 8 个月。海河流域由于水资源缺乏，中下游平原地区的河流基本干涸，河口淤积加剧。由于无天然径流，城镇排出的污水形成污水河。

水土流失面广量大，后果堪忧。全国水土流失面积 357 万 km^2，占国土面积的 38%。每年流失泥沙 50 亿 t，严重影响土壤肥力。仅黄土高原每年水土流失带走的氮、磷、钾就有 4 万 t，相当于全国一年的化肥产量。黄河平均年输沙量 16 亿 t，其中 4 亿 t 淤积在下游河床中，使下游河床以每年 10cm 的速度抬升，黄河已成为世界著名的地上悬河。

1.2.2 湖泊水库

富营养化问题在湖泊中尤为突出。由于排入湖库的氮、磷等营养物质不断增加，近年来水体富营养化程度加快。我国 131 个主要湖泊中，已达富营养程度的湖泊有 67 个，占 51.2%。在 39 座代表性水库中，达富营养程度的有 12 座，占 30%。在五大淡水湖中，太湖、洪泽湖、巢湖已达富营养程度，鄱阳湖、洞庭湖正处于向富营养化过渡阶段。城市近郊区的湖泊水库富营养化程度普遍较高，如杭州西湖、南京玄武湖以及北京的官厅水库等均达富营养化程度。太湖中富营养化面积占全湖面积70%以上，富营养化及重营养化面积占10%。

湖泊和水库的水质状况不断恶化。在131个主要湖泊中，已被污染的湖泊有89个，占67.9%。其中被严重污染的有28个，占21.4%。受到不同程度污染的水库占调查总数的34%。小型湖库的污染较大型湖库严重，城郊湖库和东北地区湖库有机物污染突出，西北地区湖库盐碱化现象严重。

湖泊面积缩小，部分湖泊咸化趋势明显。近30年来，我国湖泊水面面积已缩小了30%。洞庭湖在1949年到1983年的34年间，湖区面积减少1459km^2，平均每年减少42.9km^2；容量共减少115亿m^3，平均每年减少3.4亿m^3。如果按此速率发展，50年内洞庭湖就会消失。调查结果显示，我国西北干旱半干旱地区湖泊干涸现象十分严重，部分现存湖泊含盐量和矿化度显著升高，咸化趋势明显。近30年中，内蒙古的乌梁素海矿化度增加4.5倍，新疆的博斯腾湖从20世纪60年代到80年代矿化度增加5倍，已变成咸水湖。其他如青海湖、岱海、布伦托海等处于咸化过程中。

1. 富营养化的概念

富营养化一词源于希腊，指湖泊、水库和海湾等封闭、半封闭性水体及某些滞留河流（水流速度小于1m/min）水体由于氮和磷等营养素的富集，导致某些特征藻类（如蓝绿藻）和其他水生植物异常繁殖、异养微生物代谢频繁、水体透明度下降、溶解氧含量降低、水生生物大量死亡、水质恶化、水发腥变臭，最终破坏湖泊生态系统。

2. 富营养化的危害

富营养化的水体属于劣质水，危害较大，严重影响我国可持续发展战略，给当下及后代子孙造成严重的影响。自来水厂的取水源如果遭受富营养化，就会影响水厂的正常运转。给水处理的成本明显上涨，产水率降低，处理后水的效果也大打折扣。在水体富营养化的过程中，有厌氧细菌的厌氧作用，厌氧作用产生CH_4、NH_3、H_2S等有毒有害气体，增加了水处理过程的难度。水体在发生富营养化的过程中，生物链的生态平衡将被打破，水生生物数量和种类均降低，严重影响大型群落的生存状况。同时，异常增殖的藻类分泌大量生物毒素，不仅威胁水生生物的生存，而且对人体健康也构成威胁，如缺氧条件下NO_3^-被还原成NO_2^-，具有致癌性；一些赤潮生物（微原甲藻、裸甲藻等）能产生对人体毒性很大的麻痹性贝毒，当人误饮误食后，会引起病变甚至死亡。藻类的大量繁殖在富营养化的水体中常见，水体在这些藻类的影响下，水质很浑浊，透明度下降，水体的色度也增加，并散发出腥臭味，影响环境，使水体丧失在城市生态系统中的重要作用，降低其观赏价值，严重影响人们的生活。

3. 富营养化的治理

水体的富营养化在其治理中显得很复杂、难度较大、耗费人力物力较多，究其原因主要有两点：

（1）导致水体富营养化的营养元素来源复杂，有自然地理本身的来源，也有外界的来源，有内源也有外源。

（2）营养物去除难，至今无单一的生物、化学和物理措施能彻底去除污水中的氮和磷，通常较高级别的常规二级生化处理法只能去除30%～50%的氮和磷。

治理水体富营养化有如下方法：

（1）外源的控制

确定某一水体的主要功能后，制定相应的营养物质（如氮、磷等）的允许排放浓度，限制排入水体的物质种类及数量，重点对水体周围的点源进行控制。严格按照相关的法律法规执行，相关部门应加强对企业的管理，尤其是那些污染严重、经济效益又不高的企业，该关闭的关闭，该整顿的进行整顿，对新建项目必须严格把关。在水环境磷的容量测算的基础上制定总量控制办法：磷排放量的逐年削减和磷排放量的分配。必须执行严格的行政管理措施：就目前普遍使用的洗涤剂而言，除少数几个国家洗涤剂中的磷含量低于2%，一般洗涤剂都含有5%～12%的磷酸盐成分，洗涤排水成为湖泊磷外源的重要部分，因此，需采取严格的行政措施控制洗涤剂中的磷含量，推广使用无磷洗衣粉。合理地规划土地，进行科学的施肥，最大限度地防止水土流失及肥料的流失，对于养殖业中的动物排泄物应统一管理，不要随意堆放，可以进行堆肥、发酵等，避免流失。在水体周围的环境设置监测点，进行科学有效的检测。采用多级的处理工艺处理水中的营养物质。工业污水采用多级处理工艺，普通的二级处理工艺过后，若氮和磷的含量还是偏高，再采用人工湿地工艺、生物处理方法和物化处理方法等进行处理。农业污水较为分散，可采用人工湿地技术、土壤净化槽等技术加以处理。修建防污工程，彻底截断水体中的外源污染，并恢复湖滨地带植物的多样性，使湖滨地带有效地拦截水体中的污染物，避免污水直接入湖。

（2）内源的控制

①生物方法。种植莲藕、芦苇等植物，这些植物能将水体中的氮和磷吸收，使营养元素脱离水体，同时能与藻类共同竞争生态资源，恢复生态平衡，并且具有可观的经济价值。放养以浮游藻类为食的鱼种，间接去除氮和磷，并投放田螺、贝壳等小动物，同时喂养以浮游动物为食的鱼类。

②物理方法。将含营养物质较少的水注入湖泊，稀释其浓度，有利于提高水体的透明度。经常对富含营养物质的底泥进行挖掘，应先调查清楚底泥中营养物质的纵向分布，避免挖掘过程中释放更多的氮和磷。人工进行收藻行动，利用船只直接把藻类从湖中带出水体。

③化学方法。对溶解性营养物如正磷酸盐等采用钝化技术，即往湖中投加化学物质使其生成沉淀而沉降。对富营养化严重的水体施用杀藻剂杀死藻类，并及时打捞被杀死的藻类，避免藻类腐烂对水体造成污染。

1.2.3 海水

海水环境状况见表1-1。

表1-1 海水环境状况

类型＼年份	2010	2011	2012	2013
符合Ⅰ类水海域面积比率（%）	94	94	94	95
符合Ⅱ类水海域（km^2）	—	47840	46910	47160
符合Ⅲ类水海域（km^2）	—	34310	30030	36490
符合Ⅳ类水海域（km^2）	—	18340	24700	15630
劣于Ⅳ类水海域（km^2）	48000	43800	67880	44340

我国海水总体质量较好，且近几年状况稳定；绝大部分海域符合Ⅰ类水质要求，每年均达到94%左右，Ⅱ类、Ⅲ类和Ⅳ类水质近几年较稳定，受污染程度不大，但是劣于Ⅳ类水质面积能占到一定比例，说明海水受到一定程度的污染，而且近几年污染面积有变大的趋势，亟需采取措施进行控制和治理；渤海、黄海、东海海域劣于Ⅳ类水质的面积逐年减小，但南海劣于Ⅳ类水质的面积有增加的趋势。劣于Ⅳ类水质主要分布在辽东湾、渤海湾、莱州湾、长江口、杭州湾、珠江口等近岸海域。

从表1-2数据可以看出，2011年到2014年我国近海海面漂浮垃圾的数量有小程度增加的趋势；其中，海面上大块、特大块和塑料类垃圾的数量逐年增加，塑料类增加的幅度大，只有小块和中块的数量有减少的趋势。我国海洋垃圾主要分布在旅游休闲区、海水渔业区、港口航运区及其邻近海域，旅游休闲区海洋垃圾多为塑料袋、塑料瓶等常见生活垃圾；海水渔业区内塑料类、聚苯乙烯泡沫类等生产垃圾数量较多。

表1-2 海面漂浮垃圾

类型＼年份	2011	2012	2013	2014
大块和特大块（个/km^2）	22	17	27	30
小块和中块（个/km^2）	1662	5482	2819	2206
塑料类（个/km^2）	57	74	83	84

由表1-3可知，2011年到2014年我国四大海域重金属污染情况稳中向好，锌是最主要的金属污染物，汞的污染量最小，但汞的危害最大；锌、铅、镉的污染程度有减小的趋势，但是铜、汞、砷和化学需氧量的污染程度有加重的趋势，总污染量逐年小幅度减少；重金属的污染主要分布在长江口、闽江、珠江口、南海等近岸海域。

表1-3 主要河流污染物排海状况

类别＼年份	2011	2012	2013	2014
Zn（t）	3485	40417	20743	14620
Cu（t）	1850	3710	3703	4026
Pb（t）	1935	2062	2004	1830
Cr（t）	150	226	138	120
Hg（t）	35	77	40	44
As（t）	3137	3758	2976	3275
总量（t）	25000	46000	27000	21000
CODcr（万t）	1582	1385	1382	1453

石油污染是指在开采、炼制、贮运、使用的过程中，原油和各种石油制品进入环境而造成的污染。当前主要是石油对海洋的污染，已成为世界性的严重问题。由表1-4可知，从2011年到2013年我国海水石油含量逐渐增加，这也符合我国海洋石油开采力度逐年增大的情况；相对来说，渤海海域海水石油含量最大，还有逐渐增加的态势且增加的幅度最大，南海石油污染情况次之，每年污染面积都有增加且增加的幅度也很明显，东海和黄海含量最少，也有逐年增加的趋势；石油的污染主要分布在大连近岸、辽东湾、渤海湾、莱州湾、珠

江口的局部海域。

表 1-4　石油含量超第一、二类海水水质标准的海域面积

海域 \ 年份	2011	2012	2013
渤海海域（km^2）	6190	5860	8230
黄海海域（km^2）	3630	2430	5330
东海海域（km^2）	590	7720	5000
南海海域（km^2）	4700	5880	7980

1.2.4　地下水

地下水位持续下降是地下水面临的主要问题之一。地下水是北方地区最重要的供水水源，在一些集中用水区，开采量超过补给量，致使地下水位持续下降。近年来，河北平原的地下水位以每年 1m 的速率下降。北京、太原、石家庄、保定等大中城市地下水位下降更为明显。

地下水污染问题日益突出，地下水环境每况愈下，在全国 118 个城市中，64％的城市地下水受到严重污染，3％的城市地下水受轻度污染。从地区分布来看，北方地区比南方更为严重。海河流域地下水资源量为 271.6 亿 m^3，受到污染的为 171.5 亿 m^3，占总量的 62.3％。在 14.38 万 km^2 的评价面积中，已有 61.7％面积上的地下水不适宜饮用，其中 34.1％面积上的地下水不符合农灌标准，完全丧失了使用价值。

沿海地区海水入侵严重，辽宁、河北、山东沿海地区从 20 世纪 70 年代中期开始陆续发生海水入侵陆地含水层的现象。在辽宁省大连、锦州、葫芦岛、营口，河北省秦皇岛，山东省烟台、威海、青岛等沿海地区都发生不同程度的海水入侵。海水入侵区共 70 块，总面积达 1453.6km^2。大连、烟台两市海水入侵最为严重，入侵面积分别为 433.8km^2 和 496.2km^2。

1.3　水的循环

水循环是指地球上不同地方的水，通过吸收太阳的能量改变状态到地球上另外一个地方。地球表面各种形式的水体是不断地相互转化的，水以气态、液态和固态的形式在陆地、海洋和大气间不断循环的过程就是水循环。例如地面的水分被太阳蒸发成为空气中的水蒸气。地球中的水多数存在于大气层、地面、地底、湖泊、河流及海洋中。水会通过一些物理作用，例如蒸发、降水、渗透、表面的流动和地底流动等，由一个地方移动到另一个地方，如水由河川流动至海洋。

1.3.1　成因与分类

形成水循环的外因是太阳辐射和重力作用，其为水循环提供了水的物理状态变化和运动能量；形成水循环的内因是水在通常环境条件下，气态、液态、固态三种形态容易相互转化的特性。

水循环可以分为降水、蒸发和径流三个环节，这三个环节构成的水循环决定着全球的水量平衡，也决定着一个地区的水资源总量。水循环还可以分为海陆间循环、陆上内循环和海上内循环三种形式。水循环示意图如图 1-5 所示。

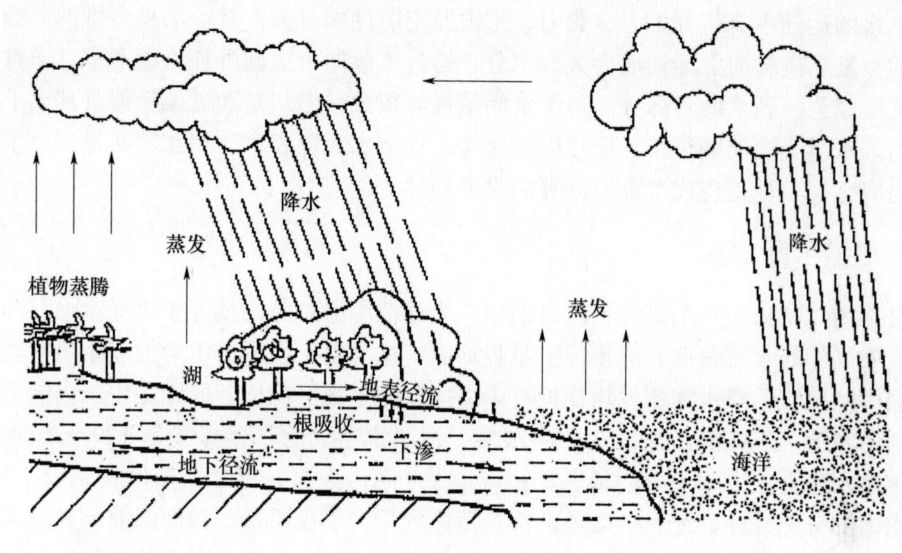

图 1-5　水循环示意图

（1）海陆间循环

海洋水蒸发后到达海洋上空，其中 90%冷凝后又降落到海洋，其余 10%随着大气运动输送到陆地上空，冷凝形成降水，降落到陆地表面。在地表形成地表径流，渗入地下形成地下径流，地表径流和地下径流再从陆地流回海洋。简单地说，海陆间大循环包括海水蒸发、水汽输送、大气降水、地表径流、地下径流这五个主要环节。

（2）陆上内循环

陆地水蒸发到空中，遇冷凝结降落到地面，再蒸发再凝结，实现水的循环。

（3）海上内循环

海洋水蒸发到高空，遇冷凝结降落回海洋，然后循环运动。

蒸发是水循环中最重要的环节之一。由蒸发产生的水汽进入大气并随大气活动而运动。大气中的水汽主要来自海洋，一部分还来自大陆表面的蒸散发。大气层中水汽的循环是蒸发—凝结—降水—蒸发的周而复始的过程。海洋上空的水汽可被输送到陆地上空凝结降水，称为外来水汽降水；大陆上空的水汽直接凝结降水，称为内部水汽降水。一地总降水量与外来水汽降水量的比值称为该地的水分循环系数，全球的大气水分交换的周期为 10d。在水循环中水汽输送是最活跃的环节之一。

径流是一个地区（流域）的降水量与蒸发量的差值。多年平均的大洋水量平衡方程为：蒸发量=降水量−径流量；多年平均的陆地水量平衡方程是：降水量=径流量+蒸发量。但是，无论是海洋还是陆地，降水量和蒸发量的地理分布都是不均匀的，这种差异最明显的就是不同纬度的差异。

中国的大气水分循环路径有太平洋、印度洋、南海、鄂霍茨克海及内陆等五个水分循环系统。它们是中国东南、西南、华南、东北及西北内陆的水汽来源。西北内陆地区还有盛行西风和气旋东移而来的少量大西洋水汽。

陆地上（或一个流域内）发生的水循环是降水—地表和地下径流—蒸发的复杂过程。陆地上的大气降水、地表径流及地下径流之间的交换称为三水转化。流域径流是陆地水循环中最重要的现象之一。

地下水的运动主要与分子力、热力、重力及空隙性质有关，其运动是多维的。通过土壤和植被的蒸发、蒸腾向上运动成为大气水分；通过入渗向下运动可补给地下水；通过水平方向运动又可成为河湖水的一部分。地下水储量虽然很大，但却是经过长年累月甚至上千年蓄集而成的，水量交换周期很长，循环极其缓慢。地下水和地表水的相互转换是研究水量关系的主要内容之一，也是现代水资源计算的重要问题。

1.3.2 水量平衡

水量平衡，是指在一个足够长的时期里，全球范围的总蒸发量等于总降水量。与世界大陆相比，中国年降水量偏低，但年径流系数均高，这是由于中国多山地形和季风气候影响所致。中国内陆区域的降水和蒸发均比世界内陆区域的平均值低，其原因是中国内陆流域地处欧亚大陆的腹地，远离海洋之故。中国水量平衡要素组成的重要界线是1200mm年等降水量线。年降水量大于1200mm的地区，径流量大于蒸散发量；反之，蒸散发量大于径流量。中国除东南部分地区外，绝大多数地区都是蒸散发量大于径流量，越向西北差异越大。水量平衡要素的相互关系还表明在径流量大于蒸散发量的地区，径流与降水的相关性很高，蒸散发对水量平衡的组成影响甚小。在径流量小于蒸散发量的地区，蒸散发量则依降水而变化。这些规律可作为年径流建立模型的依据。另外，中国平原区的水量平衡均为径流量小于蒸散发量，说明水循环过程以垂直方向的水量交换为主。

1.3.3 滞留时间

地球上的天然水具有与地球几乎相同的年龄（约46亿年）。这么多的水又这样长久存在而不消散，这与水的性质、大气的化学组成、地球的质量及地球在太阳系中的位置（与太阳间距离适中）等因素有关。图1-6所示为水在地球表层的循环，其驱动力是太阳能。图中方框代表储层，箭头所指代表水物质的迁移径路。水从某储层流出时，该储层被称为源；水自外流入储层时，该储层又被称为汇。为了定量描述水循环，还需要在方框内标出储层中水物质的总量（即储存量），并在箭头处标出两储层间的通量。通量表示在一定时期内（一般为一年）沿特定径路传质的数量。若某储层中的水量保持恒定，这表示在流入量和输出量之间保持平衡，呈恒定状态。据此可定义恒定状态下水在该储层i中的滞留时间τ_1为式（1-1）：

$$\tau_1 = \frac{M_i}{R_i} \tag{1-1}$$

式中，M_i为水在储层i中的总质量；R_i为水朝向储层i的流入速率（或输出速率，写作P_i），其中

$$R_i = \frac{\mathrm{d}M_i}{\mathrm{d}\tau}$$

或者

$$P_i = -\frac{\mathrm{d}M_i}{\mathrm{d}\tau}$$

当体系处于恒定状态时

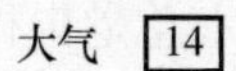

$$P_i + R_i = 0$$

即水在储层 i 中的流入速率恒定地等于输出速率。

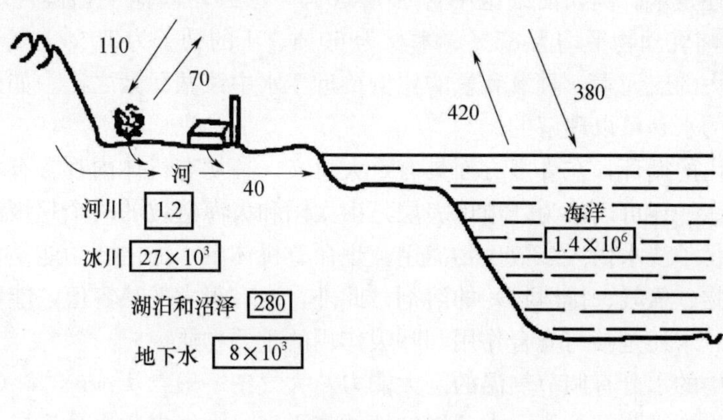

图 1-6　水在地球表层的循环

在地球表面，海水约占 97%，冰川水约占 2%，淡水略小于 1%，而大气中水分远小于 1%。地球表面水在各储层中的滞留时间见表 1-5。

表 1-5　水在各储层中的平均滞留时间

区域	平均滞留时间	区域	平均滞留时间
大气	9～11 天	河川	2～3 周
海洋		湖泊	10～100 年
浅层	100～150 年	冰冠和冰川	10000～15000 年
最深层	30000～40000 年	深地下水	几千年
世界范围平均	3000 年	浅地下水	几百年
大陆	—		

［例 1］正常情况下，大气层中含有水量 1.4×10^{16} kg。又已知地球表面积为 $5.1\times10^{18}\text{cm}^2$，平均年降雨量为 90cm，求水在大气层中的滞留时间（假定雨水密度为 1.0g/cm^3）

解：应用滞留时间的定义式（1-1）：

$$\tau_1 = \frac{M_i}{R_i} = \frac{M_i}{-P_i}$$

可计算得到水在大气层中的滞留时间为：

$$\tau_{水} = \frac{1.4\times10^{16}\times10^3}{5.1\times10^{18}\times90\times1.0}$$

$$=11 天$$

构成水循环的主要过程有蒸发、蒸腾、降雨和径流，多数属于相变过程。地球表面水经吸收太阳辐射热而蒸发，进入大气的水中有83%来自海洋，但通过雨雪而返回海洋的水量仅为70%左右；陆地水的情况正好与海水相反，也就是说，有一部分海水是通过河川归流入海而得到补足的。在河川水归海的过程中还有一部分渗入土壤或岩层，为植物吸收或转入地下水，缓慢流动后才归流海洋。生物圈含水总量少得几乎不能与其他圈层相比，但组成生物体的主要成分还是水。例如活细胞中含水分60%～90%，其他生物体含水量大约是：脊椎动物为66%、哺乳动物平均为85%、木材为60%、干的种子为10%。氧、碳、氢依次是生物圈中丰度最大的三元素，且氧和氢的比例接近于水中该两元素之比。如此看来，生物体中含有如此多量的水是可以理解的。

水在生物圈内的循环，在许多方面具有重大意义。一切有机体内都含有大量水分，没有水就不可能有生命。还可以认为，地球表层是由太阳和大海造就的一个超级规模的蒸馏水制造装置，由此制得了淡水供大多数生物需用。生命有机体中水的主要功能是作为输送和流通体内物质（如食物、氧气、排泄物）的溶剂。此外，水有很大的热容值，能帮助高等动物身体维持平均体温。水还是参与光合作用和呼吸作用的重要物质。

流动于大气中的水分有调节气温的巨大能力。大气中一般含1%～3%（体积）水蒸气，这部分水分子能强烈吸收红外线，由此影响地球热平衡；大气中的水分形成云层后还有反射太阳光而降温的作用；到了晚间，覆盖在地球表层的水蒸气又起了“被褥”的作用，使地面在白天所吸收到的热量不至于大量散发到空间中去。

由于水具有溶解许多物质及流动的特性，因此通过其本身循环能载带和推动其他物质循环。岩石中的很多组分受水体侵蚀后随水流归入大海是最显而易见的例子；再如，海水中所溶解的盐分能以喷沫形式转入大气，从而使近海地区降雨中含有相当数量的盐分也是一例。

1.3.4 影响水循环的因素

自然因素主要有气象条件（大气环流、风向、风速、温度、湿度等）和地理条件（地形、地质、土壤、植被等）。人为因素对水循环也有直接或间接的影响。

人类活动不断改变着自然环境，越来越强烈地影响水循环的过程。其主要表现在：

（1）改变下垫面及植被状况

一方面，人类活动可影响大气降水到达地面后的分配，如修筑水库等可扩大自然储蓄水量，而围湖造田又使自然蓄水容积减小，尤其是大量季节性降水因保蓄力削弱而流走，造成短期洪涝灾害，并降低了对地下水的补给，也引起严重的土壤和养分流失；另一方面，城市柏油或水泥地面，减少了对降水的蓄渗，加大了流域的洪峰流量。

人类过度开发局部地区的地表水和地下水用于手工业、农业及城市的发展，使地表水、地下水储量下降，出现地下漏斗及地上的断流，造成次生盐渍化，也使下游水源减少、水位下降、水质恶化，沿海出现海水入侵，加重了干旱化和盐渍化威胁。

干旱、半干旱地区大面积的植被破坏，导致地区性气候向干旱化方向发展，直到形成荒漠。我国北方水循环形势的恶化已引起人们的普遍关注，并且得到了轻微的治理。但是如果不加强治理工作，环境恶化将会变得越来越严重。

（2）环境污染

一方面，工农业污染导致水质恶化，水资源短缺。另一方面，空气中颗粒物的增加，导致降水量的增加。空气中二氧化硫和汽车尾气以及工厂废气等的增加，导致酸雨的增加，甚至降雪中的铅含量也有所增加。洋面的油污染导致蒸散发量减少，而温室效应又促进了蒸发，蒸散发量的变化又导致了全球范围内降水量的变化并引起气候的异常变化。在与人类活动有关的水循环问题中，水资源短缺与水污染是最受关注的两个问题。这两个问题与生活息息相关，紧密相连，如果不及时治理，将会直接对人们的生活造成严重影响。

环境中许多物质的交换和运动依靠水循环来实现。陆地上每年有 $3.6\times10^{13}\,m^3$ 的水流入海洋，这些水把约 $3.6\times10^{9}\,t$ 的可溶解物质带入海洋。人类生产和消费活动排出的污染物通过不同的途径进入水循环。矿物燃料燃烧产生并排入大气的二氧化硫和氮氧化物进入水循环能形成酸雨，从而把大气污染转变为地面水和土壤的污染。大气中的颗粒物也可通过降水等过程返回地面。土壤和固体废物受降水的冲洗、淋溶等作用，其中的有害物质通过径流、渗透等途径，参加水循环而迁移扩散。人类排放的工业废水和生活污水使地表水或地下水受到污染，最终使海洋受到污染。

水在循环过程中，沿途挟带的各种有害物质可由于水的稀释扩散，降低浓度而无害化，这是水的自净作用。但也可能由于水的流动交换而迁移，造成其他地区或更大范围的污染。

1.3.5　作用与意义

水循环是联系地球各圈和各种水体的“纽带”，是“调节器”，它调节了地球各圈层之间的能量，对冷暖气候变化起到了重要作用。水循环是“雕塑家”，它通过侵蚀、搬运和堆积，塑造了丰富多彩的地表形象。水循环是“传输带”，它是地表物质迁移的强大动力和主要载体。更重要的是，通过水循环，海洋不断向陆地输送淡水，补充和更新陆地上的淡水资源，从而使水成为了可再生的资源。因此，水循环的主要作用表现在以下几个方面：

（1）水是很好的溶剂及物质循环的介质。绝大多数物质都溶于水，并随水迁移，营养物质的循环和水循环不可分割地联系在一起。地球上水的运动，把陆地生态系统和水域生态系统连接起来，从而使局部生态系统与整个生物圈紧密联系在一起，实现水体的全球性流动。

（2）水是地质变化的动因之一。其他物质的循环通常是结合水循环进行的。一个地方矿质元素的流失，而另一个地方矿质元素的沉积，亦往往要通过水循环来完成。可以说，水循环是物质流动的物理基础。

（3）水在生态系统能量传输与能力平衡中起着极其重要的作用。大气环流、洋流等实现热量在全球范围内的再分配也是依靠水循环。

水体热容量较大有利于生态系统温度环境的改善，促进物质循环。一方面，水体在很大程度上改善了地表的温度环境，使地球温度变化幅度大为减小，有利于生态系统的繁荣与发展。另一方面，温度是影响物质分解的重要条件之一。总的来说，水循环的地理意义有两方面：

（1）水在水循环这个庞大的系统中不断运动、转化，使水资源不断更新（所谓更新在一定程度上决定了水是可再生资源），维持全球水的动态平衡。同时，水循环还进行着能量的交换和物质的转移。

（2）陆地径流向海洋源源不断地输送泥沙、有机物和盐类；对地表太阳辐射吸收、转化、传输，缓解不同纬度间热量收支不平衡的矛盾，对于气候的调节具有重要意义，并造成侵蚀、搬运、堆积等外力作用，不断塑造地表形态。

水循环简表见表 1-6。

表 1-6 水循环简表

水循环类型	发生空间	循环过程及环节	特点	水循环的意义
海陆间大循环	海洋与陆地之间	蒸发、水汽输送、降水、地表径流、下渗、地下径流	最重要的水循环类型，使陆地水得到补充	维持全球水的动态平衡和不断更新的状态
海上内循环	海洋与海洋上空之间	蒸发、降水	携带水量最大的水循环，是海陆间大循环的近十倍	使海陆之间实现物质迁移和能量交换
陆地循环	陆地与陆地上空之间	蒸发、植物蒸腾、降水	补充陆地水体的少量，为数很少	影响全球的气候和生态，塑造着地表形态

1.4 水环境污染物

水环境污染是由有害化学物质造成水的使用价值降低或丧失，以至于污染环境的水。污水中的酸、碱、氧化剂，以及铜、镉、汞、砷等化合物，苯、二氯乙烷、乙二醇等有机毒物，会毒死水生生物，影响饮用水源、风景区景观。污水中的有机物被微生物分解时消耗水中的氧，影响水生生物的生命，水中溶解氧耗尽后，有机物进行厌氧分解，产生硫化氢、硫醇等难闻气体，使水质进一步恶化。

1.4.1 来源

水污染主要是由人类活动产生的污染物造成，包括矿山污染源、工业污染源、农业污染源和生活污染源四大部分。

（1）矿山污染源。

矿山环境污染是指矿山开采过程中，多种因素对环境造成的影响和危害。其中主要是矿坑排水、矿石及废石堆所产生的淋滤水、矿山工业和生活废水、矿石粉尘、燃煤排放的烟尘和 SO_2 以及放射性物质的辐射等，其中含大量有害物质，严重危害矿山环境和人体健康。自改革开放以来，中国颁布实施了《环境保护法》和一系列政策法规，贯彻执行“防治结合，以防为主”、“综合利用，化害为利”的方针，对新建和改造项目的矿山环境保护实行“三同时”的规定。

（2）工业污染源。

工业污染源是指工业生产中对环境造成有害影响的生产设备或生产场所。各种工业生产过程中排放的废物含有不同的污染物，如煤燃烧排出的烟气中含有一氧化碳、二氧化硫和粉尘等；化工生产废气中含有硫化氢、氮氧化物、氟化氢、甲醛、氨等；电镀工业废水中含有重金属（铬、镉、镍、铜等）离子、酸碱、氰化物等；火力发电厂排出的烟气和废热等。而这些污染物又通过自然界的循环进入水体，导致水环境污染。

（3）农业污染源。

由于农业活动而造成的地下水污染源主要包括土壤中剩余农药、化肥、动植物遗体的分解以及不合理的污水灌溉等。它们引起大面积浅层地下水质恶化，其中最主要的是 NO_3-N 的增加和农药、化肥的污染。

（4）生活污染源。

一边是经济的不断发展，大量塑料、金属、电池等不可消化的新垃圾出现，一边是基础设施和管制的缺失，农村污水、垃圾直排现象愈发严重。生活垃圾随着日晒雨淋及地表径流的冲洗，其溶出物会慢慢渗入地下，污染地下水。

1.4.2 无机污染物

1. 氮与磷的污染

对水体而言，最严重的问题就是氮、磷的超标导致水体富营养化。水体富营养化是指在人类活动的影响下，氮、磷等营养物质大量进入湖泊、水库、河流等水体，导致水中的营养元素过剩，水生植物和藻类大量繁殖，致使水体透明度下降、溶解氧降低、水质变化、鱼类及其他生物大量死亡的现象。当藻类残体腐烂分解时又会更多地消耗溶解氧，分解过程中产生有毒有害物质，使其他水生生物大量死亡，水体被单一种类的藻类控制，生物多样性降低，引起水质恶化。

2. 酸碱污染

酸碱污染是指酸性或碱性物质进入环境，使环境pH值过高或过低，从而影响生物的生长与发展或腐蚀建筑物的现象。环境酸碱度直接影响细胞酶活性，水体pH小于5或大于9时大部分水生生物不能生存。环境pH值的改变还可增加某些毒物的毒性；在酸性条件下，氰化物、硫化物毒性加大；在碱性条件下，氨的毒性增加。酸性物质主要是工业生产过程中直接排放或间接形成。废气中的SO_2与空气中的水分结合形成酸雨降落地面，影响森林生长，降低河水pH值，影响鱼类洄游，腐蚀建筑物。1970年美国东北部雨水pH值通常在3～3.5之间，最低为2.1；北欧许多地区雨水pH$<$4.5，造成一系列不良影响。

一般天然水体的酸碱度适中，pH值在6～9之间。如果有酸性或碱性废水排入，使水体的pH值发生变化，超出了此范围，就会造成污染。酸性污染源主要来自酸性工业废水排放和酸雨。酸雨通常指pH值低于5.6的降水，是由于大气中的酸性物质（如二氧化硫和氮氧化物）溶入雨水中造成的。大气中的酸性物质主要有两个来源：一是自然因素，如火山喷发，但目前发生的机率较低，是次要因素；二是人类大量燃烧煤或石油，是酸雨形成的主要原因。酸雨主要分布在工业和人口集中的城市地区，这使得其危害更加严重。酸雨可以随大气环流长距离输送，因而成为区域环境问题和跨国污染问题。酸性污染使湖水或河水的pH值降到5以下时，鱼的繁殖和发育会受到严重影响，底泥中的金属可被溶解到水中，毒害鱼类。水体酸化还可能改变水生生态系统。常饮酸性水会导致人的酸性体质，不利于健康。偏酸性的水（pH值6～7）可使输配水管网腐蚀，水中的盐分、铁、锰含量增加，色度增高，硬度增加，口感发咸，有异味。过酸的水（pH值低于6）可能导致对人体的损伤。碱性污染主要来自印染、制药、炼油、碱法造纸等工业排放的碱性废水。碱性污染会破坏水体生态环境，水的pH值偏高则口感发苦，长期饮用偏碱性（pH值大于8.5）的水会导致人体碱中毒，出现神经肌肉兴奋性增高，表现手足抽搐、四肢发麻等，还可能引起低钾血症，出现心脏病变。

1.4.3 有机污染物

1. 酚污染

羟基直接和芳烃核（苯环或稠苯环）的sp^2杂化碳原子相连的分子称为酚，这种结构与脂肪烯醇有相似之处，故也会发生互变异构，称为酚式结构互变。但是，酚的结构较为稳定，因为它能满足一个方向环的结构，故在互变异构平衡中苯酚是主要的存在形式。酚类化合物种类繁多，有苯酚、甲酚、氨基酚、硝基酚、萘酚、氯酚等，而以苯酚、甲酚污染最突出。苯酚简称酚，又名石炭酸，微酸性（腐蚀性），常温下能挥发，放出一种特殊的刺激性臭味，无色晶体，在空气中会因部分被氧化变粉红色。这种粉红色的物质是醌。医院常用的“来苏水”消毒剂便是苯酚钠盐的稀溶液。酚类物质的结构式如图 1-7 所示。

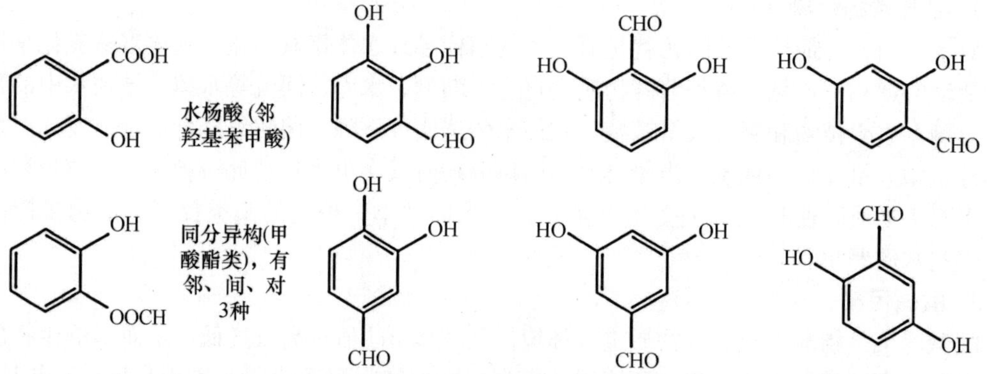

水杨酸(邻羟基苯甲酸)

同分异构(甲酸酯类)，有邻、间、对3种

图 1-7　酚类物质

酚是酚类有机化合物的总称，通常分为挥发酚和不挥发酚两类，水质监测中测定的酚是挥发酚。酚有臭气味，能刺激皮肤和黏膜，毒害神经，使蛋白质凝固。酚可以通过消化道、呼吸道和皮肤被吸收。长期饮用被酚污染的水，能引起头昏、出疹、瘙痒、贫血及各种神经系统症状，甚至中毒，损伤肝脏。人食入浓度为 14 mg/kg酚的水可对胃肠产生影响，食入浓度为 140mg/kg 酚的水，则可导致人死亡。我国规定生活饮用水中酚的含量要低于 0.002mg/L。酚的污染来源广泛，主要来自煤气、炸药、香料、化肥、合成橡胶等工厂企业的生产废水。

处理含酚废水主要有两种方法：回收利用和降解处理。一般而言，含酚量在 1g/L 以上的废水应考虑酚的回收，回收可采用萃取、吸附等方法。废水含酚浓度较低时主要采用沉淀、氧化和微生物处理法。用纳米二氧化钛（TiO_2）粉末，在太阳光（或紫外线）照射下，可以催化降解多种有机化合物，这是一项极有前途的实用废水处理技术。在多云到阴的条件下，光照 12h，含苯酚 4.3g/L 的废水可全部转化为无毒的物质。

2. 氰化物污染

氰化物特指带有氰基（CN）的化合物，其中的碳原子和氮原子通过三键相连接。这一三键给予氰基以相当高的稳定性，使之在通常的化学反应中都以一个整体存在。因该基团具有和卤素类似的化学性质，常被称为拟卤素。通常为人所了解的氰化物都是无机氰化物，俗称山奈，是指包含有氰根离子（CN^-）的无机盐，可认为是氢氰酸（HCN）的盐，常见的有氰化钾和氰化钠。它们多有剧毒，故而为世人熟知。另有有机氰化物，是由氰基通过单键与另外的碳原子结合而成。视结合方式的不同，有机氰化物可分类为腈（C—CN）和异腈（C—NC），相应的氰基可被称为腈基（—CN）或异腈基（—NC）。氰化物可分为无机氰化物，如氢氰酸、氰化钾（钠）、氯化氰等；有机氰化物，如乙腈、丙烯腈、正丁腈等均能在体内很快析出离子，均属高毒类。很多氰化物，凡能在加热或与酸作用后或在空气中与组织中释放出氰化氢或氰离子的，都具有与氰化氢同样的剧毒作用。

工业中使用氰化物很广泛。如从事电镀、洗注、油漆、染料、橡胶等行业的人员接触机会较多。日常生活中，桃、李、杏、枇杷等含氢氰酸，其中以苦杏仁含量最高，木薯亦含有氢氰酸。氰化物进入人体后析出氰离子，与细胞线粒体内氧化型细胞色素氧化酶的三价铁结合，阻止氧化酶中的三价铁还原，妨碍细胞正常呼吸，组织细胞不能利用氧，造成组织缺氧，导致机体陷入内窒息状态。另外某些腈类化合物的分子本身具有直接对中枢神经系统的抑制作用。口服氢氰酸致死量 0.7～3.5mg/kg；吸入的空气中氢氰酸浓度达 0.5mg/L 即可致死；口服氰化钠、氰化钾的致死量为 1～2mg/kg。成人一次服用苦杏仁 40～60 粒、小儿 10～20 粒可发生中毒乃至死亡。未经处理的木薯致死量为 150～300g。此外很多含氰化合物（如氰化钾、氰化钠和电镀、照相染料所用药物常含氰化物）都可引起急性中毒。

1.4.4　重金属污染物

1. 汞污染

汞是化学元素，俗称水银，亦可写作銾，化学符号 Hg，原子序数 80，是一种密度大、银白色、室温下为液态的过渡金属，为 d 区元素，常用来制作温度计。在相同条件下，除了汞之外是液体的元素只有溴。铯、镓和铷会在比室温稍高的温度下熔化。汞的凝固点是 −38.83℃（−37.89°F；234.32K）沸点是 356.73℃（674.11°F；629.88K），汞是所有金属元素中液态温度范围最小的。汞最常见的应用是制造工业用化学药物以及在电子或电器产品中获得应用。汞还用于温度计，尤其是在测量高温的温度计。越来越多的气态汞用于制造日光灯。汞可以在生物体内积累，很容易被皮肤以及呼吸道和消化道吸收，水俣病是汞中毒的一种。汞破坏中枢神经系统，对口腔、黏膜和牙齿有不良影响。长时间暴露在高汞环境中可以导致脑损伤和死亡。尽管汞沸点很高，但在室内温度下饱和的汞蒸气已经达到了中毒剂量的数倍。

2. 铅污染

铅是柔软和延展性强的弱金属，有毒，也是重金属。铅原本的颜色为青白色，在空气中表面很快被一层暗灰色的氧化物覆盖。铅可用于建筑、铅酸蓄电池、弹头、炮弹、焊接物料、钓鱼用具、渔业用具、防辐射物料、奖杯和部分合金，例如电子焊接用的铅锡合金。其合金可作铅字、轴承、电缆包皮等之用，还可做体育运动器材铅球。

许多化学品在环境中滞留一段时间后能降解为无害的最终化合物，但是铅无法再降解，一旦排入环境，很长时间仍然保持其毒性。由于铅在环境中的长期持久性，又对许多生命组织有较强的潜在毒性，所以铅一直被列入强污染物范围。铅的慢性长期健康效应表现为：影响大脑和神经系统。科学家发现：城市儿童血样即使铅的浓度保持可接受水平，仍然明显影响到儿童智力发育和表现行为异常。我们只有降低饮用水中的铅水平才能保证人们对铅的摄取总量降低。无铅汽油的推广应用为降低环境中的铅污染立了大功，特别是降低了大气中的颗粒物中的铅。铅还能影响酶和细胞代谢。

3. 铬污染

铬为银白色金属，质极硬，耐腐蚀。它的密度为 7.20g/cm^3，熔点为（1857±20)℃，沸点为 2672℃。铬的化合价有+2、+3 和+6，电离能为 6.766 电子伏特。金属铬在酸中一般以表面钝化为特征，一旦去钝化，极易溶解于几乎所有的酸中。铬在高温下被水蒸气所氧化，1000℃下被一氧化碳所氧化。在高温下，铬与氮起反应并被碱所侵蚀，可溶于强碱溶液。铬具有很高的耐腐蚀性，在空气中，即便是在赤热的状态下，氧化也很慢。铬不溶于水，镀在金属上可起保护作用。三价铬对人体几乎不产生有害作用，未见引起工业中毒的报道。进入人体的铬被积存在人体组织中，代谢和被清除的速度缓慢。铬进入血液后，主要与血浆中的球蛋白、白蛋白、r-球蛋白结合。六价铬还可透过红细胞膜，15min 内可以有 50% 的六价铬进入红细胞与血红蛋白结合。铬的代谢物主要从肾排出，少量经粪便排出。六价铬对人体主要是慢性毒害，它可以通过消化道、呼吸道、皮肤和黏膜侵入人体，在体内主要积聚在肝、肾和内分泌腺中。通过呼吸道进入的则易积存在肺部。六价铬有强氧化作用，所以慢性中毒往往以局部损害开始逐渐发展到不可救药。经呼吸道侵入人体时，开始侵害上呼吸道，引起鼻炎、咽炎和喉炎、支气管炎等。

习题

1. 简述水循环的三种类型及水循环的作用与意义。

2. 什么是地下水？试述地下水的水质特点及形成这些特点的相应环境条件。

3. 为什么说地下水是一种十分宝贵的水资源？一般地下水不易发生污染，但一旦发生，又不如地表水那样易净化，为什么？

4. 试述海洋、河流、地下水中主要污染物的种类和来源。

5. 试画出水循环示意图并加以阐释。

6. 我国现存的水环境问题有哪些？并加以简述。

第 2 章　天然水体系的组成与性质

2.1　水分子结构和水的特性

2.1.1　水分子结构

水分子 H_2O 有一个氧原子，两个氢原子。水分子中的氧原子受到四个电子对包围，其中两个电子对与两个氢原子共享，形成两个共价键。另外两对是氧原子本身所持有的孤对电子。四个电子对间由于带负电而互相排斥，使它们有呈四面体结构的倾向，但因孤对电子占据的空间较小，与共享电子对相比具有更大的斥力，因此使 H—O—H 键角由 109.5°（几何正四面体）缩减到 104.5°。图 2-1（a）展示了单个水分子中四个电子对所形成的电子云形状。氧原子具有比氢原子大得多的电负性，所以水分子中的两个共享电子对趋向于氧而偏离氢，于是就在两个孤对电子上集中了更多负电荷，使水分子成为具有很大偶极矩的极性分子。这样的一个水分子就有可能通过正、负电间静电引力与附近的四个水分子以氢键相联系。分子间氢键力大小为 18.81kJ/mol，约为 O—H 共价键的 1/20，冰融化成水或水挥发成水汽，都首先需要外界供能破坏这些氢键。图 2-1（b）显示了水分子的一些结构参数。

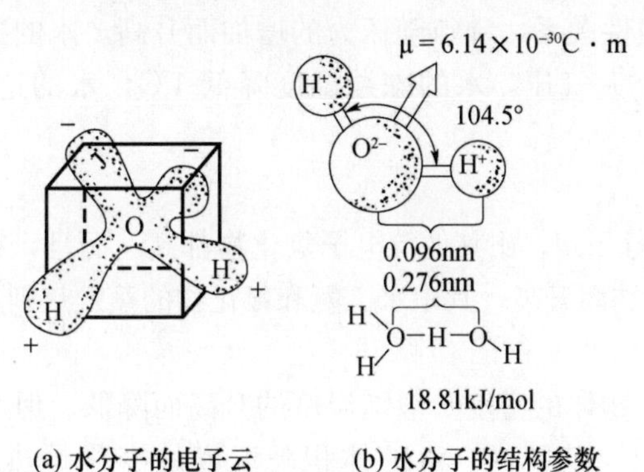

图 2-1　水分子结构特点

冰和液态水的结构模型如图 2-2 所示。当冰开始融化成水时，冰的疏松的三维氢键结构中约有 15%氢键断裂，晶体结构崩溃，体积缩小而密度增大。如果有更多热能输入体系，将引起：（1）更多氢键破裂，结构进一步分崩离析，密度进一步增大；（2）体系温度升高，分子动能增加，由于分子振动加剧，而每一分子占据更大体积空间，所以这一因素又使密度趋于减小。上述两因素随温度升高而相互消长的结果，使淡水在 3.98℃时有最大密度。这种情况对水生生物越冬生活具有特别重要的意义。

在气相中的水大多数以单分子形态存在，在一般温度和压力条件下，只有少量以二聚体

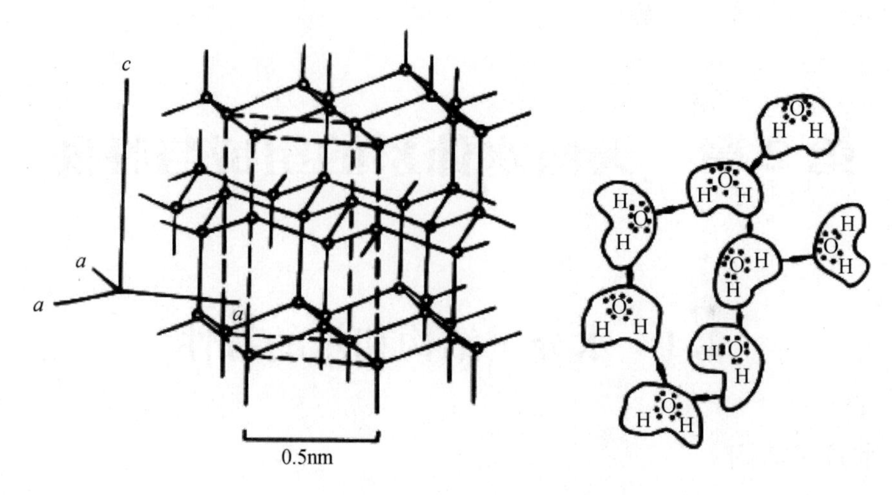

(a) 冰的结构　　　　(b) 水的结构

图 2-2　冰和液态水的结构模型

或三聚体的形态存在。

2.1.2　水的基本性质

1. 水的物理性质

纯水是无色无臭液体。深层天然水呈蓝绿色，有甜味（溶解了 O_2 和某些盐类）。将水的物理性质和其他非金属氢化物、其他低分子量溶剂相比，可见其特殊性。

（1）沸点和冰点

在常压下，水的沸点为 100℃（373K），冰点为 0℃（273K），比其他氢化物和溶剂的都高。水的沸点与压力成线性关系，沸点随压力的增加而升高。水的冻结温度随压力的增大而降低。大约每升高 130 个大气压，水的冻结温度降低 1℃。水的这种特性使大洋深水不会冻结。

（2）蒸发热

水的蒸发热为 40.66kJ/mol，比其他等电子氢化物都高。而且，在氧、氮族和卤素氢化物中，蒸发热都随分子量增加而升高，其中水、氨和氟化物的蒸发热则反常的高，尤其是水。

（3）密度

如果外界压力不变，物体的密度一般随温度的升高而降低。但水的密度与温度的关系是反常的，在常压下，0～4℃范围内，水的体积随温度的变化是热缩冷胀，277K（相当于 4℃）时密度最大。另外，大多数物质由液态凝固成固态时，密度增高，但水结冰时密度反而减小。

在正常大气压下，水结冰时体积增大约 11%，融化时体积减小。据观测，在封闭空间中，水冻成冰时，体积增加所产生的压力可达 2500 个大气压。这一特性对自然界和工业有重要意义。岩石裂隙在反复融冻时裂隙逐渐增大就是这个道理。地埋输水塑料管为防冻坏，一般要求一定的埋深（大于冻土层厚度）。

水的反常膨胀性质则更具有重要影响和意义，它对水生动植物的生存和繁衍可以说是极其关键的。如果水的性质也像其他多数物质那样，始终是热胀冷缩的话，水体中一切能经受冷水而经受不住冻结的动植物就会被摧毁。

以湖泊为例，冬天里全部湖水处于 10℃，湖面上空气的温度为－10℃，于是湖表面的水就会变冷，其密度就会比下面的水大而发生下沉，所留空间由下面 10℃的水上升取代，此过程一直持续到湖泊中的水全部变成 4℃为止。但是湖泊表面的水还要继续冷却降温，表面水的温度进一步降低，这部分水的体积不但不缩小反而膨胀，即表面水的密度比下面的小，因而就浮在水面上不再下沉。对流和混合都停止了，表面下的水只有热传导一种热量传递途径。因为水是热的不良导体，故在 4℃时冷却速度大大降低，结果是湖泊表面的水先结冰。此后，因冰的密度比 0℃的水还要小，所以冰一直浮在水面上，下面的水仍保持在 4℃左右，只可能因为向上的热传导而冻结。考虑到水的导热系数极小，而冬天又是有限的，所以只要湖泊不是太浅，一般不会全部冻结，动植物就可以在冰层下面的 4℃水中安然过冬。

（4）表面张力

水的表面张力比其他常用溶剂都高得多，见表 2-1。

表 2-1　液体物质的表面张力

物质	表面张力（mN/m）	物质	表面张力（mN/m）
水	72.75	硝基苯	43.6
醋酸	27.6	三氯甲烷	27.1
氨	26.55	乙醇	22.3
苯	28.9	乙醚	17.0
丙酮	23.7	水银	479.5
氯苯	33.2	钠	222

（5）比热容

水的比热容高于其他溶剂。除了比氢和铝的比热容小之外，水的比热容比其他物质的比热容都高（表 2-2）。水的传热性则比其他液体小。水的这一特性，对气候、人类生活、工农业生产有很大的影响。

表 2-2　物质的比热容

物质	比热容［cal/（kg·℃）］	物质	比热容［cal/（kg·℃）］
水	1.00	冰	0.49
海水	0.94	木材	0.30
酒精	0.57	铁	0.11
花生油	0.46	银	0.06
空气	0.24	金	0.03

在气候方面，海洋性气候温差变化缓慢，最适于人类的生活和动植物的生长。沿海地区形成海洋性气候的原因就是水的比热容大。在夏季，白天太阳直射时的大量热量被海水吸收，所以空气的温度不会太高，人不会感到很热。到了夜间，空气温度下降，海水又放出大量热量，使空气的温度不会下降太多，因此昼夜的温差不太大。冬季空气温度降低，海水放出原来储存的大量热量，同样可以使空气的温度不会下降太多，因此海洋性气候冬季气温也不会太低。内陆地区水域少，岩石、泥沙多，这些物质的比热容小，所以冬季寒冷、夏天炎热，而且昼夜温差很大，属大陆性气候。石头的比热容只是水的 1/5，所以月球表面温差很大（－150～120℃）。

水比热容大的特性还应用于储存热量和散发热量。例如，白天可以利用太阳使水箱内水温升高，储存热量。到了晚间，把水输入房间取暖或洗澡。水冷式内燃机利用水吸收气缸壁的热量，使缸壁温度不至于太高。双水内冷发电机的导线是空心的，空心内充满循环流动的水，利用水吸收热量，达到散热目的。

水的这一特性对指导灌溉也有意义，如进行冬灌能提高地温，防止越冬作物冻死或冻伤。

(6) 介电常数（Dielectric Constant）和偶极矩

这是代表分子极性大小的两个物理参数，水的比其他溶剂的大（20℃时水的介电常数为78.6；25℃时水分子的偶极矩为1.76）。

水是室温下能够溶解离子型化合物的少数溶剂之一。可以把水的这种溶解本领解释为能够降低正负离子间的吸引力。

库仑定律应用于溶液中的离子时，可用式（2-1）表示：

$$f=\frac{q_1q_2}{\varepsilon r^2} \tag{2-1}$$

式中，f 为正负离子间的静电引力；q_1、q_2 为两种离子的电荷；r 为离子间距；ε 为溶剂的介电常数。

水的高介电常数的物理解释：体积小而极性大的 H_2O 分子容易插在离子型化合物的正离子与负离子中间，因而离子更容易从固相进入溶液；水的缔合分子很大，可以把两种电荷相反的离子隔得很远，更有利于离子型化合物在水中的溶解。

另一因素在于，被溶解的离子与水分子作用生成水合离子。正离子体积越小电荷越高，越易形成水合离子，放热更多。

综合分析以上各性质，既可认识水的结构特征，又可了解水的主要生物效应的根源。熔点和沸点高、蒸发热高、密度高、表面张力高等都是分子间力强的表现。之所以如此是因为分子间有不同的聚集方式，有的紧密、有的疏松，温度不同聚集方式也随之改变。首先是它的高沸点和高熔点使它在所有氢化物中以液体状态存在于大地上。又因为它的蒸气热很高，不易大量气化；加上比热容大，浮在水面上，生物才能在水中过冬。水的极性大，可以溶解绝大多数生物分子（蛋白质、核酸等）和无机盐溶解，可使它们电离，水与带正、负电荷的结构结合。因此，蛋白质有相当强的“吸”水和“保存”水的能力，并且因此水能结合在细胞膜上。水的极性以及由此引起的分子间相互极化使水有自由电离趋势，虽然电离的程度很小。这种电离对于调节水溶液酸度，维持生物化学反应的合适条件是极其重要的。

(7) 重水及其物理性质

讲到水的物理性质时，还应当考虑到氢和氧的同位素［^1H、^2H（氘、D）和^3H（氚、T）；^{14}O、^{15}O、^{16}O、^{17}O、^{18}O 和^{19}O］，由它们组合而成的水分子可达数十种。通常讲的“纯”水，实际是这些不同水分子的混合物。只是由于自然界中各种同位素的丰度不同，所以含量相差很大。天然水中主要是$^1H_2{}^{16}O$，另外含 0.2%的$^1H_2{}^{18}O$，0.04%的$^1H_2{}^{17}O$，0.03%^1HDO和 0.05%的 D_2O，D_2O 俗称重水（Heavy Water）。20 世纪前对重水的研究是偏重于理论的。但随着核工业的发展以及新技术的建立，重水已成为广泛应用、大量生产的化学物质。因此，人们非常关注重水的特性和生物效应。D_2O 与 H_2O 相比虽多了 2 个中子，但性质却有显著不同。D_2O 的蒸发热、沸点、表面张力、黏度、密度等都比 H_2O 高，这反

映了 D_2O 分子间力比 H_2O 强。但是 D_2O 的离子体积比 H_2O 小得多，这表示从—OH 上解离出 H^+ 比从—OD 上解离出 D^+ 容易。

2. 水的化学性质

总体来说，水的一切化学性质都与 O—H 键的断裂和氧原子的亲核性有关。

（1）水的化学稳定性

在常温常压下水是化学稳定的，即水很难分解成 H_2 和 O_2。

（2）水合作用

水分子的强极性使它能与带电荷的离子和分子以及极性分子发生相互结合的作用。水合作用是任何物质溶于水时必然要发生的过程，只是不同物质的水合作用方式和结果不同。

强电解质溶于水时完全形成水合离子。例如 $CuSO_4 \cdot 5H_2O$ 结晶中，每一个 Cu^{2+} 与 4 个 H_2O 分子配位结合。另一个水在外界，为晶格 H_2O。

极性分子与水分子之间发生偶极-偶极相互作用而形成水合物。这种作用有时引起电离。如 HF 溶于水时就有一部分电离生成水合的 H^+ 和 F^-。

非极性分子在水分子的极性作用下产生暂时的诱导极性，所以它和水分子间也会发生偶极-偶极相互作用。这种作用的强弱由溶质分子的可极化性决定。例如，在稀有气体中，半径大的氙就比半径小的氦容易形成稳定的水合物。另外，当水合作用很强时，水合物会重组成新化合物。例如 CO_2 的水合物有少部分变成碳酸；氯的水合物有少部分变成 HOCl 和 Cl^-。

表面上有可电离的功能团或极性取代基的蛋白质、核酸、磷脂等生物分子通过这些基团与水结合。不过这些分子除去有这种能与水结合的亲水性基团外，还有难与水结合的疏水性基团。两种不同基团在生物分子中的分布使这些分子趋于形成某种构像（如蛋白质）或某种组装方式（如磷脂构成的生物膜）。例如，许多蛋白质因此而折叠卷曲成球形，亲水基团向外，疏水基团向内，使蛋白质能溶于水。而磷脂则以其亲水头部向外、疏水尾部向内，形成脂双层结构。

（3）水的电离

对于 $H_2O \rightleftharpoons H^+ + OH^-$，离子积 K_w 约等于 10^{-14}（25℃），可见水是很难电离的。水的微弱电离是生物赖以生存的基本条件之一。水的电离程度增大或减少都会打乱现有的生命过程。

（4）水解

无机盐的水解，无论是金属离子的水解还是阴离子的水解，若从水的角度看，都可看成是水解离之后与之作用的结果。弱碱金属离子与氧结合，水电离掉一个 H^+ 把金属离子变成羟基配位的金属氢氧化物。而弱酸根阴离子与氢结合，水电离掉一个 OH^- 把酸根离子变成其共轭酸。

非金属卤化物（如 PCl_3）的水解是因为某些非金属（例如：卤素、S、P、N）与羟基或氧原子的结合能力大于和卤素的结合能力的缘故。

2.1.3　水的分子结构与性质的关系

明确了水的分子结构，水的许多物理、化学性质便可以很容易地从其分子结构特点来解释，这里不再赘述。

从水的分子结构特点可以解释水的物理、化学性质，反过来从水的性质也可以推断研究水的分子结构。如前所述，水的高沸点、高黏度、高表面张力、高蒸发热等性质表明水分子有很强的相互作用。这种相互作用既包含吸引也包含排斥，两者共同起作用，使分子间维持一定距离，这个距离因分子的运动而时刻改变。不过在一定温度、一定压力下，平均距离是相对一定的，这个距离决定了存在状态。

每一个氧原子周围有 4 个氧原子呈四面体排布，O—O 距离都等于 0.277nm。在两个氧原子连线上有一个氢原子，这个氢原子距两个氧原子的距离不等。一个 O—H 距离为 0.099nm，另一个为 0.178nm。由这一数据可以确定距离最近的氢是 H_2O 分子中与氧共价结合的氢，距离远的是另外一个 H_2O 分子中的氢。这个氢与前一水分子中的氧很可能有某种相互作用，而这种作用不是简单的静电作用，因为它们之间的距离已经到了可以相互作用成键的地步。氢原子和氧原子的范德华半径分别为 0.12nm 和 0.14nm，以此估算的 O—H 距离明显偏小，不能完全用静电作用来解释，必定有键的形成。由此推断：一是水分子间的相互作用是由于形成了 O—H……O（氢键）；二是一个氢原子只能与两个氧原子相互作用，而且 O—H……O 总是呈直线形排布。

此外，水分子能作为配体与金属离子配位结合，所以水分子的氧上有孤对电子。在冰中，1 个氧原子除与分子中的 2 个氢共价结合外，还和另外 2 个水分子中的氢结合呈四面体排布，说明水分子中的氧能与 2 个氢原子形成氢键。

因此，可以认为氧以 sp^3 杂化轨道与氢原子共价结合，2 对孤对电子所在的杂化轨道与另外 2 个水分子的氢原子迎头作用形成氢键。sp^3 杂化轨道为正四面体排布，H—O—H 键角应该为 109°28′，实际键角小于这一数值是因为 2 对孤对电子相互排斥的结果。

2.2 天然水体系的组成与性质

广义上的水泛指处于自然界中的所有的水，它具有水的所有特征和性能。天然水仅指处于天然状态下的水，不包括人为因素的作用，不含水的社会属性和经济属性。

2.2.1 天然水的组成

天然水中一般含有可溶性物质和悬浮物质（包括悬浮物、颗粒物、水生生物等）。可溶性物质的成分十分复杂，主要是在岩石的风化过程中，经水溶解迁移的地壳矿物质。

1. 天然水中的主要离子组成

K^+、Na^+、Ca^{2+}、Mg^{2+}、HCO_3^-、NO_3^-、Cl^- 和 SO_4^{2-} 为天然水中常见的八大离子，占天然水中离子总量的 95%～99%。水中的这些主要离子的分类，常用来作为表征水体主要化学特征性指标，见表 2-3。

表 2-3　水中的主要离子组成

<table>
<tr><td>硬度</td><td>酸</td><td>碱金属</td><td rowspan="2">阳离子</td></tr>
<tr><td>Ca^{2+}，Mg^{2+}</td><td>H^+</td><td>Na^+，K^+</td></tr>
<tr><td colspan="2">HCO_3^-，CO_3^{2-}，OH^-</td><td>SO_4^{2-}，Cl^-，NO_3^-</td><td rowspan="2">阴离子</td></tr>
<tr><td colspan="2">碱度</td><td>酸根</td></tr>
</table>

天然水中常见主要离子总量可以粗略地作为水中的总含盐量（TDS）：

$$TDS = [Ca^{2+} + Mg^{2+} + Na^{+} + K^{+}] + [HCO_3^{-} + SO_4^{2-} + Cl^{-}] \tag{2-2}$$

（1）钙（Ca^{2+}）

在现代条件下，方解石的溶解是天然水中 Ca^{2+} 的主要来源。钙广泛地存在于各种类型的天然水中，不同条件下天然水中的 Ca^{2+} 含量一般在 20mg/L 左右。它主要来源于含钙岩石（如石灰岩）的风化溶解，是构成水中硬度的主要成分。水的硬度分级见表 2-4。

表 2-4　水的硬度分级

总硬度	水质
0～4 度	很软水
4～8 度	软水
8～16 度	中等硬水
16～30 度	硬水
30 度以上	很硬水

（2）镁（Mg^{2+}）

天然水中的镁以 Mg（H_2O）$_6{}^{2+}$ 的形式存在，含量一般在 1～40mg/L 之间。镁是天然水中一种常见的成分，它主要是含碳酸镁的白云岩以及其他岩石的风化溶解产物（火成岩的风化产物和沉积岩矿物）。镁是动物体内所必需的元素之一，人体每日需镁量约为 0.3～0.5g，浓度超过 125mg/L 时，还能引起导泻和利尿作用。

（3）钠（Na^{+}）

钠存在于大多数天然水中，主要来自火成岩的风化产物和蒸发岩矿物。天然水中的钠在含量很低时主要以游离态存在，在含盐量较高的水中可能存在多种离子和络合物。不同条件下天然水中钠的含量差别很悬殊，其含量从小于 1mg/L 到大于 500mg/L 不等。

（4）钾（K^{+}）

钾是植物的基本营养元素，它存在于所有的天然水中，主要来自火成岩的风化产物和沉积岩矿物。尽管钾盐在水中有较大的溶解度，但因受土壤岩石的吸附及植物吸收与固定的影响，在天然水中 K^{+} 的含量远低于 Na^{+}，为钠离子的 4%～10%之间。大多数饮用水中，它的浓度很少达到 20mg/L。在某些溶解性固体总量高的水与温泉中，钾的含量每升可达到几十至几百毫克。

（5）氯（Cl^{-}）

天然水中的 Cl^{-} 主要来自火成岩的风化产物和蒸发岩矿物。Cl^{-} 是水和废水中一种常见的无机阴离子，几乎所有天然水中都有氯离子存在，它的含量范围变化很大。在河流、湖泊、沼泽地区，氯离子含量一般较低，而在海水、盐湖及某些地下水中，含量可高达 10g/L。

（6）碳酸氢根（HCO_3^{-}）

天然水中的 HCO_3^{-} 来自碳酸盐矿物的溶解。在一般河水与湖水中 HCO_3^{-} 的含量不超过 250mg/L，在地下水中略高。

（7）硫酸根（SO_4^{2-}）

硫酸盐在自然界分布广泛，天然水中的 SO_4^{2-} 主要来自火成岩的风化产物、火山气体、沉积中的石膏与无水石膏、含硫的动植物残体以及金属硫化物氧化等。

SO_4^{2-}易与某些金属阳离子生成络合物和离子对；天然水中的SO_4^{2-}含量除决定于各类硫酸盐的溶解度外，还决定于环境的氧化还原条件，其浓度可从几毫克/升至数千毫克/升。

（8）主要离子缔合体

由于配位体浓度较低，淡水中络合物的数量很少，海水中则有相当数量的离子束缚于络合物中。海水中的绝大部分阳离子为游离的水合金属离子。淡水中的主要无机配合物见表2-5。

表 2-5　淡水中的主要无机配合物（浓度：－lgM）

离子	HCO_3^-	CO_3^{2-}	SO_4^{2-}	自由离子
Na^+	6.3	7.6	6.4	3.30
K^+	—	—	6.9	4.00
Ca^{2+}	4.9	5.2	4.8	3.17
Mg^{2+}	5.9	5.8	5.1	3.54
H^+	—	—	9.6	8.0
自由离子	2.70	4.97	3.75	—

2. 水中的金属离子

水溶液中金属离子的表示式常写成M^{n+}，表示简单的水合金属离子$M(H_2O)_x^{n+}$。它可通过化学反应达到最稳定的状态，酸碱中和、沉淀、配合及氧化还原等反应是它们在水中达到最稳定状态的过程。

水中的可溶性金属离子可以以多种形式存在。例如铁可以以$Fe(OH)^{2+}$、$Fe(OH)_2^+$、$Fe_2(OH)_2^{4+}$和Fe^{3+}等形态存在。这些形态在中性（pH=7）水体中的浓度可以通过平衡常数加以计算：

$$[Fe(OH)_2^+][H^+]/[Fe^{3+}] = 8.9 \times 10^{-4}$$

$$[Fe(OH)_2^+][H^+]^2/[Fe^{3+}] = 4.9 \times 10^{-7}$$

$$[Fe_2(OH)_2^{4+}][H^+]^2/[Fe^{3+}]^2 = 1.23 \times 10^{-3}$$

如果考虑到存在固体 Fe（OH）$_3$（S），则

$$Fe(OH)_3(S) + 3H^+ = Fe^{3+} + 3H_2O$$

$$[Fe^{3+}]/[H^+]^3 = 9.1 \times 10^3$$

当 pH=7 时，

$$[Fe^{3+}] = 9.1 \times 10^3 \times (1.0 \times 10^{-7})^3 = 9.1 \times 10^{-18} mol/L$$

将这一数据代入上面的方程中，即可得到其他各形态的浓度：

$$[Fe(OH)^{2+}] = 8.1 \times 10^{-14} mol/L$$

$$[Fe(OH)_2^+] = 4.5 \times 10^{-10} mol/L$$

$$[Fe_2(OH)_2^{4+}] = 1.02 \times 10^{-23} mol/L$$

虽然这种处理简单化了，但很明显，在接近中性的天然水溶液中，水合铁离子的浓度可

以忽略不计。

3. 天然水中的微量元素

除上述元素以外的一系列元素在天然水中的分布也很广泛，所起的作用很大。但它们的含量很小，常低于 1ug/L。这类元素包括重金属（Zn、Cu、Ni、Cr 等），稀有金属（Li、Rb、Cs、Be 等），卤素（F、Cl、Br、I）及放射性元素。尽管微量元素含量很低，但是对水中动植物体的生命活动却有很大影响。根据微量元素的组成可以推测水的地质年代，许多微量元素的反常高含量可以作为找矿的指示物。

4. 溶解在水中的气体

溶解在水中的气体主要有 O_2、CO_2、H_2S、N_2 和 CH_4 等。许多工业生产过程排放的有毒有害气体，如 HCl、SO_2、NH_3 等进入水体后，会对水体中的生物产生各种不良的影响。

氧气溶解在水中，对于生物种类的生存是非常重要的。水体的溶解氧（Dissolved Oxygen，DO）指的是溶解在水中的分子氧。水体中的溶解氧对水生生物的生长繁殖具有很大的影响，例如鱼类的生存需要从水体中摄取溶解氧，一般要求水体溶解氧浓度不小于 4mg/L。鱼类的呼吸作用消耗溶解氧的同时又向水中放出大量的 CO_2。对于水中的各种藻类来说，一般在阳光能够照射到的水域中，能够进行光合作用而向水体中释放出 O_2。水体中的溶解氧主要来源于大气复氧及水生藻类等的光合作用。

水体中的溶解氧主要消耗于生物的呼吸作用和有机物的氧化过程，消耗的氧从水生（生物）植物的光合作用和大气中补给。如果有机物含量较多，其耗氧速度超过补给速度，则水体中的溶解氧量将不断减少。当水体受到有机物严重污染时，则水体中的溶解氧甚至可能接近零。

CO_2 在干燥的空气中占的比重很小，大约是 0.03%。由于 CO_2 的含量较低，且其是酸性气体，测定和计算水体中 CO_2 的溶解度要比测定和计算 O_2 等其他气体的溶解度复杂得多。水体中游离的 CO_2 浓度对水体中动植物、微生物的呼吸作用和水体中气体的交换产生较大的影响，严重的情况下有可能引起水生动植物和某些微生物的死亡。一般要求水中 CO_2 的浓度应不超过 25mg/L。

水体中的 CO_2 主要是由有机体进行呼吸作用时产生的，空气中的 CO_2 在水中溶解量很少。有机物的好氧分解过程可表示为：

$$(CH_2O)_x + O_2 \xrightarrow{\text{细菌}} 2CO_2 + H_2O$$

同时水体中的藻类等微生物又可以利用光能及水体中的 CO_2 合成生物自身的营养物质：

$$CO_2 + H_2O \xrightarrow[\text{藻类}]{h\nu} (CH_2O)_x + O_2$$

5. 有机物

与无机物相比，清洁的天然水体中有机物的含量要少得多，但种类十分复杂。一般地，像碳水化合物、脂肪酸、蛋白质、氨基酸、色素、纤维素这类物质及其他一些低分子量的有机物，容易被微生物分解利用，并转变成简单的无机化合物。但在动植物体腐败的过程中，还有相当一部分难以被降解的物质，如油类、蜡、树脂和木质素等，这些残余物与微生物的分泌物相结合，常形成一种褐色或黑色的无定形胶态复合物，这种复合物通常被称为腐殖质。腐殖质广泛地分布在自然界中，河流、湖泊、海洋、水体底泥和土壤中都含有丰富的腐殖质。腐殖质具有弱酸性、离子交换性、配位化合及氧化还原等化学活性。它能与水体中的金属离子形成稳定的水溶性或不溶性化合物，还能与有机物相互作用。腐殖质对水体中重金属等污染物的迁移转化具有较大的影响。

6. 水生生物

水生生物可直接影响许多物质的浓度，其作用有代谢、摄取、转化、储存和释放等。天然水体中的生物种类和数量多得不可胜数，但可简单地划分为底栖生物、浮游生物、水生植物和鱼类四大类。生活在水体中的微生物是关系到水质的最重要的生物体，对此又可分为植物性微生物和动物性微生物两类。植物性微生物按其体内是否含叶绿素又可分为藻类微生物和菌类微生物。一般的细菌（单细胞和多细胞）和真菌（霉菌、酵母菌等）都属于体内不含叶绿素的菌类微生物。生活在水体中的单细胞原生动物以及轮虫、线虫之类的微小动物都是动物性微生物。生活在天然水体中的较高级生物（如鱼）在数量上只占相对很小的比例，所以它们对水体化学性质的影响较小。相反，水质对它们生活的影响却很大。

（1）细菌

细菌是关系到天然水体环境化学性质的最重要生物体。它们结构简单，形体微小，在环境条件下繁殖快分布广。就生态观点看，多数细菌是还原者。由于它们的比表面甚大，从水体摄取化学物质的能力极强，还由于细胞内含有各种酶催化剂，由此引起生物化学反应速度也非常快。按外型可将细菌分为球菌、杆菌和螺旋菌等类。它们可能是单细胞或多至几百万个细胞的群合体。按照营养方式可将细菌分为自养菌和异养菌两类。按照有机营养物质在氧化过程（即呼吸作用）中所利用的受氢体种类，还可将细菌分为好氧细菌、厌氧细菌、兼氧细菌。

（2）藻类

藻类是在缓慢流动水体中最常见的浮游类植物。按生态观点看，藻类是水体中的生产者，它们能在阳光辐照条件下，以水、二氧化碳和溶解性氮、磷等营养物为原料，不断生产出有机物，并放出氧。合成的有机物一部分供其呼吸消耗之用，另一部分供合成藻类自身细胞物质之需。在无光条件下，藻类消耗自身体内的有机物以营生，同时也消耗着水中的溶解氧，因此在暗处有大量藻类繁殖的水体是缺氧的。按藻类结构，它们可能是以单细胞、多细胞或菌落形态生存。一般河流中可见到的藻类有绿藻、硅藻、甲藻、金藻、蓝藻等大类。部分藻类的形体如图 2-3 所示。

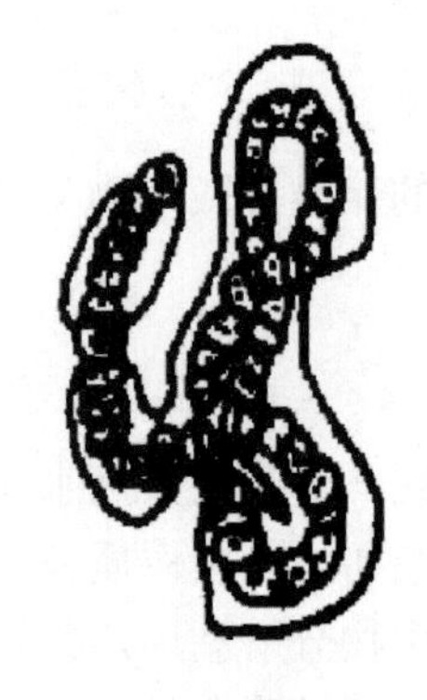

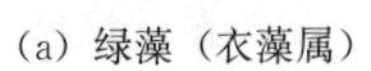

(a) 绿藻（衣藻属）　(b) 硅藻（舟形属）　(c) 蓝-绿藻（念珠藻属）

图 2-3　藻类的形体

藻类等浮游植物体内所含碳、氮、磷等主要营养元素间一般存在着一个比较确定的比例。按质量计 C∶N∶P=41∶7.2∶1，按原子数计 C∶N∶P=106∶16∶1。大致的化学结构式为 $(CH_2O)_{106}(NH_3)_{16}H_3PO_4$。藻类的生成和分解就是在水体中进行光合作用（P）和呼吸作用（R）的典型过程，可用简单的化学计量关系来表征：

$$106CO_2+16NO_3+HPO_4^{2-}+122H_2O+18H^{+}+(\text{痕量元素}) \underset{R}{\overset{P}{\rightleftharpoons}} C_{106}H_{263}O_{110}N_{16}P+138O_2$$

水体产生生物体的能力称为生产率。生产率是由化学的及物理的因素相结合而决定的。在高生产率的水中藻类生产旺盛，死藻的分解引起水中溶解氧水平降低，这种情况常被称为富营养化。水中的营养物通常决定水的生产率，水生植物需要供给适量 C（二氧化碳）、N（硝酸盐）、P（磷酸盐）及痕量元素（如 Fe），在许多情况下，P 是限制型的营养物。藻类大量繁殖是水体富营养化的重要标志，由此可多方面影响水体的水质。

2.2.2　天然水体中化学物质的存在形态

化学物质在环境中有一定的赋存形态。广而言之，“形态”一词含义包括物理结合状态、化学态（有机的或无机的）、价态、化合态和化学异构态等多方面。表 2-6 列举了各化学元素在天然水体中存在的基本化学形态（元素的有机化合物形态没有包含在内）。

表 2-6　好氧条件下天然水体中可溶性无机物的基本存在形态

元素	基本形态	元素	基本形态	元素	基本形态
Li	Li^+	Cl	Cl^-	Br	Br^-
Be	$BeOH^-$	K	K^+	Sr	Sr^{2+}
B	H_3BO_3, $B(OH)_4^-$	Ca	Ca^{2+}	Mo	MoO_4^{2-}
C	HCO_3^-	Cr	$Cr(OH)^3$, CrO_4^{2-}	Ag	Ag^+
N	N_2, NO_3^-	Mn	Mn^{2+}	Cd	Cd^{2+}, $CdOH^+$, $CdCl^+$
F	F^-	Fe	$Fe(OH)^{2+}$	Sn	$SnO(OH)_3^-$
Na	Na^+	Co	Co^{2+}	I	IO_3^-, I^-
Mg	Mg^{2+}	Ni	Ni^{2+}	Ba	Ba^{2+}
Al	$Al(OH)_4^-$	Cu	$CuCO_3$, $CuOH^+$	Hg	$Hg(OH)_2^0$, $HgOHCl$, $HgCl_2^0$
Si	$Si(OH)_4$	Zn	$ZnOH^+$, Zn^{2+}, $ZnCO_3$	Ti	Ti^+
P	HPO_4^{2-}	As	$HAsO_4^{2-}$, $H_2AsO_4^-$	Pb	$PbCO_3$, $Pb(OH)_3^-$
S	SO_4^{2-}	Se	SeO_3^{2-}	Bi	BiO^+, $Bi(OH)_2^+$

具有一定形态的化学污染物在环境中有其发生和演变的过程。人们认为污染物具有确定的分子结构和环境特性，但这只是相对的，而其变化才是绝对的。例如，进入环境的甲基汞在不同环境介质迁移或与各种环境因子相互作用的过程中，甲基汞的“母体形态”（CH_3Hg^+）具有相对稳定性，但在不同的环境介质中，甲基汞所呈现的形态随其所依附基体的不同而有各异的“基体形态”。如在水中甲基汞的基体形态为[$CH_3Hg(OH)$]，当其迁移转入大气、土壤或生物组织之后，它的形态就相应地转化为[CH_3HgCH_3]、[CH_3Hg-腐殖质]或[CH_3Hg-S-质]。此外，在做甲基汞浓度分析时，还需要将它在样品中的集体形

态转化为某一稳定、可为仪器响应的“分析形态”CH_3HgCl，而后进样测定。

2.2.3 天然水的分类

不同天然水体，其化学成分多种多样，但它们的变化具有一定规律性，在实际应用和科学研究中，有必要对这种变化规律加以系统地分类，从而反映天然水水质的形成条件和演化过程，并且为水资源评价、利用和保护提供科学依据。

1. 天然水按离子总量（矿化度）的分类

（1）苏联学者 O. A. 阿列金于 1970 年提出如下的分类方案：

淡水　离子总量<1g/kg；

微咸水　离子总量 1～25g/kg；

具有海水盐度的咸水　离子总量 25～50g/kg；

盐水（卤水）　离子总量>50g/kg。

（2）美国（1970）所采用的按离子总量分类的数值界限稍有区别：

淡水　离子总量<1g/kg；

微咸水　离子总量 1～10g/kg；

咸水　离子总量 10～100g/kg；

盐水　离子总量>100g/kg。

2. 天然水按优势离子的分类

曾有很多学者按优势离子成分的原则提出多种分类方案。其中最常用的是 O. A. 阿列金提出的方案，这个分类综合了优势离子的各种划分原理以及它们之间的数量比例。首先按优势阴离子将天然水划分为三类：重碳酸盐类、硫酸盐类和氯化物盐类。然后在每一类中再按优势阳离子划分为钙质、镁质和钠质三个组。每一组内再按离子间的毫克当量比例关系划分为四个水型：

Ⅰ型　$[HCO_3^-]>[Ca^{2+}]+[Mg^{2+}]$；

Ⅱ型　$[HCO_3^-]<[Ca^{2+}]+[Mg^{2+}]<[HCO_3^-]+[SO_4^{2-}]$；

Ⅲ型　$[HCO_3^-]+[SO_4^{2-}]<[Ca^{2+}]+[Mg^{2+}]$或$[Cl^-]>[Na^+]$；

Ⅳ型　$[HCO_3^-]=0$。

Ⅰ型水是弱矿化水，主要形成于含大量Na^+与K^+的火成岩地区，水中含有相当数量的$NaHCO_3$成分，在某些情况下也可能由Ca^{2+}交换土壤和沉积物中的Na^+而形成。

Ⅱ型水为混合起源的水，其形成既与水和火成岩的作用有关，又与水和沉积岩的作用有关。大多数低矿化和中矿化的河水、湖水和地下水属于这一类型。

Ⅲ型水也是混合起源的水，但具有很高的矿化度。在此条件下由于离子交换作用使水的成分明显变化，通常是水中的Na^+交换出土壤和沉积物中的Ca^{2+}和Mg^{2+}。大洋水、海水、海湾水、残留水和许多具有高矿化度的地下水属此类型。

Ⅳ型水是酸性水，其特点是缺少HCO_3^-。这是酸型沼泽水、硫化矿床水和火山水的特点。在重碳酸盐类水中不包括此种类型的水。另外，在硫酸盐与氯化物类的钙组和镁组中无Ⅰ型水。

根据以上分类，可划分出 27 种类型的天然水，见表 2-7。

表 2-7　天然水的分类

类	重碳酸盐 [C]　HCO_3^-	硫酸盐 [S]　SO_4^{2-}	氯化物 [Cl]　Cl^-
组	钙　镁　钠 Ca　Mg　Na	钙　镁　钠 Ca　Mg　Na	钙　镁　钠 Ca　Mg　Na
型	Ⅰ　Ⅰ　Ⅰ Ⅱ　Ⅱ　Ⅱ Ⅲ　Ⅲ　Ⅲ	Ⅱ　Ⅱ　Ⅰ Ⅲ　Ⅲ　Ⅱ Ⅳ　Ⅳ　Ⅲ	Ⅱ　Ⅱ　Ⅰ Ⅲ　Ⅲ　Ⅱ Ⅳ　Ⅳ　Ⅲ

本分类中每一性质的水用符号表示，“类”采用相应的阴离子符号表示（C、S、Cl），“组”采用阳离子的符号表示，写作“类”的方次的形式。“型”则用罗马字标在“类”符号下面。全符号写成下列形式：如［C］CaⅡ表示重碳酸类钙组第二型水。

2.3　天然水的水质

2.3.1　水质指标

各种天然水系是工农业和生活用水的水源，还能借以发电和航运等。作为一种资源来说，水质、水量和水能是度量水资源可利用价值的三个重要指标，而与水环境污染密切相关的则是水质指标。由于一般水体兼作汲取用水的水源和受纳废水的对象，且用水水源经常受到污染，废水排放前一般都要先经处理，所以用水和排水两者在水质方面有逐渐相接近的趋势，存在着许多共同的水质指标。所谓水质指标，指的是水样中除水分子外所含杂质的种类和数量（或浓度）。显然，天然水在环境中迁移或加工、使用过程中都会发生水质变化。从应用角度看问题，水质只具有相对意义。例如，经二重蒸馏处理后所得纯水只是在精密化学实验室中才称得上是优质水。相反，对饮用水则要求其中含有一定数量的杂质（含相当数量溶解态二氧化碳，适量钙、镁和微量铁、锰及某些有机物质等）。天然水（也兼及各种用水、废水）的水质指标可分为物理、化学、生物和放射性四类。有些指标可直接用某一种杂质的浓度来表示其含量，有些指标则是利用某一类杂质的共同特性来间接反映其含量，如有机物杂质可用需氧量（化学需氧量、生物化学需氧量、总需氧量）作为综合指标（也被称之为非专一性指标）。常用的水质指标有数十项，现将有关这些指标的意义列举如下。

1. 物理指标

（1）温度：影响水的其他物理性质和生物、化学过程。

（2）臭和味：感官性指标，可借以判断某些杂质或有害成分存在与否。

（3）颜色：感官性指标，水中悬浮物、胶体或溶解类物质均可生色。

（4）浊度：由水中悬浮物或胶体颗粒物质引起。

（5）透明度：与浊度意义相反，但两者同是反应水中杂质对透过光的阻碍程度。

（6）悬浮物：一般表征水体中不溶性杂质的量。

2. 化学指标

1）非专一性指标

（1）电导率：表示水样中可溶性电解质的总量。

（2）pH 值：水样酸碱性。

（3）硬度：由可溶性钙盐和镁盐组成，引起用水管路中发生沉积和结垢。

（4）碱度：一般来源于水样中的 OH^-、CO_3^{2-}、HCO_3^- 离子。关系到水中许多化学反应过程。

（5）无机酸度：源于工业酸性废水或矿井排水，有腐蚀作用。

2）无机物指标

（1）铁：在不同条件下可呈 Fe^{2+} 或胶粒 $Fe(OH)_3$ 状态，造成水有铁锈味和混浊，形成水垢、繁生铁细菌。

（2）锰：常以 Mn^{2+} 形态存在，其很多化学行为与铁相似。

（3）铜：影响水的可饮用性，对金属管道有侵蚀作用。

（4）锌：很多化学行为与铜相似。

（5）钠：天然水中主要的易溶组分，对水质不发生重要影响。

（6）硅：多以 H_4SiO_4 形态普遍存在于天然水中，含量变化幅度大。

（7）有毒金属：常见的有镉、汞、铅、铬等，一般来源于工业废水。

（8）有毒准金属：常见的有砷、硒等，砷化物有剧毒，硒化物产生嗅感和味觉异常。

（9）氯化物：影响可饮用性，腐蚀金属表面。

（10）氟化物：饮水浓度控制在 1mg/L 可防止龋齿，高浓度时有腐蚀性。

（11）硫酸盐：水体缺氧条件下经微生物反硫化作用转化为有毒的 H_2S。

（12）硝酸盐氮：通过饮用水过量摄入婴幼儿体内时，可引起变性血红蛋白症。

（13）亚硝酸盐氮：是婴幼儿高铁血红蛋白症的病原物，与仲胺类作用生成致癌的亚硝胺类化合物。

（14）氨氮：呈 NH_4^+ 和 NH_3 形态存在，NH_3 形态对鱼有危害，用 Cl_2 处理水时可产生有毒的氯胺，又可引起水体富营养化问题。

（15）磷酸盐：基本上有三种形态，正磷酸盐、多磷酸盐和有机结合磷酸盐，是生命必须物质，可引起水体富营养化问题。

（16）氰化物：剧毒，进入生物体后破坏高铁细胞色素氧化酶的正常作用，致使组织缺氧窒息。

3）非专一性有机物指标

（1）生物化学需氧量（BOD）：水体通过微生物作用发生自然净化的能力标度，是废水生物处理效果标度。

（2）化学需氧量（COD）：有机污染物浓度指标。

（3）高锰酸盐指数：易氧化有机污染物及还原无机物的浓度指标。

（4）总需氧量（TOD）：近于理论耗氧量值。

（5）总有机碳（TOC）：近于理论有机碳量值。

（6）酚类：多数酚化合物对人体毒性不大，但有臭味（特别是氯化过的水），影响可饮用性。

（7）洗涤剂类：仅有轻微毒性，有发泡性。

4）溶解性气体

（1）氧气：为大多数高等水生生物呼吸所需，腐蚀金属，水体中缺氧时又会产生有害的 CH_4、H_2S 等。

（2）二氧化碳：大多数天然水系中碳酸体系的组成物。

3. 生物指标

（1）细菌总数：对饮用水进行卫生学评价时的依据。

（2）大肠菌群：水体被粪便污染程度的指标。

（3）藻类：水体营养状态指标。

4. 放射性指标

总 α、总 β、铀、镭、钍等，生物体受过量辐射时（特别是内照射）可引起各种放射病或烧伤等。

2.3.2　水质标准和水质分析

1. 地表水环境质量标准

我国环境保护部于 2002 年发布了《地表水环境质量标准》（GB 3838—2002）[有关海水水质标准另列于《海水水质标准》（GB 3097—1997）]，在该标准中，依据环境功能和保护目标将地表水划分为以下五类：

（1）Ⅰ类：主要适用于源头水、国家自然保护区。

（2）Ⅱ类：主要适用于集中式生活饮用水水源地一级保护区、珍稀水生生物栖息地、鱼虾类产卵场、仔幼鱼的索饵场等。

（3）Ⅲ类：主要适用于集中式生活饮用水地表水源地二级保护区、鱼虾类越冬场、洄游通道、水产养殖区等渔业水域及游泳区。

（4）Ⅳ类：主要适用于一般工业用水区及人体非直接接触的娱乐用水区。

（5）Ⅴ类：主要适用于农业用水区及一般景观要求水域。

相应以上五类水域的水质要求。提出 24 项水质指标并规定了它们的标准值以及相应的选配分析方法。有关内容参见表 2-8。综合归纳金属类、非金属类和有机化合物类的分析方法大体有以下几种：

（1）金属类化合物：比色法（或称分光光度法，下同）、原子吸收分光光度法。

（2）非金属类化合物：比色法、离子选择电极法和容量法。

（3）有机化合物：比色法和容量法。

表 2-8　地表水环境质量标准基本项目分析方法

序号	项目	分析方法	最低检出限 (mg/L)
1	水温	温度计法	—
2	pH 值	玻璃电极法	—
3	溶解氧	碘量法	0.2
		电化学探头法	—
4	高锰酸钾指数	酸性（或碱性）高锰酸钾法	0.5
5	化学需氧量	重铬酸钾法	10
6	五日生化需氧量	稀释与接种法	2
7	氨氮	纳氏试剂比色法	0.05
		水杨酸分光光度法	0.01

续表

序号	项目	分析方法	最低检出限（mg/L）
8	总磷	钼酸铵分光光度计	0.01
9	总氮	碱性过硫酸钾消解紫外分光光度法	0.05
10	铜	2，9-二甲基-1，10-菲啰啉分光光度计	0.06
		二乙基二硫代氨基甲酸钠分光光度计	0.010
		原子吸收分光光度法（螯合萃取法）	0.001
11	锌	原子吸收分光光度计	0.05
12	氟化物	氟试剂分光光度计	0.05
		离子选择电极法	0.05
		离子色谱法	0.02
13	硒	2，3-二氨基萘荧光法	0.00025
		石墨炉原子吸收分光光度法	0.003
14	砷	二乙基二硫代氨基甲酸银分光光度法	0.007
		冷原子荧光法	0.00006
15	汞	冷原子吸收分光光度法	0.00005
		冷原子荧光法	0.00005
16	镉	原子吸收分光光度法（螯合萃取法）	0.001
17	铬（六价）	二苯碳酰二肼分光光度法	0.004
18	铅	原子吸收分光光度法（螯合萃取法）	0.01
19	氰化物	异烟酸吡唑啉酮比色法	0.004
		吡啶-巴比妥酸比色法	0.002
20	挥发酚	蒸馏后4-氨基安替比林分光光度法	0.002
21	石油类	红外分光光度法	0.01
22	阴离子表面活性剂	亚甲基蓝分光光度法	0.05
23	硫化物	亚甲基蓝分光光度法	0.005
		直接显色分光光度法	0.004
24	粪大肠菌群	多管发酵法，滤膜法	—

2. 海水质量标准

按照海域的不同使用功能和保护目标，海水水质可分为四类：

第Ⅰ类：适用于海洋渔业水域、海上自然保护区和珍稀濒危海洋生物保护区。

第Ⅱ类：适用于水产养殖区、海水浴场、人体直接接触海水的海上运动或娱乐区，以及与人类食用直接相关的工业用水区。

第Ⅲ类：适用于一般工业用水区、滨海风景旅游区。

第Ⅳ类：适用于海洋港口水域、海洋开发作业区。

3. 地下水质量标准

根据我国地下水水质现状、人体健康基准值及地下水质量保护目标，并参照了生活饮用水、工业用水、农业用水水质最高要求，将地下水质量划分为5类：

Ⅰ类：主要反映地下水化学组分的天然低背景含量，适用于各种用途。

Ⅱ类：主要反映地下水化学组分的天然背景含量，适用于各种用途。

Ⅲ类：以人体健康基准值为依据，主要适用于集中式生活饮用水水源及工业用水、农业用水。

Ⅳ类：以农业用水和工业用水为依据，除适用于农业和部分工业用水外，适当处理后可作生活饮用水。

Ⅴ类：不宜饮用，其他用水可根据使用目的选用。

2.3.3　水质类别和水质指数

各类天然水的化学组成是有差异的，即使同一类型天然水，其化学组成也是可变的。但这些差异和变化具有一定的规律性。在实际应用和科学研究中都要求对天然水按水质状况加以分类。然而现有各种分类法都不尽完善，未能在世界范围内得到普遍采纳和统一使用。早先已有按总溶解性固体物量（TDS）或总硬度（TH）大小进行分类的方法，但这类方法显得过于简单。地表水分类法属于国家标准法定内容，有很高权威性，但其中涉及的水质参数多达 30 项，致使监测部门承担着相当繁重的分析工作任务。

因此，多年来各国都在研究采用一种综合各项水质参数的简单数字体系，用以表示水域的污染程度及相应的水质类别。如有人提出悬浮固体物量（SS）、溶解氧量（DO）、生物化学需氧量（BOD）和氨氮量（NH_3-N）四个参数来统计得到水质指数（WQI）。根据四个参数间的相对重要性赋予它们不同的加权值，并根据各参数的实测浓度值大小分别给予它们一个确定的分级值。由此，水质指数可表示为式（2-3）：

$$\mathrm{WQI}=\frac{\text{各参数分级值总和}}{\text{各参数加权值总和}} \tag{2-3}$$

计算得到的 WQI 值范围在 0～10 之间，也就是将水质分为 10 级。当 WQI＝10 时表示最优级，WQI＝0 时表示水体污染程度很严重。

习题

1. 结合水的有关特性，解释为什么鱼类能安然度过太冷的河流冰封期？

2. 为什么说地下水是一种十分宝贵的水资源？一般地下水不易发生污染，但一旦发生，又不如地表水那样易净化，为什么？

3. 什么是天然水的硬度？水的硬度如何分级？

4. 天然水的主要组成成分有哪些？

5. 某水系水质分析结果如下：

离子	K^+	Na^+	Ca^{2+}	Mg^{2+}	HCO_3^-	Cl^-	SO_4^{2-}	CO_3^{2-}
含量（mg/L）	1.34	28.5	39.3	11.6	168	12.3	6.91	0

试判断该水系属哪种类型水？

6. 常用的水质指标有哪几类？

7. 我国地表水、地下水和海水水质分为哪几类？

第3章　水体污染

水体污染是指排入水体的污染物在数量上超过了该物质在水体中的本底含量和自净能力即水体的环境容量，从而导致水体的物理特征、化学特征发生不良变化，破坏了水中固有的生态系统，破坏了水体的功能及其在人类生活和生产中的作用。

3.1　天然水的污染

3.1.1　概述

水污染对于水体而言，是指水体受到入侵废物的污染，即有害化学污染物、物理污染物造成水的使用价值降低或丧失。从另一个角度讲，又包括污水对其他环境的污染，如污水对土壤、大气、人体的污染。由于地球水的易得性，以及水体受污染后的隐蔽性，导致水污染越演越烈。美国河流中80%以上至少存在一种具有显著危害的化学制品。我国有82%的人饮用浅井水和江河水，其中水质污染严重，细菌超过卫生标准的占75%，受到有机物污染的饮用水人口约1.6亿。我国2003年除农业污水排放外，污水排放总量达4.6×10^{10} t，其中工业废水排放量约2.1×10^{10} t；生活污水排放量2.5×10^{10} t左右。目前我国的水污染以有机物污染为主。

水体污染影响工业生产，增大设备腐蚀，影响产品质量。水体污染还影响人民生活，破坏生态，直接危害人的健康，损害很大。水体的盐含量多将影响生物细胞的渗透压和生物的正常生长。悬浮物的存在不但使水质浑浊，而且易使管道及设备堵塞、磨损，干扰废水处理及回收设备的工作。应该指出，除了从人类感官角度考虑问题之外，还应从大尺度的地球物化机理，从水生生物的生存状态角度考虑水污染的问题，而不是局限在人类的舒适度，或者人类经济发展的角度，才有利于从根本上解决水污染的难题。

一般而言，废水与污水的概念经常混用。在环境工程学领域，“废水”主要是指居民生活废水，稳定径流雨水（相对于初降雨水），生产过程中未直接参与生产工艺、未被显著污染的生产废水，一般指未被利用或暂时没有利用价值的水。“污水”是指受到显著污染的来自生活和生产的排出水以及初降雨水。换句话说，废水可以侧重指污染程度较轻的水，而污水可以指污染程度较重的水。

3.1.2　水体的污染源

水体污染物大体来源于两个方面：(1) 由自然过程（例如大气降落物、岩石风化、有机物自然降解等）产生，但一般认为，由缓慢自然过程产生者只算得是水体中的沾染物；(2) 在水的应用过程中产生，如由工农业生产等经济活动中产生的废水以及生活污水、城市污水等。

一般以天然水体作为应用水的水源，直接取自水源而未经加工或处理的水称原水，由原水、应用水、排水等所联成的用水循环系统如图 3-1 所示。

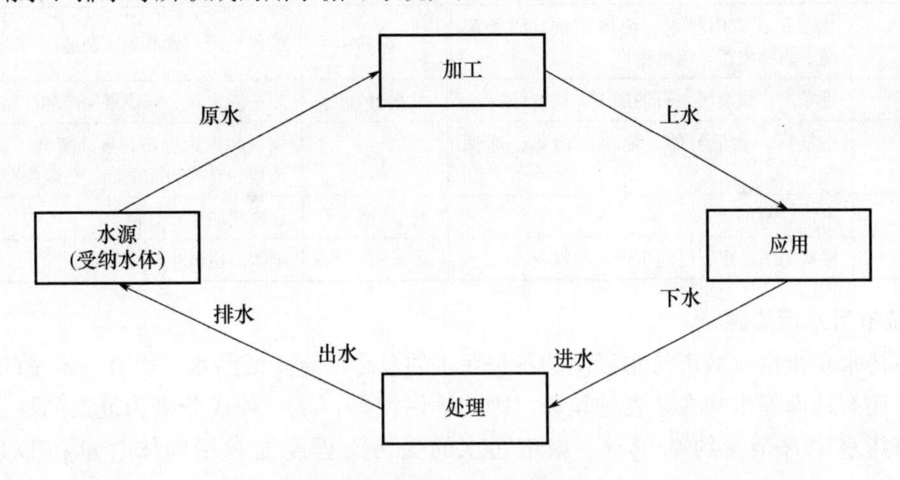

图 3-1　用水循环系统图

在水的应用过程中引进了众多的数量不一的污染物，虽在经过下水处理后才予以排放，但去污率并不是百分之一百，由此为废水、污水的受纳水体提供了各种各样的污染物。

以下对第二类（人为）污染源作简单介绍。

1. 工业废水污染源

1988 年 4 月完成的全国首次工业污染源调查结果指出，由国内四十多个工业行业中 16.8 万家工矿企业所产生的工业废水年排放总量为 291.8 亿 t，其中仅有 28.8%是经过处理后排放的；工业废水中所含污染物的年排放总量为 2125.9 万 t，这表明我国由工业废水造成的水体污染问题已经相当严重。此后十多年随着我国经济形势看好，乡镇企业崛起，而全民环保教育没有紧紧跟上，废水治理投入不足，导致水体污染有增无减，使废水治理已成为当前各行业不可回避的重要课题。

各种工业企业在生产过程中排出的生产废水、生产污水、生产废液等统称为工业废水。其特点是数量大、组成复杂多变。其中所含污染物包括生产废料、残渣以及部分原料、产品、半成品、副产品等。由于行业众多，废水组成复杂，所以对工业废水污染源作明确分类是很困难的。表 3-1 按废水中所含污染物种类列举了与其相应的各种污染源。

表 3-1　工业废水污染源

污染物	污染源	污染物	污染源
游离氮	造纸、织物漂洗业	镉	电镀、电池生产
氨	化工厂、煤气和焦炭生产	锌	电镀、人造丝生产、橡胶生产
氟化物	烟道气洗涤水、玻璃刻蚀业、原子能工业	铜	冶金、电镀、人造丝生产
硫化物	石油化工、织物染色、制革、煤气厂、人造丝生产	砷	矿石处理、制革、涂料、染料、药品、玻璃等生产
氰化物	煤气厂、电镀厂、贵金属冶炼、金属清洗业	磷	合成洗涤剂、农药、磷肥等生产
亚硫酸盐	纸浆厂、人造丝生产	糖类	甜菜加工、酿酒、食品加工制罐厂

续表

污染物	污染源	污染物	污染源
酸类	化工厂、矿山排水、金属清洗、酒类酿造、织物生产、电池生产	淀粉	淀粉生产、食品加工制造厂
油脂	毛条厂、织造厂、石油加工、机械厂	放射性物质	原子能工业、同位素生产和应用单位
碱类	造纸厂、化学纤维、制碱、制革、炼油生产	酚	煤气和焦炭生产、焦油蒸馏、制革、织造厂、合成树脂生产、色素生产
铬	电镀、制革业	甲醛	合成树脂生产、制药
铅	铅矿矿区排水、电池生产、颜料业	镍	电镀、电池生产

2. 城市污水污染源

城市污水是指排入城市污水管网的各种污水的总合，有生活污水，也有一定量的各种工业废水，还有地面降水并夹杂各种垃圾、废物、污泥等，是一种成分极为复杂的混合液体。一般城市污水中含杂量约0.05%，城市污水的受污染程度通常用固体含量和BOD参数表征。

由城市污水的发生、汇集、处理、排出等环节所组成的系统如图3-2所示。

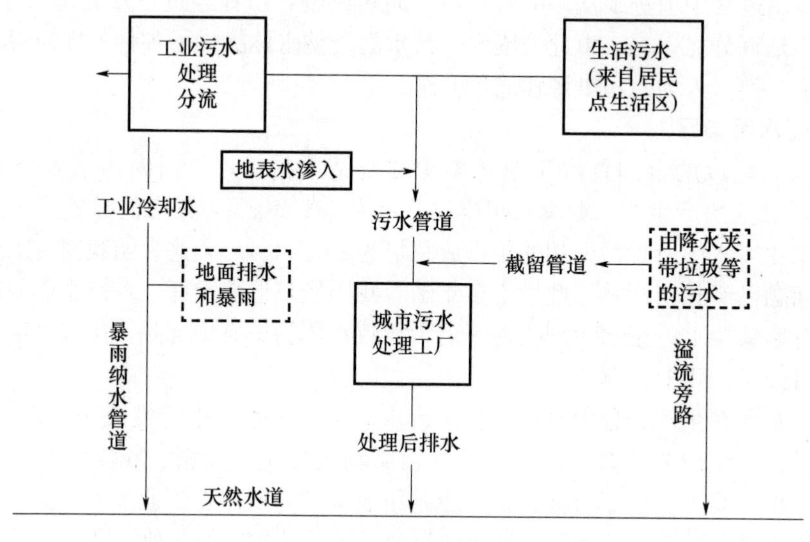

图3-2　城市污水系统

生活污水是城市污水的重要组成部分，是人们日常生活中产生的各种污水的混合液，其中包括厨房、洗涤室、浴室等排出的炊事、洗涤污水和厕所排出的粪便污水等。生活污水中的杂质组分主要是有机物，包括蛋白质、糖、油脂、尿素、酚、表面活性剂等，且多数呈颗粒物状态存在。生活污水水质参数的大体数值范围列举在表3-2中。

表3-2　生活污水的水质参数

参数	数值范围（mg/L）	参数	数值范围（mg/L）
BOD_5	110～400	总氮（TN）	20～85
COD	250～1000	总磷（TP）	4～15
有机氮（Org-N）	8～35	总残渣	350～1200
氨氮（Amm-N）	12～50	SS	100～350

3. 农业污水污染源

农业污水是指农作物栽培、牲畜饲养、农产品加工等过程中排出的、影响人体健康和环境质量的污水或液态物质。

其来源主要有农田径流、饲养场污水、农产品加工污水。污水中含有各种病原体、悬浮物、化肥、农药、不溶解固体物和盐分等。农业污水数量大，影响面广。污水中氮、磷等营养元素进入河流、湖泊、内海等水域，可引起水体富营养化；农药、病原体和其他有毒物质能污染饮用水源，危害人体健康，造成大范围的土壤污染，破坏生态系统平衡。为防治农业污水，目前主要是减少农田径流。

（1）农田径流

雨水或灌溉水流过农田表面后排出的水流，是农业污水的主要来源。农田径流中主要含有氮、磷、农药等污染物。

（2）饲养场污水

牲畜、家禽的粪尿污水是农业污水的第二个来源。饲养场污水可作为厩肥，但是工业发达的国家往往弃置不用，造成环境污染问题。作为厩肥使用，大都采用面施的方法，如果厩肥中大量可溶性碳、氮、磷化合物还未与土壤充分发生作用前就出现径流，也会造成比化肥更严重的污染。目前，对于厩肥还没有完善的检测方法能确定其营养元素的释放速度，以推算合理的用量和时间，因而这类的径流污染是难以避免的。

饲养场牲畜粪尿的排泄量大，用未充分消毒灭菌的粪尿水浇灌菜地和农田，会造成土壤污染；粪尿被雨水流冲到河溪塘沟，会造成饮用水源污染。在饲养场临近河岸和冬季土地冻结的情况下，这种污水对周围水生、陆生生态系统的影响更大。

（3）农产品加工污水

水果、肉类、谷物和乳制品的加工，以及棉花染色、造纸、木材加工等工业排出的污水是农业污水的第三个来源。在发达国家农产品加工污水量相当大，如美国食品工业每年排放污水约25亿t，在各类污水中居第五位。

3.1.3　地表水污染的现状

《地表水环境质量》（GB 3838—2002）把水分成五类，当水质下降到Ⅲ类标准以下（Ⅳ类、Ⅴ类）时，由于所含的有害物质高出国家规定的指标，会影响人体健康，因此不能作为饮用水源。

我国地表水污染十分严重，特别是江河水污染问题：全国七大江河中，淮河、黄河、海河的水质最差，均有70%的河段受到污染。黄河、淮河、海河等中下游发生的断流现象，导致河口严重淤积；不少中小河流由于城镇工业的超量排放污水已成为污水河。如图3-3所示，2016年长江、黄河、珠江、松花江、淮河、海河、辽河、浙闽片河流、西北诸河和西南诸河等十大流域的国控断面中，Ⅰ～Ⅲ类、Ⅳ、Ⅴ类和劣Ⅴ类水质断面比例分别为75.1%、18.9%和6.0%。主要污染指标为化学需氧量、五日生化需氧量和高锰酸盐指数。

不仅仅是七大水系受到污染，国内重点湖泊、水库的水质也不容乐观。随着我国工农业的发展，特别是农用化肥及农药的大量使用，使排入湖泊、水库的磷、氮、钾等营养物质增加。据统计，我国131个大中型湖泊中，有89个湖泊被污染，有67个湖水水体达富营养化程度。2016年，62个国控重点湖泊（水库）中，Ⅰ～Ⅲ类、Ⅳ、Ⅴ类和劣Ⅴ类水质的湖泊

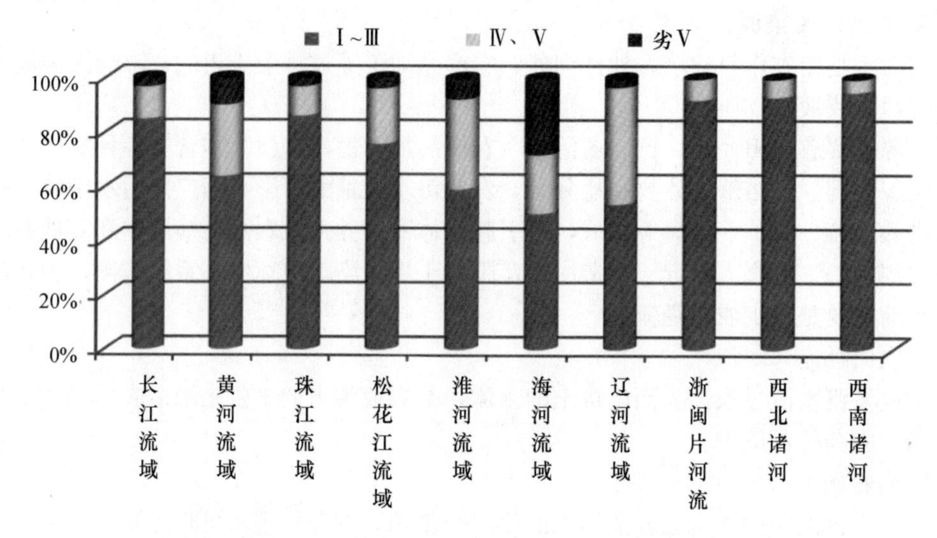

图 3-3　2016 年 10 月十大流域水质类别比例

（水库）比例分别为 58.1%、27.4%和 4.5%（表 3-3），主要污染指标为总磷、化学需氧量和高锰酸盐指数。

表 3-3　2016 年重点湖泊（水库）水质状况

湖泊（水库）＼类型	Ⅰ类	Ⅱ类	Ⅲ类	Ⅳ类	Ⅴ类	劣Ⅴ类
三湖*	0	0	0	2	0	1
重要湖泊	2	8	29	6	7	8
重要水库	7	21	22	2	0	0
总计	9	26	51	10	7	9

* 指太湖、滇池和巢湖。

人口数量的几何增长、现代工业废水的乱排乱放、城市垃圾、农村农药喷洒等，造成本来已是极少的淡水资源加剧短缺，无法为人所用。污染水 70%～80%直接排放，全国每年排污量约 300 亿 t，而我国污水的处理能力只占 20%左右。全国各大城市地下水不同程度受到污染，只有不到 11%的人能饮用符合我国卫生标准的水，高达 65%的人饮用浑浊、苦咸、含氟、含砷、工业污染、会传染疾病的水。2 亿人饮用自来水，7000 万人饮用高氟水，3000 万人饮用高硝酸盐水，5000 万人饮用高氟化物水，1.1 亿人饮用高硬度水。2012 年，全国 198 个地市级行政区开展了地下水水质监测，监测点总数为 4929 个，其中国家级监测点 800 个。依据《地下水质量标准》（GB/T 14848—1993），综合评价结果为水质呈优良级的监测点仅 580 个，占全部监测点的 11.8%；水质呈良好级的监测点 1348 个，占 27.3%；水质呈较好级的监测点 176 个，占 3.6%；水质呈较差级的监测点 1999 个，占 40.5%；水质呈极差级的监测点 826 个，占 16.8%。主要超标指标为铁、锰、氟化物、“三氮”（亚硝酸盐氮、硝酸盐氮和氨氮）、总硬度、溶解性总固体、硫酸盐、氯化物等，个别监测点存在重（类）金属超标现象。

3.2　水体中的主要污染物及迁移转化

3.2.1　水体中的主要污染物种类和来源

造成水体水质、水中生物群落以及水体底泥质量恶化的各种有害物质（或能量）都可以叫做水体污染物。按污染物性质和形态，可将水体污染物分为化学性、物理性、生物性和放射性四大类，分类见表 3-4。

表 3-4　水体中的主要污染物

类别	分类	举例	作用
物理污染物	热	温排水	水温升高、溶解氧减少
	致浊物	灰尘、木屑、泡沫、毛发、细菌残骸、砂粒、金属细粒等	导致水体的透明度下降、光合作用下降
化学污染物	致色物	色素、染料、有色金属离子	影响感官
	致嗅物	硫化氢、硫醇、氨、胺、甲醛	消耗溶解氧；产生臭味
	需氧有机物	碳水化合物、油脂、蛋白质等	生物降解消耗溶解氧、分解产物可能有毒
	植物营养物	NO_3^-、NO_2^-、NH_3^+、合成洗涤剂	产生富营养化
	无机有害物	盐、酸、碱	降低水质、酸化水质
	无机有毒物	氰化物	剧毒物质，在体内抑制细胞色素氧化酶的正常功能，造成组织内部窒息，对鱼类及水生生物也具有极大毒性
		Hg、Cd、Cr、Pb、As、Zn、Cu、Co、Ni	产生毒性效应
	易分解有机毒物	酚类、有机磷农药	毒性
	难分解有机毒物	有机氯农药、多氯联（PCB）	高毒性、化学性质稳定、在环境中富集
	油	石油	本身有毒、覆盖水体使溶解氧下降
生物污染物	病原微生物	藻类、病毒、细菌和原生生物等	传染疾病、使水体浓度增加
放射性污染物	放射性物质	235U、90Sr、137Cs 等	放射性

水体污染物从化学的角度又可以分为无机有害物、无机有毒物、有机有害物和有机有毒物四类。其中一些常见的水体污染物包括悬浮固体、有机物、酸（碱）性废水、盐性废水、重金属、含氮、磷化合物、石油类物质、放射性物质。为了更好地控制有毒污染物排放，近年来我国也开展了水中优先污染物筛选工作，提出初筛名单 249 种，通过多次专家研讨会，初步提出我国的水中优先控制污染物黑名单 68 种（表 3-5），将为我国优先污染物控制和监测提供依据。

表 3-5　我国水中优先控制污染物黑名单

类别	优先控制污染物黑名单
挥发性卤代烃类	二氯甲烷；四氯化酸，1，2(1)- 二氯乙烷；1，1，1- 三氯乙烷
苯系物	苯；甲苯；乙苯；邻二甲苯；对二甲苯；间二甲苯，计 6 个

续表

类别	优先控制污染物黑名单
氯代苯类	氯苯；邻二氯苯；对二氯苯；六氯苯，计4个
多氯联苯	1个
酚类	苯酚；间甲酚；2,4-二氯酚；2,4,6-三氯酚；对硝基酚，计5个
硝基苯类	硝基苯；对硝基甲苯；2,4-二硝基甲苯；三硝基甲苯；2,4-硝基氯苯，计5个
苯胺类	苯胺；二硝基苯胺；对硝基苯胺；2,6-二氯硝基苯胺，计4个
多环芳烃类	萘；荧蒽；苯并（b）荧蒽；苯并（k）荧蒽；苯并芘；苯并（1,2,3-*c*,*d*）芘；苯并（ghi）芘，计7个
酞酸酯类	酞酸二甲酯；酞酸二丁酯；酞酸二辛酯，计3个
农药	六六六；滴滴涕；敌敌畏；乐果；对硫磷；甲基对硫磷；除草醚；敌百草，计8个
丙烯腈	1个
亚硝胺类	N-亚硝基二甲胺；N-亚硝基二正丙胺，计2个
氰化物	1个
重金属及其化合物	砷及其化合物；铍及其化合物；镉及其化合物；铬及其化合物；汞及其化合物；镍及其化合物；铊及其化合物；铜及其化合物；铅及其化合物，计9个

水中的热污染主要来源于核电站、热电站等工厂排放的热水。放射性物质污染主要来源于核医疗、核试验等产生的废水。重金属污染，如汞污染主要来源于汞开采及与汞相关工厂的排水；铬污染主要来源于铬矿开采冶炼和颜料等工厂的排水；铅污染主要来源于铅蓄电池和颜料等工厂的排水；镉污染主要来源于电镀、冶金等工厂的排水；砷污染主要来源于砷矿的开采、农药和化肥等工厂产生的废水。氰化物污染主要来源于电镀、塑料、冶金等工厂排放的废水。营养盐污染主要来源于农田排水、生活污水和化肥工业产生的废水。酸、碱和其他盐类污染主要来源于采矿、化纤、造纸和酸洗等工厂的排水。糖类、脂肪、蛋白质等污染主要来源于人的排泄物和动植物废料。酚类化合物污染主要来源于炼油、焦化等工厂的排水。苯类化合物污染主要来源于石化、焦化、农药、印染等行业的排水。油类污染主要来源于石油开采、冶炼、分离等工厂的排水。病原体污染主要来源于生活污水、畜牧、医疗、生物制品等工厂的排水。霉素污染主要来源于制药等工厂排水。有机农药污染主要来源于喷施农药地表径流及农药厂的排水。景观水体的污染物主要来源于水体区域内日常生活所排放生活污水、附近停车场洗车废水、雨水、生活垃圾、建筑垃圾及其渗滤液、漂浮物和施工尘土等。个人护理用品大多属于合成有机化合物，主要涉及人体（或动物）健康品及美容品（香料、护肤品、个人卫生用品、营养补品等）。目前水环境中所检测出的药品种类已超过80种，甚至个别地方的饮用水中也检测到药品剩余物。

环境中的新型微量污染物一般是指在环境中确已存在或已大量使用多年，对人类生活和生态环境具有潜在有害效应，稳定性高，难以降解，易于富集，但尚无相关法律法规予以监管的新型污染物。新型污染物主要包括工业用品类、卫生用品类等，如全氟有机化合物、饮用水消毒副产物、遮光剂/滤紫外线剂、人造纳米材料、汽油添加剂、溴化阻燃剂等。

3.2.2 主要污染物及其迁移转化

污染物在水体中迁移转化是水体具有自净能力的一种表现。进入水体的污染物首先通过水力、重力等作流体动力迁移，同时发生扩散、稀释作用，含量趋于均一，也可能通过挥发转入大气。在适宜的环境条件下，污染物还会在水圈内发生迁移的同时产生各种转化作用。主要的转化过程有沉积、吸附、水解和光分解、配合、氧化还原、生物降解等，其中生物降解是决定有机污染物在水体中归宿的一种重要转化过程。此内容将在后面章节予以详细阐述。这些迁移转化过程有物理性的、生物性的，而更多的是化学性的过程。在诸多的化学过程中，有的是可逆的，有的是不可逆的；有的是快速进行的，也有的存在动力学方面阻碍的。这些过程又都与污染物在环境中的最终归宿有着直接或间接的关系。

1. 悬浮固体的迁移转化

悬浮固体影响水的纯净度，增大水体的浊度，降低水体的透光性。水体中的悬浮固体吸附有害物质和细菌，使细菌滋长，恶化水质，破坏水体。悬浮小颗粒物会堵塞鱼类的腮，使之呼吸困难，导致死亡；悬浮颗粒物含量高时水体的透光性下降，水中植物光合作用受到影响，难以生长甚至死亡；悬浮固体物会降低水质，增加净化水的难度和成本。

悬浮固体中含有无机颗粒物与有机颗粒物。无机颗粒物主要是各类矿物微粒，含有铝、铁、锰、硅水合氧化物等无机高分子；有机颗粒物主要是腐殖质、蛋白质等大分子有机物。有机颗粒物的颗粒尺寸为 1nm 至数纳米，并且具有胶体的一般特性。此外，还有油滴、气泡构成的乳浊液和泡沫、表面活性剂等半胶体以及藻类、细菌、病毒等生物胶体。水中的悬浮固体主要来源于上游地表沉积层以及人类排放物。

1）水中颗粒物的吸附作用

水中颗粒物的吸附作用主要有：表面吸附、离子交换吸附和专属吸附。

（1）表面吸附

由于胶体具有巨大的比表面积和表面能，使得固液界面存在表面吸附作用，属于物理吸附。

（2）离子交换吸附

由于环境中大部分胶体带负电荷，容易吸附各种阳离子，在吸附过程中，胶体对离子的吸附具有等量交换的特点，属于物理化学吸附。所进行的反应不受温度影响，其交换吸附过程的影响因素主要是溶质的性质、含量及吸附剂性质等。

（3）专属吸附

专属吸附经常体现于水中的配合离子、有机离子、有机高分子和无机高分子的吸附。其特点是吸附过程中，除了化学键作用外，加强的憎水键和范德华力或氢键也起作用。专属吸附可以改变表面电荷符号，可使离子化合物吸附在同号电荷的表面上。在中性甚至在与吸附离子带相同电荷符号的表面也能进行吸附。

2）颗粒物中重金属的释放

重金属从悬浮物或沉积物中重新释放，可以看作二次污染问题，也可看作重金属重新迁移的途径。在失控状态下，这种释放对于水生生态系统以及饮用水的供给都是危险的；在科学控制的条件下，可作为对重金属的去除手段。

盐含量的升高、氧化还原条件的变化、pH 值的降低、水中配合剂含量的增加都可以促使颗粒物中重金属的释放。例如，由于雨水的淋溶作用会使得煤矿堆积的煤矸石内所含重金属元素释放并随雨水迁移，造成矸石山周围地表水体的污染。张祥雨等的研究表明，淋溶液的初始 pH 值对其最终 pH 值的影响不大，淋溶液本身的酸碱度对元素析出有较大影响。谢国樑等在咸潮对重污染河涌底泥重金属释放的研究表明，底泥中重金属的释放量随人工海水盐度的增加而增加。由于盐度的增加，Cu、Zn 和 Ni 的释放量分别可增加 1.5 倍、0.88 倍和1.1倍。

3）胶体颗粒的絮凝

絮凝也可称为凝聚、聚集。絮凝一般是由聚合物促成的，絮粒通过吸附、交联、网捕，聚结为大絮体沉降的过程。由电解质促成的聚集一般称为凝聚。对于粒度均等、球体形状的理想状态颗粒，在没有化学专属吸附作用的电解质溶液中，可以用DLVO理论解释。对于物质本性不同、粒径不等、电荷符号不同、电位高低不等之类的分散体系，可以用异体凝聚理论解释。天然水环境以及人工水处理构筑物中所遇到的颗粒聚集方式主要有压缩双电层凝聚、专属吸附凝聚、胶体相互凝聚、“边对面”絮凝、第二极小值絮凝、聚合物粘结架桥絮凝、无机高分子的絮凝、絮团卷扫絮凝、颗粒层吸附絮凝、生物絮凝。天然水体中或者其他实际体系中的情况要复杂得多。在实际水环境中，上述种种凝聚、絮凝方式是同时存在的。

2. 主要无机污染物及其迁移转化

1）重金属的迁移转化

重金属污染的特点是不仅种类众多，而且化学形态各异，化学性质差异较大，毒性较强，在环境中不易被降解。不同形态的同种重金属化合物其毒性可以有很大差异。大多数重金属污染物最终都汇集至水环境中或者水体的底泥中，这使得很多污染事件由水环境的重金属污染引发，如水俣病。随着人类现代化进程的深入，重金属引发的中毒事件频度越来越高。重金属污染物对人、畜有直接的生理毒性；重金属污染物一般又具有潜在危害性，可被水中食物链富集，浓度逐级加大。而人正处于食物链的终端，通过食物或饮水，将有毒物摄入人体。若这些有毒物不易排泄，将会在人体内积蓄引起慢性中毒。不仅各类工业企业以及农业环节会向地球环境排放大量含重金属的污染物，人类日常生活中的食品、化妆品、药品一旦存在重金属超标问题，也会对人类健康造成威胁

（1）镉。工业含镉废水的排放，大气锡尘的沉降和雨水对地面的冲刷，都可使镉进入水体。镉是水迁移性元素，除了硫化镉外，其他镉的化合物均能溶于水。在水体中镉主要以Cd^{2+}状态存在。进入水体的镉还可与无机配体和有机配体生成多种可溶性配合物如$CdOH^+$、$Cd(OH)_2$、$HCdO_2$、$CdCl^+$、$CdCl_2$等。实际上天然水中镉的溶解度受碳酸根或羟基浓度所制约。

水体中悬浮物和沉积物对镉有较强的吸附能力。已有研究表明悬浮物和沉积物中镉的含量占水体总镉量的90%以上。

水生生物对镉有很强的富集能力。据Fassett报道，对32种淡水植物的测定表明其所含镉的平均浓度可高出邻接水相一千多倍。因此，水生生物吸附、富集是水体中重金属迁移转化的一种形式，通过食物链的作用可对人类造成严重威胁。众所周知，日本的痛痛病就是由于长期食用含镉量高的稻米所引起的中毒。

（2）汞。天然水体中汞的含量很低，一般不超过1.0μg/L。水体的汞污染主要来自生产汞的厂矿，有色金属冶炼以及使用汞的生产部门排出的工业废水。尤以化工生产中汞的排放为主要污染来源。

水体中汞以Hg^{2+}、$Hg(OH)_2$、CH_3Hg^+、$CH_3Hg(OH)$、CH_3HgCl、$C_6H_5Hg^+$为主要形态。在悬浮物和沉积物中主要以Hg^{2+}、HgO、HgS、$CH_3Hg(SR)$、$(CH_3Hg)_2S$为主要形态。在生物相中，汞以Hg^{2+}、CH_3Hg^+、CH_3HgCH_3为主要形态。汞与其他元素等形成配合物是汞能随水流迁移的主要因素之一。当天然水体中含氧量减少时，水体氧化还原电位可能降至50～200mV，从而使Hg^{2+}易被水中有机质、微生物或其他还原剂还原成Hg，

即形成气态汞，并由水体逸散到大气中。Lemian 认为，溶解在水中的汞约有 1%～10%转入大气中。

水体中的悬浮物和底质对汞有强烈的吸附作用。水中悬浮物能大量摄取溶解性汞，使其最终沉降到沉积物中。水体中汞的生物迁移在数量上是有限的，但由于微生物的作用，沉积物中的无机汞能转变成剧毒的甲基汞而不断释放至水体中。甲基汞有很强的亲脂性，极易被水生生物吸收，通过食物链逐级富集，最终对人类造成严重威胁。它与无机汞的迁移不同，是一种危害人体健康与威胁人类安全的生物地球化学迁移。日本著名的水俣病就是食用含有甲基汞的鱼造成的。

（3）铅。由于人类活动及工业的发展，几乎在地球上每个角落都能检测出铅。矿山开采、金属冶炼、汽车尾气、燃煤、油漆、涂料等都是环境中铅的主要来源。岩石风化及人类的生产活动，使铅不断由岩石向大气、水、土壤、生物转移，铅源从而对人体的健康构成潜在威胁。

淡水中铅的含量为 0.06～120μg/L，中值为 3μg/L。天然水中铅主要以 Pb^{2+} 状态存在，其含量和形态明显受 CO_3^{2-}、SO_4^{2-}、OH^- 和 Cl^- 等含量的影响，铅可以以 $PbOH^+$、$Pb(OH)_2$、$PbOH_3^-$、$PbCl^+$ 等多种形态存在。在中性和弱碱性的水中，铅的含量受氢氧化铅所限制。水中铅含量取决于 $Pb(OH)_2$ 的溶度积。在偏酸性天然水中，水中 Pb^{2+} 含量被硫化铅所限制。

水体中悬浮颗粒物和沉积物对铅有强烈的吸附作用，因此铅化合物的溶解度和水中固体物质对铅的吸附作用是导致天然水中铅含量低、迁移能力小的重要因素。

（4）砷。岩石风化、土壤侵蚀、火山作用以及人类活动都能使砷进入天然水中。淡水中砷的含量为 0.2～230μg/L，平均为 1.0μg/L。天然水中砷可以以 H_3AsO_3、$H_2AsO_3^-$、H_3AsO_4、AsO_4^{3-} 等形态存在，在适中的氧化还原电位（E_b）值和 pH 呈中性的水中，砷主要以 H_3AsO_3 为主。但在中性或弱酸性富氧水体环境中则以 $H_2AsO_4^-$、$HAsO_4^{2-}$ 为主。

砷可被颗粒物吸附、共沉淀而沉积到底部沉积物中，水生生物能很好地富集水体中的无机和有机砷化合物。水体无机砷化合物还可被环境中的厌氧细菌还原而产生甲基化，形成有机砷化合物。但一般认为甲基砷及二甲基砷的毒性仅为砷酸钠的 1/200。因此，砷的生物有机化过程，亦可认为是自然界的解毒过程。

（5）铬。铬是广泛存在于环境中的元素。冶炼、电镀、制革、印染等工业将含铬废水排入水体，使水体受到污染。天然水中铬的含量在 1～40μg/L 之间，主要以 Cr^{3+}、CrO_2^-、CrO_4^{2-}、CrO_7^{2-} 四种离子形态存在，因此水体中的铬主要以三价和六价铬的化合物为主。铬的存在形态决定着其在水体中的迁移能力，三价铬大多数被底泥吸附转入固相。少量铬溶于水，迁移能力弱。六价铬在碱性水体中较为稳定并以溶解状态存在，迁移能力强。因此，水体中若三价铬占优势，可在中性或弱碱性水体中水解，生成不溶的氢氧化铬和水解产物或被悬浮颗粒物强烈吸附，主要存在于沉积物中。若六价铬占优势则多溶于水中。

六价铬毒性比三价铬大。它可被还原为三价铬，还原作用的强弱主要取决于溶解氧（DO）、五日生化需氧量（BOD_5）、化学需氧量（COD）值。DO 值越小，BOD_5 值和 COD 值越高，则还原作用越强。因此，水体中六价铬可先被有机物还原成三价铬，然后被悬浮物强烈吸附而沉降至底部颗粒物中，这也是水体中六价铬的主要净化机制之一。由于三价铬和六价铬之间能相互转化，所以近年来又倾向考虑以总铬量作为水质标准。

（6）铜。冶炼、金属加工、机器制造、有机合成及其他工业排放含铜废水是造成水体铜污染的重要原因。水生生物对铜特别敏感，故渔业用水铜的容许含量为 0.01mg/L，是饮用水容许含量的百分之一。淡水中铜的含量平均为 3μg/L，其水体中铜的含量与形态都明显地与 OH^-、CO_3^{2-} 和 Cl^- 等含量有关，同时受 pH 值的影响。如 pH 为 5～7 时，碱式碳酸铜 $Cu(OH)_2CO_3$ 溶解度最大，二价铜离子存在较多；当 pH>8 时，则 $Cu(OH)_2$、$Cu(OH)_3^-$、$CuCO_3$ 及 $Cu(CO_3)_2^{2-}$ 等铜形态逐渐增多。

水体中大量无机和有机颗粒物能强烈地吸附或螯合铜离子，使铜最终进入底部沉积物中。因此，河流对铜有明显的自净能力。

(7) 锌。天然水中锌的含量为 2～330μg/L，但不同地区和不同水源的水体，锌含量有很大差异。各种工业废水的排放是引起水体锌污染的主要原因。天然水中锌以二价离子状态存在，但在天然水的 pH 范围内，锌都能水解生成多核羟基配合物 $Zn(OH)_n^{n-2}$，还可与水中的 Cl^-、有机酸和氨基酸等形成可溶性配合物。锌可被水体中的悬浮颗粒物吸附或生成化学沉积物向底部沉积物迁移，沉积物中锌的含量为水中的 1 万倍。水生生物对锌有很强的吸收能力，因而可使锌向生物体内迁移，富集倍数达 10^3～10^5 倍。

(8) 铊。铊是分散元素，大部分铊以分散状态的同晶形杂质存在于铅、锌、铁、铜等硫化物和硅酸盐矿物中。铊在矿物中替代了钾和铷。黄铁矿和白铁矿中的含铊量最大。目前，铊主要从处理硫化矿时所得到的烟道灰中制取。

天然水中铊的含量为 1.0μg/L，但受采矿废水污染的河水含铊量可达 80μg/L，水中的铊可被黏土矿物吸附迁移到底部沉积物中，使水中铊的含量降低。环境中的一价铊化合物比三价铊化合物稳定性要大得多。Tl_2O 溶于水，生成水合物 TlOH，其溶解度很高，并且有很强的碱性。Tl_2OH_3 几乎不溶于水，但可溶于酸。铊对人体和动植物都是有毒的。

重金属在水中的迁移是指其空间位置的改变与存在状态的变化。重金属在水环境中的迁移，按照物质运动的形式可分为机械迁移、物理化学迁移和生物迁移三种类型：

(1) 机械迁移，是指溶解态、颗粒态的重金属离子被水流携带移动。

(2) 物理化学迁移，是指重金属以简单离子、络合离子、可溶性分子的形式在水中经历物理化学反应而实现迁移和转化。天然水体中的无机胶体、有机胶体、复合体的吸附作用对水中重金属的转化以及生态效应有重要影响。胶体对重金属的吸附作用主要包括黏土矿物、水合金属氧化物、腐殖质对重金属离子的吸附。

(3) 生物迁移，是指重金属在水中通过生物体的新陈代谢、生物链富集、死亡沉积等过程所实现的迁移，此过程相对复杂。

重金属是以多种形态存在于水中的。水中重金属的迁移往往伴随着元素化学形态的转化。汤鸿霄指出“化学形态”包括“价态、化合态、结合态和结构态”四个方面。重金属在水中的形态主要取决于 pH 值、氧化还原条件、络合剂含量等指标。重金属的生物可给性、生物毒性、化学活性、再迁移性不仅决定于重金属的量，更取决于其形态。例如，Gr^{3+} 是对生物体的有益元素，但 Cr^{6+} 属于污染物；$CuHCO_3$、CuEDTA 等是无毒的，但是 Cu^{2+} 是毒性形态。

重金属在水中的形态转化主要包括：溶解态与沉淀态、解离态与配合态、还原态与氧化态、无机态与生物有机态之间的互相转化。

2) 酸、碱、盐的迁移转化

现代工业生产排放的废水中含有大量的酸、碱、盐污染物。除了明确的酸碱盐污染物之外，某些金属、金属离子、有机氯农药、有机磷农药、苯基和烷烃类等污染物质，广义来说也是酸、碱或酸碱络合物。这类污染物通常呈溶解状态，它们进入水环境后，不仅会分别污染环境，更会相互作用，进一步发生络合、氧化还原、中和、沉淀等化学反应，以及引发各种生物灾难。原始状态的自然界中也存在酸、碱、盐，如天然酸性烟雾、酸性雨水、酸性雪、酸性矿水、酸性土壤、碱性土壤、碱性地下水等。在人类干扰下，也会由其原始寂静稳定态变为不稳定态。酸、碱污染会使水体的 pH 值发生变化，使水质逐渐酸化或碱化，破坏其原有的缓冲能力，威胁水生动植物、微生物的生长，对水生生态系统造成难以恢复的破坏，使水体自净能力降低。另外，酸碱污染会腐蚀水中的金属材料，危害水中的人工构筑物、设备设施。

刘敏、侯立军等对潮滩“干湿过程”模式下营养盐的迁移、转化微观实验模拟研究发现：长期滞水有利于 NH_4^+-N 在沉积物中累积和 NH_3^--N 还原作用的发生。长期暴露利于氧气渗透到沉积物中，加剧 NH_4^+-N 的硝化作用，造成沉积物中 NH_4^+-N 向 NH_2^--N 和 NH_3^--N 的转化。地下水中的硝酸盐，由于其性质稳定、溶解度高，而且会随地下水移动，导致大面积污染，成为当前地下水污染最普遍的环境因子。很多专家致力于研究硝酸盐迁移转化的控制方法。何晓锋研究表明：在其他条件不变时，随着水力梯度的增加，pH 值降低，氨氮及硝酸盐氮含量增大，亚硝酸盐含量的变化趋势不明显；在其他条件不变时，随着含水层厚度减小，硝酸盐氮含量增加，亚硝酸盐氮含量的变化趋势不明显。另一方面，因酸碱中和可能产生某些盐类，酸、碱与水体中的矿物相互作用也产生某些盐类。最终导致水中无机盐种类复杂化，同时增加水的硬度。水中无机盐的存在能增加水的渗透压，对淡水生物和植物有不良影响。在对酸、碱、盐迁移转化的人工控制中，坚持以废治废，鼓励对自然界原有的修复、消纳规律的研究，是两个优先考虑的原则。

3）H_2S 的迁移转化

H_2S 是一种无色、有臭鸡蛋气味的有毒气体。它能溶于水、乙醇、甘油、二硫化碳和石油等，其水溶液即氢硫酸。S^{2-} 能与多种金属离子作用，生成不溶于水或酸的硫化物沉淀。H_2S 经常溶解存在于地下水、油层、天然气、石油伴生气中。

还原环境中含硫有机物的厌氧分解可产生 H_2S。钻井过程中遇到酸性油层或含有硫酸盐还原菌的各种流体，或钻井液热分解时，都能产生 H_2S。当水中的 H_2S 质量浓度达到 1μg/L 时，便会对鱼类等水生生物产生毒害作用。当空气中的 H_2S 质量浓度超过 1000mg/m³ 时，会使人类急性中毒致死。H_2S 水溶液对水泥、Cu、Pb、Fe 等金属材料具有腐蚀作用。H_2S 可以加剧钢的渗氢作用，从而导致氢脆。H_2S 存在时会加速 H^+ 对钢铁设备的腐蚀。

在一般天然水体中，H_2S 易离解为 HS^-；若 pH 值升高，HS^- 可进一步离解为 S^{2-}。在好氧水体中 H_2S 可在微生物作用下被快速氧化。

$$2H_2S + O_2 \longrightarrow 2H_2O + 2S$$

$$H_2S + 2O_2 \longrightarrow 2H^+ + SO_4^{2-}$$

去除硫化氢的途径有：

（1）沉淀法。向溶液中加入 Cu^{2+}、Zn^{2+}、Fe^{2+}、Ni^{2+} 的盐或氧化物，与 S^{2-} 作用生成难溶化合物除去 H_2S；或使气体与上述物质的盐水溶液作用而沉淀成为底泥。常用的溶液有硫酸铜、碳酸亚铜、碱式碳酸锌、氧化锌、醋酸锌、锌螯合物、氧化铁、氧化亚铁、铁螯合剂、碱式碳酸镍等。

（2）物理吸收法，包括加压水洗法、活性炭法、分子筛法、冷甲醇法、碳酸丙烯酯法、环丁酯法、聚乙二醇二甲酰法等。

（3）钾碱法和氨水法。将含 H_2S 的气体通过盛装浓氢氧化钾或氢氧化钠的球管设备，由于离解原理而被吸收。氨水法类似钾碱法。

（4）氧化法。

（5）金属氧化物吸收法。在高温下，用金属氧化物及其混合物脱除 H_2S。

（6）高压静电法。通过电晕辉光放电，使氧气生成臭氧，分子中的琉基和硫基在高压静电场中易被氧化。

（7）微生物法，适宜于 H_2S 含量较低的情况。所用的微生物主要有光合细菌（绿硫细菌属中的栖泥绿菌）、化能自养菌（氧化硫硫杆菌、排硫硫杆菌、氧化亚铁硫杆菌、脱氮硫杆菌）。所涉及的生物反应器包括曝气式反应器、生物洗涤器、生物滤床、生物滴滤床。

3. 主要有机污染物及其迁移转化

1）糖类、脂肪、蛋白质的迁移转化

糖类、脂肪、蛋白质是生物化学中的三大类重要的能量供应物质，也是生活污水、生产废水中生物体的主要成分，其来源主要是人的排泄物和动植物废料。微生物的分解代谢主要是蛋白质、糖类、脂类的降解过程。

（1）糖类的生物降解。糖类是四大类生物分子之一，广泛存在于生物界。糖类是生物体内的结构成分和主要能源物质。糖类的本质是多羟醛、多羟酮及其衍生物，大多具有 $(CH_2O)_n$ 的形式。糖类按照其聚合度可分为单糖、寡糖、多糖。

糖代谢除了提供能量之外，其中间产物可转变为其他的含碳化合物（氨基酸、脂肪酸、核苷酸等），糖的磷酸衍生物可形成重要的生物活性物质。酵解是糖的共同分解途径，三羧酸循环是糖的最后氧化途径。除了酵解之外，还有两种中间代谢途径：磷酸戊糖途径、糖醛酸途径。糖的合成途径包括糖原异生、糖原合成、结构多糖的合成。经过酵解产生丙酮酸之后，在有氧氧化条件下，形成乙酰 CoA，再经过一系列氧化、脱羧，最终氧化成二氧化碳和水，并产生能量。此过程称为“三羧酸循环”。在缺氧或无氧条件下，称为“发酵”。在缺氧条件下，丙酮酸生成乳酸。在无氧条件下则生成乙醇。在此过程中，NADH 起关键作用。从能量角度分析，糖类在有氧氧化条件下分解所释放的能量大大超过在无氧氧化条件下发酵分解所产生的能量。在酵解过程中，净得 2ATP；在氧化磷酸化过程中，产生 6ATP；在三羧酸循环过程中，产生 2×10^{15} ATP。

（2）脂肪的生物降解。脂类是油、脂肪、类脂的总称。一般把常温下是液体的称为油，而把常温下是固体的称为脂肪。脂肪不溶于水，但溶于多数有机溶剂。脂肪是由甘油和脂肪酸组成的三酰甘油酯，其中甘油的分子比较简单，而脂肪酸的种类和长短却不相同。自然界有四十多种脂肪酸，包括饱和脂肪酸、单不饱和脂肪酸、多不饱和脂肪酸。

在脂肪酶的作用下，脂肪水解后生成甘油和相应的各种长链脂肪酸。甘油经过一系列酶促反应转化为丙酮酸。而后在有氧条件下，由乙酰 CoA 催化，经过一系列氧化、脱羧反应，最终氧化成二氧化碳和水，类似于糖代谢途径；在无氧条件下，丙酮酸转化为简单的有机酸、醇和二氧化碳等。

脂肪酸在有氧条件下，与 ATP 和 CoA 在脂酰 CoA 合成酶的作用下，生成脂酰 CoA。经 β-氧化降解成乙酰 CoA，再进入三羧酸循环。每次 β-氧化循环生成 $FADH_2$、NADH、乙酰 CoA 和比原先少两个碳原子的脂酰 CoA。在无氧条件下，脂肪酸被酶促反应分解形成简单的酸、醇和二氧化碳。

(3) 蛋白质的生物降解。蛋白质是构成细胞的主要成分，也能为机体提供能量。机体摄入的蛋白质和排出的量在正常情况下处于平衡状态，称为氮平衡。

蛋白质的相对分子质量很大，不能直接进入细胞内，需先经水解生成游离氨基酸后才能进入细胞内部。氨基酸是构成蛋白质的基本组分，另一方面，氨基酸也是许多其他重要生物分子的前体，如激素、嘌呤、嘧啶等。

氨基酸的代谢主要是合成为蛋白质。对于以氨基酸作为唯一碳源的细菌，以分解代谢为主。氨基酸的分解，在有氧条件下可完全氧化成为二氧化碳和水，产生 ATP；在无氧氧化条件下通常是酸性发酵，转化为简单的有机酸、醇和二氧化碳。氨基酸分解时的脱氨基作用主要包括：普遍存在于动植物体内的氧化脱氨作用；不普遍的非氧化脱氨基作用；转氨基作用。构成蛋白质的 20 种氨基酸通过转变为乙酰 CoA、α-酮戊二酸、琥珀酰 CoA、延胡索酸、草酰乙酸五种物质而进入三羧酸循环。

2) 烃类化合物的迁移转化

烃是有机化合物的母体，石油和煤的主要成分都是烃，烃类化合物的生物降解对于消除与石油和煤有关的水污染问题具有重要意义。烃的种类非常多，结构已知的烃在 2000 种以上。烃可以分为脂肪烃与芳香烃。脂肪烃又包括开链烃类与脂环烃类，根据碳原子间键的种类——单键、双键、三键，可分为烷烃或石蜡烃、烯烃、二烯烃、炔烃。烃类化合物一般具有疏水性，呈现高度还原状态，其降解反应都属于氧化反应，由氧化酶催化。烷烃即饱和烃，在酶作用下　通过烷烃分子末端氧化、次末端氧化或双端氧化，生成醇，经醛而生成羧酸，再进入三羧酸循环，转化成二氧化碳和水。烯烃类化合物较易被微生物氧化。在氧化过程中，烯烃分子上双键端或饱和端的碳原子可能被氧化；不饱和末端双键可以发生环氧化；可能开环形成二元醇。初步分解为饱和脂肪酸和不饱和脂肪酸，再经氧化路径和三羧酸循环被完全分解。芳烃类化合物具有高度脂溶性。多环芳烃及其衍生物中很多具有致癌性和致突变性，且致癌性与致突变性间有很好的相关关系。单环芳烃化合物仅微溶于水，在天然水体中滞留时间很短。卤代芳烃特别是氯代苯易被富含有机组分的沉积物吸附，促使水中的有机污染物含量维持在较低的水平。卤代芳烃化合物很可能挥发入空气中。其挥发速率与水的温度、深度、水的流速等因素有关。但是，水中具有四个或四个以上苯环的多环芳烃（PAH）化合物不易挥发。溶液中的多环芳烃化合物较难发生化学氧化或光化学氧化。水中的氯苯、1,2-二氯苯、六氯苯等可能在水中被微生物降解。海水中的微生物也能降解多环芳烃化合物。多环芳烃化合物的生物降解方式：多环芳烃的水溶性和蒸气压都很小，易被水体中的悬浮颗粒或沉积物吸附，其中相对分子质量较低的主要是通过沉积、挥发、生物降解等过程在水中迁移；相对分子质量较高的主要通过沉积、光化学氧化过程发生迁移、转化。

3) 酚类化合物的迁移转化

焦化厂、煤气发生站、炼油、木材防腐、绝缘材料的制造、制药、造纸以及酚类化工厂的废水、废气都会产生酚污染。含酚废水会使水生生物受到抑制，繁殖下降、生长变慢，严重时导致死亡。含酚废水流入地下则会造成地下水污染。我国规定饮用水中挥发酚的最高允许质量浓度为 0.002 mg/L，地面水中挥发酚的最高允许质量浓度为 0.010mg/L。

含酚废水的处理方法分为物理法、化学法、生物法等，其中吸附、化学氧化等方法是传统的化学处理方法。但化学法成本高，推广普及的潜力有限。物理法处理含酚废水效果较好，近年来发展较快的有萃取法、离子交换法、乳化液膜法。

酚类化合物能被水中的悬浮颗粒或水底沉积物吸附，氯酚更易被吸附。对于中、低含量的含酚废水，利用活性炭或者活性炭纤维进行吸附是有效果的。在其吸附过程中，温度、pH 值、DO、取代基及其位置、溶解度都对吸附效果有影响。树脂吸附法也可有效处理高、低含量的含酚废水，有的树脂可有针对性地用于处理含酚废水。悬浮泥砂对酚类化合物有一定的吸附作用，其吸附量随酚类化合物的氯化程度提高而增大。曝气可促使酚类从水中挥发。紫外线、过氧化物在合适的条件下也可加速水中酚的氧化过程。苯酚的水溶性较大，在水中不易挥发。苯酚在水溶液中可以被分子氧缓慢氧化，足够的曝气能促进其氧化过程。

酚类化合物的微生物降解承担着含酚废水处理的主体任务。常见的处理含酚废水的生物反应器形式有塔式生物滤池、塑料滤料滤池、生物转盘、活性污泥曝气池、生物流化床等。国内大多采用的是活性污泥生化法，适合于处理 COD 较高而酚含量较低的废水。利用曝气使水中繁殖形成众多好氧微生物絮凝体，一方面能够吸附水中的酚类物质，另一方面利用微生物的新陈代谢，将酚类物质作为食料进行降解并转化为无害物质。活性污泥法易于分解一元酚和二元酚，如氯代一元酚、硝基一元酚大多是易生物降解的。而三元酚难以分解。生物流化床在含酚废水处理中效果较好，即以砂、焦炭、活性炭等颗粒为载体，水流自下而上流动，载体表面的生物膜与废水接触完成传质过程。生物流化床法可使生物膜保持高密度状态，BOD 容积负荷高，处理效率高，兼具活性污泥法和生物膜法的优点。

生化法处理成本低、处理能力大，但缺点是占地面积大，处理效果受废水成分、pH 值、盐度、温度、含量等因素影响很大，菌体易流失，污泥易造成二次污染。适当加药可提高其处理效果，加入一定量的 $FeCl_3$ 可提高污泥的氧化能力。具有分解酚能力的微生物包括细菌、酵母菌、放线菌等。经过富集、选择培养、分离，可以得到高分解能力的菌株。例如，可以从农药厂土壤中分离得到苯酚降解菌作为菌种。

除了上述的常见含酚废水处理方法外，还有气提法、焚烧法、絮凝法、超临界氧化法、超声波法、盐析法等。

4）农药的迁移转化

为了防治植物病虫害，全球每年有超 460 万 t 化学农药被喷洒到自然环境中。我国的植保方针贯彻了 IPM（有害生物综合治理）的基本原则，强调尽可能少干预农业生态系统，鼓励采用自然法控制有害生物。常见的化学性农药包括有机氯农药、有机磷农药、有机汞农药、有机砷农药、有机氟农药、有机硫农药等。常见的有机氯农药有 DDT、六六六、艾氏剂、氯丹、毒杀芬等。常见的有机磷农药包括敌百虫（中等毒类）、乐果（中等毒类）、对硫磷（1605，剧毒类）。常见的有机汞农药包括西力生（氯化乙基汞）、赛力散（醋酸苯汞）、谷仁乐生（磷酸二乙基汞）、富民隆（磺胺苯汞）等。常见的有机砷农药包括稻脚青、退菌特、甲基硫砷、稻宁等。常见的有机氟农药包括氟乙酰胺、氟乙酸钠。常见的有机硫药包括代森类（代森锌、代森钱）、福美类（福美锌、福美铁等）。

农药使用后，大部分都散逸于土壤、空气及水体之中。这使得地表水与地下水中含有很多的农药残留物，由于大气环流、海洋洋流及生物富集等综合作用，在格陵兰冰层、南极企鹅体内，均已检测出 DDT 等农药残留。农药对人体的危害主要表现为：急性中毒、慢性危害，以及致癌、致畸、致突变危害。

有机氯农药由于杀菌范围广、效率高、急性毒性小、累积含量高，很容易污染环境，目前已被许多国家禁用。有机氯农药能抑制 ATP 酶、单胺氧化酶的活性以及乙酰胆碱酯酶的合成。其中毒的临床症状主要表现于神经系统，如听觉和感觉过敏、反射活动增强、兴奋性增高、肌肉震颤，蓄积性中毒症状不明显。有机氯农药的水溶性低，辛醇的水分配系数较高，性质稳定，残留时间长，难以发生化学降解和生物降解，在环境中的滞留时间较长，可通过食物链累积。水环境中累积的有机氯农药主要存在于底泥、沉积有机质、水生生物脂肪中。

有机磷农药药效高、适用范围广、在生物体内残留时间短，残留量较少，在我国停止使用有机氯农药以后，它成为最主要的一类农药。有机磷农药，可与生物体内的胆碱酯酶（CHE）相结合，生成不易水解的磷酰化胆碱酯酶，抑制了胆碱酯酶的活性，导致乙酰胆碱大量累积，出现胆碱神经机能亢进的临床症状，如神经功能紊乱、震颤、精神错乱、言语失常等。

农药进入地球环境后，会立刻在农作物、昆虫、土壤、水体、大气等环境介质中重新分配，并且不断地互相迁移转化。除了被昆虫吸收、农作物截留之外，大部分挥发进入大气，其余进入土壤、水体环境中。存在于水体、土壤、大气环境中的农药残留物，不停地发生着动态的转移、交换，在适宜的化学条件下，有可能达到较稳定的平衡。其平衡状态决定于农药的水溶性等理化性质，以及各类环境参数。

有机农药在水环境中的迁移转化主要涉及光解、挥发、水解、吸附、解吸、动物作用、植物作用、微生物降解作用。

（1）光解。当农药存在于地表水中时，会在阳光照射或紫外线作用下，有机物分子结构与化学性质发生改变，经过系列逐级反应而分解，其毒性有可能降低。

（2）挥发。当地表水中的农药含量较高时，可能经历挥发过程。在适宜的化学条件下，挥发可能在水体农药转移中起到重要作用。

（3）水解。它是水体中农药转移的重要途径。农药的水解既有化学水解，又有生物水解。

① 化学水解主要是农药分子与水分子之间发生相互作用的过程，即 H_2O 或 OH^- 作用于C、P、S等原子，并且取代离子基团 Cl^-、苯酚盐等。对于单分子亲核取代反应，反应速率与亲核试剂的含量和性质无关，其限速步骤是农药分子（RX）离解成 R^+。对于双分子亲核取代反应，反应速率依赖于亲核试剂的含量与性质。化学水解过程的影响因素主要有农药化学结构、温度、pH 值、离子强度、有机溶剂量、沉积物、黏土矿物、痕量金属。例如，反应介质的溶剂化能力会形响农药的水解，离子强度和有机溶剂量会影响溶剂化能力。pH 值对有机磷类农药的水解有明显影响，一部分农药可以在 pH 为 8～9 的溶液中水解。磺酰脲类除草剂的水溶性与 pH 值有关。提高温度有利于农药水解，温度每升高 10℃，农药的水解速率常数会增加 2～3 倍。Braschi 等认为磺酰脲类除草剂在中性 pH 值的天然沉积物中以微生物降解为主，当 pH 值较低时以化学水解为主。

② 生物水解是在生物体内的水解酶的作用下，使得非水溶性农药变为亲水性化合物利于被生物进一步代谢。

（4）吸附。在相对稳定的水体中，农药分子会与水体沉积物之间形成吸附与解吸附平衡。温度降低有利于吸附进行。最简单的吸附模型是线性模型，即认为有机污染物在载体上的吸附量与其液相含量成正比。

（5）动物降解。农药在水体中会通过渗透、食物链等方式进入低级水生动物体内，经过自身代谢（吸收、排泄）可能使农药分子结构变化，毒性降低。此时的低等动物对残留农药起到了吸收、降解、富集作用。

（6）植物降解。植物的生长代谢、矿化、挥发，都可以将农药物质直接吸收储存或者将农药分子无毒化。来自植物的对有机农药分解起着重要作用的酶主要是脱卤酶、硝酸还原酶、过氧化物酶、漆酶、腈水解酶。开发对有机农药污染进行修复的工程植株系统，具有很强的现实意义。例如，将卤代烷烃脱卤酶基因移植入能大量吸收污染物的南芥菜中。

（7）微生物降解。有机农药可作为微生物代谢的基质和能源参与微生物的代谢，促进农药残留物降解。

不同的有机农药在不同条件下的降解机理是多种多样的，主要包括生物水解作用、生物氧化作用、脱氯作用、脱烷基作用、生化还原作用（厌氧条件下的脱氧加氢）。

微生物对农药的降解可分为酶促反应与非酶促反应两种代谢形式。酶促反应是主要的形式。此时所涉及的酶促反应主要包括水解酶、氧化酶的代谢、特异酶的代谢，类似诱导酶的代谢或共代谢。当农药含量较低时，农药分子在广谱酶的作用下进行水解代谢或共代谢。与农药降解的酶和农药分子一般没有特殊的相关性。参与农药降解的非酶促反应方式主要涉及光化学反应（如微生物代谢产物能作为从光吸收能量的光敏体，也能把能量转移给农药分子）、酸碱反应（如微生物的脱羧代谢使溶液变酸，使得不稳定的农药分解）、辅酶的形成作用（如 DDT 脱氯生成 DDD）。

3.3 水中的营养元素和水体富营养化

3.3.1 水中的营养元素

水中的 N、P、C、O 和微量元素如 Fe、Mn、Zn 是湖泊等水体中生物的必需元素。营养元素丰富的水体通过光合作用，产生大量的植物生命体和少量的动物生命体。近年来的研究表明，湖泊水质恶化和富营养化的发展，与湖体内积累营养物有着非常直接的关系。以太湖为例，进入太湖的主要营养物总磷（TP）、总氮（TN）、Fe、Mn 和 Zn 是进入太湖污染物中总量较大的一类，年入湖量 32751.8t，其中 TN 占 85.8%，TP 和 Fe 各约占 6% 和 2.1%，Mn 占 0.3%。近 3 年来，营养元素特别是 TN、TP 的含量都有明显的增加。

通常使用 N/P 值的大小来判断湖泊的富营养化状况。当 N/P 值大于 100 时，属贫营养湖泊状况。当 N/P 值小于 10 时，则认为属富营养状况。如果假定 N/P 值超过 15，生物生长率不受氮限制的话，那么有 70% 的湖泊属磷限制。随着研究工作的深入，人们已逐渐认识到，湖泊的营养类型，除了营养物质的量度外，还应包括某些化学、生物甚至物理感官等多个项目综合反应的结果。

3.3.2 水体富营养化

水体富营养化是指生物所需的氮、磷等营养物质大量进入湖泊、河口、海湾等缓流水体，引起藻类及其他浮游生物迅速繁殖，水体溶解氧量下降，鱼类及其他生物大量死亡的现象。在受影响的湖泊、缓流河段或某些水域增加了营养物，由于光合作用使藻的个数迅速增加，种类逐渐减少，水体中原是以硅藻和绿藻为主的藻类，变成以蓝藻为主暴发性繁殖。在自然状况下，这一过程是很缓慢地发生，但在人类活动作用下，可加速这一过程的进行。

随着藻类及浮游生物种类和数量的不同，水体反映出不同的颜色，一般由占优势的物种的颜色决定，如蓝色、红色、棕色和乳白色等。这种富营养化现象在江河湖泊中出现称为水华，在海洋中出现称为赤潮。

20 世纪以来，富营养化问题已经影响了全球许多的淡水湖泊。亚太地区 54%的湖泊富营养化，欧洲、非洲、北美洲和南美洲富营养化的比例分别是 53%、28%、48%和 41%。目前我国主要湖泊的氮、磷污染严重，富营养化问题突出，已有 75%的湖泊出现不同程度的富营养化，五大淡水湖泊水体中的营养盐浓度远远超过富营养化发生浓度，中型湖泊大部分均已处于富营养化状态。城市湖泊大多处于极富和重富营养化状态，一些水库也进入富营养化状况。污染物大量进入湖泊、人为活动对湖泊生态环境的严重破坏、湖泊内源污染严重是我国湖泊富营养化发生的主要原因。水体富营养化的危害日益严重，给经济和社会发展、环境保护和人类健康带来越来越大的威胁，因此富营养化问题已经成为当今世界各个国家特别关注的水环境问题。大量研究表明，富营养化发生的主要机理如下：

（1）流域污染物排入湖泊是湖泊富营养化发生最关键的因素之一。目前，

我国城市生活污水大约有 80%未经处理直接排放。据统计每年排入滇池、太湖、巢湖的 TP、TN 和 COD 量，是湖泊最大允许量的 3～10 倍，破坏了湖泊生源物质的平衡，造成水质恶化。

（2）富营养化湖泊中的水化学平衡发生变化，湖泊水体中 pH、DO 和碳的平衡是维持湖泊生态系统良性循环的保障。大量污染物进入湖泊后造成湖水 pH 值上升。pH 值上升有利于水华藻类的生长，而藻类大量繁殖又进一步提高湖水的 pH 值，进而为水华藻类如微囊藻等的疯长提供了适宜的生长环境。水体 DO 值下降有利于蓝藻的生长，而对其他藻类生长不利。CO_2 在水中的溶解度随水温升高而降低，当湖水氮、磷对藻类生成已达到饱和情况下，碳也有可能成为限制性因子，此时水体增加碳有利于水华藻类的生长。

（3）湖泊生态遭到严重破坏，生物群落发生明显变化，湖泊生物多样性在维持湖泊生态系统的能量循环、湖泊自净过程、资源再生利用及作为物种基因库方面有重要意义。富营养化所带来的低 DO、低透明度及基质还原性强等从根本上改变了湖泊生态系统健康运转的初级生产力结构，导致水生植被特别是沉水植物的衰退和消失，浅水湖泊生态系统的主要初级生产者从以大型水生植物为主转变为以藻类为主。

（4）湖泊内源营养物质的释放沉积物是污染物及营养物质的蓄积库。当外源得到有效控制后，沉积物中的营养物质再释放也是导致湖泊富营养化的一个重要原因。据估计，若滇池点源得到有效控制后，沉积物释放的磷仍可维持滇池水体目前富营养化水平达 63 年。湖泊沉积物有时表现以释放磷为主，有时却表现以吸附磷为主，目前尚不清楚控制磷从沉积物中释放或吸附的关键因素。

3.3.3　典型的富营养化现象

1. 蓝藻水华

（1）淡水藻类

蓝藻属于淡水藻类，淡水藻类的大部分门类都有形成有害水华的种类，包括属于真核生

物的绿藻、甲藻、隐藻、金藻等，以及属于原核生物的蓝藻。有代表性的有害淡水藻类水华见表 3-6。

表 3-6　有害淡水藻类水华

界	门	属	适宜水华生成条件
原核生物	蓝藻门	鱼腥藻	富含磷、富营养、温暖、分层、长滞留时间、高辐射强度
		束丝藻	
		拟柱胞藻	
		胶刺藻	
		节球藻	
		微囊藻	富含氮磷、富营养、温暖、分层、长滞留时间
		颤藻	
		束球藻	
真核生物	绿藻门	葡萄藻	中度富含氮磷、分层、高辐射强度
		绿球藻	富含氮磷、富营养
		球囊藻	
	甲藻门	角甲藻	富含氮磷、分层、有些狭盐性
		多甲藻	
		异甲藻	
		原甲藻	
	隐藻门	隐藻	富含氮磷、富营养、从淡水到狭盐性
		红胞藻	
	金藻门	单鞭金藻	富含氮磷、高氮富集下有毒、分层
		金色藻	
		锥囊藻	
		鱼鳞藻	
		三毛金藻	

能够导致淡水水华的典型藻类大多能产生异味物质，有的能产生藻毒素。其中以蓝藻水华的发生范围最广，危害最大，对人类健康的影响最为严重，已成为世界范围内关注的湖泊富营养化控制的焦点。2007 年 5 月，发生在无锡市的太湖富营养化导致的饮用水危机事件就是蓝藻水华爆发的结果。束球藻和微囊藻是夏季太湖水华爆发中占优势的蓝藻。

蓝藻水华受到广泛关注的原因之一就是因为蓝藻能产生各种各样的天然毒素，主要是环肽、生物碱和脂多糖内毒素（表 3-7）。致毒类型包括肝毒性、神经毒性、细胞毒性、遗传毒性、皮炎等，其中以肝毒性的微囊藻毒素危害最大，受到的关注最多。

表 3-7　蓝藻毒素及产毒生物

类别	毒素	毒性或刺激效应	产毒蓝藻
环肽	微囊藻毒素	肝毒性	鱼腥藻、项圈藻、隐球藻、陆生软管藻、微囊藻、念珠藻、颤藻
	节球藻毒素		节球藻

续表

类别	毒素	毒性或刺激效应	产毒蓝藻
神经毒性生物碱	类毒素-α	神经毒性	鱼腥藻、束丝藻、颤藻
	拟类毒素-α（s）		鱼腥藻、颤藻
	石房蛤毒素		鱼腥藻、束丝藻、拟柱胞藻、鞘丝藻
细胞毒性生物碱	筒胞藻毒素	细胞毒性、肝毒性、神经毒性、遗传毒性	鱼腥藻、束丝藻、拟胞柱藻
皮炎毒性生物碱	海兔毒素	皮炎毒性	鞘丝藻、裂须藻、颤藻
	鞘丝藻毒素		鞘丝藻
脂多糖内毒素	脂多糖内毒素	刺激暴露组织	所有蓝藻

微囊藻毒素重要的结构特征为N-甲基脱氢丙氨酸及两个L-氨基酸残基X和Z，根据1988年制定的微囊藻毒素命名法则，X、Z两残基的不同组合由代表氨基酸的字母后缀区分，常见的有LR、RR、YR三种毒素，其中L、R、Y分别代表亮氨酸、精氨酸和酪氨酸。微囊藻毒素是最早被阐明化学结构的藻毒素，在对藻毒素的研究中也多以它作为研究对象。它是一个环状的七肽分子，分子量约为1000Da。已证实微囊藻毒素是一种肝毒素，能抑制蛋白质磷酸脂酶，从而帮助解除对细胞增殖的正常的制动作用，促进肿瘤的发育。微囊藻毒素主要存在于藻细胞中，但研究表明藻细胞死亡解体后仍不断有藻毒素释放到水体，对人类的饮用水安全造成危害。

世界卫生组织1998年制定了饮用水中微囊藻毒素-LR的最大允许浓度为1.0μg/L。我国卫生部于2001年颁布的《生活饮用水卫生规范》，将1.0μg/L的微囊藻毒素-LR限值作为“生活饮用水水质非常规检测项目”。2002年颁布的《地表水环境质量标准》也将1.0μg/L的微囊藻毒素-LR列入“集中式生活饮用水地表水源地特定项目标准限值”。

（2）蓝藻水华的成因

在自然条件下，随着河流夹带冲击物和水生生物残骸在底部不断沉降淤积，沉积物不断增多，水体也会从贫营养状态过渡到富营养状态，进而演变为沼泽和陆地。富营养化是水体的一种自然老化现象，在天然水体中普遍存在。但是在没有人为因素干扰的情况下，这种自然过程非常缓慢，常需几千年甚至上万年。

20世纪以来，人类活动大大加速了水体的富营养化过程。随着世界经济的快速发展和人口数量的急剧增加，大量未经处理的生活、工业、农业污水的排入以及水土流失，成为水体营养物质的来源。生活污水中含有大量的可溶性营养盐类和有机质，尤其是生活污水中的洗涤剂含有大量的磷。而工业中如化肥、制革、食品等行业排出的废水，也富含大量的营养物质和无机盐类，现代农业中大量应用了化肥和农药，而多余的化肥、农药也会随着水流进入水体。同时，不合理的围湖造田、开山取石，使地壳中的一些盐类被雨水冲刷进入水体，形成水土流失。而这些流失的表层土壤又是富含营养元素的，从而加大了水体的富营养化程度。

从生态系统的角度来看，富营养化类似于一种施肥过程。在N、P加速输入的情况下，初级生产率超过被无脊椎动物、鱼类等的利用速率，就会导致未被利用或多余的有机质（如蓝藻水华）被积累的可能。水体富营养化是藻类大量繁殖的原因，所以湖水中的总磷浓度与叶绿素a之间存在很好的正相关关系。通常把总氮（TN）、磷（TP）和叶绿素a含量作为判定水体富营养化程度的指标（表3-8）。

表 3-8 湖泊营养类型评判标准

营养状态	总磷（TP）（μg/L）	总氮（TN）（μg/L）	叶绿素 a（μg/L）	透明度（feet）
贫营养	＜15	＜400	＜3	＞12
中营养	15～25	400～600	3～7	8～12
富营养	25～100	600～1500	7～40	3～8
超富营养	＞100	＞1500	＞40	＜3

在地表淡水系统中，磷酸盐通常是淡水生态系统中主要的限制因子。导致富营养化的物质，往往是这些水生生态系统中含量有限的营养物质。例如，在正常的淡水系统中磷的含量通常是有限的，因此增加磷酸盐会导致藻类的过度生长。水体中的藻类本来以硅藻和绿藻为主，蓝藻的大量出现是富营养化的征兆。蓝藻和红藻等水华藻类个体数量的迅速增加，会使其他藻类的种类逐渐减少，最后变为以蓝藻为主，这主要是因为蓝藻对氮、磷的亲和力高。实验数据表明，蓝藻对氮、磷的亲和力高于许多其他光合生物，这意味着在 N 或 P 限制的情况下，蓝藻能竞争过其他藻类。藻类繁殖迅速，生长周期短。藻类及其他浮游生物死亡后被需氧微生物分解，不断消耗水中的溶解氧，或被厌氧微生物分解，不断产生硫化氢等气体，从两个方面使水质恶化，造成鱼类和其他水生生物大量死亡。藻类及其他浮游生物残体在腐烂过程中，又把大量的 N、P 等营养物质释放入水中，供新的一代藻类等生物利用。因此，富营养化的水体，即使切断外界营养物质的来源，水体也很难自净和恢复到正常状态。

氮磷限制问题是形成蓝藻水华的重要因素之一，但到底何种元素起主要限制性作用，则取决于外部输入到系统的 N/P，以及系统内部改变 N 和 P 有效性的生物地球化学过程。早在 20 世纪 30、40 年代，就有学者开始研究 N/P 比在决定藻类水华发生中的重要性。1983 年，Smith 提出了解释蓝藻水华发生的 N/P 比学说，认为湖水中 TN/TP＜29（质量比）时，蓝藻倾向于占优势；当 TN/TP＞29（质量比）时，蓝藻倾向于稀少。N/P 比学说具有重要的实践意义，因为在许多湖泊中可以通过污水分流、除去污水中的 N/P 或者湖泊自身营养盐沉淀等方式来改变 N/P 比。例如，一些湖泊的恢复技术常常导致表层水的 N/P 比增加。另外，废水深度处理常除去 N，但如果导致下游湖泊 N/P 比降低的话，反而达不到控制蓝藻水华的目标。同时应该指出的是，N/P 比学说目前并不能解释所有湖泊中蓝藻水华的出现与否，复杂的水生生态系统还有许多其他因素影响藻类等浮游生物对营养盐的响应。

2. 赤潮

赤潮是一种自然生态现象，通常指一些海洋微藻、原生动物或细菌在水体中过度繁殖或聚集而令海水变色的现象。由于通常导致海水呈红色，所以又称红潮。但并不是所有的赤潮都表现为红色，根据引起赤潮的原因、微藻种类和数量不同可出现绿色、黄色、褐色和砖红色等颜色。某些赤潮生物（如膝沟藻、裸甲藻、梨甲藻等）引起赤潮但有时并不引起海水呈现任何特别的颜色。赤潮生物包括浮游生物、原生动物和细菌等。其中有毒赤潮生物以甲藻居多，其次为硅藻、绿色鞭毛藻、定鞭藻和原生动物等。在全世界四千多种海洋浮游藻中有三百三十多种能形成赤潮，其中有八十多种能产生毒素。

1）赤潮类型

赤潮的种类繁多，按照不同的条件，赤潮可划分为不同的类型。按赤潮的成因和来源分类，可分为外来型赤潮和原发型赤潮。以赤潮生物种类的组成差异可分为单种型赤潮、双种型赤潮和复合型赤潮。按营养要求可分为氮磷型赤潮、微量元素型赤潮等。按其发生的海域划分为外海型（大洋性）赤潮、近岸型赤潮、河口型赤潮和内湾型赤潮等。按赤潮是否产生毒素，可以分为三种类型：有毒赤潮、无毒赤潮和对海洋动物有害的赤潮。目前，主要依据赤潮发生的空间位置、营养物质来源以及水动力条件，将赤潮灾害划分为以下类型：

（1）河口型赤潮

淡水径流在此类赤潮的发生过程中起着重要的作用，为赤潮生物细胞的增殖提供了环境条件和物质基础。尤其在夏季降雨之后，由于河流注入的淡水盐度低、温度高、营养盐和腐殖质、微量元素等的含量大大增加，提供了赤潮发生的物质基础。淡水径流导致河口区水体分层程度增加，使水体更具有潜在的稳定性，利于赤潮的持续发展；河口区水体盐度的大小是河流淡水和海洋盐水相互混合的结果。向河口外盐度逐渐增加，表底层盐度的分布存在着极其明显的差异，垂直分布明显。

（2）海湾型赤潮

海湾型赤潮的营养物质来源于沿岸的工业、生活污水的排放，水交换能力差，封闭或半封闭型的海湾水流缓慢，有利于赤潮生物的生长，潮汐的作用大，沿岸有机物随潮汐的反复回荡，使底部营养物质扰动起来，又被推到沿岸，加剧了氮、磷等营养元素在沿岸的积聚，同时沿岸的微量元素也易于进入海域，为赤潮生长提供了所需的营养物质。

（3）岸滩型赤潮

岸滩型赤潮主要指沿海滩涂养虾开发利用过度，养虾废水、残饵和排泄物的大量排放使近岸海水污染。动力条件弱，水体运动方向与岸线垂直，以潮汐作用为主，污染物聚集在沿岸，稀释扩散速度慢、底泥易于保存和释放营养细胞。此类赤潮发生的面积小，持续时间短，对水产养殖业的危害大。

（4）上升流型赤潮

上升流是指海水缓缓上升的现象。从表层以下垂直上升的海流，其速度为 $10^{-5} \sim 10^{-2}$ cm/s。上升流携带底层营养盐至表层，为浮游生物提供了丰富的营养物质，导致海水的富营养化。上升流区及其边缘海水比较肥沃，往往导致浮游生物大量繁殖。一般在岛屿和海岬的背风侧、暗礁周围和北半球较强的逆时针流旋中都会产生局部的上升流。

（5）近岸型赤潮

近岸水体的流动速度慢，水体的交换程度差，岸线为平直海岸，赤潮藻种和营养物质来源于近岸污水的排放或外部的输入，水体的运动方向与岸线平行。近岸型赤潮主要分布在近岸筏式养殖区。人工养殖的滤食性贝类的大量排泄物和死亡个体堆积在海底，不断分解，在高温、大风等异常环境条件下，加速矿化并进入水体，造成海水的富营养化，为赤潮生物的生长繁殖及赤潮发生提供丰厚的物质基础。大面积的人工水产养殖导致养殖水域食物链趋向简单化，生物多样性降低，生态系统进行自我调节和抵御外界扰动的能力减弱，容易爆发赤潮。

（6）外洋型赤潮

此类赤潮远离海岸，主要分布在滨内区或滨外区。这类赤潮的主要类型为钙板金藻，被认为是地球上含钙最多的有机质。赤潮发生时水体呈白色，具有较高的反射率，叶绿素含量低；由于离岸较远，对海洋经济不会造成影响，但因其含有大量的钙，这类赤潮的爆发对全球气候变化具有重要的意义。

2）赤潮的危害

根据赤潮造成的危害和后果，可以简单地将赤潮及其危害分为如下三类：

（1）赤潮对海洋生态平衡的破坏

海洋是一种生物与环境、生物与生物之间相互依存、相互制约的复杂生态系统。系统中的物质循环、能量流动都是处于相对稳定、动态平衡的状态。当赤潮发生时，海洋生态环境将发生变化，会出现海水盐度、pH 值、光照度异常，溶解氧降低，氨氮的比例失调等现象，直接影响海洋生态的平衡。同时，赤潮发生时，由于某一种或几种生物的数量突然处于绝对的优势，与其他种类的生物竞争性消耗水体中的营养物质，并分泌一些抑制其他生物生长的物质，造成水体中的生物量增加，但种类数量减少。赤潮生物体死亡后，沉积在水体底部并分解，水体中的溶解氧被严重消耗，同时产生大量有害气体如硫化氢等，使大量海洋生物因缺氧或中毒死亡，进一步破坏了原有的生态平衡。

（2）赤潮对海洋渔业和水产资源的破坏

赤潮发生后，单一种类的赤潮生物异常爆发性增殖，海域生物多样性和生态平衡被破坏，海洋浮游植物、浮游动物、底栖生物、游泳生物相互间的食物链关系和相互依存、相互制约的关系异常或者破裂，严重破坏了经济渔业种类的饵料供应，造成渔业产量锐减；同时许多赤潮生物产生的毒素，直接或间接通过食物链传递，使海洋动物生理失调或死亡，有的可以在海洋动物体中富集。即使不产生毒素，在形成赤潮时高密度的赤潮藻也可以大量吸收水中的溶解氧使海洋动物窒息死亡。部分可产生黏性物质的赤潮生物，能将大量黏性物质排于细胞质外，当鱼、虾、贝类呼吸时，可使海洋动物呼吸和滤食器官受损，造成大量的海洋动物机械性损伤后窒息死亡。

（3）赤潮对人类健康的危害

有些赤潮生物还能分泌一些可以在贝类体内积累的毒素，统称贝毒。目前，世界上已发现包括麻痹性贝毒（PSP）、腹泻性贝毒（DSP）、神经性贝毒（NSP）、记忆缺失性贝毒（ASP）和西加鱼毒（CFP）等多种贝毒。这些毒素可以在某些贝类、鱼体内富集，其含量往往有可能超过食用时人体可接受的水平。这些贝类如果不慎被食用，就会导致人体中毒，严重时可导致死亡。

3）赤潮的形成

赤潮形成的原因是很复杂的，不同海域形成赤潮的季节、时间、生物种类和程度都不尽相同。

（1）化学因素

海洋水体的富营养化是赤潮的物质基础和首要条件。具有色素体的赤潮生物在生长、繁殖时，需要吸收营养物质，进行光合作用，氮、磷等盐类是赤潮生物生长、繁殖必须的养分。一旦氮、磷达到一定比例，赤潮生物会突然急剧增殖，发生赤潮。有机污染对赤潮的影响也很重要。维生素、植物生长刺激素、造纸废水中的木质素、有机磷农药废水、生活污水中的有机氮磷、养殖水域中的过剩饵料、腐烂的海带等均是形成赤潮的重要因素。底泥厚度、底质粒径大小、底泥中有机质含量等与赤潮均有密切关系。

（2）物理因素

物理因素主要包括海水温度与盐度。水温是赤潮形成的重要因素，海水水温 18℃以上或在 24～27℃之间，赤潮生物很容易急剧增殖。海水温度突然升高（2℃以上），可视为赤潮的前兆。赤潮海域的海水盐度一般为 27‰～37‰。赤潮也与海域的海况如海浪、潮汐、海水密度、水文、地质、气象条件等关系十分密切。

此外，生物因素也是引发赤潮的重要原因之一，赤潮后期大量胞囊的形成也是赤潮消亡的主要特征。大量的赤潮生物胞囊沉积在底泥之中，在环境条件适宜的时候胞囊萌发，生成营养体并大量繁殖，可导致赤潮的爆发。

3.4　水处理方法概述

3.4.1　水处理程度分级

废水处理的方法很多。一般根据废水的性质、数量以及要求的排放标准，有针对性地选用处理方法或采用多种方法综合处理。按照水质状况及处理后出水的去向可以确定废水处理的程度，一般可以分为一级处理、二级处理和三级处理。

1. 一级处理

一级处理主要是除去粒径较大的固体悬浮物、胶体颗粒和悬浮油类，初步调节 pH 值，减轻废水的腐化程度。一级处理工艺过程一般由筛选、隔油、沉降和浮选等物理过程串联组成，处理的原理在于通过物理法实现固液分离，将污染物从污水中分离。废水经一级处理后，BOD_5 和 SS 的典型去除率分别为 25%和 50%。

2. 二级处理

二级处理主要是采用一些物理化学方法，如萃取、汽提、中和、氧化还原，并采用耗氧或厌氧生物处理法，分离、氧化及生物降解有机物及部分胶体污染物。废水经二级处理后，BOD 去除率可达 80%～90%，二级处理是废水处理的主体部分。污水生化处理属于二级处理，以去除不可沉悬浮物和溶解性可生物降解有机物为主要目的，生物处理的原理是通过生物作用，尤其是微生物的作用，完成有机物的分解和生物体的合成，将有机污染物转变成无害的气体产物（CO_2）、液体产物（水）以及富含有机物的固体产物（微生物群体或称生物污泥）；多余的生物污泥在沉淀池中经沉淀使固液分离，从净化后的污水中除去。

3. 三级处理

三级处理属于深度处理，它将经过二级处理的水进行脱氮、除磷处理，用活性炭吸附法或反渗透法等去除水中的剩余污染物，并用臭氧或氯消毒杀灭细菌和病毒，然后将处理水送入中水道中，作为冲洗厕所、喷洒街道、浇灌绿化带、工业用水、防火等水源。常采用的方法有化学沉淀、反渗透、电渗析、吸附、离子交换、生物脱氮、氧化塘法、改良接触氧化法等。

3.4.2　水处理方法

依据处理方法的基本原理，废水处理技术主要分为物理法、物理化学法、化学法和生物处理法四大类。物理法主要应用于废水一级处理的工艺过程中，其核心技术是采用过滤、隔油、沉降或浮选等处理过程，除去废水中粒径较大的固体悬浮物、胶体颗粒和悬浮油类。物理化学法是利用各种物理化学手段将有机物分离或降解的方法，主要包括汽提法、吸附法、萃取法、膜分离法、超声波法、光降解法、水解法、氧化法等。生物降解法是利用微生物的代谢作用将有机物同化或分解的方法，主要分为好氧生物降解和厌氧生物降解。好氧生物降解就是微生物在氧的存在下，通过自身的代谢作用将有机物分解的过程，完全降解的产物为二氧化碳和水。厌氧生物降解就是微生物在缺氧的条件下将有机物分解的过程，其产物主要是甲烷。

常见的水处理方法见表 3-9。

表 3-9 常见的污水处理技术

<table>
<tr><td rowspan="24">生物处理方法</td><td rowspan="17">活性污泥法</td><td colspan="3">传统活性污泥法</td></tr>
<tr><td colspan="3">改良曝气池、高速曝气池、阶段曝气池</td></tr>
<tr><td colspan="3">A/O 法、A^2/O 法</td></tr>
<tr><td colspan="3">吸附再生法</td></tr>
<tr><td colspan="3">两段曝气法（A-B 法）</td></tr>
<tr><td colspan="3">序批式活性污泥法（SBR）</td></tr>
<tr><td colspan="3">吸附-生物降解工艺（AB 法）</td></tr>
<tr><td rowspan="9">氧化沟工艺（OD）</td><td colspan="2">Carrousel 氧化沟</td></tr>
<tr><td colspan="2">Orbal 氧化沟</td></tr>
<tr><td colspan="2">Pasvcer 氧化沟</td></tr>
<tr><td colspan="2">一体化氧化沟</td></tr>
<tr><td rowspan="3">交替式氧化沟</td><td>双沟交替式氧化沟</td></tr>
<tr><td>三沟交替式氧化沟</td></tr>
<tr><td>五沟交替式氧化沟</td></tr>
<tr><td colspan="2">导管式氧化沟</td></tr>
<tr><td colspan="2">射流曝气氧化沟</td></tr>
<tr><td colspan="3">AOC 工艺</td></tr>
<tr><td rowspan="6">生物膜法</td><td colspan="3">普通生物滤池</td></tr>
<tr><td colspan="3">生物接触氧化池（淹没式生物滤池）</td></tr>
<tr><td colspan="3">生物转盘</td></tr>
<tr><td colspan="3">生物流化床</td></tr>
<tr><td colspan="3">厌氧生物滤池</td></tr>
<tr><td colspan="3">曝气生物流化池（ABFT）</td></tr>
<tr><td>自然生物处理</td><td colspan="3">稳定塘法、人工湿地法、土地处理法</td></tr>
<tr><td>物理法</td><td colspan="4">格栅、沉砂、沉淀、吸附、过滤、超滤、气浮、反渗透</td></tr>
<tr><td>化学法</td><td colspan="4">混凝法、电解池、化学沉淀池</td></tr>
</table>

1. 水处理物理方法

（1）筛滤法

用来分离污水中呈悬浮状态的污染物。常用设备是格栅和筛网。格栅主要用于截留污水中大于栅条间隙的漂浮物，一般布置在污水处理厂或泵站的进水口，以防止管道、机械设备及其他装置堵塞。格栅的清渣，可采用人工或机械方法。有的是用磨碎机将栅渣磨碎后再投入格栅下游，以解决栅渣的处置问题。

筛网的网孔较小，主要用以滤除废水中的纤维、纸浆等细小悬浮物，以保证后续处理单元的正常运行和处理效果。

（2）沉淀法

通过重力沉降分离废水中呈悬浮状态的污染物。这种方法简单易行，分离效果良好，应用非常广泛，主要构筑物有沉砂池和沉淀池。

沉砂池的作用是从废水中分离密度较大的砂土等无机颗粒。沉砂池内的污水流速控制到只让密度大的无机颗粒沉淀，而不让较轻的有机颗粒沉淀，以便把无机颗粒和有机颗粒分离开来，分别处置。一般沉砂池能够截留粒径在 0.15mm 以上的砂粒。沉砂池型式很多，以平流沉砂池截留效果为最好。目前较先进的技术是曝气沉砂池，即在沉砂池一侧曝气，使污水在池内呈螺旋状流动前进，以曝气旋流速度控制砂粒的分离，流量变化时仍能保持稳定的除砂效果。在曝气的作用下，污水中的有机颗粒经常处于悬浮状态，也可使砂粒互相摩擦，擦掉覆盖在表面上的有机污染物，以利于取得较为纯净的砂粒。

用于一级处理的沉淀池，通称初次沉淀池。其作用为：①去除污水中大部分可沉的悬浮固体；②作为化学或生物化学处理的预处理，以减轻后续处理工艺的负荷和提高处理效果。

（3）上浮法

用于去除污水中漂浮的污染物，或通过投加药剂、加压溶气等措施使一些污染物上浮而被去除。在一级处理工艺中，上浮法主要是用于去除污水中的油类杂质。隔油池就是用来分离污水中颗粒较大的油品的。应用较多的为平流式隔油池，处理效率一般为 60%～80%，出水含油量为 100～200mg/L。当污水中的油粒很小，甚至呈乳化状态时，则需用加压溶气或投加混凝剂等措施，使油粒凝集浮升，然后撇除。

2. 水处理化学方法

（1）化学混凝法

化学混凝法（chemical coagulation process）主要是处理水中的微小悬浮物和胶体杂质。胶体微粒及细微悬浮颗粒具有“稳定性”，不能相互聚结而长期保持稳定的分散状态。使胶体微粒不能相互聚结的另一个因素是水化作用。混凝原理涉及的因素很多，主要是三方面的作用：压缩双电层作用、吸附架桥作用和网捕作用。这三种作用产生的微粒凝结现象——凝聚和絮凝统称为混凝。

用于水处理中的混凝剂、助凝剂主要有无机盐类混凝剂（铝盐和铁盐）、高分子混凝剂（聚合氯化铝、聚合氯化铁、聚丙烯酰胺）、助凝剂（石灰、碳酸氢钠、氯气、聚丙烯酰胺、活化硅酸、骨胶、海藻酸钠、红花树）。影响混凝效果的因素较复杂，主要有温度、pH 值、杂质性质与含量、混合条件等。化学混凝的主体设备可分为水力搅拌和机械搅拌两大类。常用的有隔板反应池和机械搅拌反应池。

（2）酸碱中和法

酸碱中和（acid-alkali neutralization）常用于处理酸性废水和碱性废水。如果生产现场同时存在酸性与碱性废水，应先让两种废水相互中和，然后再考虑投加中和剂对剩余的酸碱进行中和。常用的酸性中和剂有废酸、粗制酸和烟道气。常用的碱性中和剂有石灰、电石渣、石灰石、白云石。

①投药法。适用于能制成溶液或浆料的药剂。处理酸性废水时，常用石灰、电石渣、石灰石、白云石、苛性钠、碳酸钠等。处理碱性废水时，常用硫酸、盐酸、压缩二氧化碳。该法适用于处理杂质多、含量高的废水。石灰常使用熟石灰，配制成石灰乳液，含量在 10%（质量分数）左右，在池中进行反应。石灰用量多时，可用生石灰配制石灰乳。在有条件的场合，二氧化碳气体也可以从烟道气、沼气中取得。

②过滤法。适用于粒料或块料的药剂。常见的滤料如石灰石、白云石、大理石。石灰石的反应速度比白云石快。采用石灰石作滤料时，进水中硫酸的质量浓度应小于 2g/L，用白

云石作滤料时，应小于4g/L。若污水中的硫酸含量较高，粒料表面会形成硫酸钙外壳而失去中和作用，可将出水回流，稀释进水。进水中若含有重金属离子或惰性化学物，也应慎重控制其含量，以防发生反应生成沉积物。

(3) 化学沉淀法

化学沉淀法（chemical precipitation）常用于去除废水中的有害离子，阳离子如 Hg^{2+}、Cd^{2+}、Pb^{2+}、Cu^{2+}、Zn^{2+}、Cr^{6+}，阴离子如 SO_4^{2-}、PO_4^{3-}。

化学沉淀法遵从溶度积的相关理论。实际操作中，沉淀剂用量常以计算量为参考，以pH值为控制参数。化学沉淀法的内容与本书其他章节的内容有所重复，在此不再赘述。

(4) 氧化还原法

氧化还原反应是水污染控制的重要理论基础之一。通过氧化还原作用，有毒有害污染物的毒性、危害性有效降低，迁移性降低，可以使水质的化学稳定性增强。例如，用氧化还原法处理电镀污水、含汞污水。在水环境治理领域主要用于以下几方面：①用于环境分析化学；②用于环境监测（如BOD、COD、DO的测定）；③用于污水处理中的活性污泥工艺、生物膜工艺以及臭氧氧化等工艺；④用于污水处理末端的消毒工艺；⑤用于给水处理工艺；⑥用于给水、排水管网的腐蚀防治；⑦用于控制臭味、除藻、除色、除铁、保护滤料清洁等特定场合。

加氯法、电解法和置换法是废水处理中常用的氧化还原方法。

①加氯法。采用连续加氯处理法可处理医院污水，起到杀菌、去除BOD、降低色度、消除臭气等作用。有色废水也可用加氯氧化法脱色。在碱性条件下，可采用氯气或者次氯酸钠溶液来氧化处理含氰工业废水。折点加氯法可用于处理氨氮废水，如采用“折点加氯-焦炭吸附”可脱除炼焦废水中的氨氮。氯氧化物用于给水与污水消毒。采用加氯消毒等处理单元中，在水中不含有氨的情况下，发生的化学反应主要是：

$$Cl_2 + H_2O \rightleftharpoons HClO + H^+ + Cl^-$$

$$HClO \rightleftharpoons H^+ + ClO^-$$

当水中含有氨的情况下，氯会与氨反应生成氯胺。

加氯消毒的优点是：氧化性强、杀菌能力强；使用方便、应用广泛，技术成熟；设备简单、投资少、成本相对较低；具有残余消毒作用；可保持及监测余氯；广泛应用于饮用水消毒处理、污水厂尾水消毒以及污水回用的消毒处理等方面。加氯消毒的缺点是：产生三卤甲烷、卤乙酸、卤代腈、卤代醛及其他有毒的有机氯，带来二次污染；会向空气释放有机化合物；对很多致病病毒、孢子、卵囊无效；占地面积较大，构筑物多；氯是一种剧毒气体，空气中氯气的体积分数为 1×10^{-6} 时，人体即会产生反应。空气中氯气的体积分数为 15×10^{-6} 时，即可危及人的生命，在运输、储存、使用过程中存在泄漏的危险，不适用于环境敏感地区。

②电解法。电解法去除废水中的污染物时，涉及电极表面的电化学作用、间接氧化和间接还原、电浮选、电絮凝等过程。电解法可以节省大量的化学药剂，操作简便、洁净、安全，占地面积小。其缺点是电耗和电极金属消耗量大，沉淀物不易处理。较成功的实例有电催化氧化法处理垃圾渗滤液，电催化氧化法处理苯酚废水，铁屑微电解法去除农药生产废水中的COD、色度、As、氨氮、有机磷和总磷。上海桃浦工业区混合污水采用铁碳内电解法处理，效果良好。

3. 水处理生物方法

（1）传统的活性污泥法

活性污泥法是利用人工曝气，使得活性污泥（微生物群体）在曝气池内呈悬浮状态与污水充分接触，利用微生物群体的凝聚、吸附和分解污水中溶解性有机物的作用，达到净化污水的目的。活性污泥法处理污水的关键在于具有足够数量和性能良好的污泥，它是大量微生物聚集的地方，即微生物高度活动的中心，在处理污水过程中，活性污泥对污水中的有机物具有很强的吸附和氧化分解能力。

活性污泥是污水中通入空气一段时间后所产生的由大量微生物组成的絮凝体，它易于沉淀而与污水分离，并使污水得到澄清，这种生物絮体称为活性污泥。它由好氧微生物（包括细菌、真菌、原生动物及后生动物）及其代谢的和吸附的有机物、无机物组成，具有降解污水中有机污染物（也有些可部分分解无机物）的能力，显示生物化学活性。在污水处理中起主要作用的污泥微生物是细菌和原生动物。

活性污泥对污水中的有机底物进行去除的过程，可称为“活性污泥反应”。其中包含物理、化学、物化、生化等综合的过程。这一过程主要由两个阶段组成，即初期吸附去除阶段和生物代谢阶段。

（2）序批式活性污泥法（SBR）

SBR（sequencing batch reactor）即序批式活性污泥法，是一种间歇运行的污水生物处理工艺。1971 年美国印第安纳州 Nacre Dame 大学的 R. L. Izvine 教授等人发表了名为“运用间歇活性污泥反应器处理污水”的论文，由此引发了世界各国对 SBR 的重新重视。现在我国采用 SBR 法的污水处理厂既有小型厂，也有大型厂。

SBR 法在原理上包含了微生物的厌氧、缺氧、好氧生化反应过程，在运行上包括了进水、反应、沉淀、出水、闲置 5 个过程，与连续流入式活性污泥法 CFS 的机理基本相同。两者的不同之处在于：CFS 法是在空间上设置的几个构筑物（调节池、初沉池、曝气池、二次沉淀池等）中连续操作完成这一系列过程，而 SBR 则在一个构筑物中在时间上间歇进行各种反应而达到处理效果。

SBR 的缺点是管理要求严格，自动化程度高，对工人技术要求高；一般适用于小型污水厂，虽然经过改造可应用于大型污水处理厂，但可靠性有待提高。

为了开发出具有各种 SBR 工艺的优点同时又能克服其缺点的工艺，国内外污水处理界正在进行多方面的试验研究，其改型思想的切入点大致可分为：将进水出水的间歇改为连续；②实现常水位运行；③简化设施，简化操作（如 UNITANK）；④提高容积利用率，增加池深；⑤增强脱氮除磷效率；⑥增强对难降解有机物的去除效果；⑦提高污泥性能，提高反应器内的活性污泥含量，加快有机物降解速度。但以上只要还保留着序批处理周期运行的特点，就应属于 SBR 工艺的范畴。

目前 SBR 工艺的新变型主要有 ICEAS、CASS（CASP、CAST）、IDEA/DAT-IAT、合建式氧化沟、UNITANK、ASBR（厌氧 SBR 工艺）、PSBR（加压 SBR 工艺）、MSBR（改良型 SBR 工艺）、BSBR（膜法 SBR）、多段 SBR 系统（多段好氧 SBR、多段厌氧 SBR、ASBR＋SBR 的组合）、SBR 运行工序的组合、投加介质的 SBR、接触氧化序列法、组合技术（如微电解-序列法）、PIAS 工艺（组合式间歇曝气系统）。另外，前处理＋SBR 也是发展方向之一，如 HA-SBR 工艺（用厌氧生物处理的前段作为 SBR 的预处理）、PAC 絮凝沉淀后接 SBR 工艺、厌氧塘＋SBR 工艺、铁屑过滤＋SBR 工艺。表 3-10 列出了典型的 SBR

变型的特点及适用范围。

表 3-10　典型的 SBR 变型的特点及适用范围

工艺名称	反应器分格	进水方式	是否回流	适用规模	工程实例
传统 SBR	单池、不分格	间歇交替进水	无	中、小型	晋中市污水厂
ICEAS	有分格墙分成预反应区和主反应区	连续进水	需要回流	大、中型	昆明市第三污水厂
DAT-IAT	中隔墙分为 DAT 区和 IAT 区	连续进水	回流比 200%～300%	大、中型	天津开发区污水厂
CAST	分为选择区和主反应区	间歇交替进水	回流比 20%～35%	中、小型	镇江新区污水厂
UNITANK	用隔墙分为三池	间歇交替进水	无	中、小型	上海石洞口污水处理厂

（3）氧化沟法

氧化沟法（oxidation ditch，简写为 OD），又名连续循环曝气池（continuous loop reactor），因其构筑物呈封闭的环形沟渠而得名，是活性污泥法的一种变形，具有出水水质好、运行稳定、管理方便等技术特点。氧化沟的水力停留时间长，有机负荷低，其本质上属于延时曝气系统。氧化沟一般由沟体、曝气设备、进出水装置、导流和混合设备组成，沟体的平面形状一般呈环形，也可以是长方形、L 形、圆形或其他形状，沟端面形状多为矩形和梯形。从运行方式角度考虑，氧化沟技术发展主要有两方面：一方面是按时间顺序安排为主对污水进行处理；另一方面是按空间顺序安排为主对污水进行处理。属于前者的有交替和半交替工作式氧化沟；属于后者的有连续工作分建式和合建式氧化沟。目前应用较为广泛的氧化沟类型包括帕斯韦尔（Pasveer）氧化沟、卡鲁塞尔（Carrousel）氧化沟、奥尔伯（Orbal）氧化沟、T 型氧化沟（三沟式氧化沟）、DE 型氧化沟和一体化氧化沟。

氧化沟处理污水的整个过程如进水、曝气、沉淀、污泥稳定和出水等全部集中在氧化沟内完成，可不另设初次沉淀池；沉淀池可与氧化沟合建，省去污泥回流装置；对水质变化的适应性强，污泥龄长，可达到较好的脱氮效果；污泥产率低。后来处理规模和范围逐渐扩大，氧化沟通常采用延时曝气，连续进出水，所产生的微生物污泥在污水曝气净化的同时得到稳定。

（4）生物膜法

活性污泥法属于悬浮生长系统，而生物膜法属于附着生长系统。生物膜法是使细菌和菌类一类的微生物和原生动物、后生动物一类的微型动物附着在滤料或某些载体上生长繁育，并在其上形成膜状生物污泥——生物膜。通过污水与生物膜接触，生物膜吸附、降解污水中的有机污染物。污水中的有机污染物作为营养物质，为生物膜上的微生物所摄取。常用的有生物滤池、塔式滤池、生物转盘、生物接触氧化和生物流化床等，见表 3-11。

表 3-11　生物膜法的类型及设计数据

类型	水力负荷 [m^3/（m^2·d）]	负荷 [kg（BOD_5）/（m^3·d）]	BOD 去除率（%）	水力停留时间（h）
标准滴滤池	1～3.5	0.08～0.40	80～85	—
生物转盘	0.1～0.2	0.10～4.0	80～90	—
生物流化床	—	7.27	74	0.26
接触氧化池	—	1.0～1.8	50～75	1～2

生物膜法具有以下优点：对污水水质、水量的变化有较强的适应性，操作稳定性好，不会发生污泥膨胀；生物膜中的生物相比活性污泥法丰富，参与净化过程的微生物多样化，繁殖世代期比设计水力停留时间长的增殖速度慢的微生物也能较好地增殖；沿着水流方向，膜中的生物种群具有分布差异，食物链长，为污水降解提供多种可能性。剩余污泥量较少；可以不用外加人工通风。缺点主要是：生物种群生长的随意性较大，难以人为控制；设备的容积负荷有限，处理效率较低，处理水量相对较小。

生物膜法根据其中载体与污水的接触方式不同，可分为填充式和浸渍式两种，填充式生物膜法有生物滤池、生物转盘等。浸渍式生物膜法有接触氧化法、生物流化床类等。

①生物滤池。生物滤池是土壤自净原理的强化，或者说模仿污水灌溉的机理。早期的生物滤池属于低负荷滤池，占地面积较大、易堵塞。普通生物滤池又称为滴滤池。

塔式生物滤池的优点是：处理量大；进水负荷大，可承受的负荷比高负荷生物滤池、普通生物滤池都大；耐冲击负荷能力强，适合用来处理高含量废水；滤料的孔隙率大，滤层厚度大；自然通风能力强，但要求通风量较大，在不利水文条件下需机械通风；自动冲刷能力强，滤层不易堵塞；滤层厚，水力停留时间长，分解的有机物数量大；占地面积小，单位面积处理能力高；投资和运转费低，管理方便，工作稳定性好；可采用密封结构，避免挥发性物质造成二次污染，卫生条件好。其缺点是出水有机物含量较高，常有游离细菌。生物滤池适宜于处理生活污水、城市混合污水、有机工业废水等。

②生物转盘。生物转盘源于原联邦德国，又称为浸没式生物滤池，是由间距很小的圆盘或多角形盘片组成，盘片面积的40％～50％浸没在接触反应槽内，盘片组在槽内缓慢转动，水流方向与转轴垂直，转轴驱动机械推动。盘片作为生物膜的载体，不断交替着和空气与水相接触，生物转盘每转动一圈即完成一个吸附和氧化周期，使污水得到净化。其特点是操作简单，转速控制灵活，抗负荷变化能力强，无污泥回流系统，生物膜的冲刷可通过控制一定的盘面转速来达到，适合用来处理中小水量的污水。其改进思路包括：改进转盘材料性能，增加转盘的直径；采用空气驱动生物转盘，将转盘改成转筒，筒内增加各种滤料。生物转盘主要用于处理有机物含量较高的污水，如啤酒废水、乳品加工废水。

③生物接触氧化法。生物接触氧化的早期形式为相对简单的淹没式生物滤池，现代的接触氧化池主要是采用新型的现代材料（蜂窝型硬性填料或纤维型软性填料）作填料，采用鼓风或机械方法充氧。依据水流状态，生物接触氧化法分为分流式和直流式。国外多采用分流式，其特点是污水在池内反复充氧，污水同生物膜接触时间长，但耗气量较大，易堵塞填料，不适合用来处理有机物含量高的废水。国内多采用直流式，其特点是直接在填料底部曝气，不易堵塞填料，耗氧量小，充氧效率高。

接触氧化法主要用于处理城市生活污水、印染废水、啤酒废水、粘胶纤维废水、乳品加工废水、腈纶废水等。

（5）厌氧生物法

厌氧生物处理法（anaerobic process）是利用兼性厌氧菌和专性厌氧菌将污水中的大分子有机物降解为低分子化合物，进而转化为甲烷、二氧化碳的有机污水处理方法。早在20世纪30年代，人们就已经认识到有机物分解过程分为酸性（酸化）阶段和碱性（甲烷化）阶段。但是直到20世纪70年代初，由于能源紧缺，能产生能源的废水厌氧技术才重新得到重视。

1967年，Bryani的研究表明，厌氧发酵过程主要依靠三大主要类群的细菌，即水解产酸细菌、产氢产乙酸细菌和产甲烷细菌的联合作用完成。因此，厌氧发酵应划分为三个连续的阶段，即水解酸化阶段、产氢产乙酸阶段、产甲烷阶段。废水厌氧生物处理是环境工程与能源工程中一项重要的技术。这种处理方法主要用于对有机物含量高的废水和粪便污水进行处理，或者作为污水处理的预处理过程（表 3-12）。

表 3-12　几种常见厌氧处理工艺的比较

工艺类型	特点	优点	缺点
普通厌氧消化	在同一个池内进行酸化，甲烷化和固液分离（搅拌或不搅拌）	可直接处理悬浮固体含量较高或颗粒较大的料液，结构较简单	缺乏保留或补充厌氧活性污泥的特殊装置，消化器难以保持大量的微生物；反应时间长，池容积大等
厌氧接触池	通过污泥回流，保持消化池内污泥含量较高，能适应高含量和高悬浮物含量的废水	消化池内的容积负荷较普通消化池高，有一定的抗冲击负荷能力，运行较稳定，不受进水悬浮物的影响，出水悬浮固体含量低，可以直接处理悬浮固体含量高或颗粒较大的料液	负荷高时污泥仍会流失；设备较多，需要增加沉淀池、污泥回流和脱气设备，操作要求高；混合液难以在沉淀池中进行固液分离
上流式厌氧污泥床	反应器内部设置三相分离器，反应器内污泥含量高	有机负荷高，水力停留时间短，能耗低，无需混合搅拌装置，污泥床内不填加载体，节省造价并且避免堵塞问题	对水质和负荷突然变化比较敏感；反应器内有短流现象，影响处理能力；如设计不善，污泥会大量流失；构造较复杂
厌氧滤池	微生物固着生长在滤料表面，滤池中的微生物含量较高；处理效果比较好。适用于悬浮物含量低的废水处理	可承受的有机容积负荷高，且耐冲击负荷能力强；有机物去除速度快；不需污泥回流和搅拌设备；启动时间短	处理含悬浮物的有机物含量高的废水，易发生堵塞，尤以进水部位严重；滤池的清洗比较复杂
厌氧流化床	载体颗粒细，比表面积大，载体处于流化状态	具有较高的微生物含量，有机物容积负荷大，具有较强的耐冲击负荷能力，具有较高的有机物净化速度，结构紧凑、占地少和基建投资省	载体流化能耗大，系统的管理技术要求比较高
两步厌氧法复合厌氧法	在两个独立的反应器中进行，比例酸化和甲烷化在两个反应器中进行；两个反应器内也可以采用不同的反应温度	耐冲击负荷能力强，能承受较高负荷；消化效率高，尤其适于处理含悬浮固体多、难消化降解的有机物含量高的废水；运行稳定，更好的控制工艺条件	两步法设备较多，流程和操作复杂
厌氧转盘和挡板反应器	对废水的净化器盘片表面的生物膜和悬浮在反应槽中的厌氧细菌完成，有机物容积负荷高	无堵塞问题，适于有机物含量高的废水；有机物容积负荷高；水力停留时间短；动力消耗高；耐冲击能力强，运行稳定，管理方便	盘片造价高

（6）自然环境处理法

利用天然生化自净作用的处理系统，虽然处理效率略低，但只需要很少的建设费用和运行成本，适宜偏远山区或者经济欠发达地区，有大片荒地或自然池塘、洼地可以利用的地区。常见的自然环境处理工艺主要有生物氧化塘与土地处理系统。

①生物氧化塘，又称生物塘或稳定塘。典型的多级生物氧化塘的系统流程图与立面图分别如图 3-4 和图 3-5 所示。

污水先经过拦污格栅去除悬浮杂质，继而由提升泵将污水提升后，自流依次经过预处理塘、厌氧塘、兼氧塘（两级）、好氧塘，使污水中的 SS、SOD、BOD、N、P 得以去除（包

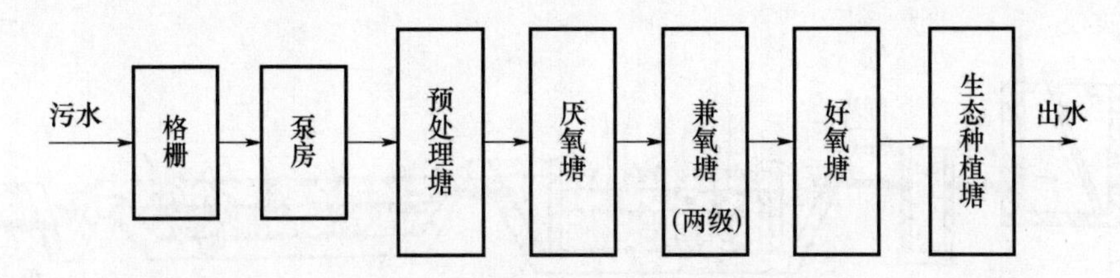

图 3-4　多级生物氧化塘系统流程图

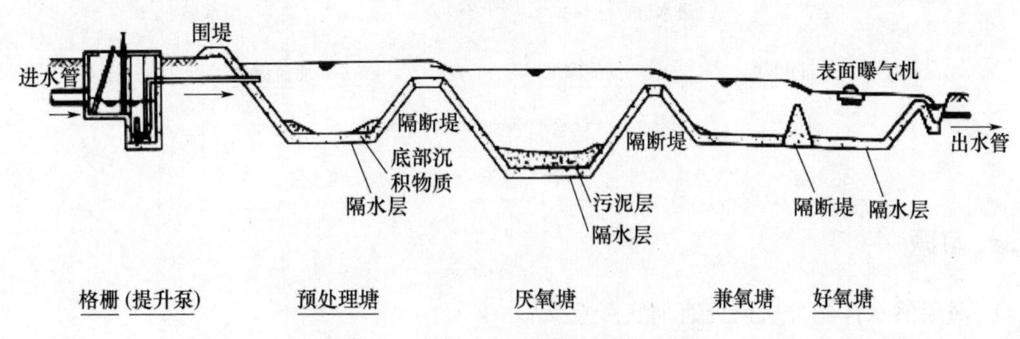

图 3-5　多级生物氧化塘系统立面图

含物理、化学、生物多种机理对污染物进行有效去除）。

预处理塘既起到沉淀池的作用，又起到去除部分 BOD 的作用；厌氧塘依靠厌氧菌使有机污染物得到降解，当进水中存在较高含量的难降解物质时起到提高减弱阻碍生物降解的因素，改善难降解成分的降解特性的作用。兼氧塘中好氧、兼性、厌氧微生物共同完成净化污水的作用，适应能力较强，是去除 BOD 的主要场所。好氧塘主要由藻类供氧，全塘处于好氧状态，由好氧微生物降解有机物，并在硝化脱氮中起主要作用。在经济条件允许的情况下，可在好氧塘中加入高效表面曝气机设备，有助于提高处理负荷和出水水质。生态种植塘中可以种植芦苇或作为养鱼塘。

②土地处理系统可分为慢速渗滤系统（灌溉系统）、快速渗滤系统（要求预处理程度较高）、地表漫流系统、湿地系统四种类型。典型的复合型湿地系统的流程图与立面图分别如图 3-6，图 3-7 所示。其核心工艺由各级人工湿地组成。污水先经过拦污格栅去除悬浮杂质，继而经布水沟将污水均匀分配至并联的芦苇砾石潜流湿地、芦苇炉渣潜流湿地，再自流入表面流湿地后，使污水中的 S、COD、BOD、N、P 得以去除。

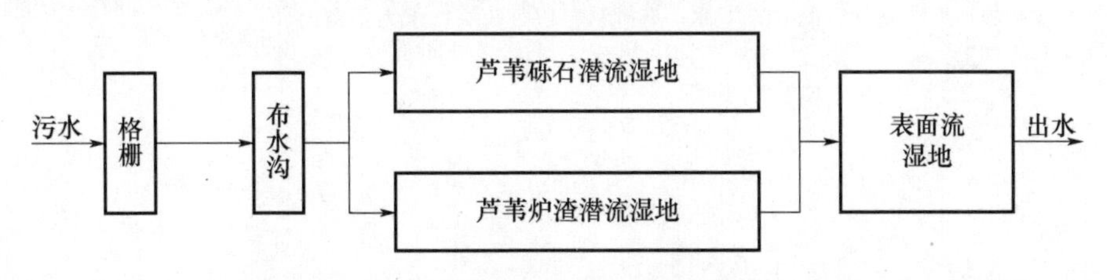

图 3-6　复合型湿地系统流程图

该处理系统宜利用河滩湿地、湖滩湿地建设湿地净化区，对污水起到净化作用。潜流湿地与表面流湿地中种植的植物，可根据当地情况灵活选择耐污染能力强、生物量大的芦苇、菱白、香蒲等作为潜流湿地主要植物种类，可选择凤眼莲、大潦、慈姑等植物作为表流湿地主要植物种类。为防止冬季人工湿地系统冻结，宜采用空气隔离层与秸秆隔离保护措施。

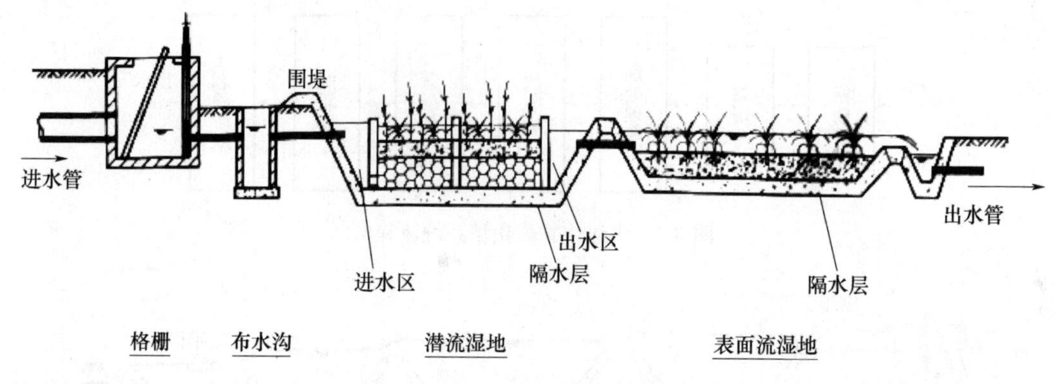

图 3-7　复合型湿地系统立面图

习题

1. 对天然水体做分层研究有何实践意义？

2. 水本身化学性质稳定，构成自然循环的过程又大多是物理相变过程，为什么说水循环有特殊的环境意义？在自然环境和社会环境中反复循环的水为什么特别容易受到污染？

3. 为什么说地下水是一种十分宝贵的水资源？一般地下水不易发生污染，但一旦发生，又不如地表水那样易净化，为什么？

4. 为什么说水质仅具有相对意义？以绝对纯水充作饮水，是否对人体健康有益无害？

5. 如何从氧化还原反应的机理来理解水体中所发生的这类反应一般都进行得比较缓慢？

6. 什么叫优先污染物？我国优先控制的污染物包括哪几类？

7. 请叙述天然水体中存在哪几类颗粒物。

8. 请叙述水中颗粒物可以以哪些方式进行聚集。

9. 请述水中主要有机污染物和无机污染物的分布及存在形态。

10. 各级处理废水或污水的方法分别适用于去除水中哪一类污染物？

第4章　水中无机污染物的迁移转化

本章主要介绍了水中各种无机污染物的迁移转化的原理，具体包括固液、液气界面过程与相间行为以及天然水溶液中的气体溶解、酸碱平衡、溶解与沉淀、氧化还原和配合作用等几种常见的水化学平衡过程。阐明天然水体中的颗粒物质的类型与性质，颗粒物在水环境中的吸附作用、吸附机制以及影响吸附的主要因素。同时，各种化学平衡的理论基础与计算也在本章进行了介绍。

4.1　水中颗粒物的聚集

在各种天然水和废水中，化学反应全部为均相反应的情况是很少见的。水中大多数重要的化学反应、物理化学过程和生物化学现象都是水中的某些成分与另一相的相互作用。水环境中的相间作用涉及固体的可分为沉积物和悬浮胶体物质两类。胶体物质可以由各种气态物质或者与水不相溶的液体组成。由于胶体颗粒通常具有较大的比表面积，因此化学反应活性非常高，水环境化学以及水处理的许多重要过程均与胶体有关。

无机污染物主要通过沉淀溶解、氧化还原、配合作用、胶体形成、吸附解吸等一系列物理化学作用进行迁移转化，参与和干扰各种环境化学过程和物质循环过程，最终以一种或多种形态长期存留在环境中，造成永久性的潜在危害。

实际上微量污染物在水体中的浓度和形态分布，在很大程度上取决于水体中各类胶体的行为。胶体微粒作为微量污染物的载体，它们的絮凝沉降、扩散迁移等过程决定着污染物的去向和归宿。在天然水体中，重金属在水相中的含量极微，且主要富集于固相中，在很大程度上与胶体的吸附作用有关。因此，胶体的吸附作用对水环境中重金属的过程转化及生物生态效应有重要影响。

4.1.1　水中颗粒物的类别

1. 天然水中的沉积物

沉积物一般是由黏土、淤泥、砂、有机物和各种矿物质构成的混合物。它们的组成变化很大，可以是纯矿物质，也可以是以有机物为主，这些物质经过许多物理、化学和生物的过程之后沉积在水体底部。

2. 天然水体中的胶体物质

（1）矿物微粒和黏土矿物

天然水体中常见的矿物微粒为石英、长石、云母及黏土矿物等硅酸盐矿物。石英（SiO_2）、长石（$KAlSi_3O_8$）等不易碎裂，颗粒较粗，缺乏黏性。云母、蒙脱石、高岭石等黏土矿物则是层状结构，易破碎，颗粒较细，具有黏性，可以生成稳定的聚集体。

天然水中具有显著胶体化学特征的是黏土矿物，主要为铝和镁的硅酸盐，它具有晶体层状结构，种类很多，可以按照其结构特征和成分加以分类。

（2）金属水合氧化物

铝、铁、锰、硅等金属的水合氧化物在天然水中以无机高分子及溶胶等形态存在，在水环境中发挥重要的胶体化学作用。

铝在岩石和土壤中是丰量元素。但在天然水中浓度较低，一般不超过 0.1mg/L。铝在水中会水解，主要形态是Al^{3+}、$Al(OH)^{2+}$、$Al_2(OH)_2^{4+}$、$Al(OH)_2^+$、$Al(OH)_3$ 和 $Al(OH)_4^-$ 等，并随 pH 值的变化而改变形态浓度的比例。实际上，铝在一定条件下会发生聚合反应，生成多核配合物或无机高分子，最终生成$[Al(OH)_3]_\infty$的无定形沉淀物。

铁也是广泛分布的丰量元素，它的水解反应和形态与铝有类似的情况。在不同的 pH 值下，Fe（Ⅲ）的存在形态是Fe^{3+}、$Fe(OH)^{2+}$、$Fe(OH)_2^+$、$Fe_2(OH)_2^{4+}$ 和 $Fe(OH)_3$ 等。固体沉淀物可转化为 FeOOH 的不同晶型物。同样，它也可以聚合成为无机高分子和溶胶。

锰与铁类似，其丰度虽然不如铁，但溶解度比铁高，因而也是常见的水合金属氧化物。

硅酸的单体 H_4SiO_4，若写成 $Si(OH)_4$，则类似于多价金属，是一种弱酸，过量的硅酸将会生成聚合物，并可生成胶体以至沉淀物。硅酸的聚合相当于聚缩反应：

$$2Si(OH)_4 \rightleftharpoons H_6Si_2O_7 + H_2O$$

所生成的硅酸聚合物，也可认为是无机高分子，一般分子式为 $Si_nO_{2n-m}(OH)_{2m}$。

所有的金属水合氧化物都能结合水中的微量物质，同时其本身有趋向于结合在矿物微粒和有机物的界面上。

（3）腐殖酸

腐殖酸是动植物遗骸，主要是植物的遗骸，经过微生物的分解和转化，以及地球化学的一系列过程造成和积累起来的一类有机物质。它的总量大得惊人，数以万亿吨计。江河湖海、土壤煤矿、大部分地表上都有它的踪迹。由于它的广泛存在，所以对地球的影响也很大，涉及碳的循环、矿物迁移积累、土壤肥力、生态平衡等方面。

腐殖酸是一种带负电的高分子弱电解质，其形态构型和官能团的离解程度有关。腐殖酸大致能分为富里酸、腐殖酸和腐黑物三类。它是由芳香族及其多种官能团构成的高分子有机酸，具有良好的生理活性和吸收、络合、交换等功能。

（4）水体悬浮沉积物

天然水体中的各种环境胶体物质往往并非单独存在，而是相互作用结合成为某种聚集体，即成为水中悬浮沉积物，它们可以沉降进入水体底部，也可以重新悬浮进入水中。

悬浮沉积物的结构组成并不是固定的，它随着水质和水体组成物质及水动力条件而变化。一般来说，悬浮沉积物是以矿物微粒，特别是黏土矿物为核心骨架，有机物和金属水合氧化物结合在矿物微粒表面上，成为各微粒间的粘附架桥物质，把若干微粒组合成絮状聚集体（聚集体在水体中的悬浮颗粒粒度一般在数十微米以下），经絮凝成为较粗颗粒而沉积到水体底部。

（5）其他

如湖泊中的藻类，污水中的细菌、病毒，废水中的表面活性剂、油滴等，也都存在胶体化学的表现，具有胶体的性质。

4.1.2 固液界面的吸附过程

天然水体作为一个巨大的分散系统，其中的颗粒物质可以吸附水中的各种污染物质，从而显著影响污染物在水体中的赋存形态和迁移转化规律。

胶体普遍存在于天然水体中，它们在洁净地表水、地下水、海洋和间质土壤及沉积物水域中的浓度相对较高（$>10^6 cm^{-3}$）。由这些胶体颗粒组成的固-液界面对土壤和天然水体系中大多数活性元素和许多污染物的浓度的调节以及各种水化学循环的耦合方面起着举足轻重的作用。了解胶体的性质及其反应历程对于水技术领域具有重要的影响。

(1) 胶体的表面电荷

水环境中各类胶体物质大多带有电荷，其电荷状况随水的组成及 pH 值而变化，在中性 pH 值附近，大部分胶粒均带有负电荷。胶体粒子可通过三条主要途径获得电荷：

①表面电荷可来自于表面的化学反应。大多数金属氧化物，比如硅、铝和铁的氧化物在水环境中都会形成羟基化的表面，通常可以表示为 S-OH。这些活性羟基位点在水中的反应包括：

酸碱平衡：

$$S\text{-}OH + H^+ \rightleftharpoons S\text{-}OH_2{}^+$$

$$S\text{-}OH(+ OH^-) \rightleftharpoons S\text{-}O^- + (H_2O)$$

金属结合：

$$S\text{-}OH + M^{Z+} \rightleftharpoons S\text{-}OM^{(z-1)+} + H^+$$

显而易见，这些反应进行的程度受到溶液 pH 值的控制，而表面带电量也会随着 pH 值的变化而变化。表面带电量可以通过量化表面各带电基团的数量来进行计算。例如，氧化物吸附二价离子M^{2+}的反应，其带电量见式（4-1）：

$$Q_p = \{S\text{-}OH^{2+}\} + \{S\text{-}OM^+\} - \{S\text{-}O^-\} \tag{4-1}$$

当处在某一 pH 值时，表面所带有的净电荷为零，这时的 pH 值称为等电点或零电荷点（Points of Zero Charge，PZC）。不同金属氧化物具有不同的 pH_{PZC}，而且每种氧化物均为固定常数，与溶液中非电位离子的浓度无关。图 4-1 中展现了几种常见胶体的电位随 pH 变化的关系图。

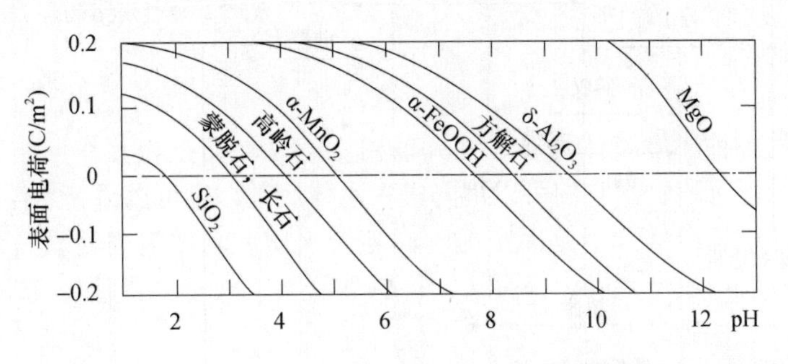

图 4-1　pH 值对几种典型胶体表面电荷的影响

胶体表面带有正电或负电主要取决于胶粒的本性，但水体的 pH 值也是具有决定意义的外因，高 pH 值可使胶粒趋向于带更多负电。例如作为黏土成分的水合SiO_2 和 $Al(OH)_3$ 的等电位点分别在 pH＝2 和 pH＝5，大多数细菌细胞胶体的等电点在 pH＝2～3 之间，而天然水体的 pH 值大致在 6～9 范围内，所以水中这类胶体表面多带过剩的负电荷。

②离子吸附。胶体粒子可以通过离子吸附得到电荷，这种现象包括离子粘附在胶体表面，通过氢键或范德华力相互作用的过程，但没有形成共价键。

③离子置换。在一些黏土矿物中，SiO_2 是一个基本单元，Al(Ⅲ)取代晶格中的一些 Si(Ⅳ)，便生成一个净负电荷。

$$[SiO_2]+Al(\mathrm{III})\longrightarrow[AlO_2^-]+Si(\mathrm{IV})$$

同样的，用二价金属如 Mg(Ⅱ)置换黏土晶格中的 Al(Ⅲ)，也能产生一个净负电荷。

(2) 胶体的凝聚沉降

胶体通常基于尺寸来定义，例如，在至少一个方向上具有在 1nm 和 1μm 之间的尺寸的粒子。基于尺寸的操作性区别（例如膜过滤、离心、扩散）虽然可以解决许多实际问题，但并不完全令人满意。为了与颗粒的热力学概念相一致，应该对可以使用“溶解”内涵定义化学势的颗粒。胶体是动态粒子；它们连续产生（通过物理碎裂和侵蚀，通过从过饱和溶液中沉淀和成核），经历组成变化，并且从水中连续地除去（通过凝结，通过附着及沉降和溶解）。

胶体可以吸附重金属离子以及水生污染物，因此，环境中的活性元素以及许多污染物的命运在很大程度上取决于胶体在水体系中的运动。天然水体中的胶体的特征具有极度复杂和多样性，包括有机物、生物碎屑、有机大分子、各种矿物、黏土和氧化物、部分涂覆有机物质。图 4-2 中给出了水体中颗粒以及过滤孔的尺寸谱图。

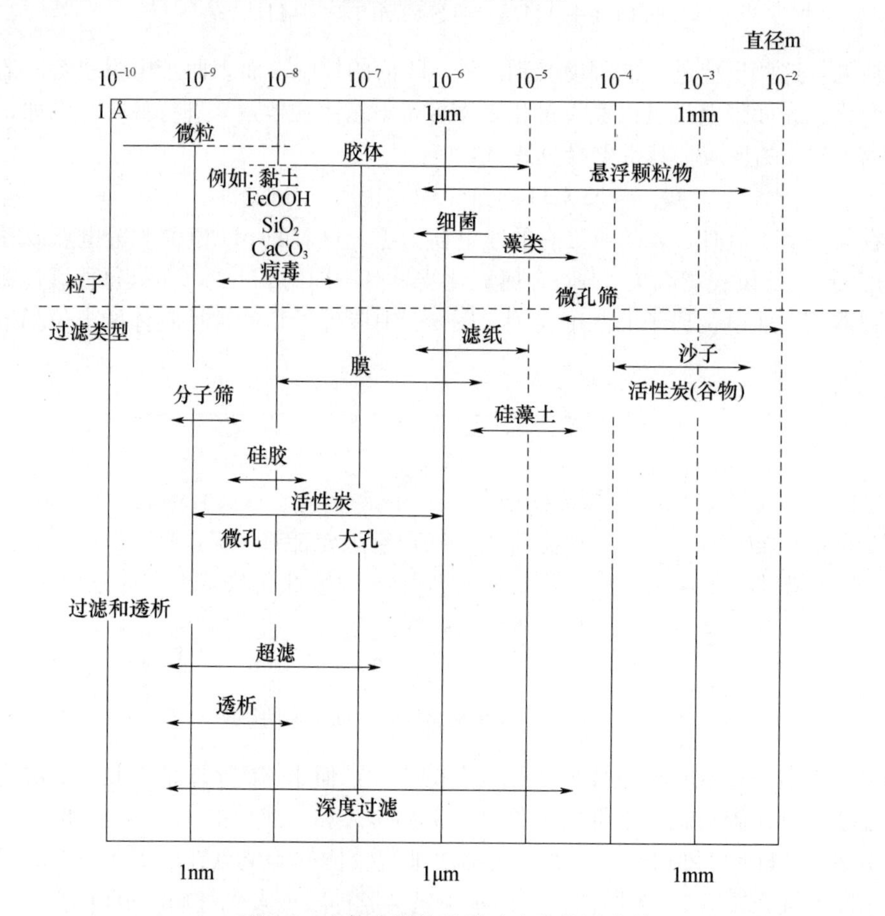

图 4-2 水体中颗粒以及过滤孔的尺寸谱

胶体如果凝集，或通过过滤粘附到溶液通过的介质的颗粒（土壤、地下水载体，工艺过滤器）上，则通过沉降将其去除。颗粒（黏土、含水氧化物、腐殖质、微生物、浮游植物）

的聚集在一般意义上指颗粒到较大聚集体的聚集。水中胶体失去稳定性的过程称为凝聚（coagulation）。投加混凝剂后水中的胶体失去稳定性，胶体颗粒互相凝聚，结果形成众多的“小矾花”。而絮凝则是指脱稳胶体相互聚结成大颗粒絮体的过程，也就是上面凝聚过程中形成的“小矾花”通过吸附、卷带、架桥等作用，形成颗粒较大絮凝体的过程。混凝是凝聚、絮凝两过程的总称，是水中胶体粒子及微小悬浮物的聚集过程。

（3）胶体颗粒凝聚的基本原理和方式

胶体的凝聚有两种基本形式，即凝聚和絮凝。胶体粒子表面一般带有电荷，由于静电斥力而难以相互靠拢，聚集过程就是在外来因素（如化学物质）作用下降低静电斥力，从而使胶体粒子合并在一起。絮凝则是借助于聚合物等架桥物质，通过化学键连结胶体粒子，使凝结的粒子变得更大。在用化学方法处理废水的混凝单元操作中，能同时发生凝聚和絮凝作用，所产生的絮凝颗粒又进一步吸附水溶性物质和粘附水中的悬浮粒子，由此构成了一个相当复杂的物理化学过程。这种过程是去除废水中胶粒和细小悬浮物的一种有效方法，所加入的化学试剂成为化学絮凝剂。

带电胶粒稳定性的经典理论——DLVO 理论：

DLVO 理论假设带电胶粒之间仅存在着两种相互作用力，包括双电层重叠时的静电排斥力与粒子间的长程范德华吸引力，它适用于没有化学专属吸附作用的电解质溶液中，而且假设颗粒处于球形的、粒度均等的理想状态。这种颗粒在溶液中进行布朗运动，两颗粒在相互接近时产生几种作用力，即多分子范德华力、静电斥力和水化膜阻力，这几种力相互作用的综合位能随相隔距离而变。

DLVO 理论认为，当吸引力占优势时，溶胶发生聚沉；当排斥力占优势，并大到足以阻碍胶粒由于布朗运动而发生的聚沉时，则胶体处于稳定状态。

颗粒在相互接近时两种力相互作用的总位能随相隔距离的变化而变化，见式（4-2）：

$$\text{总位能 } V_T = V_R + V_A \tag{4-2}$$

式中，V_A为由范德华力所产生的位能；V_R为由静电排斥力所产生的位能。

综合位能曲线如图 4-3 所示。影响位能曲线的因素有：①不同溶液离子强度有不同 V_R 曲线，颗粒间距离的增加会导致 V_R按指数率下降；②V_A与溶液中的离子强度无关，颗粒间距离的增加会导致 V_A增加（绝对值变小）；③不同溶液离子强度有不同的 V_T曲线。

在溶液离子强度较小时，总位能曲线上出现较大位能峰（V_{max}）。此时，排斥作用占较大优势，颗粒借助于热运动能量不能超越此位能峰，彼此无法接近，体系保持分散稳定状态。向胶体溶液中加入某种电解质（如铁盐、铝盐等），当离子强度增大到一定程度时，可将反离子更多地驱入双电内层，并由内层压缩而使 ζ 电位降低，从而降低了粒子间的斥力，一部分颗粒有可能超越能垒（V_{max}）而相互靠拢；当离子强度相当高时，V_{max}可以完全消失，达到离子间发生聚集的结果。

当颗粒超过位能后，吸引力占优势，促使颗粒间继续接近，当到达综合位能极小值（V_{min}）时，两颗粒间尚隔有水化膜。在某些情况下，综合位能也会出现第二极小值，有时它也会使颗粒相互结合。

DLVO 絮凝理论说明了凝聚作用的因素和机理，但它只适用于电解质浓度升高压缩扩散层形成颗粒聚集的典型情况，可用于解释某些自然现象，如带有大量胶体粒子的河水流至河海交汇处（河口）时，由于海水中含盐较高，从而破坏河水胶体的相对稳定性，使大量胶

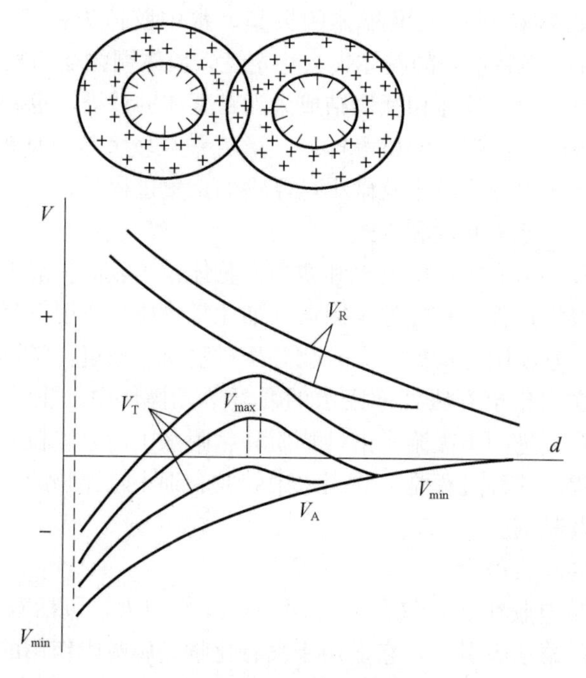

图 4-3 综合位能曲线

粒经絮凝而形成河口沉积物。天然水环境或其他实际体系中的情况则要复杂得多。

异体凝聚理论适用于处理物质本性不同、粒径不等、电荷符号不同、电位高低不等之类的分散体系。异体凝聚理论的主要论点为：如果两个电荷符号相异的胶体微粒接近时，吸引力总是占优势；如果两颗粒电荷符号相同但电性强弱不等，则位能曲线上的能峰高度总是决定于荷电较弱而电位较低的一方。因此，在异体凝聚时，只要其中有一种胶体的稳定性甚低而电位达到临界状态，就可以发生快速凝聚，而不论另一种胶体的电位高低如何。天然水环境和水处理过程中所遇到的颗粒聚集方式，大体可概括如下：

①压缩双电层凝聚。由于水中电解质的浓度增大而离子强度升高，压缩扩散层，使颗粒相互吸引结合凝聚。

②专属吸附凝聚。胶体颗粒专属吸附异电的离子化合态，降低表面电位，即产生电中和现象，使颗粒脱稳而凝聚。这种凝聚可以出现超荷状况，使胶体颗粒改变电荷符号后，又趋于稳定分散状况。

③胶体相互凝聚。两种电荷符号相反的胶体相互中和而凝聚，或者其中一种荷电很低而相互凝聚，都属于异体凝聚。

④“边对面”絮凝。黏土矿物颗粒形状呈板状，其板面荷负电而边缘荷正电，各颗粒的边与面之间可由静电引力结合，这种聚集方式的结合力较弱，且具有可逆性，因而，往往生成松散的絮凝体，再加上“边对边”、“面对面”的结合，构成水中黏土颗粒自然絮凝的主要方式。

⑤第二极小值絮凝。在一般情况下，位能综合曲线上的第二极小值较微弱，不足以发生颗粒间的结合，但若颗粒较粗或在某一维方向上较长，就有可能产生较深的第二极小值，使颗粒相互聚集。这种聚集属于较远距离的接触，颗粒本身并未完全脱稳，因而比较松散，具有可逆性。这种絮凝在实际体系中有时是存在的。

⑥聚合物粘结架桥絮凝。胶体微粒吸附高分子电解质而凝聚，属于专属吸附类型，主要是异电中和作用。不过，即使负电胶体颗粒也可吸附非离子型高分子或弱阴离子型高分子，这也是异体凝聚作用。此外，聚合物具有链状分子，它也可以同时吸附在若干个胶体微粒上，在微粒之间架桥粘结，使它们聚集成团。这时，胶体颗粒可能并未完全脱稳，也是借助于第三者的絮凝现象。如果聚合物同时可发挥电中和及粘结架桥作用，就表现出较强的絮凝能力。

⑦无机高分子的絮凝。无机高分子化合物的尺度远低于有机高分子，它们除对胶体颗粒有专属吸附电中和作用外，也可结合起来在较近距离起粘结架桥作用，当然，它们要求颗粒在适当脱稳后才能粘结架桥。

⑧絮团卷扫絮凝。已经发生凝聚或絮凝的聚集体絮团物，在运动中以其巨大表面吸附卷带胶体微粒，生成更大絮团，使体系失去稳定而沉降。

⑨颗粒层吸附絮凝。水溶液透过颗粒层过滤时，由于颗粒表面的吸附作用，使水中胶体颗粒相互接近而发生凝聚或絮凝。吸附作用强烈时，可对凝聚过程起强化作用，使在溶液中不能凝聚的颗粒得到凝聚。

⑩生物絮凝。藻类、细菌等微小生物在水中也具有胶体性质，带电荷，可以发生凝聚。特别是它们往往可以分泌出某种高分子物质，发挥絮凝作用，或形成胶团状物质。

实际水环境中，上述种种凝聚、絮凝方式并不是单独存在，往往是数种方式同时发生，综合发挥聚集作用。悬浮沉积物是最复杂的综合絮凝体，其中的矿物微粒和黏土矿物、水合金属氧化物和腐殖质、有机物等相互作用，几乎囊括了上述十种聚集方式。

4.1.3　水环境中颗粒物的吸附作用

1. 水环境中胶体颗粒的吸附作用

呈离子或分子状态的溶质在固体或天然胶体边界层相对聚集的现象称为吸附，可分为表面吸附、离子交换吸附和专属吸附。也有人认为，溶质在固体表面或天然胶体表面上的浓度升高，而在液体中的浓度下降的现象叫做吸附。其实，这种吸附是一种表观吸附，一般称之为吸着。与此过程相反，被吸附的溶质从固体表面离去的现象称为解吸。吸附溶质的固体或胶体物质称为吸附剂，被吸附的溶质称为吸附质。

一般吸附剂为固体，所以按吸附质所在介质是气体或液体，可将吸附分为气-固吸附和液-固吸附。在天然水系统中，悬浮粒子和沉积物都可成为吸附剂，吸附着作为吸附质的各种污染物质。从热力学观点考虑，由于吸附过程是自发发生的，自由焓变化 ΔG^0 为负值；又因为吸附质的分子或离子在过程中增大了有序度，所以熵变 ΔS^0 也为负值，因此按 $\Delta G^0 = \Delta H^0 - \mathrm{T}\Delta S^0$，焓变 ΔH^0 必小于零，也就是吸附过程都是放热的过程。

根据吸附过程的内在机理，一般可将吸附分为表面吸附、离子交换吸附和专属吸附等。

（1）表面吸附。表面吸附是一种物理吸附。这种吸附作用的发生动力来自于胶体巨大的比表面积和表面能，胶体表面积越大，所产生的表面吸附能也就越大，胶体的吸附作用也就越强。物理吸附中的吸附质一般是中性分子，吸附力是范德华引力，吸附热一般小于40kJ/mol。被吸附分子不是紧贴在吸附剂表面上的某一特定位置，而是悬在靠近吸附质表面的空间中，所以这种吸附作用是非选择性的，且能形成多层重叠的分子吸附层。物理吸附又是可逆的，在温度上升或介质中的吸附质浓度下降时会发生解吸。

（2）离子交换吸附。离子交换吸附又称极性吸附。离子交换吸附由呈离子状态的吸附质与带异种电荷的吸附剂表面间发生静电吸引力而引起。离子交换作用也可归入交换吸附这一类。显然，吸附质离子带电量越大或其水合离子半径越小，则这种经典引力越大。环境中的大部分胶体带负电荷，少数例外，容易吸附各种阳离子，在吸附过程中，胶体每吸附一部分阳离子，同时也放出等量的其他阳离子，它属于物理化学吸附。这种吸附是一种可逆反应，而且能够迅速地达到可逆平衡。该反应不受温度影响，酸碱条件下均可进行，其交换吸附能力与溶质的性质、浓度及吸附剂性质等有关。对于那些具有可变电荷表面的胶体，当体系pH值升高时，也带负电荷并能进行交换吸附。

(3) 专属吸附。离子交换吸附对于从概念上解释胶体颗粒表面对水合金属离子的吸附是有用的，但是对于那些在吸附过程中表面电荷改变符号，甚至可使离子化合物吸附在同号电荷表面上的现象无法解释。因此，近年来有学者提出了专属吸附作用。

专属吸附是指吸附过程中，除了化学键的作用外，尚有加强的憎水键和范德华力或氢键在起作用。专属吸附作用不但可使表面电荷改变符号，而且可使离子化合物吸附在同号电荷的表面上。在水环境中，配合离子、有机离子、有机高分子和无机高分子的专属吸附作用特别强烈。例如，简单的Al^{3+}、Fe^{3+}高价离子并不能使胶体电荷因吸附而变号，但其水解产物却可发生这种效果，这就是发生专属吸附的结果。

专属吸附过程中有化学键的形成，因此属于化学吸附，吸附热一般在120～200kJ/mol，有时可达400kJ/mol以上。温度升高往往能使吸附速率加快。通常在化学吸附中只形成单分子吸附层，且吸附质分子被吸附在固体表面的固定位置上，不能再做左右前后方向的迁移。这种吸附一般是不可逆的，但在超过一定温度时也可能被解吸。

专属吸附的特点：①在中性表面甚至在与吸附粒子带相同电荷符号的表面也能进行吸附作用。例如，水锰矿对碱金属离子（K^+、Na^+）及过渡金属离子（Co^{2+}、Cu^{2+}、Cd^{2+}）的吸附特性就很不相同。对于碱金属离子，在低浓度时，当体系pH值高于水锰矿等电点pH_{PZC}时，都能进行吸附作用，这表明水锰矿不带电荷或带正电荷均能吸附过渡金属元素。表4-1中给出了水合氧化物对金属离子的专属吸附与非专属吸附的区别。②水合氧化物胶体对重金属离子有较强的专属吸附作用，这种吸附作用发生在胶体双电层的Stern层中，被吸附的金属离子进入Stern层后，不能被通常提取交换性阳离子的提取剂提取，只能被亲和力更强的金属离子取代，或在强酸性条件下解吸。

表4-1　水合氧化物对金属离子的专属吸附与非专属吸附的区别

项目	非专属吸附	专属吸附
发生吸附的表面净电荷的符号	－	－、0、＋
金属离子所起的作用	反离子	配位离子
吸附时发生的反应	阳离子交换	配位体交换
发生吸附时体系的pH值	＞零电位点	任意值
吸附发生的位置	扩散层	内层
对表面电荷的影响	无	负电荷减少，正电荷增多

上述三种吸附在机理上各不相同，但对于某一实际的吸附过程，很难判定它究竟属于哪一种类型的吸附。在固-液吸附中，其速度和程度一般由吸附剂性质（特别是它的比表面积大小）以及吸附质和溶剂的性质所决定，因溶剂的大量存在，一般可将这方面因素忽略不计。

2. 吸附等温线方程及其影响因素

吸附是指溶液中的溶质在界面层浓度升高的现象，水体中的颗粒物对溶质的吸附是一个动态平衡过程。在固定的温度条件下，当吸附达到平衡时，颗粒物表面上的吸附量（G）与溶液中溶质平衡度（c）之间的关系，可用吸附等温线方程来表达。水体中常见的吸附等温线方程有三类，即 Henry 型、Freundlich 型、Langmuir 型。三种等温线图如图 4-4 所示。

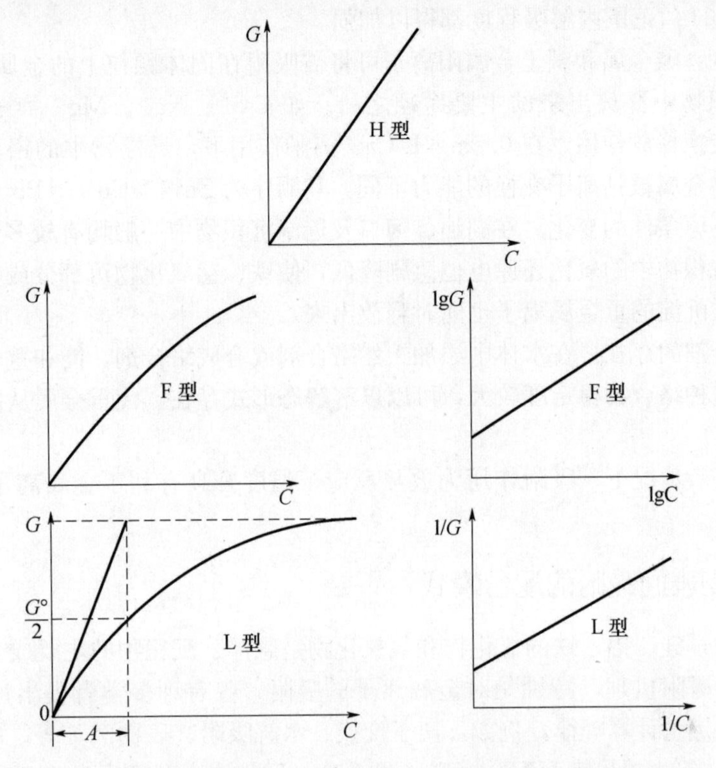

图 4-4　Henry 型、Freundlich 型、Langmuir 型吸附等温线图

Henry 型等温式如式（4-3）：

$$G = Kc \tag{4-3}$$

Freundlich 型等温式如式（4-4）：

$$G = Kc^{1/n} \tag{4-4}$$

Langmuir 型等温式如式（4-5）：

$$G = G^0 c/(A + c) \tag{4-5}$$

式中，K 为分派系数，G^0 为单位表面上达到饱和时间的最大吸附量，A 为常数。

当溶质浓度甚低时，可能在初始阶段呈现 H 型，当浓度较高时，可能表现为 F 型，但统一起来仍属于 L 型的不同区段。

影响吸附的因素：

（1）金属离子的形态。以汞为例，在水环境中的胶体对甲基汞的吸附作用与对氯化汞的吸附作用大致相同。由于作用机制的不同，在天然水体中，含硫沉积物对甲基汞的吸附能力比对无机汞的吸附能力小得多，造成实际河、湖系统在好氧条件下汞的甲基化速度大于厌氧条件下的速度。

(2) 水环境 pH 值。一般情况下颗粒物对重金属的吸附量随 pH 值升高而增大。当溶液 pH 值超过某元素的临界 pH 值时，则该元素在溶液中的水解、沉淀起主要作用。溶液 pH 值的降低会导致溶液中碳酸盐和氢氧化物的溶解，并且 H^+ 的竞争作用也会增加金属离子的解吸量。由于 H^+ 和 OH^- 都可与金属水合氧化物表面的水合基进行反应，被专性吸附的阴离子在较宽的 pH 值范围内解吸程度都得以加强。

(3) 盐浓度。碱金属和碱土金属阳离子可将被吸附在固体颗粒上的金属离子交换出来，这是金属从沉积物中释放出来的主要途径之一。如 Ca^{2+}、Na^+、Mg^{2+} 离子对悬浮物中的铜、铅和锌的交换释放作用。在 0.5mg/L Ca^{2+} 离子作用下，悬浮物中的铅、铜、锌可以解吸出来，这三种金属被钙离子交换的能力不同，其顺序为 $Zn^{2+} > Cu^{2+} > Pb^{2+}$。

(4) 氧化还原条件的变化。在湖泊、河口及近岸沉积物中一般均有较多的耗氧物质，使一定深度以下沉积物中的氧化还原电位急剧降低，使铁、锰氧化物可部分或全部溶解，故被其吸附或与之共沉淀的重金属离子也同时释放出来。

①水中络合剂的存在。在水体中添加天然络合剂或合成络合剂，能和重金属形成可溶性络合物，有时这种络合物稳定度较大，可以以溶解态形式存在，使重金属从固体颗粒上解吸下来。

②温度。一般情况下，吸附作用为放热反应，温度升高有利于金属离子从颗粒物上解吸，吸附量下降。

4.1.4 氧化物表面吸附的配合模式

在水环境中，硅、铝、铁的氧化物和氢氧化物是悬浮、沉积物的主要成分，对于这类物质表面上发生的吸附机理，特别是对金属离子的吸附，曾有许多学者提出过各种模型来说明，并试图建立定量计算规律，例如，离子交换、水解吸附、表面沉淀等。20 世纪 70 年代代初，由 Stumm 等人提出表面配合模型（图 4-5），目前该模型已成为关于吸附的主流理论之一。这种模型的基本点是把氧化物表面对 H^+、OH^-、金属离子、阴离子的吸附看作是一种表面配合反应。金属氧化物表面都含有≡MeOH 基团；这些羟基配位体并不饱和，氧化物进一步与溶液中的水配位，一般氧化物表面有 4～10 个 OH^-/nm^2，其总量是可观的。其实质内容就是把具体表面看作一种聚合酸，其大量羟基可以产生表面配合反应。

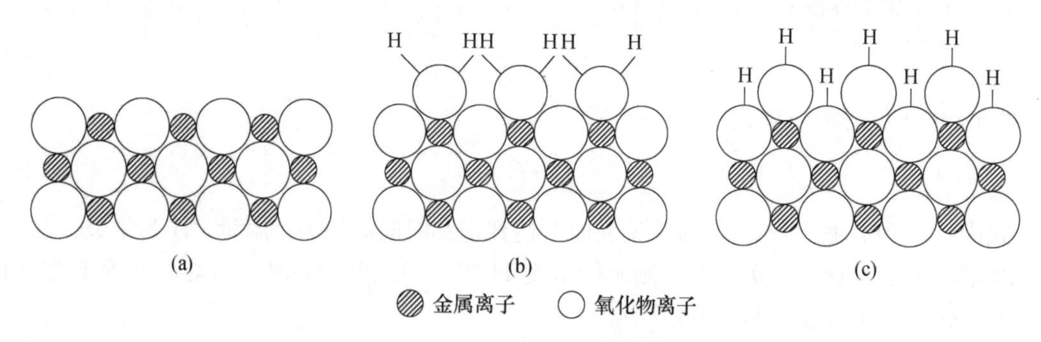

图 4-5　Stumm 表面配合模型

(a) 表面层重金属离子配位数不足；(b) 有水存在时，表面金属离子首先趋向于同 H_2O 分子配位；(c) 大多数氧化物强烈趋向于水分子的离解化学吸附

表面羟基在溶液中可发生质子迁移，其质子迁移平衡可具有相应的酸度常数，即表面配合常数，如式（4-6）、式（4-7）。

$$\equiv \mathrm{MeOH_2^+} \rightleftharpoons \equiv \mathrm{MeOH} + \mathrm{H^+}$$

$$K_{a1}^{s} = \frac{\{\equiv \mathrm{MeOH}\}\{\mathrm{H^+}\}}{\{\equiv \mathrm{MeOH_2^+}\}} \tag{4-6}$$

$$\equiv \mathrm{MeOH} \rightleftharpoons \equiv \mathrm{MeO^-} + \mathrm{H^+}$$

$$K_{a2}^{s} = \frac{\{\equiv \mathrm{MeO^-}\}\{\mathrm{H^+}\}}{\{\equiv \mathrm{MeOH}\}} \tag{4-7}$$

表面的$\equiv$MeOH 基团在溶液中可以与金属阳离子和阴离子生成表面配位配合物，表现出两性表面特性及相应的电荷变化。其相应的表面配合反应为：

$$\equiv \mathrm{MeOH} + \mathrm{M^{z+}} \rightleftharpoons \equiv \mathrm{MeOM^{(Z-1)+}} + \mathrm{H^+} \qquad * K_1{}^{S}$$

$$2 \equiv \mathrm{MeOH} + \mathrm{M^{Z+}} \rightleftharpoons (\equiv \mathrm{MeO})_2\mathrm{M^{(Z-2)+}} + 2\mathrm{H^+} \qquad * \beta_2{}^{S}$$

$$\equiv \mathrm{MeOH} + \mathrm{A^{z-}} \rightleftharpoons \equiv \mathrm{MeA^{(Z-1)-}} + \mathrm{OH^-} \qquad K_1{}^{S}$$

$$2 \equiv \mathrm{MeOH} + \mathrm{A^{Z-}} \rightleftharpoons (\equiv \mathrm{Me})_2\ \mathrm{A^{(Z-2)-}} + 2\mathrm{OH^-} \qquad \beta_2{}^{S}$$

表面配合反应使其电荷随之变化增减，平衡常数则可反映出吸附程度及电荷与溶液 pH 值和离子浓度的关系。如果可以求出平衡常数的数值，则由溶液 pH 值和离子浓度就可求得表面的吸附量和相应电荷。图 4-6 为氧化物表面配合模式。该模式的吸附剂已被扩展到黏土矿物和有机物，吸附离子已被扩展到许多阳离子、阴离子、有机酸、高分子物等，成为广泛的吸附模式。

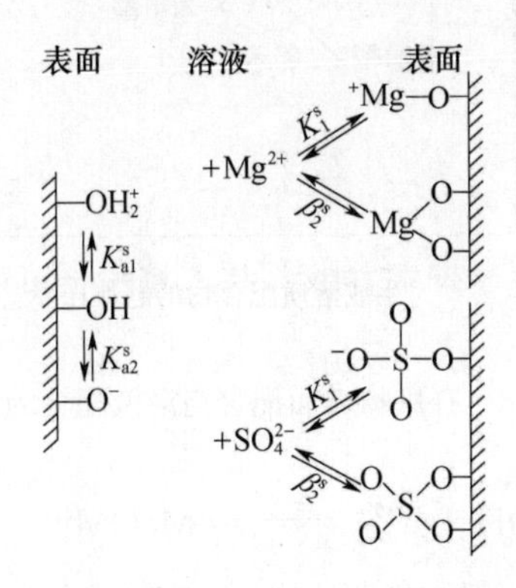

图 4-6　水和氧化物与酸、碱和阳离子、阴离子的相互作用

表面配合模式的实质内容就是把具体表面看作一种聚合酸，其大量羟基可以产生表面配合反应，但在配合平衡过程中，需将临近基团的电荷影响考虑在内，由此区别溶液中的配合反应。这种模式建立了一套实验和计算方法，可以求得各种固有平衡常数，这样就把原来以实验求得吸附等温式的吸附过程转化为可以定量计算的过程，使吸附从经验方法走向理论计算方法有了很大的进展。

求定表面配合常数是比较复杂而精密的实验与计算过程。为了考察表面配合常数与溶液中配合常数的相关性，有关学者进行了一系列的实验，其实验结果如图 4-7 和图 4-8 所示。从图 4-7 和图 4-8 中可看出，无论对金属离子还是对有机阴离子的吸附，表面配合常数与溶液中的吸附常数之间都存在较好的相关性。表面吸附中对金属离子的配合为：

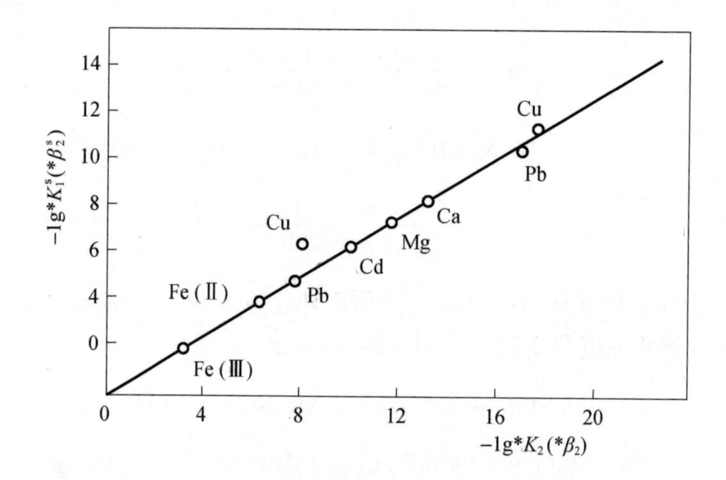

图 4-7　金属离子表面配合与溶液配合的比较

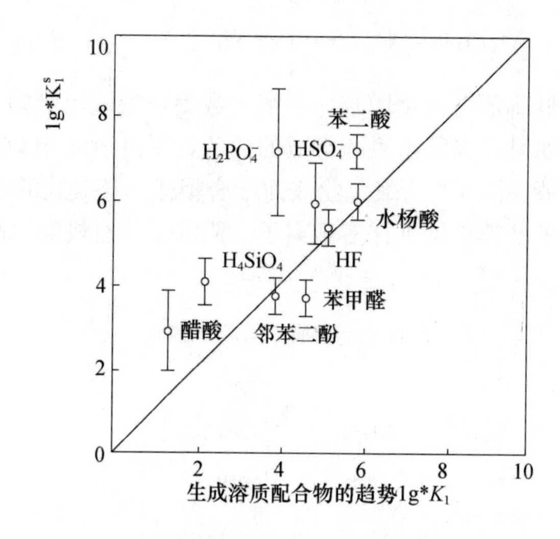

图 4-8　有机物表面配合与溶液配合的比较

$$\equiv MeOH + M^{Z+} \rightleftharpoons \equiv MeOM^{(Z-1)+} + H^+ \qquad *K_1{}^S$$

它与溶液中金属离子的水解是相对应的：

$$H_2O + M^{Z+} \rightleftharpoons MOH^{(Z-1)+} + H^+ \qquad ^*K_1$$

图 4-7 表明，$-lg^*K_1^s$（$^*\beta_2^s$）与$-lg^*K_1$（$^*\beta_2$）是线性相关的。同样，有机酸和无机酸的表面配合反应：

$$\equiv MeOH + H_2A \rightleftharpoons \equiv MeHA + H_2O \qquad ^*K_1{}^S$$

与溶液中有机酸和无机酸的反应也是相对应的：

$$MeOH^{2+} + H_2A \rightleftharpoons MeHA^{2+} + H_2O \qquad {}^*K_1$$

图 4-8 中 $\lg{}^*K_{1}^{s}$ 与 $\lg{}^*K_1$ 也有明显的相关性。

这样，就有可能近似地应用溶液中已求得到大量配合常数来求得表面配合常数，大大拓展了表面配合模式的数据库和应用的广泛性。

表面配合模式及其实验计算方面尽管存在着局限性，例如，表面配合的固有平衡常数不能精确地确定、电荷与平衡常数之间的相关性难以清楚地表达、实验时平衡难以达到或只能达到介稳状态等，但应用此模式所得到的结果可以半定量地反映吸附量和电荷随 pH 值及溶液参数、表面积、浓度等变化的关系。

4.2　气体溶解

水体中的溶解性气体对于水体环境有着极为重要的意义。例如，从生物学的角度来看，溶解氧对于水体中所有高级生命都是至关重要的，政府机构已经建立了地表水中最低溶解氧的水质标准，以保护水生环境。从化学的角度来看，氧气是水体氧化还原状态的主要指标，如果存在氧，即使在低浓度下，其他氧化还原敏感的元素（例如 Fe 与 S 等）以其氧化物形式存在。而当溶解氧不存在时，这些元素会以还原态存在，这会对天然水体中的化学和生物学过程产生不同的影响。图 4-9 中展现出了不同氧化还原电位情况下水体中常见元素的形态。此外，地表水中的溶解氧浓度由大气向水溶解的物理过程、生成氧气的生物过程以及消耗它的各种化学和生物过程所控制。因此在这一节中，我们将讨论几种水中常见的气体，包括氧气、二氧化碳、二氧化硫、氮氧化物等在水中的溶解特性以及规律。

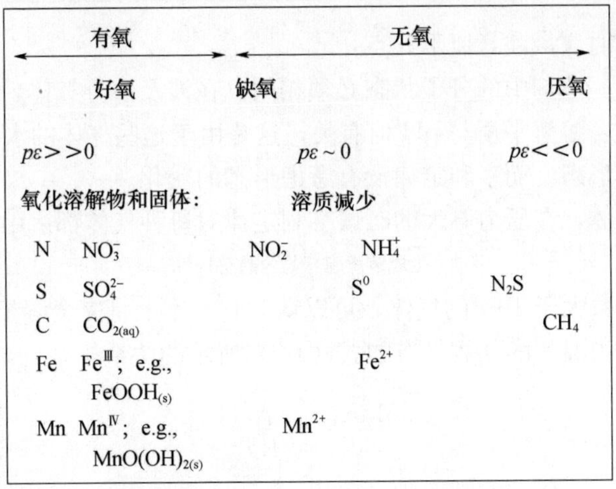

	有氧		无氧	
	好氧	缺氧		厌氧
	$p\varepsilon >> 0$	$p\varepsilon \sim 0$		$p\varepsilon << 0$
	氧化溶解物和固体：	溶质减少		
N	NO_3^-	NO_2^-	NH_4^+	
S	SO_4^{2-}		S^0	N_2S
C	$CO_{2(aq)}$			CH_4
Fe	Fe^{III}; e.g., $FeOOH_{(s)}$		Fe^{2+}	
Mn	Mn^{IV}; e.g., $MnO(OH)_{2(s)}$	Mn^{2+}		

图 4-9　不同溶解氧浓度下氧化还原敏感元素的不同化合态

4.2.1　气液分配作用——亨利定律

气体溶解度指在一定条件下，某气体在水中的溶解达到平衡以后，一定量的水中溶解气体的量，称为该气体在所指定条件下的溶解度。水中某溶解气体的分压力，就等于在相应条件下能与该气体在水中含量达到溶解平衡的气相中该气体的分压力，也就是说，气体在水中的含量达到溶解平衡后，就认为水中气体的分压等于该气体气相的分压。

亨利定律可以判断气体分子在气相与液相中的分配作用。能溶于水并形成电解质或者非电解质溶液的气体，它们的溶解度都可以使用亨利定律来描述。亨利定律的内容为：在一定温度平衡状态下，一种气体在液体中的溶解度正比于液体接触该种气体的分压力。气体在水中的溶解度可用式（4-8）表示：

$$p = K_H C_W \tag{4-8}$$

式中，p 为气体在大气中的平衡分压，Pa；C_w 为气体在水中的平衡浓度，mol/m^3；K_H 为亨利定律常数，$Pa \cdot m^3/mol$。

亨利定律常数 K_H 在一定温度下为常数。天然水体中一些常见无机气体在 25℃时的亨利常数在表 4-2 中列出。

表 4-2　无机气体在水中的亨利常数（25℃）

气体	K_H	气体	K_H
O_2	1.28×10^{-8}	H_2	2.47×10^{-4}
NO	1.88×10^{-8}	HNO_3	4.84×10^{-4}
O_3	9.28×10^{-8}	NH_3	6.12×10^{-4}
NO_2	9.87×10^{-8}	HO_2	1.97×10^{-3}
N_2O	2.47×10^{-7}	HCl	2.47×10^{-2}
CO_2	3.36×10^{-7}	H_2O_2	0.70
H_2S	1.00×10^{-6}	HNO_3	2.07
SO_2	1.22×10^{-5}		

在应用亨利定律时应该注意以下几点：

（1）溶质在气相、溶剂中的分子状态必须相同。在涉及部分气体，比如二氧化碳、二氧化硫以及氨气的时候，溶解平衡与 pH 值有关，这是由于这些气体的水化物参与溶液的酸碱平衡反应，存在多种形态。而亨利定律没有考虑形态的变化。

（2）对于混合气体，在压力不大的时候亨利定律对每种气体都适用，与另一种气体的分压无关。

（3）对于亨利常数大于 10^{-2} 的气体，可以认为它基本上是完全溶于水的。

（4）亨利常数作为温度的函数，有如式（4-9）所示的关系：

$$\frac{\mathrm{d}\ln K_H}{\mathrm{d}T} = \frac{\Delta H}{RT^2} \tag{4-9}$$

式中，ΔH 为气体溶于水过程的焓变。

一般 ΔH 为负值，所以随温度降低，亨利系数增大，即低温下气体在水中有较大溶解度。对于溶解度非常大的气体，亨利系数还可能与浓度有关。

（5）亨利常数的数值可以在定温下由实验测定，也可以使用热力学方法推导。

（6）在计算气体的溶解度时，温度不同水蒸气的分压差异很大，因此需要对水蒸气的分压加以修正，水的分压见表 4-3。

表 4-3　水在不同温度下的分压

T (℃)	0	5	10	15	20	25
P_{H_2O} ($\times 10^5$Pa)	0.00611	0.00872	0.01228	0.01705	0.02337	0.03167
T (℃)	30	35	40	45	50	100
P_{H_2O} ($\times 10^5$Pa)	0.04241	0.05621	0.07374	0.09581	0.12130	1.01300

影响气体在水中溶解度的因素包括以下四点：

(1) 气体溶解度与气体本身的性质有关。例如，气体分子的极性，极性气体分子溶解度大；分子大小，分子小有利于填充间隙；是否能与水发生化学反应，能发生反应的气体溶解度大。

(2) 气体溶解度随温度升高而降低。

(3) 气体溶解度随压力升高而升高。

(4) 气体溶解度还与水中的含盐量有关。总趋势是水中的含盐量增加，氧在水中的溶解度降低。例如，海水中饱和溶解氧一般为淡水中的 80%左右。这是因为随着含盐量增加，离子水合作用加强，使水可溶解气体的空隙减少。

4.2.2　氧气在水中的溶解

氧气在水中的溶解度和溶解氧值是两个相区别又相联系的概念。氧在水中的溶解度指的是水体与大气处于平衡时氧的最大溶解量，它的数值与温度、压力、水中溶质量等因素有关。水中的溶解氧值则一般是指非平衡状态下的水中的溶解氧浓度，它的数值与水体曝气作用、光合作用、呼吸作用及有机污染物的氧化作用等因素有关。两者之间的差异由大气-水界面间氧气传质动力过程的缓慢引起。

氧气在水中的溶解度可以用亨利定律计算，即溶解度等于大气中氧气的分压乘以亨利常数（受温度与离子强度影响）。例如在 25℃时，水的蒸气压为 0.03167×10^5Pa（表 4-3），由于干空气中氧的含量为 20.95%，所以氧气的分压为：

$$P_{O_2} = (1.0130 - 0.03167)\times10^5\times0.2095 = 0.2056\times10^5(\mathrm{Pa})$$

代入亨利定律中即可求出氧气在水中的摩尔浓度为：

$$[O_2(aq)] = K_H P_{O_2} = 1.28\times10^{-8}\times0.2056\times10^5 = 2.6\times10^{-4}(\mathrm{mol/L})$$

氧气的分子量为 32，因此其溶解度为 8.32mg/L。

气体的溶解度随着温度的升高而降低，这种影响可以由 Clausius-Clapeyron 方程式(4-10）进行描述：

$$\lg\frac{C_2}{C_1} = \frac{\Delta H}{2.303R}\cdot\left(\frac{1}{T_1}-\frac{1}{T_2}\right) \tag{4-10}$$

式中，C_1与 C_2为绝对温度 T_1 和 T_2 时气体在水中的浓度，mg/L；ΔH 为溶解热，J/mol；R 为气体常数 8.314J/（mol·K）。

如图 4-10 所示，氧气在水中的溶解度随着温度的增加而减小，从 0℃时的 14.6mg/L 到 30℃的 7.6mg/L，几乎降低了一半。而离子强度对氧气溶解的影响则要小得多，海水中氧气的饱和浓度大约比淡水低 20%。压力对氧气在水中的溶解也有一定影响，大气压随着海拔的升高而降低，因此海拔高度越高，氧气的溶解度会越小。例如，在 20℃时，在 3000m 处氧气的溶解度仅为海平面的三分之二。

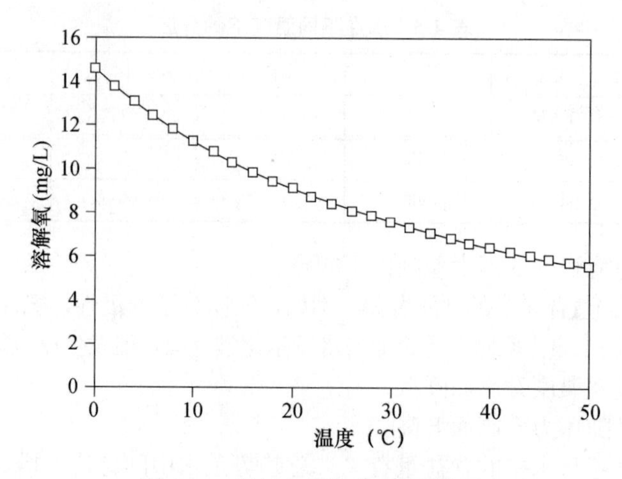

图 4-10　氧气在蒸馏水中的溶解度

4.2.3　二氧化碳在水中的溶解

无机形式和有机形式的碳在环境体系中均起着重要且相互关联的作用。环境中碳的主要活性无机形式是二氧化碳（CO_2）、碳酸氢盐（HCO_3^-）和碳酸盐（CO_3^{2-}）。而有机碳，如纤维素和淀粉，是由植物利用环境中的二氧化碳和水通过光合作用形成的。二氧化碳在大气中和土壤孔隙空间中以气体形式存在，而在地表水和地下水中以溶解气体存在。地球的碳循环基于广泛分布在大气中并溶解在雨水、地表水和地下水的二氧化碳的流动性。然而，地球的大多数碳是以海洋沉积物或陆地矿物质等相对固化的形式存在。

二氧化碳在水中的溶解度：二氧化碳在调节天然水体的 pH 值时发挥着重要的作用。尽管二氧化碳本身不是一种酸，但是它与水发生可逆反应，形成了碳酸（H_2CO_3），碳酸随后可以在两个步骤中解离以释放氢离子，如下述反应式所示：

$$CO_2 + H_2O \rightleftharpoons H_2CO_3$$

$$H_2CO_3 \rightleftharpoons H^+ + HCO_3^-$$

$$HCO_3^- \rightleftharpoons H^+ + CO_3^{2-}$$

结果，暴露于空气中的纯水并不呈现 pH 值接近 7.0 的中性，因为从大气中溶解的二氧化碳会使其呈酸性，pH 值实际上约为 5.6 左右。图 4-11 与表 4-4 展现了碳酸解离反应与 pH 值的关系。

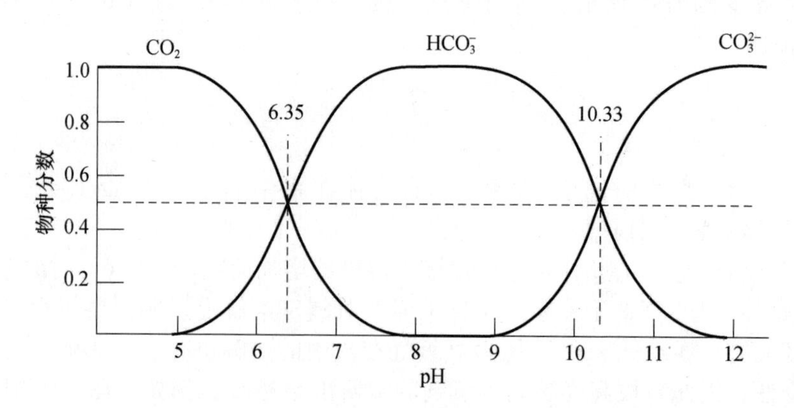

图 4-11　碳酸盐形态的摩尔比例与 pH 值的关系

表 4-4　碳酸盐形态的摩尔比例与 pH 值的关系

pH	不同碳酸盐的 pH 值		
	CO_2 摩尔分数	HCO_3^-摩尔分数	CO_3^{2-}摩尔分数
≪6.35	本质上 1.00	本质上 0	本质上 0
6.35	0.50	0.50	本质上 0
$\frac{1}{2}$（6.35+10.33）	0.01	0.98	0.01
10.33	本质上 0	0.50	0.50
≫10.33	本质上 0	本质上 0	本质上 1.00

从图 4-11 和表 4-4 的观察结果我们可以得出，在低 pH 区内，溶液中只有二氧化碳与碳酸，在高 pH 区则只有碳酸根，而碳酸氢根在中等 pH 区内占据绝对优势。三种碳酸形态在平衡时的浓度比例与溶液 pH 值有完全相应的关系。每种碳酸形态浓度受外界影响而变化时，将会引起各种碳酸形态的浓度以及溶液 pH 值的变化，而溶液 pH 值的变化也会同时引起各碳酸形态比例的变化。因此，水中碳酸平衡与 pH 值是密切相关的。

碳酸解离方程可以简写为：

$$CO_2(gas,atm) \rightleftharpoons CO_2(aq) \rightleftharpoons H_2CO_3(aq) \rightleftharpoons HCO_3^-(aq) \rightleftharpoons CO_3^{2-}(aq)$$

水中二氧化碳的浓度可以用亨利定律进行计算。已知干空气中二氧化碳的含量为 0.0314%（体积），水在 25℃的时蒸气压为 0.03167×10^5 Pa，二氧化碳在 25℃时的亨利常数为 3.34×10^7 mol/（L·Pa），则二氧化碳在水中的溶解度为：

$$P_{CO_2} = (1.0130 - 0.03167)\times10^5\times3.14\times10^{-4} = 30.8(\text{Pa})$$

$$[CO_2] = K_H P_{CO_2} = 3.34\times10^{-7}\times30.8 = 1.028\times10^{-5}(\text{mol/L})$$

二氧化碳溶于水产生的碳酸在水中会发生部分解离，产生 H^+、HCO_3^-、CO_3^{2-}。在纯水中，pH 值小于 7，由图 4-11 所示，此时溶液中的碳酸根的浓度可以忽略不计。因此，二氧化碳在水中解离部分可以产生等浓度的 H^+ 与 HCO_3^-，而 H^+ 与 HCO_3^- 的浓度可以用二氧化碳的酸离解常数 K_1 计算出：

$$[H^+] = [HCO_3^-]$$

$$[H^+]^2/[CO_2] = K_1 = 4.45\times10^{-7}$$

$$[H^+] = (1.028\times10^{-5}\times4.45\times10^{-7})^{1/2} = 2.14\times10^{-6}(\text{mol/L})$$

$$pH = 5.67$$

故二氧化碳在水中的溶解度为：

$$[CO_2]+[HCO_3^-] = 1.24\times10^{-5}(\text{mol/L})$$

4.2.4　二氧化硫在水中的溶解

二氧化硫是一种重要而常见的大气污染物，其气-液溶解平衡对于阐明酸雨问题有着很大意义。在二氧化硫溶于水的过程中，还会发生如式（4-11）～式（4～13）系列反应：

$$SO_2(g)+H_2O \rightleftharpoons SO_2 \cdot H_2O \qquad K_{HS}=\frac{[SO_2 \cdot H_2O]}{P_{SO_2}} \tag{4-11}$$

$$SO_2 \cdot H_2O \rightleftharpoons HSO_3^- + H^+ \qquad K_{S_1}=\frac{[HSO_3^-][H^+]}{[SO_2 \cdot H_2O]} \tag{4-12}$$

$$HSO_3^- \rightleftharpoons SO_3^{2-} + H^+ \qquad K_{S_2}=\frac{[SO_3^{2-}][H^+]}{[HSO_3^-]} \tag{4-13}$$

式中，K_{HS}为二氧化硫的亨利常数；K_{S_1} 和 K_{S_2} 分别为酸的一级和二级电离平衡常数。K_{HS}、K_{S_1}、K_{S_2}数值与温度有关，可按以下列经验式（4-14）～式（4-16）求值：

$$\lg K_{HS}=\frac{1376.1}{T}-4.521 \tag{4-14}$$

$$\lg K_{S_1}=\frac{853}{T}-4.74 \tag{4-15}$$

$$\lg K_{S_2}=\frac{621.9}{T}-9.278 \tag{4-16}$$

SO_2 在水中存在的各种形态的平衡浓度可表示为式（4-17）～式（4-19）

$$[SO_2 \cdot H_2O]=K_{HS}P_{SO_2} \tag{4-17}$$

$$[HSO_3^-]=\frac{K_{S_1}[SO_2 \cdot H_2O]}{[H^+]}=\frac{K_{HS}K_{S_1}P_{SO_2}}{[H^+]} \tag{4-18}$$

$$[SO_3^{2-}]=\frac{K_{S_2}[HSO_3^-]}{[H^+]}=\frac{K_{HS}K_{S_1}K_{S_2}P_{SO_2}}{[H^+]^2} \tag{4-19}$$

根据电中性原理得式（4-20）：

$$[H^+]=[OH^-]+[HSO_3^-]+2[SO_3^{2-}] \tag{4-20}$$

将式（4-17）与式（4-18）、式（4-19）相联，可得式（4-21）：

$$[H^+]^3-(K_W+K_{HS}K_{s_1}P_{SO_2})[H^+]-2K_{HS}K_{S_1}K_{S_2}P_{SO_2}=0 \tag{4-21}$$

式中，K_w 为水的离子积。

纯水与假想只含 SO_2 的空气达到平衡时，该含酸水溶液的pH值可通过解上述的三次方程（4-21）求得。将解得的［H^+］值代入上列有关方程，可求得［HSO_3^-］和［SO_3^{2-}］的平衡浓度。水中S（Ⅳ）的总浓度为式（4-22）：

$$[S(\text{IV})]=[SO_2 \cdot H_2O]+[HSO_3^-]+[SO_3^{2-}]$$

$$=K_{HS}P_{SO_2}\left[1+\frac{K_{S_1}}{[H^+]}+\frac{K_{S_1}K_{S_2}}{[H^+]^2}\right]=K_{HS}^*P_{SO_2} \tag{4-22}$$

后一个等式系将［S(Ⅳ)］浓度表达为类似亨利定律的形式。由于 $K_{HS}{}^*$ 总是大于 K_{HS}，所以水中可溶解 SO_2 的实际量总是大于通过亨利定律计算得到的数值。由［S（Ⅳ）］表达式还可看出，其值取决于溶度的pH值、温度和 P_{SO_2}。通过计算，图4-12显示了这些变量对［S(Ⅳ)］值的影响程度。在给定温度下，［$SO_2 \cdot H_2O$］浓度与pH值无关。但对［S(Ⅳ)］来说，随着pH值的增大，［S(Ⅳ)］值会有很大的提高。

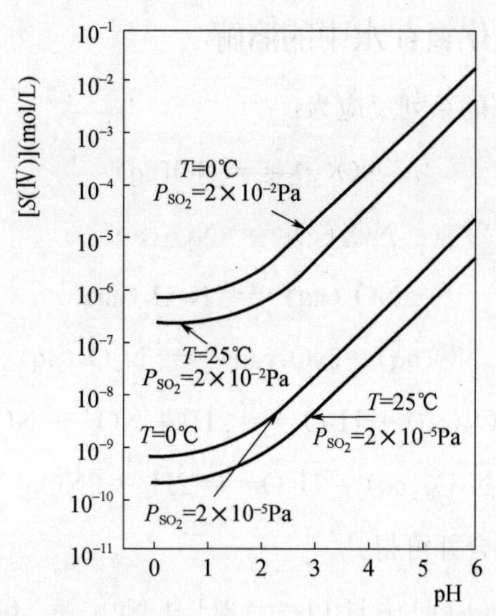

图 4-12　温度、pH 值和 P_{SO_2} 对［S（Ⅳ）］值的关系

S（Ⅳ）三种形态的摩尔分数分别为式（4-23）～式（4-25）：

$$\alpha_{SO_2 \cdot H_2O} = \frac{[SO_2 \cdot H_2O]}{[S(\mathrm{IV})]} = 1 + \frac{K_{S_1}}{[H^+]} + \frac{K_{S_1}K_{S_2}}{[H^+]^2} \tag{4-23}$$

$$\alpha_{HSO_3^-} = \frac{[HSO_3^-]}{[S(\mathrm{IV})]} = \left[1 + \frac{[H^+]}{K_{S_1}} + \frac{K_{S_2}}{[H^+]}\right]^{-1} \tag{4-24}$$

$$\alpha_{SO_3^{2-}} = \frac{[HSO_3^-]}{[S(\mathrm{IV})]} = \left[1 + \frac{[H^+]}{K_{S_2}} + \frac{[H^+]^2}{K_{S_1}K_{S_2}}\right]^{-1} \tag{4-25}$$

由式（4-23）、式（4-24）、式（4-25）可计算溶液中 S(Ⅳ）三种形态的摩尔分数随 pH 值变化而相应变化的情况，如图 4-13 所示。

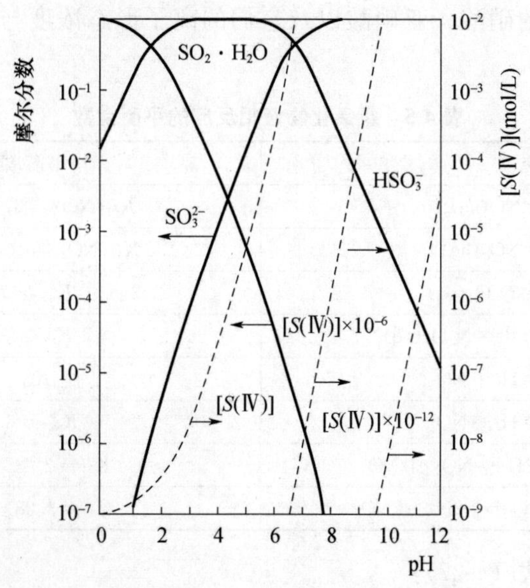

图 4-13　［S(Ⅳ)］三种形态摩尔分数与 pH 值的关系（T＝25℃，P_{SO_2}＝1×10⁻⁴Pa）

4.2.5 一氧化氮和二氧化氮在水中的溶解

NO 和 NO_2 在水中溶解的系列反应为：

$$NO(g) \rightleftharpoons NO(aq)$$

$$NO_2(g) \rightleftharpoons NO_2(aq)$$

$$2NO_2(aq) \rightleftharpoons N_2O_4(aq)$$

$$NO(aq) + NO_2(aq) \rightleftharpoons N_2O_3(aq)$$

$$N_2O_4(aq) + H_2O \rightleftharpoons 2H^+ + NO_2^- + NO_3^-$$

$$N_2O_3(aq) + H_2O \rightleftharpoons 2H^+ + 2NO_2^-$$

对以上系列方程进一步合并可得：

$$2NO_2(g) + H_2O \rightleftharpoons 2H^+ + NO_2^- + NO_3^-$$

$$NO(g) + NO_2(g) + H_2O \rightleftharpoons 2H^+ + 2NO_2^-$$

表 4-5 列举了各反应在 25℃温度下的平衡常数。在本系统中，硝酸根离子和亚硝酸根离子间平衡浓度之比的表达式可从两反应式推得式（4-26）

$$\frac{[NO_3^-]}{[NO_2^-]} = \frac{P_{NO_2}}{P_{NO}} \frac{K_1}{K_2} \tag{4-26}$$

在 25℃，$K_1/K_2=0.74\times10^7$。由此可见，只要 P_{NO_2}/P_{NO}大于 10^{-5}，就有［NO_{3-}］≫［NO_{2-}］。由此看来，即使 NO_2 在气相中存在的比率很小（如燃烧过程中产生的氮氧化物中 NO_2 只占很小比率），与之平衡的溶液中含氮离子的主要形式还是 NO_3^-。

HNO_3 是强酸，在水溶液中基本上只以 NO_3^-形态存在；HNO_2 是弱酸，它的电离强度由 pH 值所左右，在水溶液中通常有 NO_2^-和 HNO_2（aq）两种存在形态。以下来考虑在气-液平衡条件下，水相中的硝酸、亚硝酸以及它们的离子形态浓度与 P_{NO_2}、P_{NO}之间的函数关系。

表 4-5 氮氧化物液相反应的平衡常数

反应	平衡常数（25℃）
$NO(g) \rightleftharpoons NO(aq)$	$K_H(NO) = 1.88\times10^{-5}$ MkPa^{-1}
$NO_2(g) \rightleftharpoons NO_2(aq)$	$K_H(NO_2) = 1.88\times10^{-4}$ MkPa^{-1}
$2NO_2(aq) \rightleftharpoons N_2O_4(aq)$	$K_{n1} = 7\times10^4$ M^{-1}
$NO(aq) + NO_2(aq) \rightleftharpoons N_2O_3(aq)$	$K_{n2} = 3\times10^4$ M^{-1}
$HNO_3(aq) \rightleftharpoons H^+ + NO_3^-$	$K_{n3} = 15.4$M
$HNO_2(aq) \rightleftharpoons H^+ + NO_2^-$	$K_{n4} = 5.1\times10^{-4}$M
$2NO_2(g) + H_2O \rightleftharpoons 2H^+ + NO_2^- + NO_3^-$	$K_1 = 2.44\times10^{-2}$ M^{4}kPa^{-2}
$NO(g) + NO_2(g) + H_2O \rightleftharpoons 2H^+ + 2NO_2^-$	$K_2 = 3.28\times10^{-9}$ M^{4}kPa^{-2}

根据电中性原理有式（4-27）：

$$[H^+] = [OH^-] + [NO_2^-] + [NO_3^-] \tag{4-27}$$

在酸性溶液中，近似地有［H^+］≈［NO^{3-}］，并由此可得式（4-28）：

$$[NO_2^-]=\left[\frac{K_2^3P_{NO}^3}{K_1^2P_{NO_2}}\right]^{\frac{1}{4}} \tag{4-28}$$

由表 4-5 中平衡反应式（4-28）产生的 $NO_2{}^-$ 很少，若考虑水溶液中的 $NO_2{}^-$ 形态全部来自于平衡反应式（4-29），则有

$$[NO_2^-]=\frac{(K_2P_{NO}P_{NO_2})^{\frac{1}{2}}}{[NO_3^-]} \tag{4-29}$$

将式（4-28）和式（4-29）归并后可得式（4-30）：

$$[NO_2^-]=\left[\frac{K_2^3P_{NO}^3}{K_1^2P_{NO_2}}\right]^{\frac{1}{4}} \tag{4-30}$$

HNO_2 未解离部分的浓度为式（4-31）：

$$[HNO_2(aq)]=\frac{[H^+][NO_2^-]}{K_{n4}} \tag{4-31}$$

联合以上［NO^{2-}］、［NO^{4-}］表达式以及［H^+］≈［NO^{4-}］式并代入式（4-31）可得式（4-32）：

$$[HNO_2(aq)]=\left[\frac{K_2P_{NO}P_{NO_2}}{K_{n4}^2}\right]^{\frac{1}{2}} \tag{4-32}$$

图 4-14 显示了作为 P_{NO} 和 P_{NO_2} 函数的［$HNO_3(aq)$］、［$HNO_2(aq)$］平衡浓度的变化情况。由图 4-14 可见，在平衡条件下，$HNO_3(aq)$ 形态在体系中占有极大的优势。

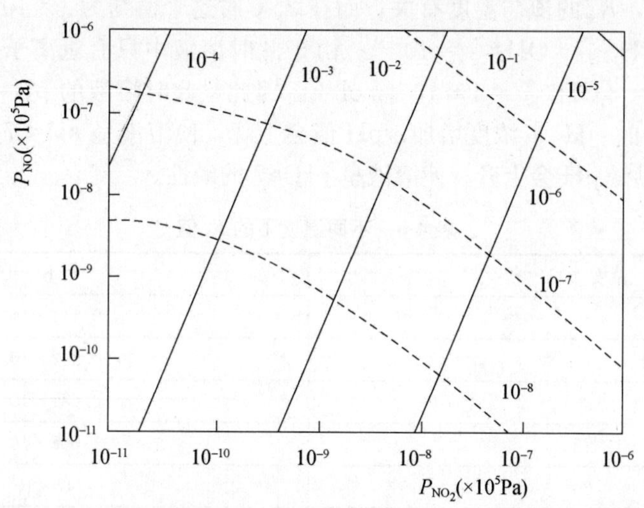

图 4-14　由 P_{NO} 和 P_{NO_2} 确定的溶液中 HNO_3（实线）和 HNO_2（虚线）的平衡浓度（单位：mol/L）

4.3　酸碱平衡

质子在水中的浓度（或活性）（即 pH 值）通常是确定自然系统，如湖泊和河流，以及人造系统如给水系统中水质和化学的关键变量。许多溶解物质的形态，许多矿物质的溶解度

以及溶解物质与固体表面的结合（吸附）均受到pH值控制。例如，呈碱性的氨水（$NH_3 \cdot H_2O$）对鱼类有害，但其浓度与其酸性形式（NH_4^+）的浓度取决于溶液的pH值。酸沉积（酸雨）降低了湖泊和溪流的pH值，并使得缓冲能力较差的土壤中硅酸盐矿物质的溶解，导致水体中产生对鱼类有毒性的高浓度溶解铝。生物活动例如光合作用和呼吸作用，以及物理现象如自然的或外界引起的扰动（伴随着曝气作用），都会使水中的溶解性二氧化碳浓度发生变化，从而影响天然水体的pH值。除了光合作用和呼吸作用，其他生物反应也会影响天然水体的H^+离子浓度。氧化反应通常导致pH值降低，而反硝化和硫酸盐还原等过程倾向使pH值增加。在自来水中，pH值也至关重要，因为消毒剂的酸性形式（游离氯（次氯酸，HOCl））比碱性形式（次氯酸根，OCl^-）更有效。然而较低的pH值会腐蚀给水管道，使得水产生异常的味道乃至毒性。因此，维持自来水中pH值的稳定非常重要。天然水中的氢离子调节由许多均相和异质的缓冲系统提供。在这些系统中区分强度因子（pH）和容量因子（例如总酸/碱中和能力）是重要的。缓冲强度被认为是这两个因素的隐含函数。在本节中，我们将详细介绍碳酸盐溶解体系。本节有两个主要部分，第一部分涵盖酸碱化学的基本概念，第二部分涵盖了这些原则在天然和工程用水系统的酸碱化学中的应用。

4.3.1 酸与碱的性质

首先来考虑纯水的情况。在这种理想情况下，只存在三种化学形式，即氢离子（H^+），氢氧根（OH^-）与水分子（H_2O），其平衡方式为：

$$H_2O \rightleftharpoons H^+ + OH^-$$

$$K_W = [H^+][OH^-] \tag{4-33}$$

如表4-6所示，K_w的值与温度有关，而在25℃时这个值约为1×10^{-14}，大多数计算均采用这个值，即$[H^+][OH^-]=10^{-14}$。由于此时溶液中只有氢离子与氢氧根是带电离子，所以$[H^+]=[OH^-]=1\times10^{-7}$mol/L。因此，此时溶液的$pH=-\lg[H^+]=7$，呈中性。当溶液中的$[H^+]$浓度增加，pH值会下降，使溶液呈$pH<7$的酸性；当溶液中的$[H^+]$浓度减少，pH会上升，使溶液呈$pH>7$的碱性。

表4-6 不同温度下的K_w值

温度（℃）	K_w
0	0.114×10^{-14}
10	0.292×10^{-14}
20	0.681×10^{-14}
25	1.008×10^{-14}
30	1.47×10^{-14}
40	2.92×10^{-14}
50	5.5×10^{-14}
100	55.0×10^{-14}

酸与碱的定义：

在各种酸碱理论中，Brønsted和Lewis的酸碱质子理论是最为广泛接受的理论。Brønsted酸碱理论并不局限于水溶液中，该理论认为凡是能够给出质子（H^+）的物质都是酸；凡是能够接受质子的物质都是碱。在这个理论中，任何反应都包括酸与碱，也就是说，从酸中贡献出的电子一定会被一个电子受体（碱）所接受。当 Brønsted 酸加入到水中，水就作为碱，接受来自于酸的质子。例如盐酸溶于水：

$$HCl + H_2O \rightleftharpoons H_3O^+ + Cl^-$$

与醋酸溶于水：

$$CH_3COOH(HAc) + H_2O \rightleftharpoons H_3O^+ + CH_3COO^-\ (Ac^-)$$

为了简化水环境中的酸碱反应，我们常常在酸碱反应中忽略作为反应物（碱）的水分子，将 H_3O^+ 简写为 H^+，但是值得注意的是，游离的 H^+ 事实上并不存在于水中。这些释放质子（例如 Cl^- 和 Ac^-）后的 Brønsted 酸成为共轭碱或者 Brønsted 碱。

有许多化合物既是 Brønsted 酸又是 Brønsted 碱，比如碳酸氢根：

$$HCO_3^- \rightleftharpoons H^+ + CO_3^{2-} \text{ 或 } HCO_3^- + H^+ \longrightarrow H_2CO_3^*$$

溶液中大多数金属离子同样充当 Brønsted 酸，例如当足量的三价铁加入到水中，会发生如下反应：

$$Fe^{3+} + H_2O \rightleftharpoons Fe(OH)_{3(s)} + 3H^+$$

因此，每添加 1mol 铁就会释放 3mol 质子。但是，Fe^{3+} 本身却无法释放质子。实际上，金属离子在水中是以水合物的形式存在的，例如，Fe^{3+} 是以 $Fe(H_2O)_6^{3+}$ 的形式存在于溶液中，并由其水合物释放出质子。在这种情况下，高度正电化的铁离子强烈地吸附水合水分子的电子对，使 O—H 键的电子对偏向带负电的氧原子，也就为 H^+ 的释放创造了有利条件。

根据 Lewis 理论，酸是电子对的接受体，碱是电子对的给予体。酸碱反应是酸从碱接受一对电子，形成配位键，得到一个酸碱加合物的过程。这个概念可以使用氨的反应来说明：

$$H^+ + :NH_3 \rightleftharpoons H-NH_3^+$$

所有的 Lewis 酸（碱）都是 Brønsted 酸（碱），但不是所有的 Brønsted 酸（碱）都是 Lewis 酸（碱）。HCl 可以给出质子，属于 Brønsted 酸，但在 Lewis 理论中属于酸碱加合物，并不是 Lewis 酸。

Brønsted 定义适用于各种各样的水环境化合物，但是 Lewis 定义更为全面，并且可以进一步理解例如金属离子络合的过程。一个经典的例子：

$$H_3N: + BF_3 \rightleftharpoons H_3N-BF_3$$

其中，氨气是 Lewis 酸而三氟化硼是 Lewis 碱。由于没有发生质子交换，Brønsted 定义在这种情况下就不适用。

4.3.2　酸和碱的强度

酸与碱的强度是通过测量其给出或者接受质子的倾向大小来定义的。因此，弱酸意味着其提供电子的趋势较弱，而强碱接受质子的能力则很强。然而，由于质子迁移的程度不仅取决于酸的性质，还与碱接受质子的倾向有关，因此在实际中很难定义酸与碱的绝对强度。在这种情况下，将酸碱溶于充当标准酸（碱）的水中，来计算酸和碱的相对强度。即在溶液中，共轭酸碱对（HA-A^-）的酸的强度是通过与水溶液的共轭酸碱对（H_3O^+-H_2O）比较而测得。相似的，共轭碱酸对（$B\text{-}HA^{+}$）的强度是通过与水溶液的共轭碱酸对（$OH^{-}\text{-}H_2O$）比较而测得。

对于一元酸 HA，当其以水作为质子受体时的酸度是通过由质子转移反应的平衡常数测得的，如式（4-34）：

$$HA = H^{+} + A^{-} \quad K_a$$

$$K_a = \frac{[H^{+}][A^{-}]}{[HA]} \tag{4-34}$$

对于二元酸，例如 $H_2A \longrightarrow H^{+} + HA^{-} \longrightarrow H^{+} + A^{2-}$，我们可以得到式（4-35）：

$$K_{a1} = \frac{[H^{+}][HA^{-}]}{[H_2A]} \text{与} K_{a1} = \frac{[H^{+}][A^{2-}]}{[HA^{-}]} \tag{4-35}$$

每个酸都有自己的平衡常数，通常被称为酸解离常数或酸度常数。表 4-7 中给出了常见酸的 K_a 值。K_a 值的大小决定了酸在平衡时解离的程度。K_a 值越大（或者 pK_a 的值越小），那么平衡时的浓度应该也就越高，溶解的酸也就越多。根据定义，强酸是完全溶于水的。强酸的共轭碱呈现强负电性，倾向于携带负电荷，几乎没有接受质子的倾向。因此，强酸的共轭碱总是弱碱。例如Cl^{-}、NO_3^{-} 与SO_4^{2-}，与之对应的强酸是 HCl、HNO_3 与 H_2SO_4。根据经验，大多数强酸的 pK_a 值均处在 2 以下。注意，水合氢离子（H_3O^{+}）的 pK_a 为 0。因此，任何具有 $pK_a<0$ 的酸将向水中释放质子，使 H_3O^{+} 成为水溶液中的最强酸，这被称为水的拉平效应。

表 4-7 常见酸的酸度常数 pK_a 值

分子式	名字	pK_{a1}	pK_{a2}	pK_{a3}	pK_{a4}
$HClO_4$	高氯酸	−7			
H_2SO_4	硫酸	−3	1.92		
HCl	盐酸	−3			
HNO_3	硝酸	−1.30			
CCL_3COOH	三氯代乙酸	−0.5			
H_3O^{+}	水合氢离子	0			
H_2CrO_4	铬酸	0.86	6.51		
HOOCCOOH	草酸	0.9	4.20		
氨三乙酸	2.00	2.94	10.28		
	H_3PO_4	磷酸	2.15	7.20	12.38
	EDTA	2.16	3.12	6.27	10.95
$Fe(H_2O)_6^{3+}$	水合铁离子	2.20			
H_3AsO_4	正砷酸	2.24	6.76	11.60	
$C_6H_4OHCOOH$	水杨酸	3.10	4.76	6.40	
$C_3H_4OH(COOH)_3$	柠檬酸	3.13			
HF	氢氟酸	3.17			
HCOOH	甲酸	3.75			
C_6H_5COOH	苯甲酸	4.20			

续表

分子式	名字	pK_{a1}	pK_{a2}	pK_{a3}	pK_{a4}
CH_3COOH	醋酸	4.76			
$Al(H_2O)_6{}^{3+}$	水合铝离子	4.90			
H_2CO_3	碳酸	6.35	10.33		
H_2S	硫化氢	7.02	≫14		
HOCl	次氯酸	7.50			
HOBr	次溴酸	8.63			
HCN	氰化氢	9.21			
$B(OH)_3D$	硼酸	9.24			
$NH_4{}^+$	铵根正离子	9.25			
H_3AsO_3	亚砷酸	9.29			
$Si(OH)_4$	正硅酸	9.84			
C_6H_5OH	苯酚	9.99			

弱酸在水中发生不完全水解，其 pK_a 值在 3 左右或者更高。例如将同为 0.01mol 的盐酸（HCl；$pK_a=-3$）与乙酸（HAc；$pK_a=4.76$）分别加入到两份 1L 的水中，HCl 溶液的 pH 值为 2.0（即完全解离），但 HAc 的 pH 值为 3.4，只发生了部分解离。

在讨论强碱与弱碱之前，我们首先来了解碱度常数 K_b。一种酸的共轭碱的 K_b 值与该种酸的 K_a 值与 K_w 值有关。例如当醋酸根与水反应时：

$$Ac^- + H_2O \rightleftharpoons HAc + OH^-$$

我们可以通过反向写酸的解离反应，并将其与水的解离反应相加得到解碱度常数 K_b，即

$$H^+ + Ac- \rightleftharpoons HAc K_a^{-1} = 10^{4.76}$$

$$H_2O \rightleftharpoons OH^- + H^+ \ K_W = 10^{-14.00}$$

$$Ac^- + H_2O \rightleftharpoons HAc + OH^- \ K_b = 10^{-9.24}$$

因此酸与水的平衡常数相乘，得到解碱度常数 K_b，即式（4-36）～式（4-38）：

$$K_b = \frac{\{HA\}\{OH^-\}}{\{Ac^-\}} \tag{4-36}$$

$$K_a \times K_b = K_W \tag{4-37}$$

$$pK_a + pK_b = pK_W = 14 \tag{4-38}$$

因此，我们只要知道了一种酸或者共轭碱的 K_a或者 K_b，我们就可以使用式（4-37）计算出其余的常数。

碱强弱的判断方法与酸强弱的判断方法相似。强碱的 pK_b为 2 或更低。强碱包括OH^-、PO_4^{4-} 和 S^{2-}。一般而言，碱的共轭酸酸性越强（即 pK_a越低），碱越弱（即 pK_b 越高），反之亦然。

4.3.3 亨德森-哈塞尔巴尔赫方程与缓冲剂

在上一节中，我们使用酸解离常数（K_a）和碱解离常数（K_b）可以确定溶液 pH 值以及酸和碱的浓度。在了解更复杂的酸碱关系之前，我们先继续探究酸碱相对浓度与 pH 的关系。从酸解离常数开始入手。

$$K_a = \frac{[H^+][A^-]}{[HA]} \tag{4-39}$$

在方程式两边同时取负对数，得式（4-40）：

$$-\log K_a = pK_a = -\log[H^+] - \log\frac{[A^-]}{[HA]} = -\log[H^+] + \log\frac{[HA]}{[A^-]} \tag{4-40}$$

重新整理得到式（4-41）：

$$pH = pK_a - \log\frac{[HA]}{[A^-]} \tag{4-41}$$

式（4-41）被称为亨德森-哈塞尔巴尔赫方程，可以用于解决涉及弱酸及其共轭碱的问题。含有弱酸及其共轭碱的系统被称为缓冲液，因为当将强酸或强碱添加到这种溶液中时，它们抵抗并减小 pH 的变化。亨德森-哈塞尔巴尔赫方程也可用于反映酸及其共轭碱的相对浓度。向某一缓冲液体系加入酸或碱的 pH 变化率在 $pH = pK_a$时最低，此时溶液具有最大的缓冲作用。缓冲溶液的缓冲能力（或缓冲强度）表示为β，具体定义为式（4-42）：

$$缓冲能力 = \beta = \frac{d(C_B - C_A)}{d(pH)} \approx \frac{\Delta(C_B - C_A)}{\Delta(pH)} \tag{4-42}$$

式中，C_A与C_B分别为酸和碱的浓度。

总的来说，对于任何酸碱体系，β值在 pH 接近 pK_a时最大，而在溶液中仅存在纯酸或纯共轭碱时最小。对于地表水来说，一般缓冲容量较小，超量受纳酸碱废水将引起 pH 值异常波动，对水质与水环境造成较大损害。

4.3.4 酸、碱、电解质的电离作用

酸及其共轭碱在 pH 作用下的相对形态分数可以通过酸的化合态总量 C（$C=[HB]+[B]$）与酸度常数 K（$K=[H^+][B]/[HB]$）的相对关系来计算，具体计算方法如式(4-43)所示：

$$\alpha_B = \alpha_1 = \frac{[B]}{C} = \frac{K}{K + [H^+]} = \left(1 + \frac{[H^+]}{K}\right)^{-1} \tag{4-43}$$

其中，$\alpha_1 + \alpha_0 = 1$。α_1 被称为解离度或者电离度，α_0 则反映了酸的形成程度。在二元酸的酸碱体系中，相似地我们可以定义：

$$[H_2A] = C\alpha_0 \tag{4-44}$$

$$[HA^-] = C\alpha_1 \tag{4-45}$$

$$[A^{2-}] = C\alpha_2 \tag{4-46}$$

α 的下标的数值表示酸的失电子数量，而 α 的值则是 $[H^+]$ 的函数。类似地我们可以

得到酸解离常数和氢离子浓度函数的形态分数。

$$\alpha_0 = \left(1 + \frac{K_1}{[H^+]} + \frac{K_1 K_2}{[H^+]^2}\right)^{-1} \tag{4-47}$$

$$\alpha_1 = \left(1 + \frac{[H^+]}{K_1} + \frac{K_2}{[H^+]}\right)^{-1} \tag{4-48}$$

$$\alpha_2 = \left(1 + \frac{[H^+]^2}{K_1 K_2} + \frac{[H^+]}{K_2}\right)^{-1} \tag{4-49}$$

根据式（4-47）～式（4-49），可得到以 pH 为横坐标的 $H_2A - HA^- - A^{2-}$ 体系形态分布图，如 4.2 节图 4-11 所示的碳酸盐形态的摩尔比例与 pH 的关系图。

4.3.5　碳酸平衡

二氧化碳在水中形成酸，可同岩石中的碱性物质发生反应，并可通过沉淀反应变为沉积物而从水中除去。在水和生物体之间的生物化学交换中，二氧化碳占有独特地位，溶解的碳酸盐化合态与岩石圈、大气圈进行均相、多相的酸碱反应和交换反应，对于调节天然水的 pH 值和组成起重要的作用。

在水体中存在着CO_2、H_2CO_3、HCO_3^- 和CO_3^{2-} 等四种化合态，常把CO_2 和 H_2CO_3 合并为 $H_2CO_3^*$，而实际上 H_2CO_3 在水中的浓度很低，平衡时主要以 $CO_2(aq)$ 的形式存在于水中。如在 25℃温度下，$[H_2CO_3]/[CO_2(aq)] = 10^{-2.8}$。因此，将水中游离碳酸总量用 $[H_2CO_3^*]$表示时有式（4-50）：

$$[H_2CO_3^*] = [H_2CO_3] + [CO_2(aq)] \approx [CO_2(aq)] \tag{4-50}$$

在亨利定律表达式中也就可以用 $[H_2CO_3]$ 来代替CO_2（aq），这样处理能使平衡计算更为便利。因此，水中的 $H_2CO_3^*$-HCO_3^--CO_3^{2-} 平衡体系可以用下列反应以及平衡常数表示：

$$CO_2 + H_2O \rightleftharpoons H_2CO_3^* \quad pK_0 = 1.46$$

$$H_2CO_3^* \rightleftharpoons HCO_3^- + H^+ \quad pK_1 = 6.36$$

$$HCO_3^- \rightleftharpoons CO_3^- + H^+ \quad pK_2 = 10.33$$

如图 4-15 所示，按照物质与能量是否能与外界交换，将自然水体中的碳酸体系大致分为封闭体系与开放体系两种。下面将封闭与开放体系分别进行介绍。

在体系（a）中，可以在水和气相之间交换挥发性物质，体系内的物质总量保持不变。在体系（b）中，水相朝向气相封闭，不会与气相交换，H_2CO_3 * 被视为非挥发性物质。在开放体系（c）中，与环境发生物质交换。例如，与大气平衡的水的特征在于 CO_2（P_{CO_2}）的恒定分压。体系（d）代表隔离的系统，环境中没有物质和能量的交换。

1. 封闭碳酸体系

如图 4-15（a，b）所示，将 $H_2CO_3{}^*$ 视为非挥发性物质，由此组成的封闭碳酸体系。结合 3.2.3 节，我们可以得到：

（1）系统 pH 值范围约为 4.5～10.8，当水样中另外含有强酸或强碱时，pH 值将会小于 4.5 或者大于 10.8。

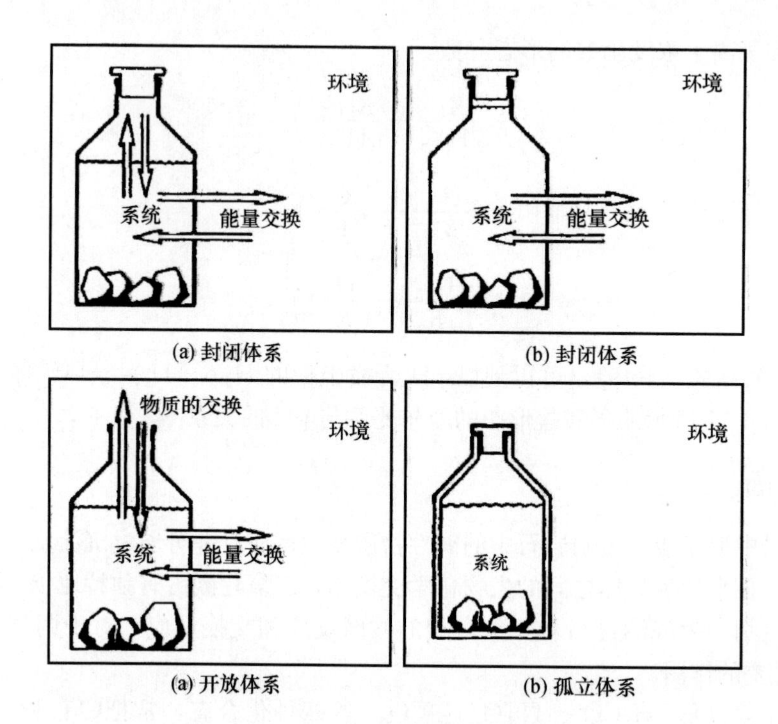

图 4-15　碳酸体系的示意图

（2）如图 4-11 所示，pH＝8.3 可以视为一个分界点，即当体系 pH 值小于 8.3 时，可以认为CO_3^{2-}含量甚微，水中只有 $H_2CO_3^*$ 和HCO_3^-，只考虑一级碳酸平衡：

$$[H^+] = K_1 \frac{[H_2CO_3^*]}{[HCO_3^-]} \tag{4-51}$$

$$pH = pK_1 - lg[H_2CO_3^*] + lg[HCO_3^-] \tag{4-52}$$

相似的有，当溶液 pH 大于 8.3 时，$H_2CO_3^*$ 的浓度就可以忽略不计，认为水中只存在HCO_3^- 和CO_3^{2-}，只考虑二级碳酸平衡：

$$[H^+] = K_2 \frac{[HCO_3^-]}{[CO_3^{2-}]} \tag{4-53}$$

$$pH = pK_2 - lg[HCO_3^-] + lg[CO_3^{2-}] \tag{4-54}$$

2. 开放碳酸体系

开放碳酸体系指的是与气相（例如大气）相通的碳酸水溶液体系，气相中的二氧化碳分压保持恒定。当二氧化碳在气相和液相之间平衡时，各种碳酸盐化合态的平衡浓度可以表示为 P_{CO_2} 和 pH 值的函数。根据亨利定律，可以得到式（4-55）：

$$[H_2CO_3^*] = K_H P_{CO_2} \tag{4-55}$$

溶液中，碳酸化合态相应为

$$C_T = [H_2CO_3^*]/\alpha_0 = \frac{1}{\alpha_0} K_H P_{CO_2} \tag{4-56}$$

$$[HCO_3^-] = \frac{\alpha_1}{\alpha_0} K_H P_{CO_2} = \frac{K_1}{[H^+]} K_H P_{CO_2} \tag{4-57}$$

$$[CO_3^{2-}] = \frac{\alpha_2}{\alpha_0} K_H P_{CO_2} = \frac{K_1 K_2}{[H^+]^2} K_H P_{CO_2} \tag{4-58}$$

对上式两边同时取对数，并带入 $pK_H = 1.5$，$pK_1 = 6.3$，$pK_2 = 10.25$ 与 $\lg P_{CO_2} = -3.5$可得式（4-59）:

$$\log[H_2CO_3^*] = \log K_H + \log P_{CO_2} \tag{4-59}$$

$$= -1.5 + (-3.5) = -5.0$$

斜率为零的直线：

$$\log[HCO_3^-] = \log K_1 + pH + \log[H_2CO_3^*] \tag{4-60}$$

$$= -6.3 + pH - 5.0 = -11.3 + pH$$

斜率为+1 的直线：

$$\log[CO_3^{2-}] = \log(K_2 / [H^+]) + \log[HCO_3^-] \tag{4-61}$$

$$= \log(K_2 K_1 / [H^+]^2) + \log[H_2CO_3^*]$$

$$= \log K_2 + \log K_1 + 2pH + \log[H_2CO_3^*]$$

$$= -10.3 - 6.3 + 2pH - 5.0$$

斜率为+2 的直线：

将以上的关系作成图 4-16 所示的开放碳酸体系各组分浓度与 pH 值的关系图。图中添加量总无机碳量 C_T 与 pH 的关系曲线，即曲线 1～4 的叠加。从图 4-16 中可以看出，在开放体系中，当 $pH < pK_1 = 6.3$ 时碳酸形态主要以 $H_2CO_3^*$ 为主，pH＝6～10 时组要以HCO_3^-为主，$pH > pK_2 = 10.25$ 时以CO_3^{2-} 为主。

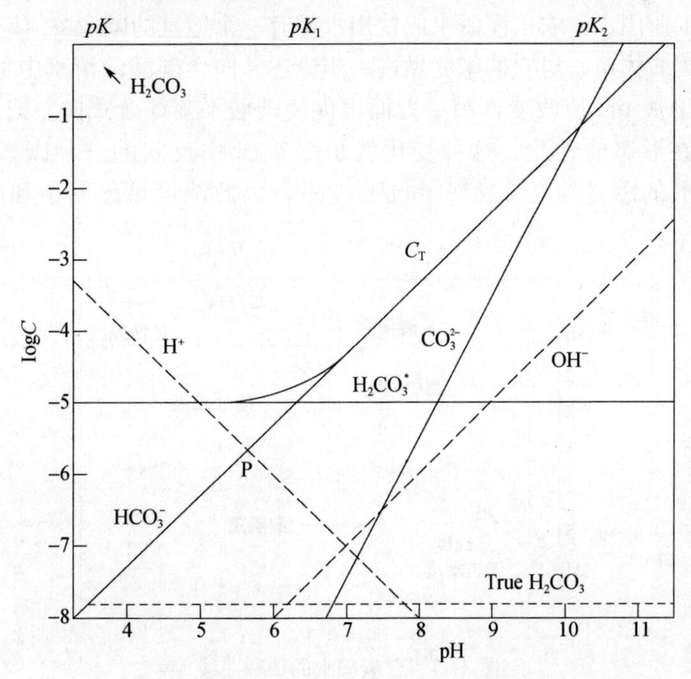

图 4-16　平衡的碳酸水溶液开放体系

进一步可推出开放体系碳酸溶液 pH 值的三次方程为式（4-62）：

$$[H^+]^3-(K_W+K_0K_1P_{CO_2})[H^+]-2K_0K_1K_2P_{CO_2}=0 \quad (4\text{-}62)$$

假定气相中CO_2 的浓度为 3.3×10^{-4}（V/V）（约 1972 年全球大气平均水平），在温度为 10℃的情况下，可通过解上列三次方程得到 pH=5.6。这个值被用来判定雨水是否纯净，通常将 pH 值小于 5.6 的降水称为酸雨。

4.3.6 酸度和碱度

酸度（Acidity）是指水中能与强碱发生中和作用的全部物质，亦即放出 H^+ 或经过水解能产生 H^+ 的物质总量。天然水体中存在着大量的弱酸（如碳酸、硅酸、硼酸等），强酸弱碱盐（如硫酸铝、氯化铁等），特殊情况下还可能出现强酸（如盐酸、硫酸、硝酸），它们都对水系统提供酸度，其酸度值决定于这些组分的数量和它们的解离程度。可以将总酸度分为离子酸度和后备酸度两部分，前者由质子 H^+ 提供并与水样的 pH 值相应，后者与水系统的缓冲能力相关。

碱度（Alkalinity）是指水中能与强酸发生中和作用的全部物质，亦即能接受质子 H^+ 的物质总量。组成天然水体中碱度的物质也可以归纳为三类：①强碱，如 NaOH、$Ca(OH)_2$ 等，在溶液中全部电离生成 OH^- 离子；②弱碱，如 NH_3、$C_6H_5NH_2$ 等，在水中有一部分发生反应生成 OH^- 离子；③强碱弱酸盐，如各种碳酸盐、重碳酸盐、硅酸盐、磷酸盐、硫化物和腐殖酸盐等，它们水解时生成 OH^- 离子或者直接接受质子 H^+。后两种物质在中和过程中不断产生 OH^- 离子，直到全部中和完毕。考虑到水中很多物质（HCO_3^-）同时能与强酸和强碱发生反应，碱度和酸度在定义上有交互重叠部分，所以除了 pH<4.5 的水样外，一般使用了碱度就不再用酸度表示水样的酸碱性。

碱度和酸度是水体缓冲能力的量度，天然水体可收纳酸碱废水的容量受这类参数的制约。此外，各类工业用水，农田灌溉水或饮用水都有一个适宜的碱度数值范围。以下将天然水体近似看作纯碳酸体系，对它的碱度做进一步论述。向含碳酸的清水中加入强酸或强碱，一方面可以引起溶液 pH 值改变，另一方面也促使碳酸平衡综合式向左或者向右移动，这样就引起碳酸存在形态的转化，这种变化就是图 4-16 中反映的三种碳酸比例变化曲线。一般清水中含碳酸的总量约在 2×10^3mol/L 左右，以此浓度可绘制中和曲线，如图 4-17 所示。

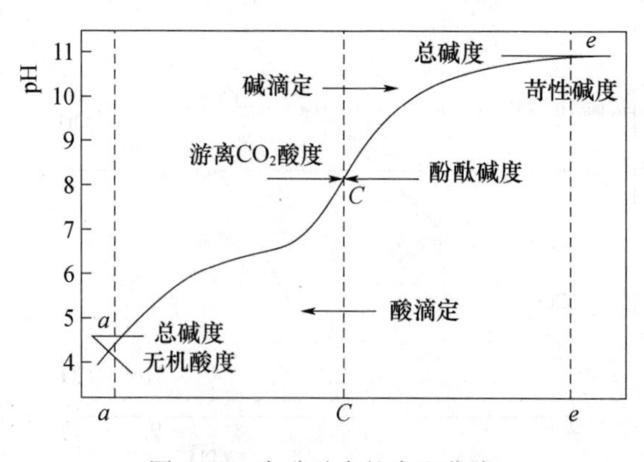

图 4-17　含碳酸水的中和曲线

如图 4-17 所示，假定有一个 pH 值小于 4.5 的水样，当以甲基橙作为指示剂并用标准碱溶液进行中和滴定到 pH＝4.5（指示剂由红色转为黄色）时，所耗用标准碱液的体积数即相当于“无机酸度”，这时水样中的强酸成分全部被碱液中和。向水样加入酚酞指示剂后，继续中和滴定到 pH＝8.3（指示剂由无色转为红色）时，第二次滴定耗用的标准碱液的体积数相当于“游离 CO_2 酸度”在这个过程中，由原水样中 $H_2CO_3^*$ 所提供的酸度按以下反应被碱液中和：

$$H_2CO_3^* + OH^- \longrightarrow HCO_3^- + H_2O$$

无机酸度和游离 CO_2 酸度之合称为“酚酞碱度”。对原水样继续做第三次滴定，达到 pH＝10.8 时所耗用的标准件液体积数与前两次滴定所耗体积数之和相当于水样的“总酸度”。在这个 pH 值下，水样中可与滴定碱液相作用的酸性物质全部被中和，但由于中和曲线在此点没有明显突跃，也没有合适的酸碱指示剂可用于确定终点，所以这项“总酸度”只能是理论性的，一般并不仅限这种测定。在第三次滴定中发生的反应为：

$$HCO_3^- + OH^- \longrightarrow CO_3^{2-} + H_2O$$

另假定有一个 pH＞10.8 的水样，当用标准酸溶液进行中和滴定到 pH＝10.8 时，所消耗的标准酸体积数相当于“苛性碱度”，这时水样中的强碱性成分全部被酸液中和。但由于同上述总酸度不可实测的同样原因，苛性碱度也是无法测定的。向水样加入酚酞指示剂后，继续中和滴定 pH＝8.3（指示剂由红色转为无色）时，两次滴定耗用标准酸的体积数之和相当于水样的“酚酞碱度”。在第二次滴定过程中发生如下反应：

$$CO_3^{2-} + H^+ \longrightarrow HCO_3^-$$

向水样加入甲基橙指示剂后，继续中和滴定到 pH＝4.5（指示剂由黄色转化为红色）时，则三次滴定耗用标准酸体积数的总和就相当于“总碱度”或者称为“甲基橙碱度”。在第三次滴定过程中发生如下反应：

$$HCO_3^- + H^+ \longrightarrow H_2CO_3^*$$

到此为止，水样中可与滴定酸液相作用的碱性物质全部被中和。

同样，根据溶液质子平衡，可以得到相应碱度和酸度的表示式如式（4-63）～式（4-68）所示：

$$\text{总碱度} = [HCO_3^-] + 2[CO_3^{2-}] + [OH^-] - [H^+] \tag{4-63}$$

$$\text{酚酞碱度} = [CO_3^{2-}] + [OH^-] - [H_2CO_3^*] - [H^+] \tag{4-64}$$

$$\text{苛性碱度} = [OH^-] - [HCO_3^-] - 2[H_2CO_3^*] - [H^+] \tag{4-65}$$

$$\text{总酸度} = [H^+] + [HCO_3^-] + 2[H_2CO_3^*] - [OH^-] \tag{4-66}$$

$$CO_2\ \text{酸度} = [H^+] + [H_2CO_3^*] - [CO_3^{2-}] - [OH^-] \tag{4-67}$$

$$\text{无机酸度} = [H^+] - [HCO_3^-] - 2[CO_3^{2-}] - [OH^-] \tag{4-68}$$

如果用总碳酸量（C_T）和相应的分布系数（α）来表示，则有式（4-69）～式（4-74）：

$$\text{总碱度} = C_T(\alpha_1 + 2\alpha_2) + K_W/[H^+] - [H^+] \tag{4-69}$$

$$酚酞碱度 = C_T(\alpha_2 - \alpha_0) + K_W/[H^+] - [H^+] \tag{4-70}$$

$$苛性碱度 = -C_T(\alpha_1 + 2\alpha_0) + K_W/[H^+] - [H^+] \tag{4-71}$$

$$总酸度 = C_T(\alpha_1 + 2\alpha_0) + [H^+] - K_W/[H^+] \tag{4-72}$$

$$CO_2\ 酸度 = C_T(\alpha_0 + \alpha_2) + [H^+] - K_W/[H^+] \tag{4-73}$$

$$无机酸度 = -C_T(\alpha_1 + 2\alpha_2) + [H^+] - K_W/[H^+] \tag{4-74}$$

此时，如果已知水体的 pH 值、碱度及相应的平衡常数，就可以算出 $H_2CO_3^*$、HCO_3^-、CO_3^{2-} 及OH^-在水中的浓度（假定其他各种形态对碱度的贡献可以忽略）。例如，某水体的 pH 值为 8.00，碱度为 1.00×10^{-3} mol/L 时，就可算出上述各种形态物质的浓度。当 pH＝8.00时，CO_3^{2-} 的浓度与HCO_3^- 的浓度比相比可以忽略，此时碱度全部由HCO_3^- 贡献：

$$[HCO_3^-] = [碱度] = 1.00 \times 10^{-3} mol/L$$

$$[OH^-] = 1.00 \times 10^{-6} mol/L$$

根据酸的解离常数 K_1，可以计算出 $H_2CO_3^*$ 的浓度：

$$[H_2CO_3^*] = [H^+][HCO_3^-]/K_1 \tag{4-75}$$

$$=1.00 \times 10^{-8} \times 1.00 \times 10^{-3} / (4.45 \times 10^{-7})$$

$$=2.25 \times 10^{-5}\ (mol/L)$$

表示式（4-76）计算 $[CO_3^{2-}]$：

$$[CO_3^{2-}] = K_2[HCO_3^-]/[H^+] \tag{4-76}$$

$$=4.69 \times 10^{-11} \times 1.00 \times 10^{-3}/1.00 \times 10^{-8}$$

$$=4.69 \times 10^{-6}\ (mol/L)$$

若水体的 pH 值为 10.00，碱度仍为 1.00×10^{-3} mol/L，在这种情况下，对碱度的贡献是由CO_3^{2-} 和OH^-同时提供，总碱度可表示如式（4-77）所示：

$$碱度 = [HCO_3^-] + 2[CO_3^{2-}] + [OH^-] \tag{4-77}$$

再以 $[OH^-] = 1.00 \times 10^{-4}$ mol/L 代入 K_2 表示式，就得出 $[HCO_3^-] = 4.64 \times 10^{-4}$ mol/L及 $[CO_3^{2-}] = 2.18 \times 10^{-4}$ mol/L。可以看出，对总碱度的贡献HCO_3^- 为 4.64×10^{-4} mol/L，CO_3^{2-} 为 $2 \times 2.18 \times 10^{-4}$ mol/L，OH^- 为 1.00×10^{-4}。总碱度为三者之和，即 1.00×10^{-3} mol/L。这些结果可用于显示水体的碱度与通过藻类活动产生的生命体能力之间的关系。

这里需要特别注意的是，在封闭体系中加入强酸或强碱，总碳酸量 C_T 不受影响，而加入 $[CO_2]$ 时，总碱度值并不发生变化。这时溶液 pH 值和各碳酸化合态浓度虽然发生变化，但它们的代数综合值仍保持不变。因此总碳酸量 C_T 和总碱度在一定条件下具有守恒特性。

4.4　溶解和沉淀作用

溶解和沉淀是天然水和水处理过程中极为重要的现象。天然水在循环过程中与岩石中的矿物不断地相互作用，矿物既可溶解于水中与水发生反应，也可沉积于湖泊、河流或海洋的底部。因此，矿物质的溶解和沉淀成为决定天然水化学组成的重要因素。掌握有关固态物质在水中溶解沉淀平衡的知识有助于深入了解天然的风化过程和沉积过程，了解天然水体中矿物质含量的变化规律，以及直观衡量一般金属化合物在水体中的迁移能力。

4.4.1　溶解-沉淀动力学过程

天然水环境中固体的溶解-沉淀过程往往十分缓慢，因此，其动力学过程就十分重要。但是影响动力学过程的因素相当复杂，很难进行严格的数学描述。通常在一定条件下采用经验公式推算速率。

1. 沉淀过程

沉淀发生一般分为三个阶段：①成核（Nucleation）；②晶体生长（Crystal Growth）；③晶体聚集（Agglomeration&Ripening）。

（1）成核作用

核是一个细微的颗粒，可以由该沉淀的几个分子簇或该沉淀成分离子的几个离子对簇组成。它们也可以是与沉淀物无关，但晶格结构部分相似的细微颗粒。晶核形成是溶液中无规则运动的溶质组分变成具有确定表面的有组织的结构。这一过程需要消耗能量，因此，沉淀在一个均匀溶液里形成之前，溶液就必须是过饱和的，溶液中的过饱和度是晶核形成的驱动力，过饱和度越大，晶核越容易生成。非均相晶核较均相晶核易生成，因为一方面溶质组分自身可以相互聚集形成晶核，另一方面溶质组分又可吸附在其他溶质微粒表面形成晶核。

（2）晶体生长

晶体不断从溶液中获得离子，使晶核颗粒长大，由于包括沉淀在内的水和废水处理过程往往都达不到平衡，所以晶体生长速率极为重要。这种生长速率与溶液的浓度、温度、晶核粒度大小及表面状况等因素均有关系。晶体生长速率可用式（4-78）表示为：

$$\frac{\mathrm{d}C}{\mathrm{d}t}=-Ks(C-C^{*})^{n} \tag{4-78}$$

式中，$\mathrm{d}C/\mathrm{d}t$ 为晶体生长速率，mol/（L・t）；K 为晶体生长速率常数，L^{n}/（mg・t・mol）；s 为单位体积中具有一定面积的晶核量，mol/L；C 为结晶界面溶质离子的极限浓度，mol/L；C^{*} 为饱和浓度，mol/L；n 为常数。

（3）晶核聚集

在沉淀形成初期，固相往往是不稳定的，通常都要经过一定时间，沉淀物才逐渐转化为固定的固相。稳定固相的溶解量一般比初始形成的状态有更低的溶解量，因此稳定固相的不断出现，溶液中的溶质浓度也随之下降，使沉淀趋向更完全。晶体结构转向稳定的过程称为“陈化”或“熟化”。该过程所需的时间决定于沉淀物的性质和温度等条件。

2. 溶解过程

溶解是沉淀的逆过程，其溶解速率与固体物质的性质、接触界面、溶剂性质及温度等条件有关。溶解速率一般是由溶质离开固体的扩散速率所控制，动力学方程为式（4-79）：

$$\frac{dC}{dt}=Ks(C^{*}-C) \tag{4-79}$$

式中，dC/dt 为溶解速率，mol/（L·t）；K 为溶解速率常数，L/（mg·t）；s 为单位体积中具有一定粒度的固体物质的量，mg/L；C^{*} 为固体物质的溶解度，mol/L；C 为溶液中固体物质的浓度，mol/L。

4.4.2 各类无机物的溶解度

1. 氧化物和氢氧化物

金属氢氧化物的沉淀有多种形态，它们的水环境行为差别很大。氧化物可看成是氢氧化物的脱水形式。由于这类化合物直接与 pH 值有关，实际涉及水解和羟基配合物的平衡过程，该过程往往复杂多变，这里用强电解质的最简单关系式表述：

$$Me(OH)_n(s) \rightleftharpoons Me^{n+}+nOH^-$$

则溶度积 $K_{sp}=[Me^{n+}][OH^-]^n$ 进行转换，得式（4-80）～式（4-82）：

$$[Me^{n+}]=\frac{K_{sp}}{[OH^-]^n}=\frac{K_{sp}[H^+]^n}{K_w^n} \tag{4-80}$$

$$-\lg[Me^{n+}]=-\lg K_{sp}-n\lg[H^+]+n\lg K_w \tag{4-81}$$

$$pc=pK_{sp}-np\mathrm{K}_w+np\mathrm{H} \tag{4-82}$$

式（4-82）代表的直线，其斜率等于 n，即金属离子价；横截距为 $pH=14-pK_{sp}/n$。

各种金属氢氧化物的浓度积数值列于表 4-8 中，根据其中数据可绘出溶液中金属离子饱和浓度对数值与 pH 值的关系图（图 4-18）。由图 4-18 可看出：①价态相同的金属离子，直线斜率相同；②靠图右边斜线代表的金属氢氧化物的溶解度大于靠左边的溶解度；③根据此图大致可查出各种金属离子在不同 pH 值溶液中所能存在的最大饱和浓度。

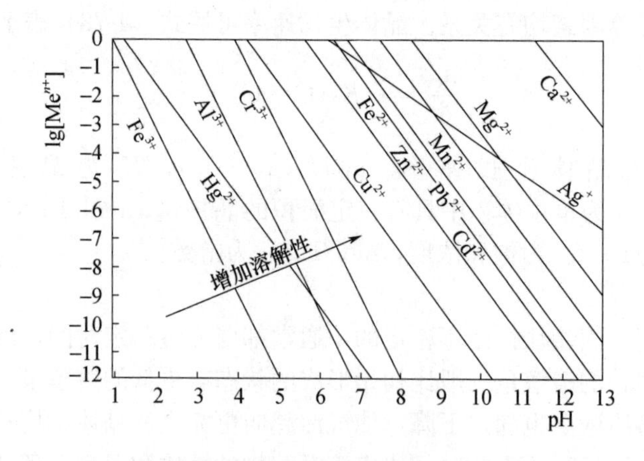

图 4-18 氢氧化物的溶解度

表 4-8　金属氢氧化物溶度积

氢氧化物	K_{sp}	pK_{sp}	氢氧化物	K_{sp}	pK_{sp}
AgOH	1.6×10^{-8}	7.80	$Fe(OH)_3$	3.2×10^{-38}	37.50
$Ba(OH)_2$	5×10^{-3}	2.30	$Mg(OH)_2$	1.8×10^{-11}	10.74
$Ca(OH)_2$	5.5×10^{-6}	5.26	$Mn(OH)_2$	1.1×10^{-13}	12.96
$Al(OH)_3$	1.3×10^{-33}	32.90	$Hg(OH)_2$	4.8×10^{-26}	25.32
$Cd(OH)_2$	2.2×10^{-14}	13.66	$Ni(OH)_2$	2.0×10^{-15}	14.70
$Co(OH)_2$	1.6×10^{-15}	14.80	$Pb(OH)_2$	1.2×10^{-15}	14.93
$Cr(OH)_3$	6.3×10^{-31}	30.20	$Th(OH)_4$	4.0×10^{-45}	44.40
$Cu(OH)_2$	5.0×10^{-20}	19.30	$Ti(OH)_3$	1.0×10^{-40}	40.00
$Fe(OH)_2$	1.0×10^{-15}	15.00	$Zn(OH)_2$	7.1×10^{-18}	17.15

方程（4-82）或图 4-18 都不能充分反映出氧化物或氢氧化物的溶解度，应该考虑到它们的羟基配合形态的存在。如，PbO（s）在 25℃时其固相与溶解相之间所有可能的平衡为：

$$PbO(s)+2H^+ \rightleftharpoons Pb^{2+}+H_2O \qquad \lg{}^*K_{S_0}=12.7$$

$$PbO(s)+H^+ \rightleftharpoons PbOH^+ \qquad \lg{}^*K_{S_1}=5.0$$

$$PbO(s)+H_2O \rightleftharpoons Pb(OH)_2^0 \qquad \lg{}^*K_{S_2}=-4.4$$

$$PbO(s)+2H_2O \rightleftharpoons Pb(OH)_3^-+H^+ \qquad \lg{}^*K_{S_3}=-15.4$$

由上述四个平衡式可得出 PbO 的溶解度表示式为式（4-83）：

$$[Pb(\text{II})]_T={}^*K_{S_0}[H^+]^2+{}^*K_{S_1}[H^+]+{}^*K_{S_2}+{}^*K_{S_3}[H^+]^{-1} \tag{4-83}$$

也可表示为式（4-84）：

$$[Pb(\text{II})]_T=[Pb^{2+}]+\sum_{n=1}^{3}[Pb(OH)_n^{2-n}] \tag{4-84}$$

由图 4-19 表明，固体氧化物和氢氧化物具有两性的特征，它们和质子或羟基离子都可发生反应。存在一个 pH 值，在此 pH 值下溶解度为最小值，在碱性或酸性更强的 pH 值区域内，溶解度都变得更大。曲线上方为 PbO 的沉淀区，曲线区域线为四条特征线的综合。

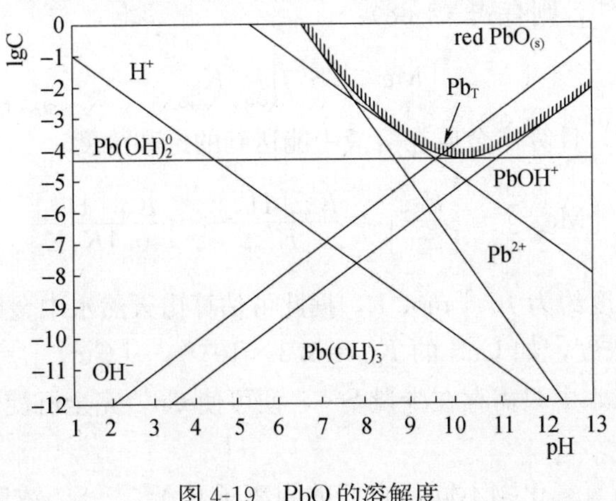

图 4-19　PbO 的溶解度

2. 硫化物

金属硫化物是溶度积更小的一类难溶沉淀物，地表水与地下水中出现 S^{2-} 时，几乎所有重金属离子都可以从水中除去（表 4-9）。

表 4-9　金属硫化物溶度积

分子式	K_{sp}	pK_{sp}	分子式	K_{sp}	pK_{sp}
Ag_2S	6.3×10^{-50}	49.20	HgS	4.0×10^{-53}	52.40
CdS	7.9×10^{-27}	26.10	MnS	2.5×10^{-13}	12.60
CoS	4.0×10^{-21}	20.40	NiS	3.2×10^{-19}	18.50
Cu_2S	2.5×10^{-48}	47.60	PbS	8×10^{-28}	27.90
CuS	6.3×10^{-36}	35.20	SnS	1×10^{-25}	25.00
FeS	3.3×10^{-18}	17.50	ZnS	1.6×10^{-24}	23.80
Hg_2S	1.0×10^{-45}	45.00	Al_2S_3	2×10^{-7}	6.70

硫化氢溶于水中呈二元酸状态，其分级电离为：

$$H_2S \rightleftharpoons H^+ + HS^- \qquad K_1 = 8.9\times10^{-8}$$

$$HS^- \rightleftharpoons H^+ + S^{2-} \qquad K_2 = 1.3\times10^{-15}$$

两者相加可得

$$H_2S \rightleftharpoons 2H^+ + S^{2-}$$

$$K_{1,2} = \frac{[H^+]^2[S^{2-}]}{[H_2S]} = K_1K_2 = 1.16\times10^{-22} \tag{4-85}$$

在饱和水溶液中，H_2S 浓度总是保持在 0.1mol/L，又因为实际电离甚微，可认为饱和溶液中 H_2S 分子浓度 $[H_2S]$ 也保持在 0.1mol/L。将其带入式（4-85），得式（4-86）：

$$[H^+]^2[S^{2-}] = 1.16\times10^{-22}\times0.1 = 1.16\times10^{-23} = K'_{sp} \tag{4-86}$$

在任意 pH 值的水中，有式（4-87）：

$$[S^{2-}] = K'_{sp}/[H^+]^2 = 1.16\times10^{-23}/[H^+]^2 \tag{4-87}$$

若溶液中存在 Me^{2+}，则有式（4-88）：

$$[Me^{2+}][S^{2-}] = K_{sp} \tag{4-88}$$

从而可由式（4-89）计算出金属在溶液中能达到的饱和浓度：

$$[Me^{2+}] = \frac{K_{sp}}{[S^{2-}]} = \frac{K_{sp}[H^+]^2}{K'_{sp}} = \frac{K_{sp}[H^+]^2}{0.1K_1K_2} \tag{4-89}$$

天然水中 S^{2-} 的浓度约为 10^{-10}mol/L，据此可估算出天然水中金属离子的平衡浓度，既其以离子形态存在的浓度，如 CuS 的 $K_{sp}=6.3\times10^{-36}$，$[Cu^{2+}]=K_{sp}/[S^{2-}]=6.3\times10^{-26}$mol/L，可见天然水中只需存在少量 S^{2-}，便可使 Cu^{2+} 完全沉淀。

3. 碳酸盐

碳酸盐、硫化物与氢氧化物不同，它们的阴离子 CO_3^{2-}、S^{2-} 浓度随 pH 值变化，因而其沉淀反应受 pH 值影响。此外，它们并不是由 OH^- 直接参与沉淀反应，同时，CO_2 还存在气相分压。因此，碳酸盐、硫化物沉淀实际上是二元酸在三相中的平衡分布问题。下面以 $CaCO_3$（s）为例进行介绍。

1）封闭体系

（1）C_T＝常数时，$CaCO_3$ 的溶解度为式（4-90）、式（4-91）：

$$CaCO_3(s) \rightleftharpoons Ca^{2+} + CO_3^{2-}$$

$$K_{sp} = [Ca^{2+}][CO_3^{2-}] = 10^{-8.32} \tag{4-90}$$

$$[Ca^{2+}] = K_{sp}/[CO_3^{2-}] = K_{sp}/(C_T\alpha_2) \tag{4-91}$$

在 Me^{2+}-H_2O-CO_2 体系中，则有式（4-92）：

$$[Me^{2+}] = K_{sp}/(C_T\alpha_2) \tag{4-92}$$

对于任何 pH 值 α_2 都是已知的，根据式（4-92），可绘出 lg［Me^{2+}］对 pH 值的曲线图（图 4-20）。

图 4-20 基本上是由溶度积方程式和碳酸平衡迭加而成，［Ca^{2+}］［CO_3^{2-}］为常数。因此，在 pH＞pK_2 这一高 pH 区时，lg［CO_3^{2-}］线斜率为零，lg［Ca^{2+}］线斜率也必为零，此时饱和度［Ca^{2+}］＝K_{sp}/［CO_3^{2-}］；当在 pH＜pK_1 区时，lg［CO_3^{2-}］的斜率为＋2，为保持［Ca^{2+}］［CO_3^{2-}］的恒定，lg［Ca^{2+}］的斜率必为－2；图 4-20 是 C_T＝3×10^{-3} mol/L 时，一些金属碳酸盐的溶解度以及它们对 pH 值的依赖关系。

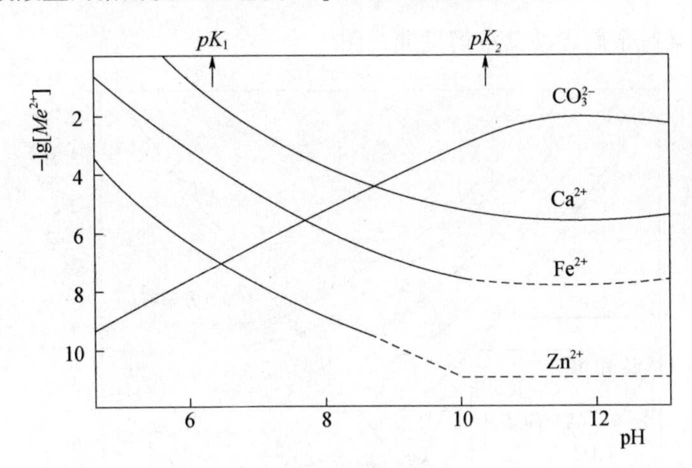

图 4-20　$MeCO_3(s)$ 的溶解度（封闭体系，C_T＝3×10^{-3} mol/L）

（2）$CaCO_3$（s）在纯水中的溶解度。溶液中的溶质为 Ca^{2+}、$H_2CO_3^*$、HCO_3^-、CO_3^{2-}、H^+、OH^-，CO_3^{2-} 同时参与 $CaCO_3(s)$ 溶解平衡和碳酸平衡，Ca^{2+} 浓度等于溶解碳酸化合态的总和，即式（4-93）：

$$[Ca^{2+}] = C_T \tag{4-93}$$

此外，溶液必须满足电中性条件，即式（4-94）：

$$2[Ca^{2+}] + [H^+] = [HCO_3^-] + 2[CO_3^{2-}] + [OH^-] \tag{4-94}$$

又
$$[Ca^{2+}] = K_{sp}/[CO_3^{2-}] = K_{sp}/(C_T\alpha_2) \tag{4-95}$$

综合式（4-94）、式（4-95）得出式（4-96）、式（4-97）：

$$[Ca^{2+}]=(K_{sp}/\alpha_2)^{1/2} \tag{4-96}$$

$$-\lg[Ca^{2+}]=0.5pK_{sp}-0.5Pa_2 \tag{4-97}$$

对于其他金属碳酸盐则可写为式（4-98）：

$$-\lg[Me^{2+}]=0.5pK_{sp}-0.5Pa_2 \tag{4-98}$$

可得式（4-99）

$$(K_{sp}/\alpha_2)^{0.5}(2-\alpha_1-2\alpha_2)+[H^+]-K_w/[H^+]=0 \tag{4-99}$$

可用试算法求解。

同样可以绘制 pc-pH 图表示碳酸钙溶解度与 pH 的关系。

当 pH＞pK_2，$\alpha_2\approx1$

$$\lg[Ca^{2+}]=0.5\lg K_{sp} \tag{4-100}$$

当 pK_1＜pH＜pK_2，$\alpha_2\approx K_2/[H^+]$

$$\lg[Ca^{2+}]=0.5\lg K_{sp}-0.5\lg K_2-0.5pH \tag{4-101}$$

当 pH＜pK_1，$\alpha_2\approx K_2K_1/[H^+]^2$

$$\lg[Ca^{2+}]=0.5\lg K_{sp}-0.5\lg K_1K_2-pH \tag{4-102}$$

图 4-21 给出某些金属碳酸盐溶解度曲线图。

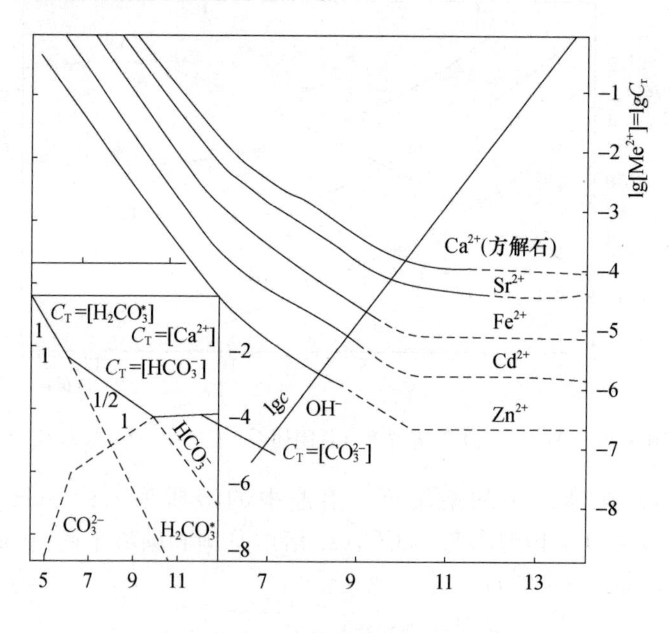

图 4-21　某些金属碳酸盐的溶解度

2）开放体系

在与大气有 CO_2 交换的体系中，因大气中的 CO_2 分压固定，溶液中的［$H_2CO_3{}^*$］也相应固定，这时每一 pH 值对应有一定的［$CO_3{}^{2-}$］，同时，可确定为达到饱和度平衡所应

有的 $[Ca^{2+}]$。反之亦然。对这种三相平衡中的碳酸盐，综合前述气液平衡式和固液平衡式，可以得到基本计算式为式（4-103）～式（4-105）：

$$C_T = [CO_2]/\alpha_0 = \frac{1}{\alpha_0} K_H P_{CO_2} \tag{4-103}$$

$$[CO_3{}^{2-}] = \frac{\alpha_2}{\alpha_0} K_H P_{CO_2} \tag{4-104}$$

$$[Ca^{2+}] = \frac{\alpha_0}{\alpha_2} \frac{K_{sp}}{K_H P_{CO_2}} \tag{4-105}$$

同样，可将此关系式推广到其他金属碳酸盐，即 $[Me^{2+}] = \frac{\alpha_0}{\alpha_2} \frac{K_{sp}}{K_H P_{CO_2}}$，从而绘出 $p[Me^{2+}]$ －pH 图（图 4-22）。

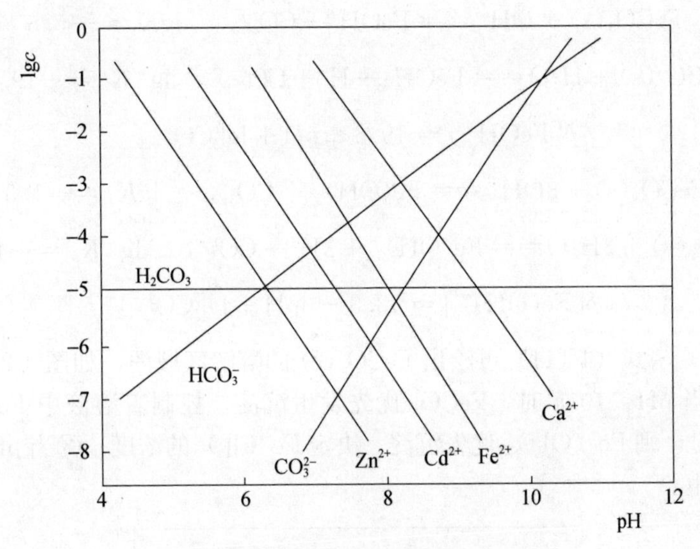

图 4-22　开放体系中碳酸盐的溶解度

4.4.3　水溶液中不同固相的分级沉淀

溶液中有几种固-液平衡同时存在时，就存在分级沉淀或竞争沉淀的现象。按热力学观点，体系在一定条件下建立平衡时，只能有一种固-液平衡占主导地位。因此，可在选定条件下，判断何种固体作为稳定相存在而占优势。下面以 Fe（Ⅱ）为例，讨论在一定条件下，何种固体占优势。如在 $C_T = 10^{-3}$mol/L 的碳酸盐溶液中，可能发生 $FeCO_3$ 和 Fe $(OH)_2$ 沉淀，可以根据以下一些平衡式绘出两种沉淀的溶解区域图。

（1）　$Fe(OH)_2(s) \rightleftharpoons Fe^{2+} + 2OH^-$　　$\lg K_s = -14.5$

$$Fe(OH)_2(s) + 2H^+ \rightleftharpoons Fe^{2+} + 2H_2O \qquad \lg{}^* K_s = 13.5$$

$$p[Fe^{2+}] = -13.5 + 2pH \tag{4-106}$$

（2）　$Fe(OH)_2(s) \rightleftharpoons FeOH^+ + OH^-$　　$\lg K_s = -9.4$

$$Fe(OH)_2(s) + H^+ \rightleftharpoons FeOH^+ + H_2O \qquad \lg{}^* K_s = 4.6$$

$$p[FeOH^+] = -4.6 + pH \tag{4-107}$$

(3) $$Fe(OH)_2(s) + OH^- \rightleftharpoons Fe(OH)_3^- \qquad \lg K_s = -5.1$$

$$Fe(OH)_2(s) + H_2O \rightleftharpoons Fe(OH)_3^- + H^+ \qquad \lg {}^*K_s = -19.1$$

$$p[Fe(OH)_3^-] = 19.1 - pH \tag{4-108}$$

按式（4-106）～式（4-108）可绘出 $Fe(OH)_2(s)$ 的溶解区域图，如图 4-23 右侧部分。

(4) $$FeCO_3(s) \rightleftharpoons Fe^{2+} + CO_3^{2-} \qquad \lg K_s = -10.7$$

$$FeCO_3(s) + H^+ \rightleftharpoons Fe^{2+} + HCO_3^- \qquad \lg {}^*K_s = -0.3$$

$$p[Fe^{2+}] = 0.3 + pH + \lg[HCO_3^-] \tag{4-109}$$

(5) $$FeCO_3(s) + OH^- \rightleftharpoons FeOH^+ + CO_3^{2-} \qquad \lg K_s = -5.6$$

$$FeCO_3(s) + H_2O \rightleftharpoons FeOH^+ + H^+ + CO_3^{2-} \qquad \lg {}^*K_s = -19.6$$

$$p[FeOH^+] = 19.6 - pH + \lg[CO_3^{2-}] \tag{4-110}$$

(6) $$FeCO_3(s) + 3OH^- \rightleftharpoons Fe(OH)_3^- + CO_3^{2-} \qquad \lg K_s = -1.3$$

$$FeCO_3(s) + 3H_2O \rightleftharpoons Fe(OH)_3^- + 3H^+ + CO_3^{2-} \qquad \lg {}^*K_s = -43.3$$

$$p[Fe(OH)_3^-] = 43.3 - 3pH + \lg[CO_3^{2-}] \tag{4-111}$$

由式（4-109）～式（4-111）可绘出 $FeCO_3(s)$ 的溶解区域图，如图 4-23 左侧部分，从图中可看出：①当 pH<10.5 时，$FeCO_3$ 优先发生沉淀，控制着溶液中 Fe（Ⅱ）的浓度；②当 pH>10.5 时，则 Fe $(OH)_2$ 优先沉淀，决定 Fe（Ⅱ）的浓度；③当 pH=10.5 时，两种沉淀可同时发生。

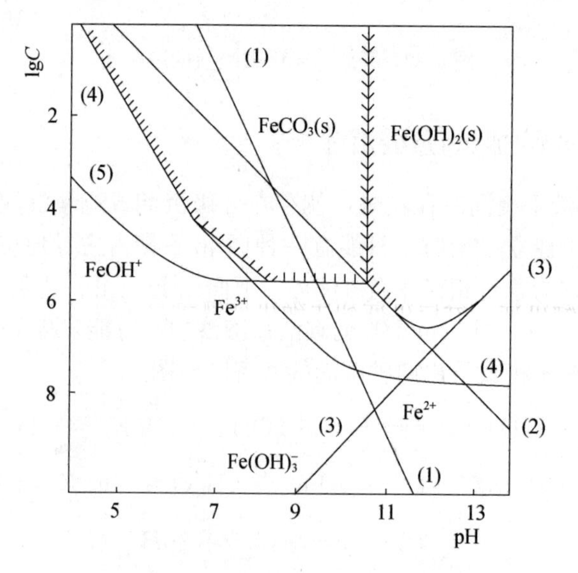

图 4-23 $FeCO_3$ 和 $Fe(OH)_2$ 溶解图

4.4.4　影响溶解度的因素

溶解度在很大程度上决定着化学物质在大气、水、颗粒物（或沉积物）和生物体中的分布和积累，以及在水环境中的迁移速率和降解速率，是非常重要的一个参数。

从溶解图可以看到水溶液的酸碱度影响着溶解度。另外，配合作用、氧化还原作用和共存离子作用等也会影响溶解度。

溶解度大小决定于溶质与溶剂之间的关系，相似相溶，如极性的化学污染物和易形成氢键的物质易溶于水中；溶解度大小与离子半径和电价数目有关，离子半径大，或者电价数小，溶解度大；相互结合的离子半径差越小，溶解度越小等。

4.4.5　水环境中物质的沉积过程

水环境中物质的沉积作用有：溶解性组分之间或溶解性组分与絮凝剂之间发生的化学沉淀，颗粒物的自然沉降和胶粒颗粒的絮凝沉降等。

1. 化学沉淀

化学沉淀是水体沉积物形成的主要原因之一。如：

（1）含有较高磷浓度的雨水、工业废水、农田灌溉水和生活污水等进水含 Ca^{2+} 高的水体中，可发生如下反应

$$5Ca^{2+} + OH^- + 3PO_4^{3-} \longrightarrow Ca_5OH(PO_4)_3 \downarrow$$

（2）富含 CO_2 的水体中，如果排入大量 Ca^{2+}，将生成 $CaCO_3(s)$ 沉积物。

（3）水体氧化还原电位的变化可导致沉积作用的发生。

如溶解性 Fe^{2+} 被氧化为 $Fe(OH)_3(s)$ 沉积物，反应为：

$$4Fe^{2+} + 10H_2O + O_2 \longrightarrow 4Fe(OH)_3 \downarrow + 8H^+$$

水体底泥在厌氧微生物的作用下，生成 FeS 沉积物，反应式如下

$$Fe(OH)_3 \longrightarrow Fe^{2+}$$

$$SO_4{}^{2-} \longrightarrow H_2S$$

$$Fe^{2+} + H_2S \longrightarrow FeS \downarrow + 2H^+$$

2. 重力沉降

重力沉降是指水中悬浮颗粒与水的密度差在重力或浮力作用下的沉降过程，也叫自然沉降。如自由沉淀、絮凝沉淀、分层沉淀和压缩沉淀就是自然沉降的四种类型。影响因素要考虑颗粒物本身的特性、水体的特点以及水体的湍动程度等。

4.5　氧化还原

4.5.1　电子活度和氧化还原电位

1. 电子活度概念

酸碱反应和氧化还原反应之间存在着概念上的相似性，酸和碱是用质子给予体和质子接

受体来解释。故 pH 的定义为式（4-112）

$$pH = -\lg(a_{H^+}) \tag{4-112}$$

式中，a_{H^+} 为氢离子在水溶液中的活度，它衡量溶液接受或迁移质子的相对趋势。

与此相似，还原剂和氧化剂可以定义为电子给予体和电子接受体，同样可以定义 pE 为式（4-113）：

$$pE = -\lg(a_e) \tag{4-113}$$

式中，a_e为水溶液中电子的活度。

由于 a_{H^+} 可以在好几个数量级范围内变化，所以可以很方便地用 pH 来表示 a_{H^+}。同样，一个稳定的水系统的电子活度可以在 20 个数量级范围内变化，所以也可以很方便地用 pE 来表示 a_{H^+}。

pE 严格的热力学定义是由 Stumm 和 Morgan 提出的，基于如式（4-114）所示的反应：

$$2H^-(aq) + 2e^- \rightleftharpoons H_2(g) \tag{4-114}$$

当这个反应的全部组分都以 1 个单位活度存在时，该反应的自由能变化 ΔG 可定义为零。水中氧化还原反应的 ΔG 也是在溶液中全部离子生成自由能的基础上定义的。

在离子强度为零的介质中，$[H^+]=1.0\times10^{-7}$mol/L，故 $a_{H^+}=1.0\times10^{-7}$mol/L，则 H=1.0×10^{-7}，即 pH=7。但是，电子活度必须根据式（4-114）定义，当 H^+（aq）在 1 单位活度与 1.0130×10^5Pa H_2 平衡（同样活度也为 1）的介质中，电子活度才正确地为 1.00 及 pE=0.0。如果电子活度增加 10 倍（正如 H^+（aq）活度为 0.100 与活度为 1.0130×10^5Pa H_2 平衡时的情况），那么电子活度将为 10，且 pE=−1.0。

因此，pE 是平衡状态下（假想）的电子活度，它衡量溶液接受或给出电子的相对趋势，在还原性很强的溶液中，其趋势是给出电子。从 pE 的概念可知，pE 越小，电子浓度越高，体系给出电子的倾向就越强。反之，pE 越大，电子浓度越低，体系接受电子的倾向就越强。

2. 氧化还原电位 E 和 pE 的关系

若有一个氧化还原半反应

$$O_x + ne^- \rightleftharpoons Red \tag{4-115}$$

根据 Nernst 方程一般式，则上述反应可写成式（4-116）：

$$E = E^0 - \frac{2.303RT}{nF}\lg\frac{[Red]}{[O_x]} \tag{4-116}$$

当反应平衡时，有式（4-117）：

$$E^0 = \frac{2.303RT}{nF}\lg K \tag{4-117}$$

从理论上考虑亦可将式（4-117）的平衡常数 K 表示为式（4-118）：

$$K = \frac{[Red]}{[O_x][e]^n} \tag{4-118}$$

根据 pE 的定义，则式（4-118）可改写为式（4-119）：

$$pE = -\lg[e] = \frac{1}{n}(\lg K - \lg\frac{[Red]}{[O_x]}) = \frac{EF}{2.303RT} = \frac{E}{0.059V}(25℃) \tag{4-119}$$

式中，E 为氧化还原电位，V；pE 为无因次指标，它是衡量溶液中可供给电子的水平。

同样，
$$pE^0 = \frac{E^0F}{2.303RT} = \frac{E^0}{0.059} \tag{4-120}$$

因此，根据 Nernst 方程，pE 的一般表示形式为式（4-121）

$$pE = pE^0 + \frac{1}{n}\lg\frac{[反应物]}{[生成物]} \tag{4-121}$$

式（4-121）即是能斯特方程的电子活跃表达式。用 pE 代替 E 并以此表示水体中氧化还原系统的平衡状态有其优越之处：①引用电子活跃度概念可使氧化还原平衡具有更明确的电化学含义；②一个天然水体系统其电子活度可在二十多个数量级范围内变化，使用参数 pE 可以简化数学运算。

对于包含有 n 个电子的氧化还原反应，其平衡常数为式（4-122）

$$\lg K = \frac{nE^0F}{2.303RT} = \frac{nE^0}{0.059V}(25℃) \tag{4-122}$$

此处 E^0 是整个反应的 E^0 值，故平衡常数为式（4-123）：

$$\lg K = n(pE^0) \tag{4-123}$$

同样，对于一个包括 n 个电子的氧化还原反应，自由能变化可从式（4-124）、式（4-125）两个方程中任一个给出：

$$\Delta G = -nFE \tag{4-124}$$

$$\Delta G = -2.303nRT(pE) \tag{4-125}$$

若将 F 值 96500J/（V・mol）代入，便可获得以 J/mol 为单位的自由能变化值。当所有反应组分都处于标准状态下时（纯液体、纯固体、溶质的活度为 1.00），有式（4-126）、式（4-127）：

$$\Delta G^0 = -nFE^0 \tag{4-126}$$

$$\Delta G^0 = -2.303nRT(pE^0) \tag{4-127}$$

表 4-10 列举了水环境中常见电对的氧化还原能力顺序。

表 4-10　水环境中常见电对的氧化还原能力顺序

半反应	pE^0	pE^0（pH=7.0）
$1/4O_2(g) + H^+ + e^- = 1/2H_2O$	+20.75	+13.75
$1/5NO_3^- + 6/5H^+ + e^- = 1/10N_2(g) + 3/5H_2O$	+21.05	+12.65
$1/2MnO_2(s) + 1/2HCO_3^- + 3/2H^+ + e^- = 1/2MnCO_3(s) + H_2O$	—	+8.5
$1/2NO_3^- + H^+ + e^- = 1/2NO_2^- + 1/2H_2O$	+14.15	+7.15
$1/8NO_3^- + 5/4H^+ + e^- = 1/8NH_4^+ + 3/8H_2O$	+14.90	+6.15
$1/6NO_2^- + 4/3H^+ + e^- = 1/6NH_4^+ + 1/3H_2O$	+15.14	+5.82

续表

半反应	pE^0	pE^0（pH=7.0）
$1/2CH_3OH+H^++e^- = 1/2CH_4(g)+1/2H_2O$	+9.88	+2.88
$1/4CH_2O+H^++e^- = 1/4CH_4(g)+1/4H_2O$	+6.94	−0.06
$FeOOH(S)+HCO_3^-+2H^++e^- = FeCO_3(s)+2H_2O$	—	−1.67
$1/2CH_2O+H^++e^- = 1/2CH_3OH$	+3.99	−3.01
$1/6SO_4^{2-}+4/3H^++e^- = 1/6S(s)+2/3H_2O$	+6.03	−3.30
$1/8SO_4^{2-}+5/4H^++e^- = 1/8H_2S+1/2H_2O$	+5.75	−3.50
$1/8SO_4^{2-}+9/8H^++e^- = 1/8HS+1/2H_2O$	+4.13	−3.75
$1/2S(s)+H^++e^- = 1/2H_2S(g)$	+2.89	−4.11
$1/8CO_2+H^++e^- = 1/8CH_4+1/4H_2O$	+2.87	−4.13
$1/6N_2(g)+4/3H^++e^- = 1/3NH_4^+$	+4.68	−4.65
$H^++e^- = 1/2H_2(g)$	0.0	−7.00
$1/4CO_2+H^++e^- = 1/4CH_2O+1/4H_2O$	−1.2	−8.20

弱还原剂弱氧化剂以E^0和pE^0确定各电对氧化还原能力的相对强弱后，同一体系中两对间的反应按如下箭头所示方向进行：

$$\text{强氧化剂}+\text{强还原剂}\longrightarrow\text{弱氧化剂}+\text{弱还原剂}$$

4.5.2 氧化还原图示法

常用的氧化还原平衡图示法有两种：一是 pE-pH 图，在图中能显示元素各种化学形态间的平衡关系，可看出在任何给定 pE、pH 条件下占优势的化学形态。另一类型是 lgC-pE 图，能表现在 pE 及溶液组成发生变化时，各种化学形态间的平衡关系。

1. 天然水体的 pE-pH 图

在氧化还原体系中，往往有 H 或 OH^- 离子参与转移，因此，pE 除了与氧化态和还原态浓度有关外，还受到体系 pH 的影响，这种关系可以用 pE-pH 图来表示。该图显示了水中各形态的稳定范围及边界线。由于水中可能存在物类状态繁多，于是会使这种图变得非常复杂。例如一个金属，可以有不同的金属氧化态、羟基配合物以及不同形式的固体金属氧化物或氢氧化物存在于用 pE-pH 图所描述的不同区域内。大部分水体中都含有碳酸盐并含有许多硫酸盐及硫化物，因此可以有各种金属的碳酸盐、硫酸盐及硫化物在各种不同区域中占主要地位。

1）水的氧化还原限度

在绘制 pE-pH 图时，必须考虑几个边界情况。首先是水的氧化还原反应限定图中的区域边界。选作水氧化限度的边界条件是 1.0130×10^5Pa 的氧分压，水还原限度的边界条件是 1.0130×10^5Pa 的氢分压，由这些边界条件可获得把水的稳定边界与 pH 联系起来的方程。

水的氧化限度：

$$\frac{1}{4}O_2+H^+e^- \rightleftharpoons \frac{1}{2}H_2O \qquad pE^0=+20.75$$

$$pE=pE^0+\lg(P_{O_2}^{\frac{1}{4}}[H^+]) \tag{4-128}$$

$$pE = 20.75 - pH$$

水的还原限度：

$$H^{+} + e^{-} \rightleftharpoons \frac{1}{2}H_2 \qquad pE^0 = 0.00$$

$$pE = pE^0 + \lg[H^{+}] \tag{4-129}$$

$$pE = 20.75 - pH$$

表明水的氧化限度以上的区域为 O_2 稳定区，还原限度以下的区域为 H_2 稳定区，在这两个限度之内的区域，水是稳定的，也是水质各化合态分布的区域（图 4-24）。

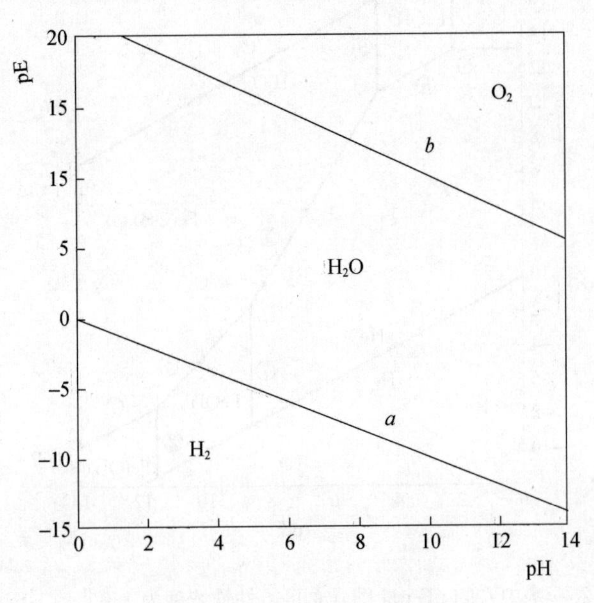

图 4-24　水的氧化还原限度

2）pE-pH 图

下面以 Fe 和硫为例，讨论如何绘制 pE-pH 图。在建立某元素在水体中各化学形态间平衡关系的 pE-pH 图时，理论上应将该元素的所有氧化还原形态和水体中所有配位体都考虑在内，由此得到的图形是非常复杂的。

Fe 的 pE-pH 图，将其进行一定程度的简化，假定：①溶液中溶解性铁的最大浓度为 1.0×10^{-7} mol/L；②在水体所含的配位体（OH^-、CO_3^{2-}、SO_4^{2-}、S^{2-} 等）中只考虑 OH^-，且不考虑 Fe（OH^+）等形态。

根据上面的讨论，Fe 的 pE-pH 图必须落在水的氧化还原限度内。下面将根据各组分间的平衡方程将 pE-pH 图所需的边界逐一进行推导。

(1) $Fe(OH)_3(s)$-$Fe(OH)_2(s)$ 的边界

$Fe(OH)_3(s)$ 和 $Fe(OH)_2(s)$ 的平衡方程为

$$Fe(OH)_3(s) + H^{+} + e^{-} \rightleftharpoons Fe(OH)_2(s) + H_2O$$

$$\lg K = 4.62$$

$$K = \frac{1}{[H^+][e^-]}$$

$$pE = 4.62 - pH \tag{4-130}$$

以式（4-130）pH 对 pE 做图可得图 4-25 中的①，斜线上方为 $Fe(OH)_3(s)$ 稳定区，斜线下方为 $Fe(OH)_2(s)$ 稳定区。边界斜率为−1。

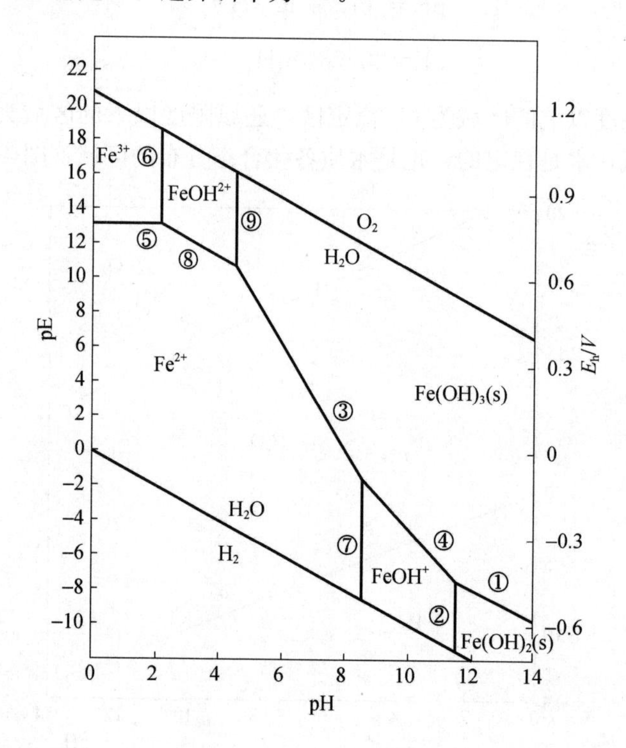

图 4-25　水中铁的 pE-pH 图（总可溶性铁浓度为 1.0×10^{-7} mol/L）

(2) $Fe(OH)_2(s)$ 和 $FeOH^+$ 的边界

根据平衡方程

$$Fe(OH)_2(s) + H^+ \rightleftharpoons FeOH^+ + H_2O \qquad \lg K = 4.6$$

$$K = \frac{[FeOH^+]}{[H^+]}$$

$$\lg K = \lg[FeOH^+] - \lg[H^+]$$

可得这两种形态的边界条件式（4-131）：

$$pH = 4.6 - \lg[FeOH^+] \tag{4-131}$$

将 $[FeOH^+] = 1.0\times10^{-7}$ mol/L 代入，得

$$pH = 11.6$$

故可画出一条平行 pE 轴的直线，如图 4-25 中②所示，表明与 pE 无关。直线左边为 $FeOH^+$ 稳定区，直线右边为 $Fe(OH)_2(s)$ 稳定区，边界线平行于 pE 轴。

(3) $Fe(OH)_3(s)$ 和 Fe^{2+}

根据平衡方程

$$Fe(OH)_3(s) + 3H^+ + e^- \rightleftharpoons Fe^{2+} + 3H_2O \qquad \lg K = 17.9$$

依据式（4-132）：

$$pE = 17.9 - \lg\frac{[Fe^{2+}]}{[H^+]^3} \tag{4-132}$$

可得这两种形态的边界条件为式（4-133）：

$$pE = 17.9 - 3pH - \lg[Fe^{2+}] \tag{4-133}$$

将 $[Fe^{2+}] = 1.0 \times 10^{-7}$ mol/L 代入，得式（4-134）

$$pE = 24.9 - 3pH \tag{4-134}$$

式（4-134）如图 4-25 中③所示。斜线上方为 $Fe(OH)_3(s)$ 稳定区，斜线下方为 Fe^{2+} 稳定区，其斜率为−3。

(4) $Fe(OH)_3(s)$ 与 $FeOH^+$ 的边界

根据平衡方程

$$Fe(OH)_3(s) + 2H^+ + e^- \rightleftharpoons FeOH^+ + 2H_2O \qquad \lg K = 9.25$$

可得这两种形态的边界条件为式（4-135）：

$$pE = 9.25 - 2pH - \lg[FeOH^+] \tag{4-135}$$

将 $[FeOH^+] = 1.0 \times 10^{-7}$ mol/L 代入，得式（4-136）：

$$pE = 16.25 - 2pH \tag{4-136}$$

如图 4-25 中④所示。斜线上方为 $Fe(OH)_3(s)$ 稳定区，斜线下方为 $FeOH^+$ 稳定区，其斜率为−2。

(5) Fe^{3+} 与 Fe^{2+} 的边界

根据平衡方程

$$Fe^{3+} + e^- \rightleftharpoons Fe^{2+} \qquad \lg K = 13.1$$

可得式（4-137）：

$$pE = 13.1 + \lg\frac{[Fe^{3+}]}{[Fe^{2+}]} \tag{4-137}$$

边界条件为 $[Fe^{3+}] = [Fe^{2+}]$，则

$$pE = 13.1$$

因此，可绘出一条垂直于纵轴平行于 pH 轴的直线，如图 4-25 中⑤所示。表明与pH 无关。

当 $pE > 13.1$ 时，$[Fe^{3+}] > [Fe^{2+}]$；当 $pE < 13.1$ 时，$[Fe^{3+}] < [Fe^{2+}]$。

(6) Fe^{3+} 与 $Fe(OH)^{2+}$ 的边界

根据平衡方程

$$Fe^{3+} + H_2O \rightleftharpoons Fe\,OH^{2+} + H^+ \qquad \lg K = -2.4$$

得式（4-138）：

$$K = [Fe\,OH^{2+}][H^+]/[Fe^{3+}] \tag{4-138}$$

边界条件为 $[Fe^{3+}] = [Fe(OH)^{2+}]$，则

$$pH = 2.4$$

故可画出一条平行于 pE 的直线，如图 4-25 中⑥所示。表明与 pE 无关，直线左边为 Fe^{3+} 稳定区，直线右边为 $Fe(OH)^{2+}$ 稳定区。

（7）Fe^{2+} 与 $FeOH^+$ 的边界

根据平衡方程

$$Fe^{2+} + H_2O \rightleftharpoons Fe\,OH^+ + H^+ \qquad \lg K = -8.6$$

可得式（4-139）：

$$K = [Fe\,OH^+][H^+]/[Fe^{2+}] \tag{4-139}$$

边界条件为 $[Fe^{2+}] = [FeOH^+]$，则

$$pH = 8.6$$

同样得到一条平行于 pE 的直线，如图 4-25 中⑦所示。直线左边为 Fe^{2+} 稳定区，直线右边为 $FeOH^+$ 稳定区。

（8）Fe^{2+} 与 $FeOH^{2+}$ 的边界

根据平衡方程

$$Fe^{2+} + H_2O \rightleftharpoons Fe\,OH^{2+} + H^+ + e^- \qquad \lg K = -15.5$$

可得式（4-140）：

$$pE = 15.5 + \lg \frac{[Fe\,OH^{2+}]}{Fe^{2+}} - pH \tag{4-140}$$

边界条件为 $[Fe^{2+}] = [FeOH^{2+}]$，则得式（4-141）

$$pE = 15.5 - pH \tag{4-141}$$

式（4-141）为图 4-25 中的⑧，斜线上方为 $FeOH^{2+}$ 稳定区，斜线下方为 Fe^{2+} 稳定区，边界线斜率为−1。

（9）$FeOH^{2+}$ 与 $Fe(OH)_3(s)$ 的边界

根据平衡方程

$$Fe(OH)_3(s) + 2H^+ \rightleftharpoons Fe\,OH^{2+} + H_2O \qquad \lg K = 2.4$$

可得式(4-142)：

$$K = [Fe\,OH^{2+}]/[H^+]^2 \tag{4-142}$$

将 $[FeOH^{2+}] = 1.0\times10^{-7}$mol/L 代入式（4-142），得

$$pH = 4.7$$

可得一平行于 pE 的直线，如图 4-25 中⑨所示。表明与 pE 无关。当 pH＞4.7 时 $Fe(OH)_3(s)$ 将陆续析出。

以上推导了水中简单 Fe 体系的 pE-pH 图所必需的全部边界方程，水中铁体系的pE-pH 图如图 4-25 所示。由图 4-25 可看出，当这个体系在一个相对较高的 H^+ 活度及高的电子活度时（酸性还原介质），Fe^{2+} 是主要形态（在大多数天然水体系中，由于 FeS 或 $FeCO_3$ 的沉淀作用，Fe^{2+} 的可溶性范围是很窄的），在这种条件下，一些地下水中含有相当水平的 Fe^{2+}；在很高的 H^+ 活度及低的电子活度时（酸性氧化介质），Fe^{3+} 是主要形态；在低酸度的氧化介质中，固体 $Fe(OH)_3$ 是主要的存在形态，最后在碱性的还原介质中，具有低的 H^+ 活度及高的电子活度，固体的 $Fe(OH)_2$ 是稳定的。注意，在通常的水体 pH 范围内（5～9），$Fe(OH)_3$ 或 Fe^{2+} 是主要的稳定形态。在富氧水体中，由于 pE 值比较高，$Fe(OH)_3$ 几乎成为唯一的无机铁形态。

3）天然水的 pE 和决定电位

天然水中含有许多无机及有机氧化剂和还原剂。水中主要的氧化剂有溶解氧、Fe（Ⅲ）、Mn（Ⅳ）和 S（Ⅵ），其作用后本身依次转变为 H_2O、Fe（Ⅱ）、Mn（Ⅱ）和 S（－Ⅱ）。水中主要的还原剂有种类繁多的有机物，Fe（Ⅱ）、Mn（Ⅱ）和 S（－Ⅱ），在还原物质的过程中，有机物本身的氧化产物是非常复杂的。

由于天然水是一个复杂的氧化还原混合体系，其 pE 应是介于其中各个单体系的电位之间，而且接近于含量较高的单体系的电位。若某个单体系的含量比其他体系高得多，则此时该单体系电位几乎等于混合复杂体系的 pE，称之为“决定电位”。在一般天然水环境中，溶解氧是“决定电位”物质，而在有机物累积的厌氧环境中，有机物是“决定电位”物质，介于两者之间者，则其“决定电位”为溶解氧体系和有机物体系的结合。除氧体系与有机体系外，铁、锰、硫等是水环境中广泛分布的变价元素，在特殊环境下，它们也可能成为决定电位的体系。至于微量的变价元素，如金属铜、汞、砜、铬等，由于其含量甚微，对水环境体系的氧化还原电位不起多大作用，相反地，整个水体的电位制约着它们的环境行为。

从这个概念出发，可以计算天然水中的 pE。

若水中 $P_{O_2}=0.21\times10^5\,Pa$，以 $[H^+]=1.0\times10^{-7}\,mol/L$ 代入式（4-143），则

$$pE=20.75+\lg\left\{\left(\frac{P_{O_2}}{1.013}\times10^5\,Pa\right)^{0.25}\times[H^+]\right\} \tag{4-143}$$

$$=20.75+\lg\left\{\left[\frac{0.21\times10^5}{1.013\times10^5}\right]^{0.25}\times1.0\times10^{-7}\right\}$$

$$=13.58$$

说明这是一种好氧的水，这种水存在夺取电子的倾向。

若是有机物丰富的厌氧水，例如一个由微生物作用产生 CH_4 及 CO_2 的厌氧水，假定 $P_{CO_2}=P_{CH_4}$，和 pH＝7.00，其相关的半反应为：

$$\frac{1}{8}CO_2+H^++e^-\rightleftharpoons\frac{1}{8}CH_4+\frac{1}{4}H_2O \qquad pE^0=2.87$$

$$pE=pE^0+\lg(P_{CO_2}{}^{0.125}[H^+]/P_{CH_4}{}^{0.125}) \tag{4-144}$$

$$=2.87+\lg[H^+]$$

$$=-4.13$$

这个数值并没有超过水在 pH=7.00 时的还原极限−7.00，说明这是还原性环境，有提供电子的倾向。

从上面计算可以看到，天然水的 pE 随水中溶解氧的减少而降低，因而表层水是氧化性环境，深层水及底泥呈还原性环境，同时天然水的 pE 随其 pH 减小而增大。

经过调查，各类天然水 pE 及 pH 情况如图 4-26 所示。此图反映了不同水质区域的氧化还原特性，氧化性最强的是上方同大气接触的富氧区，这一区域代表大多数河流、湖泊和海洋水的表层情况，还原性最强的是下方富含有机物的缺氧区，这区域代表富含有机物的水体底泥和湖、海底层水情况。在这两个区域之间的是基本上不含氧而有机物比较丰富的沼泽水等。

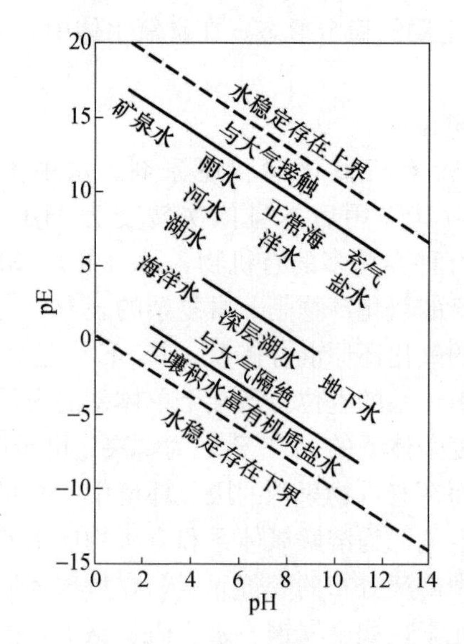

图 4-26　不同天然水在 pE-pH 图中的近似位置

2. lg*C*-*pE* 图

分别以下面几个体系为例，讨论 lg*C*-pE 图的作图方法。

1）无机氮化物的氧化还原转化

水中的氨主要以 NH_4^+ 或 NO_3^- 形态存在，在某些条件下，也可以有中间氧化态 NO_2^-。像许多水中的氧化还原反应那样，氨体系的转化反应是微生物的催化作用形成的。下面讨论中性天然水的 pE 变化对无机氮形态浓度的影响。

假设总氮浓度为 1.00×10^{4}mol/L，水体 pH=7.00。

（1）在较低的 pE 值时（pE<5），NH_4^+ 是主要形态。在这个 pE 范围内，NH_4^+ 的浓度对数则可表示为：

$$\lg[NH_4^+]=-4.00$$

lg［NO_2^-］与 pE 的关系可以根据含有 NO_2^- 及 NH_4^+ 的半反应求得：

$$\frac{1}{6}NO_2^-+\frac{4}{3}H^-+e^-\rightleftharpoons\frac{1}{6}NH_4^++\frac{1}{3}H_2O\qquad pE^0=15.14$$

在 pH=7.00 时就可以表达为式（4-145）：

$$pE = 5.82 + \lg \frac{[NO_2^-]^{\frac{1}{6}}}{[NH_4^+]^{\frac{1}{6}}} \tag{4-145}$$

以 $[NH_4^+] = 1.00 \times 10^{-4}$ mol/L 代入，就可得到 $\lg[NO_2^-]$ 与 pE 的相关方程式（4-146）：

$$\lg[NO_2^-] = -38.92 + 6pE \tag{4-146}$$

在 NH_4^+ 是主要形态并有 1.00×10^{-4} mol/L 浓度时，$\lg[NO_3^-]$ 与 pE 的关系为

$$\frac{1}{8}NO_3 + \frac{5}{4}H^+ + e^- \rightleftharpoons \frac{1}{8}NH_4^+ + \frac{3}{8}H_2O \qquad pE^0 = 14.90$$

$$pE = 6.15 + \lg \frac{[NO_3^-]^{\frac{1}{6}}}{[NH_4^+]^{\frac{1}{6}}} \qquad (pH = 7.00) \tag{4-147}$$

$$\lg[NO_3^-] = -53.20 + 8pE \tag{4-148}$$

（2）在一个狭窄的 pE 范围内，pE 为 6.5 左右，NO_2^- 是主要形态。在这个 pE 范围内，NO_2^- 的浓度对数根据方程可表示为

$$\lg[NO_2^-] = -4.00$$

用 $[NO_2^-] = 1.00\times10^{-4}$ mol/L 代入式（4-145）中，得式（4-149）：

$$pE = 5.82 + \lg \frac{(1.00 \times 10^{-4}\, mol/L)^{\frac{1}{6}}}{[NH_4^+]^{\frac{1}{6}}}$$

$$\lg[NH_4^+] = 30.92 - 6pE \tag{4-149}$$

在 NO_2^- 占优势的范围内，$\lg[NO_3^-]$ 的方程可从下面的处理中得到

$$\frac{1}{2}NO_3^- + H^+ + e^- \rightleftharpoons \frac{1}{2}NO_2^- + \frac{1}{2}H_2O \qquad pE^0 = 14.151$$

$$pE = 7.15 + \lg \frac{[NO_3^-]^{\frac{1}{2}}}{[NO_2^-]^{\frac{1}{2}}} \qquad (pH = 7.00) \tag{4-150}$$

当 $[NO_2^-] = 1.00\times10^{-4}$ mol/L 时：

$$\lg[NO_3^-] = -18.30 + 2pE \tag{4-151}$$

（3）当 pE>7 溶液中氮的形态主要为 NO_3^-，此时

$$\lg[NO_3^-] = -4.00$$

$\lg[NO_2^-]$ 的方程也可以在 pE>7 时获得，将 $[NO_3^-] = 1.00\times10^{-4}$ mol/L，代入式（4-151）得式（4-152）：

$$pE = 7.15 + \lg \frac{(1.00 \times 10^{-4}\, mol/L)^{\frac{1}{2}}}{[NO_2^-]^{\frac{1}{2}}}$$

$$\lg[NO_2^-] = 10.30 - 2pE \tag{4-152}$$

以此类推，代入式（4-148）给出在 NO_3^- 占优势区的 $\lg[NH_4^+]$ 方程式（4-153）：

$$pE = 6.15 + \lg \frac{(1.00 \times 10^{-4} mol/L)^{\frac{1}{8}}}{[NH_4^+]^{\frac{1}{8}}}$$

$$\lg[NH_4^+] = 45.20 - 8pE \tag{4-153}$$

至此，绘制水中氮系统的对数浓度图所需要的全部方程均已求得。以 pE 对 lg $[x]$ 作图，即可得到水中 $NH_4{}^+$-$NO_2{}^-$-$NO_3{}^-$体系的对数浓度图（图 4-27）。由图可见，在低 pE 范围内，$NH_4{}^+$是主要的氮形态；在中间 pE 范围，$NO_2{}^-$是主要形态；在高 pE 范围，$NO_3{}^-$是主要形态。

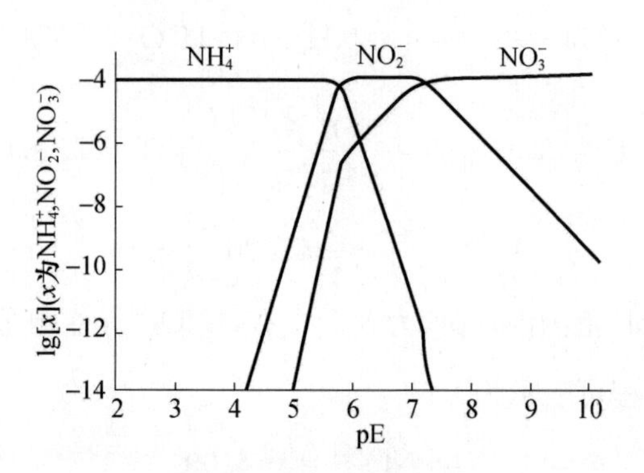

图 4-27　水中体系$NH_4{}^+$-$NO_2{}^-$-$NO_3{}^-$的对数浓度图

（pH=7.00，总氮浓度=1.00×10^{-4}mol/L）

氮系统的 lg*C*-pE 图对了解受氮化合物污染的水体情况有一定的指导意义。例如，在有机氮化合物排入水体之后，即可能发生由微生物作用引起的降解反应和硝化反应：OrgN-$NH_4{}^+$-$NO_2{}^-$-$NO_3{}^-$，根据水样的实测电极电位 *E* 值即可对照 lg*C*-pE 图求得各种无机形态氮的浓度分布比例（也可用化学分析方法逐个测定），以此作为判断水质优劣的依据。

2）无机铁的氧化还原转化

天然水中的铁主要以 $Fe(OH)_3(s)$ 或 Fe^{2+} 形态存在。铁在高 pE 的水中将从低价态氧化成高价态或较高价态，而在低 pE 的水中将被还原成低价态或与其中硫化氢反应形成难溶的硫化物。现以 Fe^{3+}-Fe^{2+}-H_2O 体系为例，讨论不同 pE 对铁形态浓度的影响。

设总溶解铁浓度为 1.00×10^{-3}mol/L 时，有式（4-154）：

$$Fe^{3+} + e^- \rightleftharpoons Fe^{2+} \qquad pE^0 = 13.05$$

$$pE = 13.05 + \frac{1}{n}\lg\frac{[Fe^{3+}]}{[Fe^{2+}]} \tag{4-154}$$

当 $pE \ll pE^0$时，则 $[Fe^{3+}] \ll [Fe^{2+}]$，

$$[Fe^{2+}] = 1.00 \times 10^{-3} mol/L$$

所以

$$\lg[Fe^{2+}] = -3.0$$

$$\lg[Fe^{3+}] = pE - 16.05 \tag{4-155}$$

当 $pE \gg pE^0$时，则 $[Fe^{3+}] \gg [Fe^{2+}]$，

$$[Fe^{3+}] = 1.00 \times 10^{-3} mol/L$$

$$\lg[Fe^{3+}] = -3.0$$

$$\lg[Fe^{2+}] = 10.05 - pE \tag{4-156}$$

以 pE 对 lg*C* 作图，即得图 4-28。从图中可看出，当 pE<12 时，$[Fe^{2+}]$ 占优势，当 pE>14 时，$[Fe^{3+}]$ 占优势。

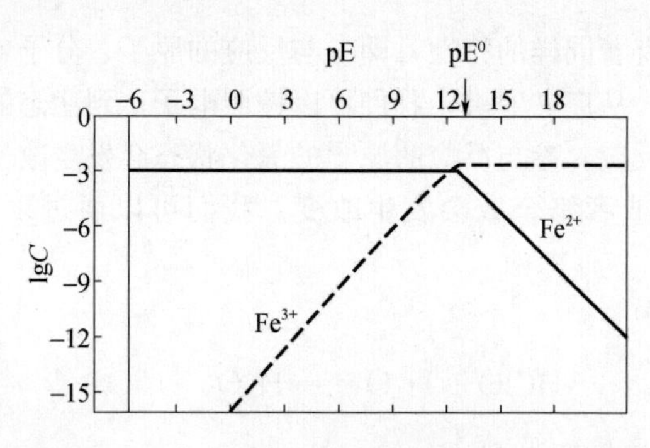

图 4-28　Fe^{3+}，Fe^{2+} 氧化还原平衡的 lg*C*—pE 图

3）水中有机物的氧化

水中的有机物可以通过微生物的作用，而逐步降解转化为无机物。在有机物进入水体后，微生物利用水中的溶解氧对有机物进行有氧降解。如果进入水体的有机物不多，其耗氧量没有超过水体中氧的补充量，则溶解氧始终保持在一定的水平上，这表明水体有自净能力，经过一段时间有机物分解后，水体可恢复至原有状态。如果进入水体的有机物很多，溶解氧来不及补充，水体中的溶解氧将迅速下降，甚至导致缺氧或无氧，有机物将变成缺氧分解。对于前者，有氧分解产物为 H_2O、CO_2、NO_3^- 等，不会造成水质恶化，而对于后者，缺氧分解产物为 NH_3、H_2S、CH_4 等，将会使水质进一步恶化。

一般向天然水体中加入有机物后，将引起水体溶解氧发生变化，可得到氧下垂曲线（图 4-29），把河流分成相应的几个区段。

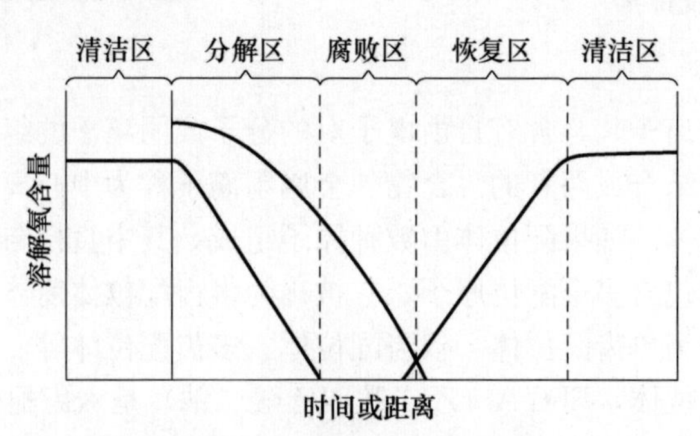

图 4-29　河流的氧下垂曲线

（1）清洁区：表明未被污染，氧及时得到补充。

（2）分解区：细菌对排入的有机物进行分解，其消耗的溶解氧量超过通过大气补充的氧量。因此，水体中的溶解氧下降，此时细菌个数增加。

（3）腐败区：溶解氧消耗殆尽，水体进行缺氧分解，当有机物被分解完后，腐败区即告结束，溶解氧又复上升。

（4）恢复区：有机物降解接近完成，溶解氧上升并接近饱和。

（5）清洁区：水体环境改善，又恢复至原始状态。

4.6 配合作用

所有的化学反应都有着同样的特性，即参与反应的原子、分子或者离子会倾向于提高其核外电子构型的稳定性。从广义上讲，我们可以按照电子达到稳态的方式，将所有的化学反应分为：（1）氧化还原反应，参与反应的原子的氧化状态会发生改变；（2）络合反应，参与反应的原子的络合配体或者络合数会发生改变。我们可以通过以下几个例子来阐明络合反应。

如果将酸加入到水中

$$HClO + H_2O \longrightarrow H_3O^+ + ClO^-$$

氢离子的配体从ClO^-转变为H_2O。

当把金属离子加入到碱中，发生沉淀反应：

$$Mg \cdot aq^{2+} + 2\,OH^- \longrightarrow Mg(OH)_2(s) + aq$$

可以解释为金属离子的配位关系发生了改变，形成了一种每个金属离子被碱基环绕且达到饱和的三维网状结构。

金属离子同样也可以与碱发生不形成沉淀物的反应：

$$Cu \cdot aq^{2+} + 4\,NH_3 \longrightarrow [Cu(NH_3)_4]^{2+} + aq$$

上述反应都属于络合反应，有着相似的现象与概念。因此，在对反应进行分类时，没有必要再区分酸碱反应、沉淀反应以及络合反应。

4.6.1 络合类型与结构

1. 定义

任何金属离子（或离子）与含有自由电子对的分子或阴离子的组合称为配位反应，并且可以是静电吸引、共价结合或两者的混合物。金属阳离子称为中心离子，与中心离子结合的阴离子或分子称为配位体。如果配位体由数种原子组成，其中直接与中心离子络合的原子叫配位原子。如果配位体包含多个配位原子，它被称为多齿配位体前体。按照配位体上配位点的数量可以将配位体分为单齿配位体、双齿配位体、多齿配位体等。例如草酸盐是双齿配位体，柠檬酸盐是三齿配位体，EDTA（乙二胺四乙酸二钠）是六齿配位体。当多齿配位体中的两对电子同时作用在一个金属原子或离子上时，形成一个或多个环状结构的多齿配位体称为螯合剂。如果络合物中包含多个中心离子，我们将这种络合物称为多核配合物。

质子配位与金属配位一个很重要的区别就是质子配位数与金属离子配位数是不同的。质子的配位数为 1，而大多数金属离子的配位数通常为 2，4，6，甚至 8。当配位数为 2 时，配位体与中心离子是线性排列的。当配位数为 4 时，配位体原子以正方形平面或四面体构型包围中心离子。如果配位数为 6 时，配体占据八面体的角落，其中心是中心原子。图 4-30（a）中展现了甘氨酸与铜离子的络合；图 4-30（b）展示了六齿配位体 EDTA 形成 Co（Ⅲ）络合物。

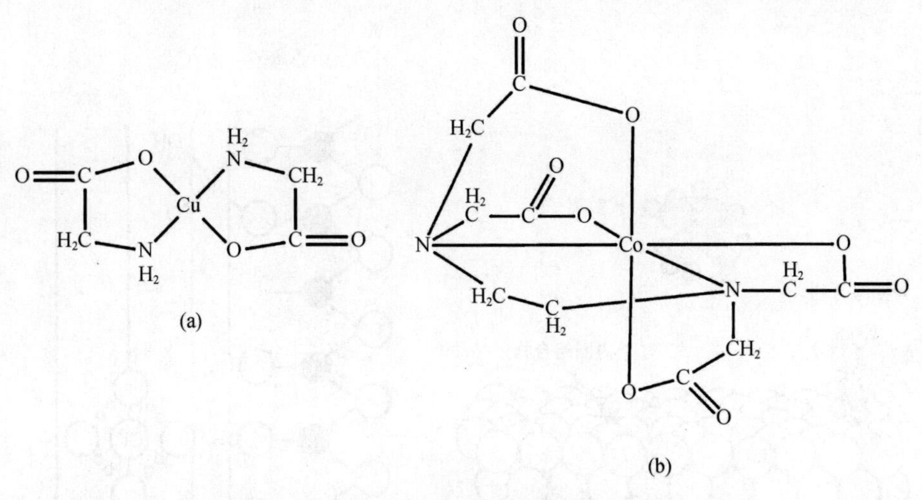

图 4-30　金属离子与配位体的络合

（a）甘氨酸与铜离子的络合；（b）六齿配位体 EDTA 与 Co（Ⅲ）的络合物

2. 外层配位与内层配位

（1）外层配位

带有相反电荷的离子相互接近，达到临界距离时形成了离子对并且不再受到静电力的作用。金属离子或配位体或两者都在形成络合物后依然保留着其原本络合的水分子，也就是说，金属离子和配位体之间依然间隔着一个或多个水分子。

（2）内层配位

由金属离子和给电子配位体之间形成大量共价键而形成的大多数稳定的实体被称为内层配合物。

如图 4-31 所示，一个阳离子与表面形成的是内层配位还是外层配位取决于金属与电子供体氧离子之间是形成了化学键（大多数是共价键）还是相反带电的阳离子与表面官能团达到临界距离。

区分内层配位与外层配位是很重要的。在内层配位中，表面氧化态离子作为 σ 给电子配体，会增加配合金属离子的电子密度。内层配位的 Cu（Ⅱ）与外层配位的 Cu（Ⅱ）或者游离的 Cu（Ⅱ）是完全不同的化学实体，具有不同的化学性质。

有一个简单的方法来区分内层配位和外层配位，即测量离子强度对于表面络合形成平衡的影响。外层配位的一个显著特征就是离子浓度会对其反应影响很大。此外，外层配位是由静电力结合引起的，因此比起由共价键引起的内层配位来说，其化学稳定性较差。

3. 水环境中的颗粒与金属离子的作用

由于水中的颗粒常常具有较大的比表面积，在陆地到湖泊、河流以及海洋底部的迁移中都可以充当活性物质，吸附去除水中的金属离子。水合氧化物和硅酸铝表面，以及有机涂层和有机表面，都含有能够作为表面配位点的功能表面基团（＝MOH、＝ROH、＝R-COOH）。

表面的官能团在水环境中发生酸碱和其他配位相互作用，因此它们的配位性质与它们在可溶性化合物中的配合性质相似。通常固相中的金属浓度比液相中的大得多。因此，在有颗粒存在的情况下，金属的缓冲作用要比颗粒不存在时要高得多。

颗粒表面吸附 H^+ 和 OH^- 基于质子化与去质子化机理

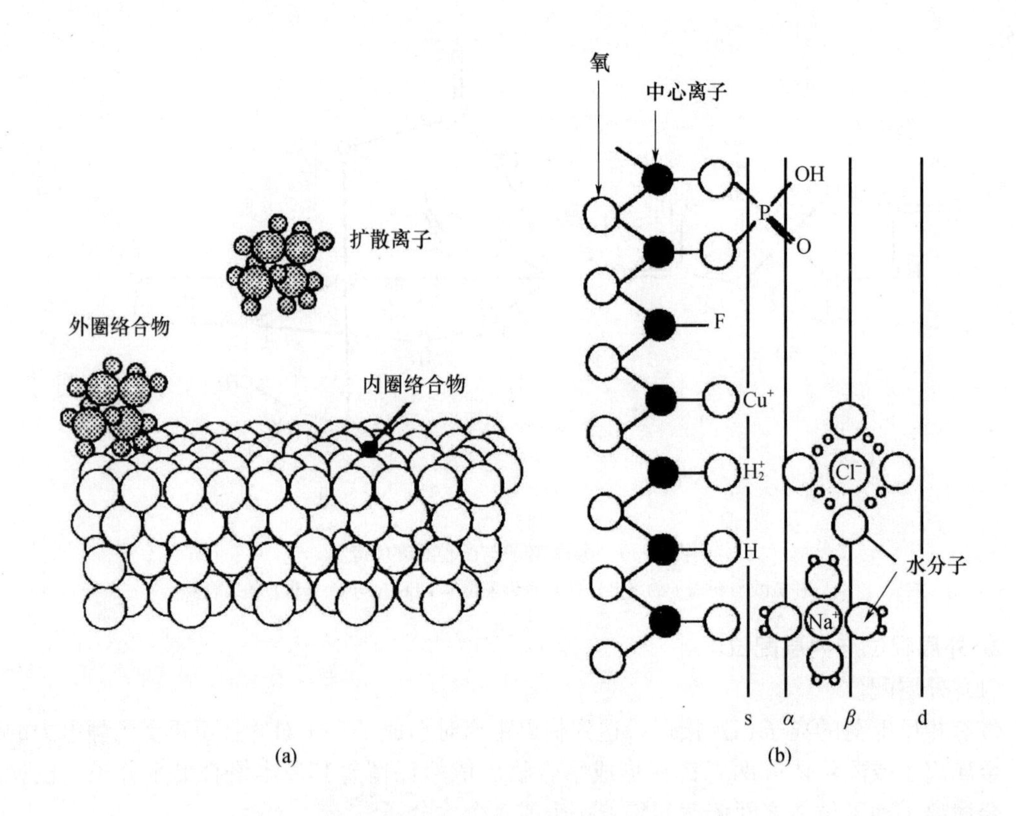

图 4-31　两种不同的络合方式示意图

(a) 水合氧化物表面形成的配合物类型；(b) 水合氧化物表面的示意图，与表面羟基络合 (s)、内层配位 (α)、外层配位 (β) 和扩散离子群 (d) 相关的平面

$$S\text{-}OH + H^+ \rightleftharpoons S-OH_2^+$$

$$S\text{-}OH(+OH^-) \rightleftharpoons S-O^- + H^+ \ (+H_2O)$$

去质子化的表面羟基与Lewis碱相似，金属离子的吸附可以理解为涉及一个或两个表面羟基的竞争性络合物形成：

$$S\text{-}OH + M^{z+} \rightleftharpoons S\text{-}OM^{(z-1)+} + H^+$$

$$2S\text{-}OH + M^{z+} \rightleftharpoons (S\text{-}O)_2M^{(z-2)+} + 2H^+$$

4. 化学形态

化学形态是指离子或者分子在溶液中的实际存在形式。例如，水溶液中的碘能以一种或多种形态存在，例如，I_2、I^-、I_3^-、HIO、IO^-、IO_3^- 或者以离子对、络合物、有机碘化合物的形式存在。图 4-32 展示了金属在天然水体中的各种存在形式。实际上很难区分溶解和胶体分散的物质。胶体金属离子沉淀物，如 $Fe(OH)_3(s)$ 或 FeOOH(s) 的粒径可小于 10nm，足够小以穿过膜过滤器。有机物质可显著帮助形成稳定的胶态分散体。如果已知不同的化学条件下的物质形态信息，例如络合物的类型、稳定性和形成速率，可以更好地理解天然水体中痕量元素的分布和功能。

自由金属离子	非离子配合物	离子配合物	胶质物高聚合体	结合面	固体体相框架
Cu-aq^{2+}	$CuCO_3$ $CuOH^+$ $Cu(CO_3)_2$ $Cu(OH)_2$	富力酸盐	无机 有机	Fe-OCu	CuO $Cu_2(OH)_2CO_3$ 固溶体

纯溶液		
可溶解		独有
渗析，凝胶过滤，薄膜过滤		

图 4-32　金属在水中的常见存在形式

4.6.2　金属离子的水解

在所有的水环境中，单一的金属离子都倾向于发生络合反应。水中所有的金属阳离子都会形成水（络）合物。金属阳离子在水环境中发生的络合作用是与金属配位的水分子与一些更适配位体之间发生的置换反应。氢离子与金属阳离子相似，因此在某些方面，自由金属离子与氢离子在原理上几乎没有区别。大多数氢原子（氕）由含有一个质子的原子核和一个核外电子构成，失去核外的一个电子形成氢离子后剩下一个裸露的质子，所以很多人认为氢离子就是质子，但是实际情况却不是如此。一般所说的水溶液中的氢离子实际上是水合氢离子，而不是裸露的质子。水分子中的氧原子有孤电子对，向氢离子的空轨道配位，形成水合氢离子，性质和质子不完全相同。

1. 金属离子水解时的酸度

通常难以确定阳离子水化壳的水分子数量，但是多数金属离子每个离子配合四个或者六个水分子。水是一种弱酸，而金属离子水化外壳中水分子的酸度比普通水的酸度要高出很多。这是由于金属离子所带的正电荷会排斥 H_2O 分子里的质子，使得这种络合水酸度发生增强。例如，Zn^{2+} 在水溶液中

$$Zn(H_2O)_6^{2+} \rightleftharpoons Zn(H_2O)_5OH^+ + H^+ \quad {}^*K_1$$

$${}^*K_1 = \frac{[Zn(OH^+)][H^+]}{[Zn^{2+}]}$$

$$Zn(H_2O)_5OH^+ \rightleftharpoons Zn(H_2O)_4(OH)_2 + H^+ \quad {}^*K_2$$

$${}^*K_2 = \frac{[Zn(OH)_2][H^+]}{[ZnOH^+]}$$

其中累积稳定常数$^I\beta_2$由式（4-157）给出：

$${}^*\beta_2 = {}^*K_1\,{}^*K_2 \tag{4-157}$$

$${}^*\beta_2 = \frac{[Zn(OH)_2][H^+]^2}{[Zn^{2+}]}$$

通常，对于具有 m 个羟基的物质，有式（4-158）：

$${}^*\beta_m = \frac{[Me(OH)_m^{(n-m)+}][H^+]^m}{[Me^{n+}]} \tag{4-158}$$

因此，水合金属离子的酸度会随着半径的减小以及中心离子带电量的增加而增加。图 4-33 显示了在水环境的 pH 范围内，中心离子氧化态与物质在水中主要形态的关系。一价金属通常会与水分子发生配位。大多数二价金属在溶液 pH 值为6～12 之间也会与水分子配位。大多数三价金属在天然水体的 pH 值范围内与OH^-发生络合。

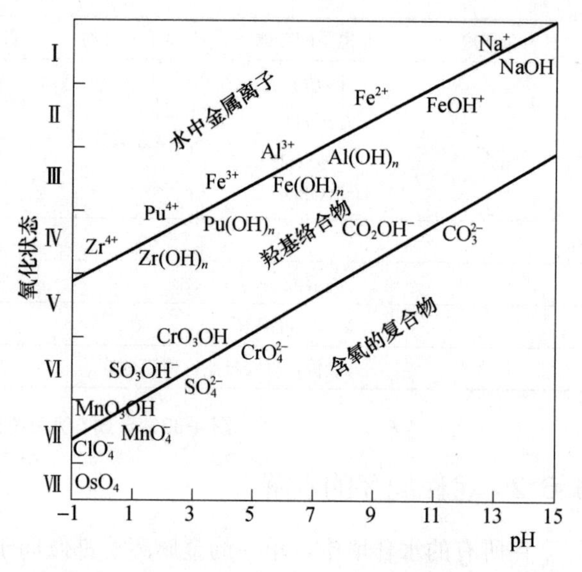

图 4-33　中心离子氧化态与物质在水中主要形态的关系

（1）单核羟基络合物

由于大多数重金属离子均能水解，其水解过程实际上就是羟基络合过程，它是影响一些重金属难溶盐溶解度的主要因素，因此，人们特别重视羟基对重金属的络合作用。现以Me^{2+}为例

$$Me^{2+} + OH^- \rightleftharpoons MeOH^+ \qquad K_1$$

$$MeOH^+ + OH^- \rightleftharpoons Me(OH)_2^0 \qquad K_2$$

$$Me(OH)_2^0 + OH^- \rightleftharpoons Me(OH)_3^- \qquad K_3$$

$$Me(OH)_3^- + OH^- \rightleftharpoons Me(OH)_4^{2-} \qquad K_4$$

也可以表示为：

$$Me^{2+} + OH^- \rightleftharpoons MeOH^+ \qquad \beta_1 = K_1$$

$$Me^{2+} + 2OH^- \rightleftharpoons Me(OH)_2^0 \qquad \beta_2 = K_1K_2$$

$$Me^{2+} + 3OH^- \rightleftharpoons Me(OH)_3^- \qquad \beta_3 = K_1K_2K_3$$

$$Me^{2+} + 3OH^- \rightleftharpoons Me(OH)_4^{2-} \qquad \beta_4 = K_1K_2K_3K_4$$

以β代替K，计算各种羟基络合物占金属总量的百分数（以φ表示），它与累积生成常数及 pH 值有关，因为式（4-159）：

$$[Me]_T = [Me^{2+}] + [MeOH^+] + [Me(OH)_2^0] + [Me(OH)_3^-] + [Me(OH)_4^{2-}] \quad (4\text{-}159)$$

所以有式（4-160）：

$$[Me]_T = [Me^{2+}]\{1+\beta_1[OH^-] + \beta_2[OH^-]^2 + \beta_3[OH^-]^3 + \beta_4[OH^-]^4\} \quad (4\text{-}160)$$

设 $\alpha = \{1+\beta_1[OH^-] + \beta_2[OH^-]^2 + \beta_3[OH^-]^3 + \beta_4[OH^-]^4\}$

则 $[Me]_T = [Me^{2+}]\alpha$

$$\varphi_0 = [Me^{2+}]/[Me]_T = 1/\alpha$$

$$\varphi_1 = [MeOH^+]/[Me]_T = \beta_1[Me^{2+}][OH^-]/[Me]_T = \varphi_0\beta_1[OH^-]$$

$$\varphi_2 = [Me(OH)_2^0]/[Me]_T = \varphi_0\beta_2[OH^-]^2$$

$$\vdots$$

$$\varphi_n = [Me(OH)_n^{2-n}]/[Me]_T = \varphi_0\beta_n[OH^-]^n \tag{4-161}$$

在一定温度下，β_1、β_2、……、β_n 等为定值，φ 仅是 pH 的函数。图 4-34 表示了 Cd^{2+}-OH 络合离子在不同 pH 值下的分布。从该图中可以看出，不同 pH 有不同的优势形态：当 pH<8 时，Cd 基本上以 Cd^{2+} 的形态存在；当 pH=8 时，开始形成 $CdOH^+$ 络合离子；当 pH 值约为 10 时，$CdOH^+$ 达到峰值；当 pH 达到 11 时，$Cd(OH)_2^0$ 达到峰值；当 pH=12 时，$Cd(OH)_3^-$ 达到峰值；当 pH>13 时，则 $Cd(OH)_4^{2-}$ 占优势。

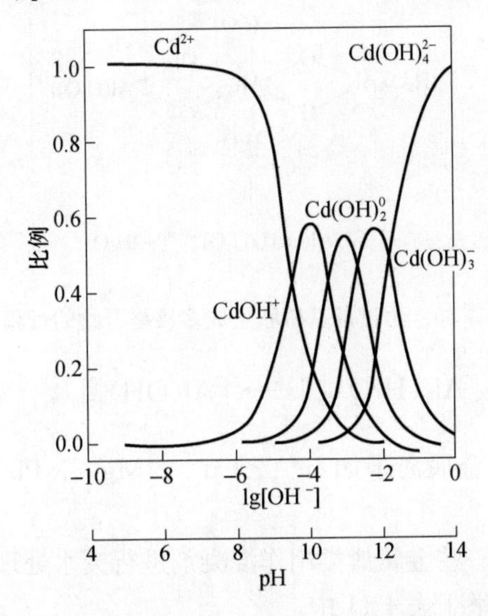

图 4-34　Cd^{2+}-OH 络合离子在不同 pH 值下的分布

(2) 多核羟基络合物

多年前，Brønsted 就提出多价金属离子参与了一系列连续的质子转移：

$$Fe(H_2O)_6^{3+} = Fe(H_2O)_5OH^{2+} + H^+ = Fe(H_2O)_4OH_2^+ + 2H^+$$

$$= Fe(OH)_3(H_2O)_3(s) + 3H^+ = Fe(OH)_4(H_2O)_2^- + 4H^+$$

在三价铁 Fe（Ⅲ）的水解反应中，水解产物可以形成不带电的 $Fe(OH)_3(H_2O)_3(s)$ 或者形成例如 $[Fe(OH)_4 \cdot 2H_2O]^-$ 的阴离子。从理论上说，所有水合离子可以提供比其电荷的质子更多的质子，并且可以形成阴离子羟基金属络合物，但是由于水溶液的 pH 值范围有限，并非所有元素都能以阴离子羟基或氧代络合物的形式存在。

单核羟基络合物是以一个金属离子为核心外加配位体的结构形态。而多核羟基络合物则是将各单核络合物的金属离子结合起来，成为具有桥联结构的化合物，如图 4-35 所示。

通过羟基桥联生成多核络合物的过程中放出 H_2O 分子，即生成物的配位水减少，羟基配位增加，羟基数目增多有利于进一步羟基桥联，生成更高级的多核络合物，其最终结果是生成难溶的氢氧化铝沉淀，即

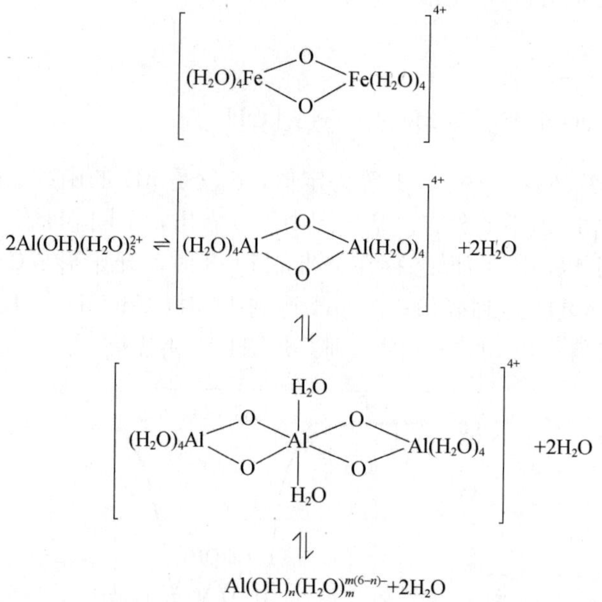

$$\left[(H_2O)_4Fe\begin{matrix}O\\ \\O\end{matrix}Fe(H_2O)_4\right]^{4+}$$

$$2Al(OH)(H_2O)_5^{2+} \rightleftharpoons \left[(H_2O)_4Al\begin{matrix}O\\ \\O\end{matrix}Al(H_2O)_4\right]^{4+} + 2H_2O$$

$$\rightleftharpoons$$

$$\left[(H_2O)_4Al\begin{matrix}O\\ \\O\end{matrix}\overset{H_2O}{\underset{H_2O}{Al}}\begin{matrix}O\\ \\O\end{matrix}Al(H_2O)_4\right]^{4+} + 2H_2O$$

$$\rightleftharpoons$$

$$Al(OH)_n(H_2O)_m^{m(6-n)-} + 2H_2O$$

图 4-35　通过羟基桥联生成多核络合物的过程

$$[Al_n(H_2O)_{3n}] \longrightarrow [Al(OH)_3]_n \downarrow$$

除Fe^{3+}、Al^{3+}外，许多金属离子如Zn^{2+}、Cu^{2+}、Mg^{2+}、Pb^{2+}、Hg^{2+}、Sn^{2+}等，也都具有多核络合物的特性。

人们利用这种特性，将一些金属盐类用作混凝剂进行废水处理，取得了预期的效果。常用的无机金属盐类混凝剂列举于表 4-11 中。

表 4-11　各种无机混凝剂

类别		名称	分子式	略记号	使用 pH 值
铝盐	低分子	硫酸铝	$Al_2(SO_4)_3 \cdot 18H_2O$	AS	6.0～8.5
		氯化铝	$AlCl_3$	AC	
		含铁硫酸铝	$Al_2(SO_4)_3 + Fe_2(SO_4)_3$	MIC	
		硫酸铝钾	$Al_2(SO_4)_3 \cdot K_2SO_4 \cdot 24H_2O$	KA	6.0～8.5
	高分子	聚硫酸铝	$[Al_2(OH)_n(SO_4)_{3-\frac{n}{2}}]_m$	PAS	
		聚氯化铝	$[Al_2(OH)_nCl_{6-n}]_m$	PAC	
铁盐	低分子	硫酸亚铁	$FeSO_4 \cdot 7H_2O$	FSS	8.0～11
		硫酸铁	$Fe_2(SO_4)_3 \cdot 2H_2O$	FS	4.0～11
		三氯化铁	$FeCl_3 \cdot 6H_2O$	FC	
	高分子	聚合硫酸铁	$[Fe_2(OH)_n(SO_4)_{4-\frac{n}{2}}]_m$	PFS	4.0～11
		聚氯化铁	$[Fe_2(OH)_nCl_{6-n}]_m$	PFC	
其他	低分子	消石灰	$Ca(OH)_2$	CHO	9.5～14
		氧化镁	MgO	MO	
		碳酸镁	$MgCO_3$	MC	

2. 解产物的稳定性

如果水解种类简单的话，水解平衡的建立会非常快。多核配合物通常形成得相当缓慢。这些多核羟基络合物是从游离金属离子向固体沉淀物缓慢转变的动力学中间体，因此在热力学上是不稳定的。一些金属离子溶液会随着时间发生“老化”现象，即由于离子的多种形态发生缓慢的结构上的转变，其组成在数周内会发生变化。

配合物在水溶液中的稳定性是指配合物在水溶液中离解或分步离解为中心离子（原子）和配位体的趋势大小。配合物在加热后是否容易分解，这关系到它的热稳定性；配合物在水溶液中容易发生质子传递反应，这关系到它的酸碱稳定性；配合物在水溶液中是否容易被氧化或者被还原，也就是它的中心离子氧化态是否稳定，这关系到它的氧化-还原稳定性。以上是配合物表现在各个方面的稳定性。当有必要全面了解配合物的稳定性时，必须对以上各方面做综合分析。

1）配合物的稳定常数

配合物的各种稳定常数可以定义表达为：K 为它们的逐级稳定常数；β 为累积稳定常数。

（1）单核配合物、配位体递增

$$M \xrightarrow[K_1]{L} ML \xrightarrow[K_2]{L} ML_2 \cdots \xrightarrow[K_i]{L} ML_i \cdots \xrightarrow[K_n]{L} ML_n$$

$$\xrightarrow{\quad \beta_2 \quad}$$

$$\xrightarrow{\quad \beta_i \quad}$$

$$\xrightarrow{\quad \beta_n \quad}$$

$$K_i = \frac{[ML_i]}{[ML_{(i-1)}][L]} \tag{4-162}$$

$$\beta_i = \frac{[ML_i]}{[M][L]^i} \tag{4-163}$$

质子化配体递增

$$M \xrightarrow[{}^*K_1]{HL} ML \xrightarrow[{}^*K_2]{HL} ML_2 \cdots \xrightarrow[{}^*K_i]{HL} ML_i \cdots \xrightarrow[{}^*K_n]{HL} ML_n$$

$$\xrightarrow{\quad {}^*\beta_2 \quad}$$

$$\xrightarrow{\quad {}^*\beta_i \quad}$$

$$\xrightarrow{\quad {}^*\beta_n \quad}$$

$${}^*K_i = \frac{[ML_i][H^+]}{[ML_{(i-1)}][HL]} \tag{4-164}$$

$${}^*\beta_i = \frac{[ML_i][H^+]^i}{[M][HL]^i} \tag{4-165}$$

（2）多核配合物。在β_{nm}和β_{nm}中，下标符号 n 和 m 指生成的配合物M_mL_n的组成：

$$\beta_{nm} = \frac{[M_mL_n]}{[M]^m[L]^n} \tag{4-166}$$

$${}^*\beta_{nm} = \frac{[M_mL_n][H^+]^n}{[M]^m[HL]^n} \tag{4-167}$$

下面通过两个例子来学习如何量化计算水解平衡。

2）Fe^{3+}的水解

当把 $Fe(ClO_4)_3$ 加入到水中后，会产生以下几种解离种类：Fe^{3+}、$Fe(OH)^{2+}$、$Fe(OH)_3(aq)$、$Fe(OH)_4^-$、$Fe_2(OH)_2^{4+}$、$Fe_3(OH)_4^{5+}$ 在离子强度 $I=3M(NaClO_4)$（25℃）时，我们可以写出以下平衡方程：

$$
\begin{aligned}
&Fe^{3+}+H_2O = FeOH^{2+}+H^+ && \log{}^*K_1=-3.05\\
&Fe^{3+}+2H_2O = Fe(OH)_2^+ + 2H^+ && \log{}^*\beta_2=-6.31\\
&2Fe^{3+}+2H_2O = Fe_2(OH)_2^{4+}+2H^+ && \log{}^*\beta_{22}=-2.91\\
&Fe^{3+}+3H_2O = Fe(OH)_3(aq)+3H^+ && \log{}^*\beta_3=-13.8\\
&Fe^{3+}+4H_2O = Fe(OH)_4^- + 4H && \log\beta_4=-22.7\\
&3Fe^{3+}+4H_2O = Fe_3(HO)_4^{5+}+4H^+ && \log{}^*\beta_{43}=-5.77\\
&Fe(OH)_3(s)+3H^+ = Fe^{3+}+3H_2O && \log{}^*K_{s0}=3.96
\end{aligned}
\tag{4-168}
$$

$Fe(OH)_3(aq)$ 是否存在，即方程式（4-168）的平衡常数是不确定的。首先计算 Fe（Ⅲ）的浓度在10^{-9}mol/L 时的平衡组成与 pH 值的关系。我们假设溶液是均匀的，即 $Fe(OH)_3(s)$ 不会沉淀。在均质系统中，必须满足浓度条件（方程式（4-169）或式（4-170））：

$$
\begin{aligned}
[Fe]_T=&[Fe^{3+}]+[FeOH^{2+}]+[Fe(OH)_2^+]+[Fe(OH)_3(aq)]\\
&+[Fe(OH)_4^-]+2[Fe_2(OH)_2^{4+}]+3[Fe_3(HO)_4^{5+}]
\end{aligned}
\tag{4-169}
$$

$$
[Fe]_T=[Fe^{3+}]\left(\begin{aligned}&1+\frac{{}^*K_1}{[H^+]}+\frac{{}^*\beta_2}{[H^+]^2}+\frac{{}^*\beta_3}{[H^+]^3}+\frac{{}^*\beta_4}{[H^+]^4}\\&+\frac{2[Fe^{3+}]\,{}^*\beta_{22}}{[H^+]^2}+\frac{3[Fe^{3+}]^2\,{}^*\beta_{43}}{[H^+]^4}\end{aligned}\right)
\tag{4-170}
$$

均质溶液中 Fe（Ⅲ）的水解产物见表 4-12。

表 4-12　均质溶液中 Fe（Ⅲ）的水解产物

组分		Fe^{3+}	H^+	$\log K$（I=3M）
种类	Fe^{3+}	1	0	0
	$FeOH^+$	1	−1	−3.05
	$Fe(OH)_2{}^+$	1	−2	−6.31
	$Fe(OH)_3{}^0$	1	−3	−13.8
	$Fe(OH)_4{}^-$	1	−4	−22.7
	$Fe_2(OH)_2{}^{4+}$	2	−2	−2.91
	$Fe_3(OH)_4{}^{5+}$	3	-4	−5.77
	H^+	0	1	0
合计		Fe（Ⅲ）$=10^{-9}$	给定的 pH	

在［Fe（Ⅲ）]$_T=10^{-9}$M 时，对于各种［H^+］，方程式（4-169）或式（4-170）可以很容易得到求解，特别是在二聚体和三聚体可以忽略的情况下。图 4-36（a）中展现了这个结果。当多聚体物质的量低于10^{-15}M 时可以忽略，该图说明Fe^{3+}基本上是四质子酸。

当 pH 值范围为 0～5 时，对于 $[Fe(Ⅲ)]_T = 10^{-4}$ M 和对于 $[Fe(Ⅲ)]_T = 10^{-2}$ M，求解方程式（4-169），结果如图 4-36（b，c）所示。多聚物的形成趋势随着［Fe（Ⅲ）］和 pH 值的增加而增加。

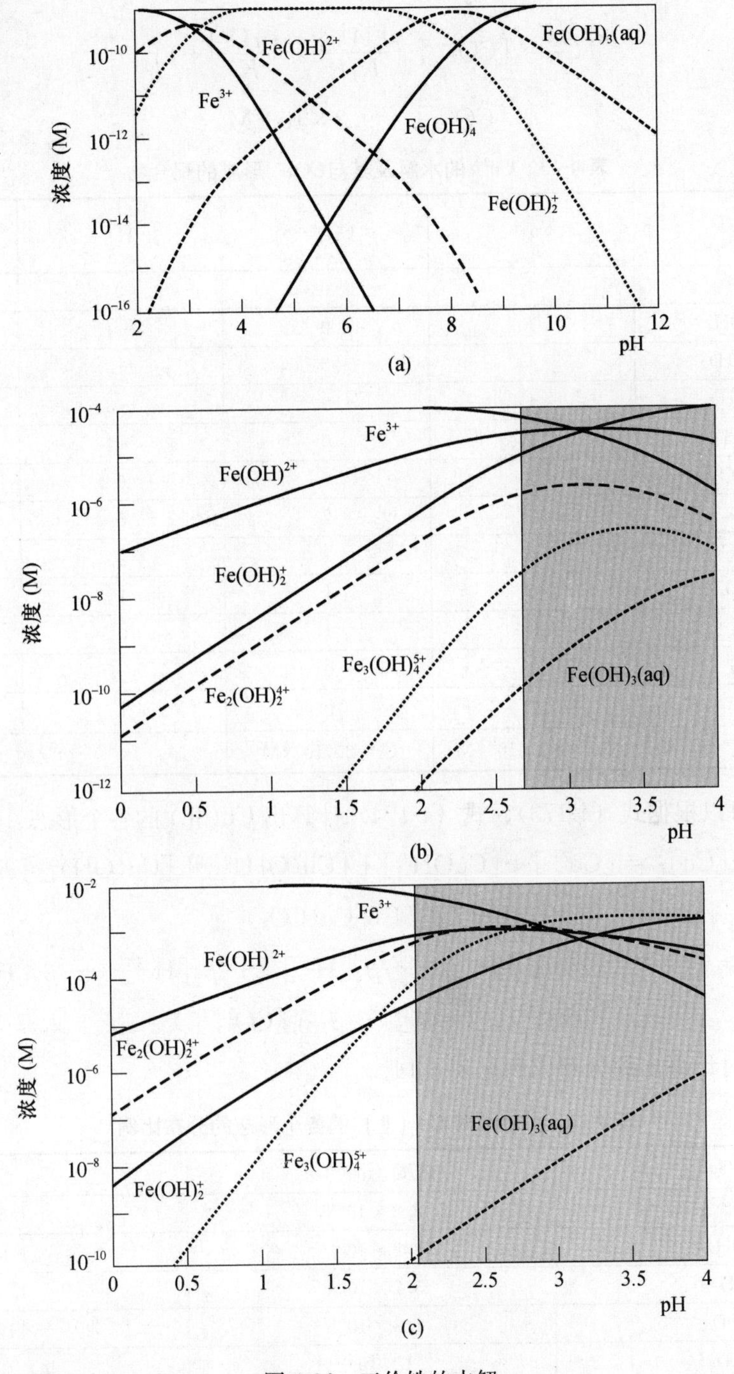

图 4-36　三价铁的水解

(a) $[Fe(Ⅲ)]_T = 10^{-9}$ M；(b) $[Fe(Ⅲ)]_T = 10^{-4}$ M；(c) $[Fe(Ⅲ)]_T = 10^{-2}$ M；

3）Cu^{2+} 的水解及其与 CO_3^{2-} 形成的配合物

估算在 pH=8 时，含碳酸盐水中 Cu（Ⅱ）物质的平衡分布。$[Cu(Ⅱ)]_T = 5 \times 10^{-8}$ M 和

$C_T=2\times10^{-3}M$。表 4-13 给出了必要的平衡常数。在这种情况下，Cu（Ⅱ）的浓度远小于 C_T。

$$C_T=[H_2CO_3]+[HCO_3^-]+[CO_3^{2-}]+[CuCO_3]+2[Cu(CO_3)_2^{2-}] \tag{4-171}$$

最后两个碳酸盐物种可以忽略不计。因此，我们首先计算 pH=8 时的CO_2 浓度：

$$C_T=[CO_3^{2-}]\left(\frac{[H^+]^2}{K_1K_2}+\frac{[H^+]}{K_2}+1\right) \tag{4-172}$$

$$[CO_3^{2-}]=9.8\times10^{-6}M$$

表 4-13 Cu^{2+} 的水解及其与CO_3^{2-} 形成的配合物

组分		Cu^{2+}	$CO_3{}^{2-}$	H^+	logK (25℃，I=0)
种类	Cu^{2+}	1	0	0	0
	$Cu(OH)^+$	1	0	−1	−8.0
	$Cu(OH)_2{}^0$	1	0	−2	−16.2
	$Cu(OH)_3{}^-$	1	0	−3	−26.8
	$Cu(OH)_4{}^{2-}$	1	0	−4	−39.9
	$CuCO_3{}^0$	1	1	0	6.77
	$Cu(CO_3)_2{}^{2-}$	1	2	0	10.01
	$H_2CO_3{}^-$	0	1	2	16.6
	$HCO_3{}^-$	0	1	1	10.3
	$CO_3{}^{2-}$	0	1	0	0
	OH^-	0	0	−1	−14
	H^+	0	0	1	0
合计		$Cu^{2+}=5\times10^{-8}M$	$Cr=2\times10^{-3}M$	给定的 pH	

现在我们可以根据式（4-173）、式（4-174）计算出 Cu(Ⅱ)的各个形态：

$$[Cu]_T=[Cu^{2+}]+[CuOH^+]+[Cu(OH)_2^0]+[Cu(OH)_4^{2-}]$$
$$+[CuCO_3^0]+3[Cu(CO_3)_2^{2-}] \tag{4-173}$$

$$[Cu]_T=[Cu^{2+}](1+{}^*\beta_1[H^+]^{-1}+{}^*\beta_2[H^+]^{-2}+{}^*\beta_3[H^+]^{-3}+{}^*\beta_4[H^+]^{-4}$$
$$+{}^*\beta_{1CO_3}[CO_3^{2-}]+{}^*\beta_{2CO_3}[CO_3^{2-}]^2) \tag{4-174}$$

在 pH=8 时计算出的分布比例见表 4-14。

表 4-14 pH=8 时 Cu（Ⅱ）的各个形态的分布比例

pH=8.0	浓度（mol/L）	Cu_r（%）
Cu^{2+}	8.2×10^{-10}	1.6
$Cu(OH)^+$	8.2×10^{-10}	1.6
$Cu(OH)_2{}^0$	5.2×10^{-10}	1.0
$Cu(OH)_3{}^-$	1.3×10^{-12}	3×10^{-3}
$Cu(OH)_4{}^{2-}$	1×10^{-17}	2×10^{-8}
$CuCO_3{}^0$	4.7×10^{-8}	94.0
$Cu(CO_3)_2{}^{2-}$	7.8×10^{-10}	1.6

Cu 的形态（$C_T=2\times10^{-3}M$）与 pH 的函数关系如图 4-37 所示。

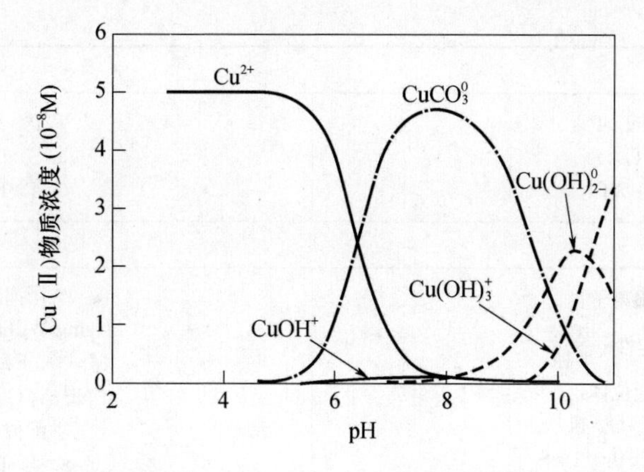

图 4-37　含碳酸盐水中 Cu(Ⅱ)($C_T=2\times10^{-3}$M) 的形态图

4.6.3　金属与配体作用的影响因素

元素周期表第四至七纵列中，无机和有机配体可能包含以下的供体原子：

C	N	O	F
	P	S	Cl
	As	Se	Br
		Te	I

在水中，卤素只能在作为阴离子时才能充当有效的络合剂，但如果与碳原子结合则不受限制。由于特殊的原因，氰化物离子是一个特别强的复合物。水中更为重要的供体原子包括氮、氧和硫。

根据 Ahrland 等人（1958）和 Schwarzenbach（1961）对水溶液中的金属-配位体络合物稳定常数的数据分析，将金属离子分为“A 型金属阳离子”（硬酸）、“过渡型金属阳离子”（交界酸）“B 型金属阳离子”（软酸）。表 4-15 列出了金属离子和其他 Lewis 酸的分类，根据该表可以估计金属离子配位的趋势及配合物稳定性的次序。

表 4-15　金属离子的分类

A 型金属阳离子	过渡型金属阳离子	B 型金属阳离子
惰性气体的电子构型	外层电子数为 1 到 9	电子数相当于 Ni^0、Pd^0、Pt^0（外层电子 10 或 12）
低极化性 “硬球体”	非球形对称	低电负性；高极化性 “软球体”
(H^+)、Li^+、Na^+、K^+、Be^{2+}、Mg^{2+}、Ca^{2+}、Sr^{2+}、Al^{3+}、Se^{3+}、La^{3+}、Si^{4+}、Ti^{4+}、Zr^{4+}、Th^{4+}	V^{2+}、Cr^{2+}、Mn^{2+}、Fe^{2+}、Co^{2+}、Ni^{2+}、Cu^{2+}、Ti^{3+}、V^{3+}、Cr^{3+}、Mn^{3+}、Fe^{3+}、Co^{3+}	Cu^+、Ag^+、Au^+、Ti^+、Ga^+、Zn^{2+}、Cd^{2+}、Hg^{2+}、Pb^{2+}、Sn^{2+}、Ti^{2+}、Au^{3+}、In^{3+}、Bi^{3+}
按照 Pearson（1963）软硬酸分类		
硬酸	交界酸	软酸
所有 A 型金属阳离子以及 Cr^{3+}、Mn^{3+}、Fe^{3+}、Co^{3+}、UO^{2+}、VO^{2+} 还有如下化合态 BF_3、BCl_3、SO_3、RSO_2^+、RPO_2^+、CO_2、RCO^+、R_3C^+	所有二价过渡金属阳离子以及 Zn^{2+}、Pb^{2+}、Bi^{3+}、SO_2、NO^+、$B(CH_3)_3$	所有 B 型金属阳离子除去 Zn^{2+}、Pb^{2+}、Bi^{3+} 所有金属离子，整体内金属 I_2，Br_2，ICN，I^+，Br^+

续表

优先结合的配位体原子	
N≫P O≫S F≫Cl	P≫N S≫O I≫F
一般定性的稳定性顺序	
阳离子： 稳定性$\propto\frac{电荷}{半径}$ 配位体： F>O>N =Cl>Br>I>S OH^->RO^->$RCO_2{}^-$	阳离子： Irving-Williams 序列： $Mn^{2+}<Fe^{2+}<Co^{2+}$ $<Ni^{2+}<Cu^{2+}>Zn^{2+}$ 配位体： S>I>Br>Cl =N>O>F

A 型金属阳离子优先与氟离子或以氧为供体原子的配位体形成配合物。与氨或氰化物相比，这些金属对水的吸引力更强。这些离子在水溶液中不会形成硫化物（沉淀物或络合物），因为OH^-离子容易取代HS^-或S^{2-}。氯或碘络合物稳定性很差，竞争配合能力弱于OH^-，因此更多在酸性溶液中形成。一价碱离子仅与一些阴离子形成相对不稳定的离子对。A 型金属阳离子不仅以氮或硫作为配位体原子的螯合剂配位形成稳定的络合物，还倾向于形成具有OH^-、CO^{2-}和PO_4^-的微溶性沉淀物而不与硫和氮供体反应。表 4-14 列出了一些稳定性序列。

相反，B 型金属阳离子优先与含有 I、S 或 N 的碱基配位作为供体原子。因此，这类金属阳离子可能比水更强地结合氨、CN^-而不是OH^-，并且形成比F^-络合物更稳定的I^-或Cl^-络合物，这些金属阳离子以及过渡金属阳离子与HS^-或S^{2-}形成可溶或不溶的硫化络合物。

1963 年 Pearson 通过实验，陈述了如下的硬软酸碱规则（HSAB，hard and soft acid-base）：硬酸优先与硬碱配合，软酸优先与软碱配合，中间酸（碱）则与软硬碱（酸）都能配合。酸碱的软硬分类并不是绝对的，存在一个过渡，即从很软的酸碱到很硬的酸碱。而且，硬和软也不等同于强和弱。一般来说，硬酸的受体原子体积小，具有较高的正电荷，没有容易被夺取的价电子。软酸的受体体积大，具有较小的正电荷，或者含有几个容易被夺去的价电子。硬碱具有较小的极化率、较大的电负性和电子亲和能，能较强地保持住价电子。软碱的性质则正好相反。

表 4-16 列举了经分类后的各种硬软酸碱，这种分类是很粗略的，因为迄今还不具备足够的实验数据可供细致地进行酸碱软硬分类之用。

表 4-16　水中常见的软硬酸碱

硬酸	H^+、碱金属离子、碱土金属离子 Mn^{2+}、Al^{3+}、La^{3+}、Co^{3+}、Fe^{3+}、Ti^{4+}、Sn^{4+}
软酸	Cu^+、Ag^+、Au^+、Tl^+、Hg^+、Cd^{2+}、Hg^{2+}
中间酸	Fe^{2+}、Co^{2+}、Ni^{2+}、Cu^{2+}、Zn^{2+}、Pb^{2+}、Sn^{2+}
硬碱	F^-、$O_2{}^-$、OH^-、H_2O、Cl^-、CH_3COO^-、$NO_3{}^-$、$ClO_4{}^-$、$SO_4{}^{2-}$、$CO_3{}^{2-}$、$PO_4{}^{3-}$、ROH、R_2O
软碱	R_2S、RSH、SCN^-、$S_2O_3{}^{2-}$、S^{2-}、R_3P、$(RO)_3P$、I^-、CN^-
中间碱	Br^-、NO^{2-}、$SO_3{}^{2-}$、吡啶

天然水体中的配位体分为无机配位体和有机配位体。其中最重要的无机配位体是 H_2O、Cl^- 和 OH^-，它们是水环境中重金属迁移的重要因素；其他配位体有 HCO_3^-、CO_3^{2-}、SO_4^{2-}、PO_4^{3-} 等；在某些特定水体中还含有 NH_3、CN^-、F^-、S^{2-}、$H\ S_iO_3^-$ 等配位体。天然水体中存在的有机配位体主要来源于水生动植物、微生物的新陈代谢产物、分泌物或它们残骸的分解物，以及人类活动造成的含有合成配位体的污染物质输入（如洗涤剂、农药、化工试剂、化肥等），表 4-17 列出了水体中一些天然有机配位体的配位基团。

表 4-17　天然有机配位体的配位基团

配位基团	物　种	存　在
O OH	Flavenoids、木质素、醌类、糖类、富里酸、胡敏酸	植物、真菌、海洋动物
OH (R) O OH OH	Flavenoids、花色素苷、糖类、富里酸、胡敏酸	植物、花、果实、渣滓、植物霉菌
COOH OH	富里酸、胡敏酸	—
O O	富里酸、胡敏酸	—
OH OH	富里酸、胡敏酸	—
R O N	氨基酸类	植物、动物

续表

配位基团	物 种	存 在
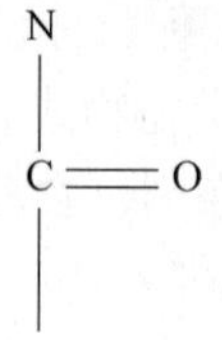 N—C═O	生物碱（如胡椒碱、辣椒碱）	—
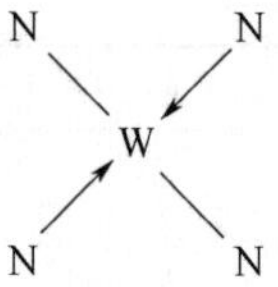 N、N、N、N→W	含稠杂环的卟啉	植物、动物

天然水体中常见的配位化合物可以分为两类。一类是配位化合物，如单核配位化合物具有一个金属离子为核心外加配位体的结构形态；双核或多核配位化合物中，是将各单核配合物的金属离子结合起来，成为具有桥联结构的化合物。另一个是螯合物，是由多基配位体和金属离子同时生成两处或更多的配位键，构成了环状螯合物结构的产物。大多数螯合剂都是用作试剂的有机化合物；无机螯合剂以聚合磷酸盐为例，其环状结构是由各相邻的PO_4^{3-}基团中的氧原子同金属离子形成的，最基本的结构形式如图 4-38 所示。

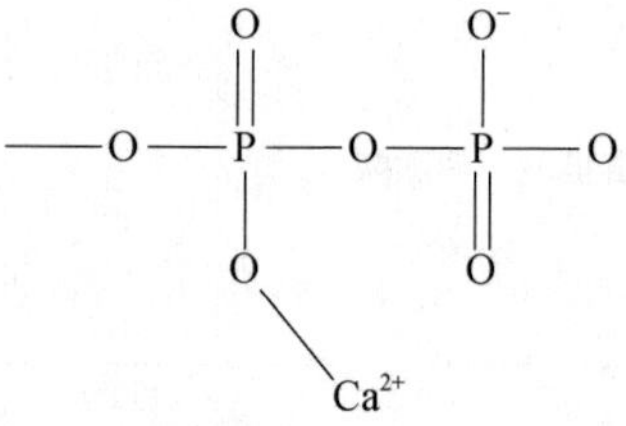

图 4-38 聚合磷酸盐最基本的结构形式

水体中的螯合物大致可分为两类。一类属易变性螯合物，如 EDTA 与各种金属形成的螯合物，只要水体的 pH 值发生微小的变化，螯合物的稳定性就会受到显著影响。另一类为不易变性螯合物，如铁色素、细胞色素、叶绿素、维生素 B12 以及卟啉类化合物等。它们一般是由很大的有机分子和金属离子组成一种笼式结构，从而具有非常高的稳定性。

4.6.4 腐殖质的配合作用

1. 腐殖质的主要成分

约在 1800 年前后，人们才发现土壤和水体中腐殖质的存在。由于组成和结构非常复杂，所以对它的化学性质迄今还不十分了解。但长期以来，人们对它的研究兴趣却一直有增无减，目前，腐殖质化学已经成为化学上的一个分支学科。

腐殖质的环境化学意义在于：①存在于天然水体（或土壤）中的腐殖质对金属离子有螯合作用，对有机物有吸附作用，成为水（或土壤）的天然净化剂；②在加工生产饮用水的氯化工程中，原水中的腐殖质与药剂Cl_2（及其中所含的Br_2）反应，可生成三卤甲烷类化合物（THMs），具有强致癌性，成为公众健康的一大隐患 Cd^{2+}-Cl^- 体系的逐级配合作用如图 4-39所示；③水体中的腐殖质可能作为光敏物质参与光化学氧化还原反应。

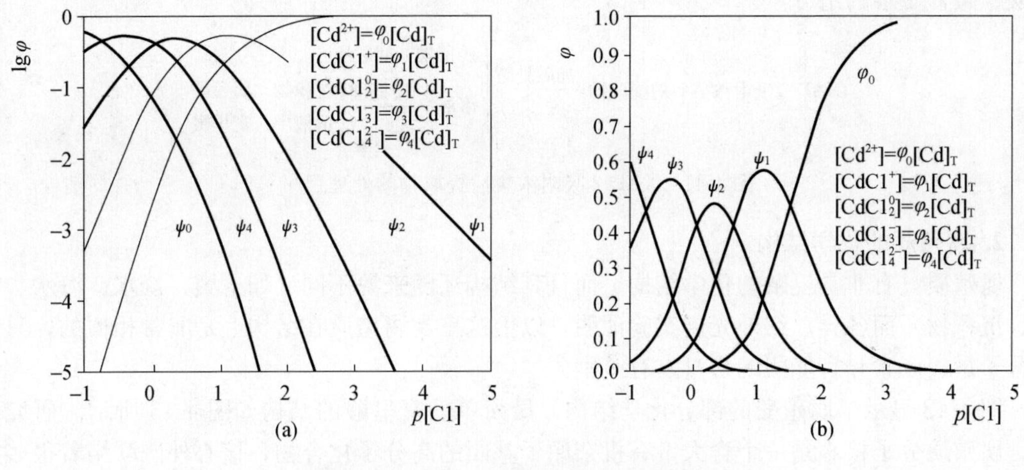

图 4-39　Cd^{2+}-Cl^- 体系的逐级配合作用

(a) lgφ-p [Cl] 图；(b) φ-p [Cl] 图

一般来说，腐殖质首先在土壤中生成。土壤中的生物体，特别是植物死亡后在各种环境条件下分解后的残留物就是腐殖质。腐殖质在土壤中广泛存在，由于土壤和水体相同，不难理解，在水体和沉积物中也必然存在相当数量的腐殖质。但也有研究者指出，海水中所含的腐殖质有一部分是在该水体系统中直接生成的。土壤中腐殖质形成的过程如图 4-40 所示，作为起始物的动植物残体大致通过化学分解和微生物分解最终转化为腐殖质。

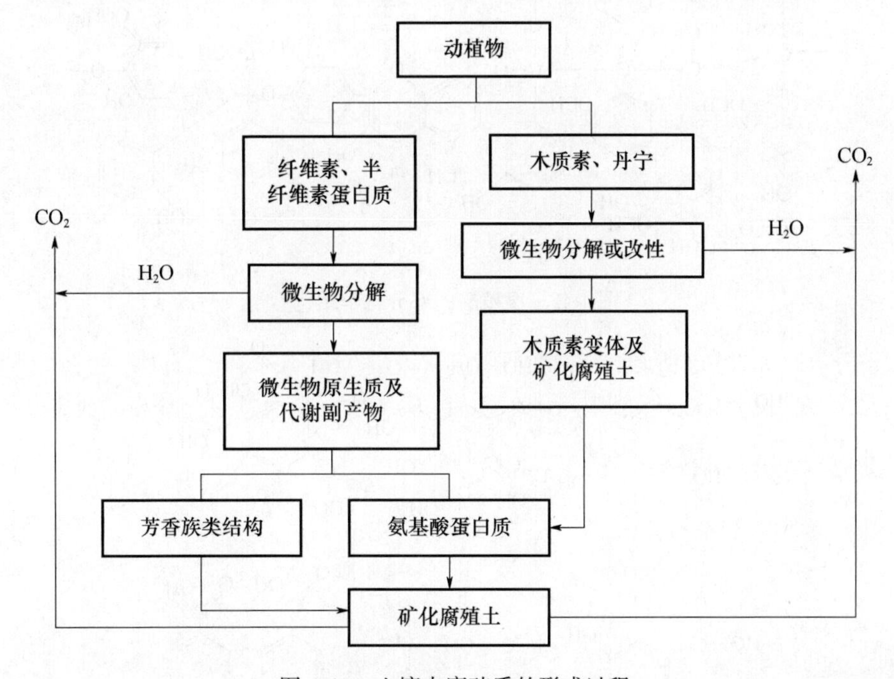

图 4-40　土壤中腐殖质的形成过程

海水中腐殖质的含量占有机物总量的 6%～30%，一般在 100～300μg/L 范围之内。海水中的腐殖质经高分子多孔聚合物 XAD-2 吸附浓集后，所得提取物再用酸碱按如图 4-41 所示的程序处理，即可获得腐殖质的三种重要组分，其中：①腐殖酸，是能溶解于碱而沉积于酸的组分；②富里酸（或称黄腐酸），是能兼溶于酸和碱的组分；③胡敏质（或称腐黑物），是酸、碱皆不溶的组分。

(XAD–2吸附浓集后的提取物) —加碱处理→ { 残留物：胡敏质；溶液 —加酸处理→ { 沉积物：腐殖酸；溶液中：富里酸 } }

图 4-41　XAD-2 吸附浓集后提取物的处理程序

2. 腐殖质的化学结构

腐殖质具有非常复杂的化学结构，而且其结构还随来源不同（如土壤、淡水、海水、褐煤、沉积物）而各异。红外光谱实验证明，以上这三类腐殖质在结构上是非常相似的，只是在分子量、元素和官能团的含量上有差别。

图 4-42 显示了腐殖酸的部分化学结构，最简单的富里酸的结构如图 4-43 所示。研究推测，腐殖质分子核心是一个含大量有机杂原子基团的高分子化合物，核心外围联结着很多功能基团。腐殖质三种组分间的区别在于分子量和官能团含量的不同。如腐殖质和胡敏质比富里酸有更高的分子量和较少的亲水官能团。总的来说，腐殖质的结构中含有羧基、酚基、醇基、羰基等官能团，其结构特点是：

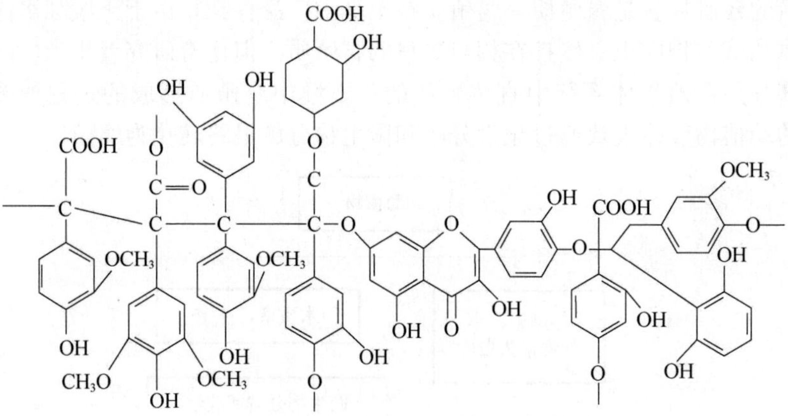

图 4-42　腐殖酸的部分化学结构

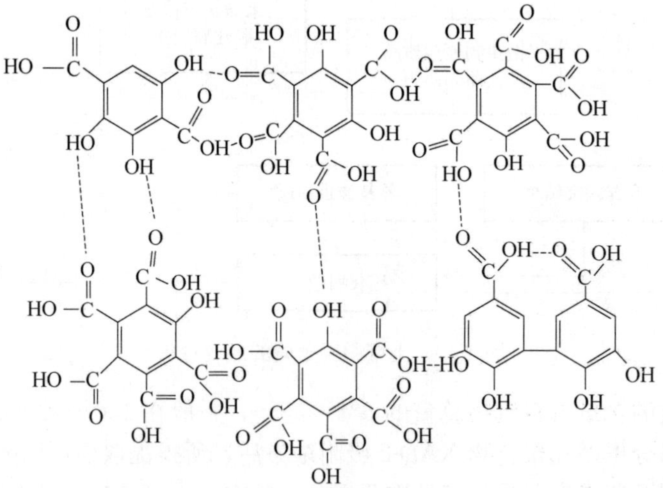

图 4-43　富里酸的分子结构式

（1）以碳链为骨架，以—O—、—N—为交联基团。

（2）含氢键，带有很多含氧功能基。

（3）分子量大，如胡敏质、腐殖酸分子量可达几万。

（4）分子内多处带有电荷，高度极性。

（5）分子内含蛋白质类和碳水化合物类的部分很容易发生水解，芳香核部分不易发生化学降解和生物降解。

3. 腐殖质的螯合能力

腐殖质与环境中有机物之间的作用主要涉及吸附效应、溶解效应、对水解反应的催化作用、对微生物过程的影响以及光敏效应和猝灭效应等。但腐殖质与金属离子生成配合物是其最重要的环境性质之一。

腐殖质与金属间的螯合方式一般有三种。

第一种方式是以一个羧基和一个酚羟基螯合金属离子，如图 4-44 所示。

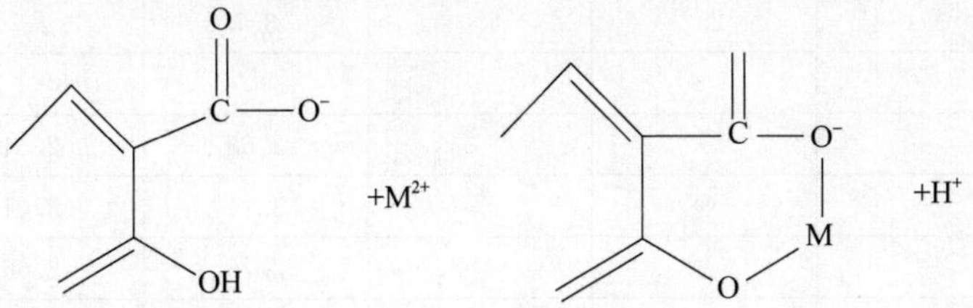

图 4-44　以一个羧基和一个酚羟基螯合金属离子

第二种方式是以一个羧基与其配合，如图 4-45 所示。

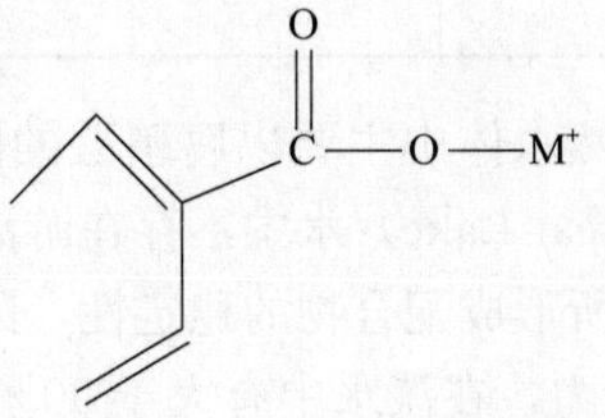

图 4-45　以一个羧基与其配合

第三种方式是以两个羧基螯合金属离子，如图 4-46 所示。

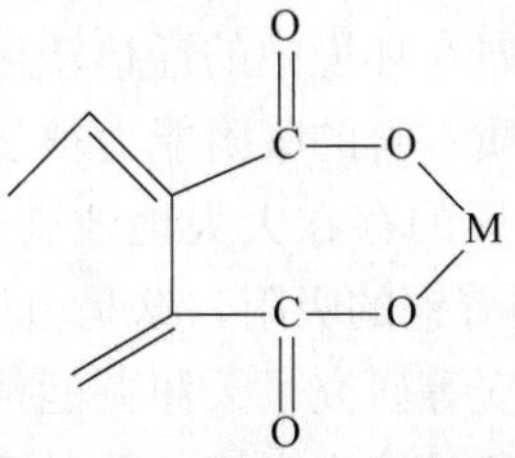

图 4-46　以两个羧基螯合金属离子

腐殖质对环境中几乎所有金属离子都有螯合作用，对于过渡金属尤为如此。一般情况下，腐殖质对金属螯合能力的强弱符合欧文-威廉姆斯（Irving-Williams）次序，即：Mg＜Ca＜Cd＜Mn＜Co（Zn）≦Ni＜Cu＜Hg。表 4-18 列举了几种不同来源的腐殖酸与金属阳离子形成螯合物的稳定常数。

表 4-18 腐殖酸与金属阳离子形成螯合物的稳定常数

来源	lgK					
	Ca	Mg	Cu	Zn	Cd	Hg
泥煤	3.65	3.81	7.85	4.83	4.57	18.3
	—	—	8.29	—	—	—
Celyn 湖	3.95	4.00	9.83	5.14	4.57	19.4
Balal 湖	3.56	3.26	9.30	5.24	—	19.3
Dee 河	—	—	9.48	15.36	—	19.7
Conway 河	—	—	9.59	5.41	—	21.9
海湾底泥	3.65	3.50	8.89	—	4.95	20.9
	4.65	4.09	11.37	5.87	—	21.9
海湾污泥	3.60	3.50	8.89	5.27	—	18.1
土壤	3.4	2.2	4.0	3.7	—	—
	—	—	—	—	—	5.2
松花江水	—	—	—	2.68	2.54	16.02
	—	—	—	3.14	3.01	16.74
松花江泥	—	—	—	2.76	2.66	16.51
	—	—	—	3.13	3.00	16.39
蓟运河水、泥	—	—	—	—	—	16.38
	—	—	—	—	—	16.21
	—	—	—	—	—	16.41

许多研究表明，重金属在天然水体中主要以腐殖酸的配合物形式存在。Matson 等指出 Cd、Pd 和 Cu 在美洲的大湖（Great Lake）水中不存在游离粒子，而是以腐殖酸配合物形式存在。重金属与水体中的腐殖酸所形成配合物的稳定性，因水体腐殖酸来源和组分不同而有差别。Hg 和 Cu 有较强的配合能力，在淡水中有大于 90%的 Hg、Cu 与腐殖酸配合，这点对考虑重金属的水体污染具有很重要的意义。特别是 Hg，许多阳离子如Li^+、Na^+、Co^{2+}、Mn^{2+}、Ba^{2+}、Zn^{2+}、Mg^{2+}、La^{3+}、Fe^{3+}、Al^{3+}、Ce^{3+}、Th^{4+}，都不能置换 Hg。水体的 pH、Eh 等都影响腐殖酸和重金属配合作用的稳定性。

腐殖酸与金属配合作用对重金属在环境中的迁移转化有重要影响，特别表现在颗粒物吸附和难溶化合物溶解度方面。腐殖质本身的吸附能力很强，这种吸附能力甚至不受其他配合作用的影响。国外研究发现，腐殖质的存在大大地改变了镉、铜和镍在水合氧化铁上的吸附，溶解的铜-腐殖质配合竞争控制着铜的吸附，这是由于腐殖酸很容易吸附在天然颗粒上，改变了颗粒物的表面性质。国内彭安等研究了天津蓟运河中腐殖质对汞的迁移转化的影响，结果表明腐殖酸对底泥中的汞有显著的溶出影响，并对河水中溶解态汞的吸附和沉淀有抑制作用。配合作用还可以抑制金属以碳酸盐、硫化物、氢氧化物形式的沉淀产生，在 pH 值为 8.5 时，此影响对CO_3^{2-} 及 S^{2-} 体系的影响特别明显。

腐殖酸对水体中重金属的配合作用还将影响重金属对水生生物的毒性。彭安等曾进行了蓟运河腐殖酸影响汞对藻类、浮游动物、鱼的毒性影响，在对藻类生长的实验中，腐殖酸可减弱汞对浮游植物的抑制作用，对浮游动物的效应同样是减轻了毒性，但不同生物富集汞的效应不同，腐殖酸增加了汞在鲤鱼和鲫鱼体内的富集，却减轻了汞在软体动物梭螺体内的富集。与大多数聚羧酸一样，腐殖酸盐在有Ca^{2+}和Mg^{2+}存在时（浓度大于10^{-3}mol/L）发生沉淀。

4.6.5　有机配位体对重金属迁移的影响

水溶液中共存的金属离子和有机配位体经常生成金属配合物，这种配合物能够改变金属离子的特征，从而对重金属的迁移产生影响，其主要机理有两种：

1. 影响颗粒物（悬浮物或沉积物）对重金属的吸附

①配位体可能与金属离子配合，或者与固体表面争夺可给吸附位，使吸附受到抑制；②如果配位体与金属离子作用生成弱配合物，且对固体表面亲和力很小，则不致引起吸附量的明显变化；③如果配位体与金属离子形成强配合物，并同时对固体表面具有较强的亲和力，则可能会增大吸附量。

决定配位体对金属吸附量影响的是配位体本身的吸附行为。如果配位体本身不被吸附，或者金属配合物是非吸附的，则由于配位体与固体表面竞争金属离子，使得金属吸附受到抑制。例如，Vuceta 研究了柠檬酸和 EDTA 对Pb^{2+}和Cu^{2+}在α-石英上吸附行为的影响（图 4-47），表明配位体的存在降低了α-石英对Pb^{2+}和Cu^{2+}的吸附能力。

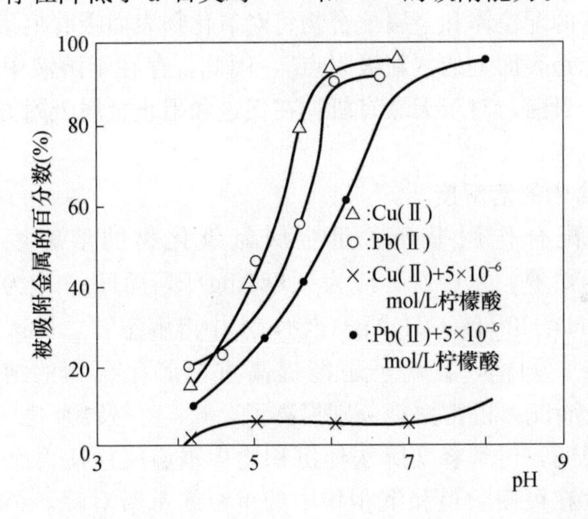

图 4-47　柠檬酸对Pb^{2+}和Cu^{2+}在二氧化硅/水界面上吸附行为的影响

若配位体浓度低，配位体和金属结合能力弱或配位体本身不被吸附，那么配位体的加入几乎不会对金属的吸附行为产生影响。Ducorsma 发现，只有异己氨酸的浓度大约是典型天然水体的10^4倍时，才能看到其对Co^{2+}和Zn^{2+}吸附的显著影响。Vuceta 等发现，异己氨酸存在下的蒙脱土和加入半胱氨酸的无定形$Fe(OH)_3$对Hg^{2+}的吸附能力几乎无影响。

若配位体被吸附，又有一个强配位官能团裸露于溶液，则会显著提高颗粒物对痕量金属的吸附量。Davis 等研究了谷氨酸、皮考啉酸和 2，3-PDCA 的加入对$Fe(OH)_3$吸附Cu^{2+}的影响。结果表明，谷氨酸和 2,3-PDCA 增加了$Fe(OH)_3$对Cu^{2+}的吸附，而皮考啉酸实际上妨碍了溶液中因配合作用所致的 Cu 迁移（图 4-48）。

由图 4-48 可看出，皮考啉酸的表面配合可能涉及羧基和含氮杂原子电子给予体。因此，配位基是无效的，吸附的皮考啉盐离子不能像配位基一样对金属发生作用，而谷氨酸和 2,3-PDCA 可作为表面配合剂在表面与Cu^{2+}生成Cu^{2+}-谷氨酸和Cu^{2+}-2,3-PDCA 配合物。由

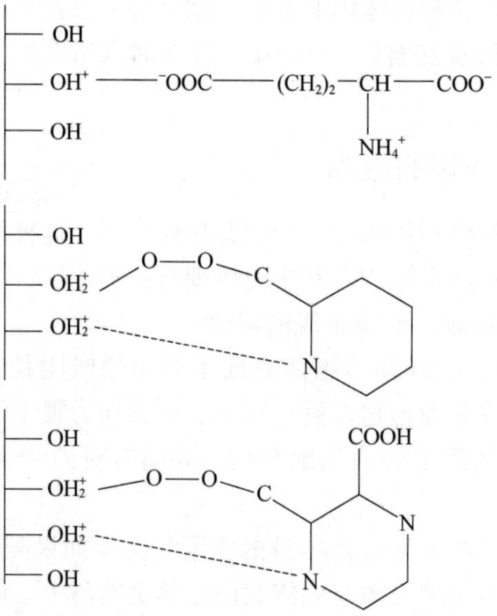

谷氨酸

皮考啉酸

2,3-PDCA

图 4-48　吸附谷氨酸、皮考啉酸和 2,3-PDCA 离子形成的表面配合物

此可见，被颗粒物吸着的配位体和金属配合物将对氧化物表面吸着痕量金属起重要作用。吸附的配位体官能团可能是表面上的“新吸附点”，因此，存在于溶液中的配位体就改变了界面处的微观化学环境。目前，对于天然有机物在促进和阻止金属吸附方面所起的作用尚未完全弄清。

2. 影响重金属化合物的溶解度

重金属和羟基的配合作用提高了重金属氢氧化物的溶解度。例如 $Zn(OH)_2$ 和 $Hg(OH)_2$，根据容积度计算，水中 Zn^{2+} 应为 0.861mg/L，而 Hg^{2+} 应为 0.039mg/L。但由于水解配合生成了 $Zn(OH)_2^0$ 和 $Hg(OH)_2^0$ 配合物，水中溶解态锌总量达到 160mg/L，溶解态汞总量达到 107 mg/L。同样，氯离子也能提高重金属化合物的溶解度。当 $[Cl^-]$ 为 1mol/L时，$Hg(OH)_2$ 和 HgS 的溶解度分别提高了 3.6×10^7 及 10^5 倍。

通过上述例子的说明，可解释实际水体沉积物中重金属往往再次得到释放的现象。同理，废水中配位体的存在可使管道和沉积物中的重金属重新溶解，影响重金属污染的治理效果。

习题

1. 天然水体中发生的吸附作用有哪几种类型？各自的吸附机理是什么？

2. 表征吸附平衡的常用等温线方程有哪几种类型？

3. 天然水体中有哪些物质通常呈胶体形态？亲水胶粒和疏水胶粒有何特征性区别？决定疏水胶粒表面电荷性质（正电或负电）的主要因素有哪些？

4. 外加电解质对胶体系统的稳定性产生什么影响？其中的机理是什么？

5. 试述多核羟基络合物形成过程。以铝盐或铁盐为净水剂，混凝沉降河水中的重金属时，是否会使水中 pH 值显著降低？为什么？

6. 说明水和氧化物对金属离子的专属吸附和非专属吸附的区别。

7. 请叙述氧化物表面吸附配合模型的基本原理。

8. 请说明胶体的凝聚和絮凝之间的区别。

9. 请叙述水中的颗粒物可以以哪些方式进行聚集？

10. 用Langmuir方程描述悬浮物对溶质的吸附作用。假设溶液平衡浓度为5×10^{-3}mol/L，溶液中每克悬浮物所吸附的溶质量为0.5×10^{-3}mol/L，当平衡浓度降至3×10^{-3}mol/L时，每克悬浮物的吸附量为3.75×10^{-4}mol/L，试求吸附剂的饱和吸附量。

11. 在天然水样（时为封闭体系）中，加入少量下列物质时：(a) HCl，(b) NaOH，(c) Na_2CO_3，(d) $NaHCO_3$，(e) CO_2，(f) $AlCl_3$，(g) Na_2SO_4，其碱度如何变化？

12. 人们常常将次氯酸（HClO）稀释用来配制一定酸碱度的溶液。如果将5mL，浓度为10g/L的HClO溶液使用去离子水稀释至总体积为1L的溶液，那么所得到的溶液pH值是多少？（$HClO \rightleftharpoons H^+ + OCl^-$，$K_a=10^{-7.6}$）

13. 计算以下溶液的pH值：

(1) 将100mL，浓度为1×10^{-3}mol/L的乙酸与50mL，浓度为4×10^{-3}mol/L的乙酸钠混合后形成的溶液。

(2) 将120mg的Na_2HPO_4和100mg的NaH_2PO_4溶于1L的去离子水中形成的溶液。

(3) 向100mL，浓度为1×10^{-3}mol/L的NaOCl中加入25mL，浓度为2×10^{-3}mol/L的HCl所形成的溶液。

14. 表征氧化还原平衡的Nernst方程改用电子活度参数来表述后，有何应用上的便利？

15. 氧气在水中的溶解度和水中的溶解氧量这两者在概念上有何区别和联系？影响此两者数值大小的因素分别有哪些？

16. 为什么SO_2在水中的溶解度比N_2或O_2大许多倍？如何理解能形成电解质溶液的气体溶解物也符合亨利定律？

17. 对于含硫酸工业废水，拟使用石灰石进行中和处理，问由此是否能达到处理水pH=6的排放标准？为什么？

18. 封闭的和开放的碳酸体系有何异同？又为何要将统一体系分作两类进行讨论和研究？

19. 含多量可溶性铁的地下水水样，在暴露于空气中或隔绝空气的条件下测定碱度，所得结果是否一致，为什么？

20. 体积为VmL的水样在用滴定法测定酚酞碱度时，耗用了摩尔浓度为M的标准盐酸V_PmL，求以$CaCO_3$浓度（mg/L）为单位的酚酞碱度值表达式。

21. 如何利用有关配合平衡的知识来研究金属在天然水体中的存在形态问题？试举例说明。

22. 说明天然水体中腐殖质的环境意义。阐明水中腐殖质对重金属离子的螯合作用机理。

23. 有机物的生物氧化反应次序由哪些因素决定？哪一个是主要因素？

24. 某水样pH=6.7，含CO_2 1.0×10^{-4}mol/L，碱度2.5×10^{-4}mol/L，拟采用NaOH将其pH值提高至8.3，则需要加入的量是多少？或者加入多少石灰［$Ca(OH)_2$］？（H_2CO_3的一级、二级离解常数分别为$K_1=10^{-6.33}$、$K_2=10^{-10.33}$）

25. 若向纯水中加入$CaCO_3$(s)并将此体系暴露于含有CO_2的大气中，则在25℃、pH=8.0时达到饱和平衡所应含有的Ca^{2+}浓度是多少？（已知大气中的CO_2含量为

0.0314%，25℃时其K_H=3.38×10^{-2}mol/（L·atm），水的蒸气压为0.0313atm，$CaCO_3$的浓度积K_{sp}=$10^{-8.22}$，H_2CO_3的一级、二级离解常数分别为K_1=$10^{-6.35}$、K_2=$10^{-10.33}$）

26. 求每升雨水中CO_2的溶解量。设定空气中P_{CO_2}=33.4Pa。

27. 已知标准条件（25℃、1.013×10^5Pa）下氧气在纯水中的溶解度为8.24mg/L，求15℃时的溶解度为多少？已知氧气在水中的溶解热ΔH=12kJ/mol。

28. 温度为25℃近中性水中的含硫总浓度C_T=2ug/L（以H_2S形态计），求水面上方空气中H_2S的分压。

29. pH值为多少时，25℃的HCN水溶液中：（1）HCN形态占总氰浓度的90%；（2）CN^-形态占总氰浓度的90%？

30. 一份刚配置好的25℃、10^{-3}mol/L的NaClO水溶液，其pH值是多少？HClO和ClO^-形态的浓度各是多少？

31. 计算25℃、pH=8.0的H_2SO_3水溶液中SO_3^{2-}在[S(Ⅳ)]总浓度中所占浓度分数为多少？

32. 用0.02mol/LHCl滴定100mL水样以测定其碱度，酚酞指示剂变色时，耗用了3.00mLHCl，再滴定至甲基橙指示剂变色时，又用去12.00 mLHCl，求酚酞碱度、总碱度、碳酸盐碱度和重碳酸盐碱度的值（以mg[$CaCO_3$]/L计值）。

33. 对某天然水样分析结果为pH=7.4，t=15℃，[HCO_3^-]=213mg/L，求该水样的总酸度和总碱度（以mol[$CaCO_3$]/L计值）。

34. 25℃时总碱度[Alk]=2.00×10^{-3}mol/L的水样，其pH=7.00，试计算水样中[$CO_2(aq)$]、[HCO_3^-]和[CO_3^{2-}]浓度值。

35. 某温度为25℃的天然水，总碱度[Alk]=1.00×10^{-3}mol/L，pH=7.0，其表面经光合反应（$HCO_3^-+H_2O+hv \longrightarrow (CH_2O)+OH^-+O_2$）后，pH值增至10.00，求此过程前后水中总无机碳浓度的变化及产生生物量为多少？

36. 在25℃的纯水中加入纯$CaCO_3$，直至溶液饱和，过滤得溶液再蒸发去除1.0L水，析出6.9mg $CaCO_3$。由此结果求$CaCO_3$的溶度积K_{sp}值。

37. 硬水中加入过量的Na_2CO_3，至沉淀出$CaCO_3$，达到平衡后溶液中的[CO_3^{2-}]=0.01mol/L，求$CaCO_3$在此溶液中的溶解度为多少？

38. 海水中含1300mg/L Mg^{2+}。1L海水与1L浓度为0.020mol/L的NaOH溶液混合会出现$Mg(OH)_2$沉淀吗？

39. 含镉废水通入H_2S达到饱和并调整pH值为8.0，请计算水中剩余镉离子的浓度（CdS的溶度积为7.9）

40. 假定天然水和大气、沉积物三相间有关组分按下式达到平衡

$$CaCO_3+CO_2(g)+H_2O \rightleftharpoons Ca^{2+}+2HCO_3^-$$

求t=25℃和I=0的水中Ca^{2+}浓度和pH值（大气中CO_2浓度假定为316ppm）。

41. 在河水水样中[Cl^-]=10^{-3}mol/L，[HgCl(aq)]=10^{-8}mol/L，求水中Hg^{2+}、$HgCl^-$、$HgCl_3^-$和$HgCl_4^{2-}$的浓度各是多少？已知Hg^{2+}和Cl^-各级配合物的稳定常数为K_1=5.6×10^6、K_2=3×10^6、K_3=7.1、K_4=10。

42. 在下面配合反应中，已知$\Delta_r H_m$=−57.3kJ/mol，$\Delta_r S_m$=−67.3J/（mol·K），$Cd(H_2O)_4^{2+}+4NH_2CH_3 \rightleftharpoons Cd(NH_2CH_3)_4^{2+}+4H_2O$试计算生成配离子的稳定常数。

43. 氧化还原反应中若发生一个电子迁移，问两个半反应间的标准电极电位值差应有多

大才能使全反应在标准状态下趋于完全（设定全反应的反应平衡常数 $K>10^4$ 时即认为反应趋于完全）？

44. 从 pH＝7.4 的水样中测得［Cr(Ⅲ)］＝0.5nmol/L，［Cr(Ⅵ)］＝0.3nmol/L，求处于平衡状态时的 pE 值和 pE^0 值。已知铬的两种形态间转换反应为：$CrO_4^{2-}+6H^++3e^- \rightleftharpoons Cr(OH)_2^++2H_2O$，$K=1066.1$，求 pE、pH 和 P_{O_2} 三者间的关系式。若水的pH＝7.00，又假定 $P_{CO_2}=P_{CH_4}$，求水面上氧气分压是多少？

45. pH＝7 的地表水中，Fe^{3+} 和 $Fe(OH)_3(s)$ 达到平衡：$Fe(OH)_3(s)+3H^+ \rightleftharpoons Fe^{3+}+3H_2O$，$K_1=9.1\times10^3$，$Fe^{3+}$ 还可能水解生成羟基配合物 $[Fe(H_2O)_3OH]^{2+}$、$[Fe(H_2O)_4(OH)_2]^+$ 及 $[Fe_3(H_2O)_{10}(OH)_2]^{4+}$，其反应平衡常数分别为 8.9×10^{-4}、5.5×10^{-4} 和 1.6×10^3，请计算该天然水体中各含铁组分的浓度。

46. 垂直湖水中，pE 随湖的深度增加将起什么变化？

47. 从湖水中取出深层水，其 pH＝7.0，含溶解氧浓度为 0.32mg/L，请计算 pE 和 E_k。（pE＝13.2，E_k＝0.78V）

48. 在厌氧消化池中和 pH＝7.0 的水接触的气体含 65％的 CH_4 和 35％的 CO_2，请计算 pE 和 E_k。（pE＝13.2，Ek＝0.78V）

49. 在一个 pH 为 10.0 的 SO_4^{2-}-HS^- 体系中（25℃），其反应为

$$SO_4^{2-}+9H^++8e \rightleftharpoons HS^-+4H_2O(l)$$

已知其标准自由能 G_f^0 值（kJ/mol）：SO_4^{2-}，－742.0；HS，12.6；H_2O，－237.2；水溶液中质子和电子的 G_f^0 值为零。

（1）请给出该体系的 pE^0。

（2）如果体系化合物的总浓度为 1.00×10^{-4} mol/L，请给出下图中①、②、③和④的 lg$C$－pE 关系式。

第5章 水中有机污染物的迁移转化

有机污染物在水体中的自然迁移转化过程主要包括分配作用、挥发作用、水解作用、光解作用和生物作用等，可以简单用图5-1表示。其影响因素主要是有机物本身的理化性质和光照、水体的温度、pH、氧化还原性等条件。在人工条件下，可以通过各种物理、化学、生物方法对自然过程进行强化，以提高污染物的去除效率。研究这些过程，有助于阐明有机污染物在水环境中的归宿。

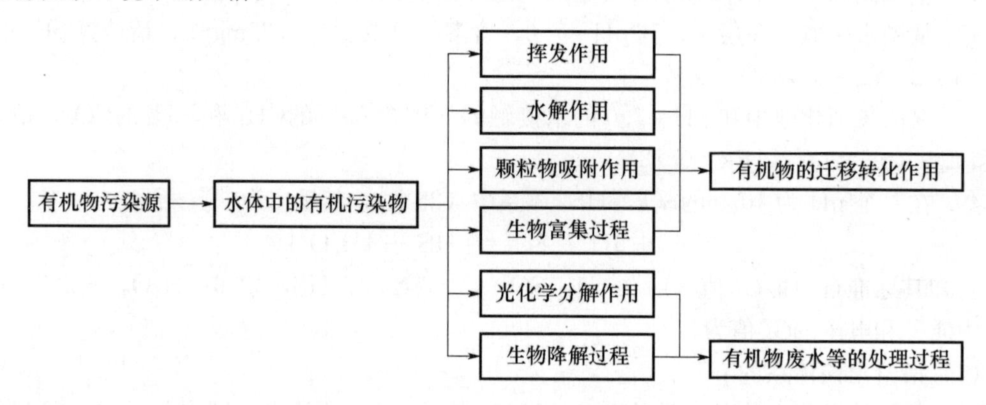

图5-1 有机污染物的迁移转化

相对分子质量较低的多环芳烃PAHs化合物在水处理过程中主要通过微生物氧化分解作用实现有机污染物的降解过程，同时有机污染物的颗粒物吸附沉积作用、挥发作用等也可以使得有机物从水相中迁移转化；水环境中相对分子质量较高的多环芳烃化合物主要通过光化学氧化分解过程实现有机物的分解，通过颗粒物的吸附沉积作用实现有机污染物的迁移和转化，水体中的腐殖质就有可能作为光敏物质参与光化学氧化还原反应。可以说，有关光化学氧化分解反应的研究工作现在还主要集中在水体中卤代有机化合物受光照分解而被氧化的机理和动力学方面。对于具有两个环的PAHs化合物来说，有较大挥发性。例如飘浮海面的原油中所含的萘很容易在一定水温、水流、风速条件下挥发逸散到大气中去。

5.1 分配作用

5.1.1 分配作用

近30年来，国际上许多学者对天然水体中的吸附分配作用进行了大量研究。Lambert从美国各地收集了25种不同类型的土壤样品，测量两种农药（有机磷与氨基甲酸酯）在土壤-水间的分配，结果表明当土壤的有机质含量在0.5%～40%范围内，其分配系数与有机质含量成正比。Karickhoff等研究了十种芳烃与氯烃在池塘和河流沉积物上的吸着，结果表明当各种沉积物的颗粒物大小一致时，其分配系数与沉积物中的有机碳含量成正比。结果表明，颗粒物（沉积物或土壤）从水中吸着憎水有机物的量与颗粒物中有机质含量密切相关。Chiou 进一步指出，当有机物在水中的含量增高接近其溶解度时，憎水有机物在土壤上的吸附等温线仍为直线（图 5-2），表明这些非离子性有机物在土壤-水平衡的热焓变化在所研究的含量范围内是常数，而且发现土壤-水分配系数与水中这些溶质的溶解度成反比。

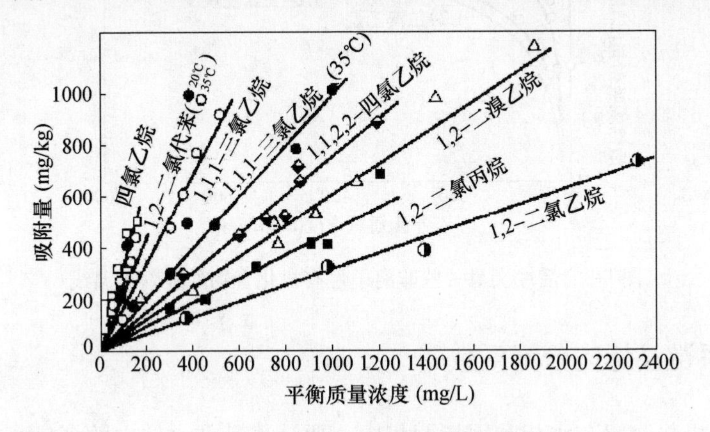

图 5-2　一些非离子性有机物的吸附等

Chiou 同时研究了用活性炭吸附上述几种有机物，在相同溶质含量范围内所观察到的等温线是高度的非线性（图 5-3），只有在低含量时，吸附量才与溶液中的平衡质量浓度呈线性关系。由此提出了“在土壤-水体系中，土壤对非离子性有机物的吸着主要是溶质的分配过程（溶解）”这一分配理论，即非离子性有机物可通过溶解作用分配到土壤有机质中，并经过一定时间达到分配平衡，此时有机物在土壤有机质和水中含量的比值称为分配系数。实际上，有机物在土壤（沉积物）中的吸着存在两种主要原理：（1）分配作用，即在水溶液中，土壤有机质（包括水生生物脂肪以及植物有机质等）对有机物的溶解作用，而且在溶质的整个溶解范围内，吸附等温线都是线性的，与表面吸附位无关，只与有机物的溶解度相关。因而，放出的吸附热量小。（2）吸附作用，即在非极性有机溶剂中，土壤矿物质对有机物的表面吸附作用或干土壤矿物质对有机物的表面吸附作用，前者主要靠范德华力，后者则是各种化学键力如氢键、离子偶极键、配位键及 π 键作用的结果。其吸附等温线是非线性的，并存在着竞争吸附，同时在吸附过程中往往要放出大量热，来补偿反应中熵的损失。必须强调的是，分配理论已被广泛接受和应用，但若有机物含量很低，情况就不同了，分配似乎不起主要作用。因此，目前人们对分配理论仍存在争议。

5.1.2　分配定律

在一定温度下，溶质以相同的分子质量（即不离解、不缔合）在不相混溶的两相中溶解，即进行分配。当分配作用达到平衡时，溶质在两相中的浓度（严格来说是活度）的比值是一个常数。

有机物在水-固间的分配情况可用分配系数（K_P）表示，如式（5-1）：

$$K_P=\frac{C_S}{C_W} \tag{5-1}$$

式中，C_S为有机物在固相物质上的平衡浓度，μg/kg；C_W为有机物在水中的平衡浓度，μg/L。

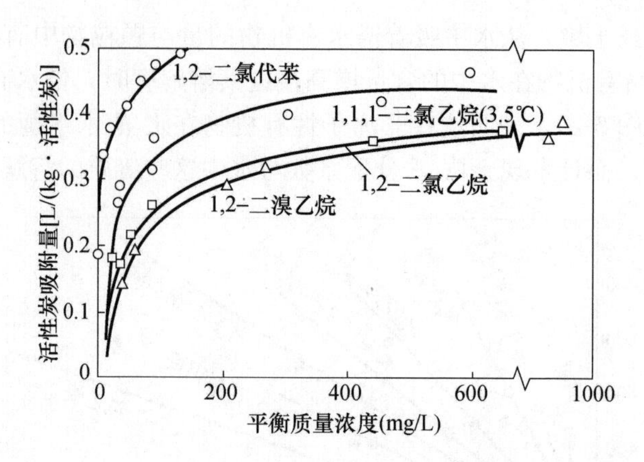

图 5-3 活性炭对一些非离子性有机化合物的吸附等温线

5.1.3 分配系数及标化分配系数

在水中，有机物溶解在水相和固相两相中，要计算其在水体中的含量，需要考虑固相物质在水中的浓度。有机物在水体中的总量（C_T，μg/L）可表示为式（5-2）：

$$C_T = C_S \cdot C_P + C_W \tag{5-2}$$

式中，C_P为水体中颗粒物的浓度，kg/L。

此时，水中有机物的平衡浓度可表示为式（5-3）：

$$C_W = C_T - C_S \cdot C_P = C_T - K_P \cdot C_W \cdot C_P \tag{5-3}$$

整理，得式（5-4）：

$$C_W = \frac{C_T}{K_P \cdot C_P + 1} \tag{5-4}$$

通过上述的C_W表达式就把有机物在水中的溶解浓度与其在固相中的分配特性联系起来了。

由于沉积物之间差别较大，K_P受沉积物种类影响，为了在各类型、各种不同组分的沉积物之间找到表征吸着的常数，特引入标化分配系数K_{OC}，又称有机碳分配系数。如式（5-5）所示。

$$K_{OC} = \frac{K_P}{X_{OC}} \tag{5-5}$$

式中，K_{OC}为以固相有机碳为基础的分配系数，即标化分配系数；X_{OC}为固相中有机碳的质量分数。

这样，K_{OC}为只与有机物本身相关的量，而与固相特征无关。因此，对于一个确定的有机物，不论遇到何种类型的固相，只要知道其有机质含量，便可求得相应的分配系数。若进一步考虑到固相颗粒大小产生的影响，分配系数K_P可表示为式（5-6）：

$$K_P = K_{OC}[0.2(1-f)X_{OC}^S + fX_{OC}^F] \tag{5-6}$$

式中，f为细颗粒的质量分数（$d<50\mu m$）；X_{OC}^S为粗颗粒组分的有机碳含量；X_{OC}^F为细

颗粒组分的有机碳含量。

式（5-6）包含的物理意义有：①所谓细颗粒，是指直径小于 50μm 的沉积物，很显然，这部分的沉积物与粗颗粒沉积物相比，其对有机污染物的分配作用较大；②粗颗粒对有机污染物的分配能力只有细颗粒的 20%。故在考虑颗粒物对分配系数的影响时，对其不同粒径的作用要分别对待。

5.1.4　辛醇-水分配系数

1. 概述

由于正辛醇仍然是最广泛使用的预测有机化合物在天然有机相和水之间分配的有机溶剂，我们需要对正辛醇-水分配系数K_{ow}进行更详细的讨论。在文献中K_{ow}也经常用 P 或P_{ow}（P 表示分配 partitioning）来表示。正辛醇具有两亲性，即它既具有非极性的部分，也具有一个偶极性基团。与小分子的偶极性溶剂（如甲醇、乙二醇）不同，在小分子溶剂中为了形成特定大小的空穴需要扰动较多的氢键，而在正辛醇中形成空穴消耗的自由能就没有那么高。而且，正辛醇分子中偶极性醇羟基的存在有利于与双极性和单极性溶质的相互作用，因此，正辛醇是一种能容纳任何溶质的溶剂。大量结构差异巨大的有机化合物在正辛醇中的活度系数γ_m（图 5-4）都处于 0.1（偶极性小分子化合物）～10（非极性或弱极性中等大小化合物）之间，γ_m值超过 10 的化合物只有那些大的亲脂性化合物，包括高氯代联苯和二噁英、某些 PAH 和某些亲脂性染料（Sijm 等，1999）。高亲脂性化合物（$\gamma_{iw} \gg 10^3$）的K_{ow}值主要取决于其在水相中的活度系数。

对于极性基团相同而非极性部分不同的化合物组我们可以看到其γ_m不是保持不变就是与γ_m的变化成比例（图 5-4）。因此对于这类化合物组，我们可以总结出如式（5-7）所示的单参数线性自由能相关方程：

$$\lg K_{ow} = a \lg \gamma_{iw} + b \tag{5-7}$$

由于许多低溶解度化合物（$\gamma_{iw} > 50$）的γ_{iw}近似等于γ_{iw}^{sat}，则$\gamma_{iw} = [\overline{V_w} \cdot C_{iw}^{sat}(L)]^{-1}$。在考虑这类化合物时，我们可将式（5-7）改写为式（5-8）：

$$\lg K_{ow} = -a \lg C_{iw}^{sat}(L) + b' \tag{5-8}$$

这里$b' = b - a \cdot \lg \overline{V_w} = b + 1.74a$（25℃）。注意在式（5-8）中，$C_{iw}^{sat}$是以 mol/L 表示的。

2. 辛醇-水分配系数与分配系数的关系

由于固相颗粒物对憎水有机物的吸附是分配过程，当分配系数K_P不易测得或测量值不可靠需要加以验证时，可以运用K_{OC}与水-有机溶剂的分配系数的相关关系。

事实上，通过对包括脂肪烃、芳香烃、芳香酸、有机氯和有机磷农药、多氯联苯在内的憎水有机化合物的辛醇-水分配系数（K_{ow}）的测定，总结出了有机物在水中的溶解度与其辛醇-水分配系数的关系（图 5-5），这种关系涉及数量级上的变化，故用对数关系表示，如式（5-9）所示：

$$\lg K_{ow} = 5.00 - 0.670 \lg (S_W \times 10^3 / M) \tag{5-9}$$

式中，S_W为有机物在水中的溶解度，mg/L；M 为有机物的相对分子质量，g/mol；$S_W \times 10^3 / M$ 为有机物在水中的溶解度，μmol/L。

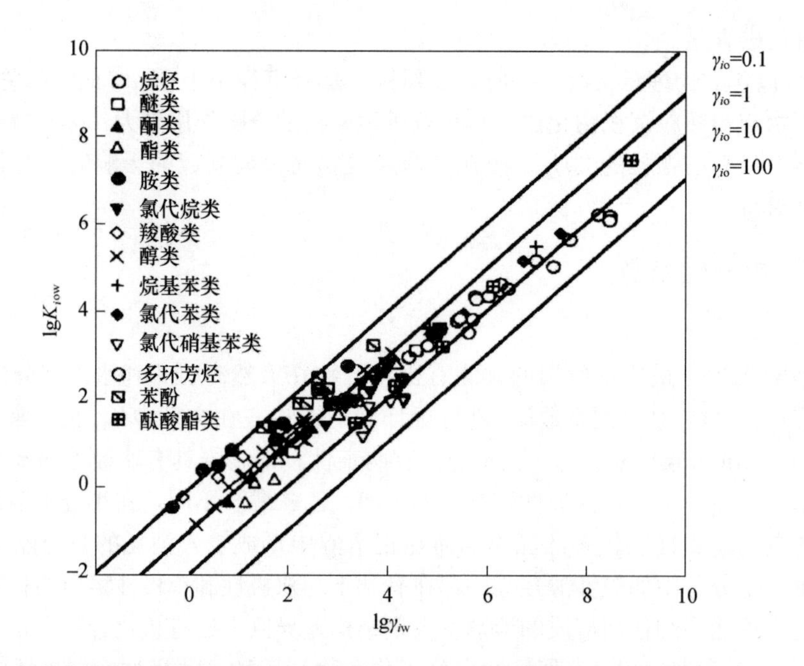

图 5-4　各种非极性、单极性和双极性化合物的正辛醇水分配系数与水相活度系数的关系对数图

注：对角斜线表示化合物在正辛醇中活度系数为 0.1、1、10 和 100 的位置。

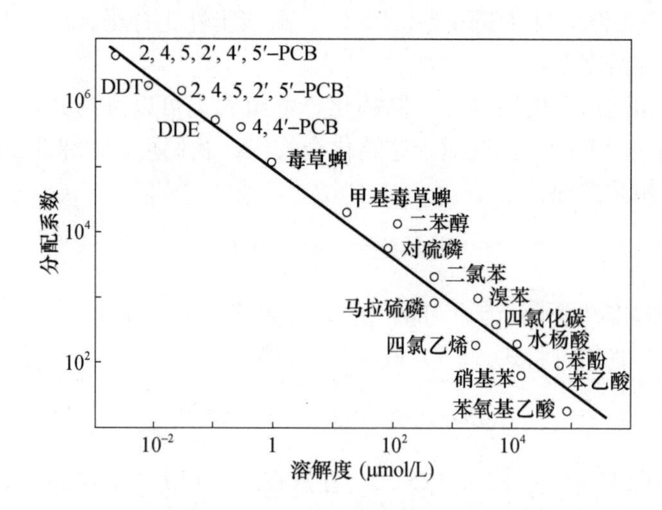

图 5-5　有机物在水中的溶解度和辛醇-水分配系数的关系

有了这一普遍关系，就可在已知某一有机化合物在水中的溶解度S_W的基础上求得K_{ow}，反之亦然。

Karichoff 等在 1979 年通过研究揭示了K_{OC}与憎水有机物的标化分配系数在辛醇-水分配系数（K_{ow}）之间存在如式（5-10）所示的关系：

$$K_{OC} = 0.63\, K_{ow} \tag{5-10}$$

式中，K_{ow}为辛醇-水分配系数，即化学物质在辛醇中的质量和在水中的质量的比值。

所以可以用以下过程求得某一种有机污染物的分配系数：

$$S_W \longrightarrow K_{ow} \longrightarrow K_{OC} \longrightarrow K_P$$

例如，某有机物的相对分子质量为 192，溶解在含有悬浮物的水体中，若悬浮物中 85% 为细颗粒，有机碳含量为 5%，其余粗颗粒物有机碳含量为 1%，已知该有机物在水中的溶解度为 0.05mg/L，那么，其分配系数（K_P）就可根据式（5-10）计算出。

解：根据式（5-10）可以估算出这一有机化合物的辛醇-水分配系数：

$$\lg K_{ow}=5.00-0.670\lg(S_W\times 10^3/M)$$

$$=5.00-0.670\lg(0.05\times 10^3/192)=5.39$$

$$\therefore K_{ow}=2.46\times 10^5$$

$$K_{OC}=0.63\,K_{ow}$$

$$=0.63\times 2.46\times 10^5=1.55\times 10^5$$

$$K_p=K_{OC}\,[0.2(1-f)\,X_{OC}^{s}+fX_{OC}^{f}]$$

$$=1.55\times 10^5\,[0.2(1-0.85)(0.01)+0.85\times 0.05]$$

$$=6.63\times 10^3$$

因此，从分配系数的定义出发，有

$$K_p=\frac{C_s}{C_w}$$

本题$K_p=6.63\times 10^3$，说明富集在悬浮物上的有机污染物浓度是其在水中浓度的 6.63×10^3 倍。可见，沉积物对有机污染物具有很强的富集作用。

以上是用憎水有机物质在水中的溶解度来估算其在水-固体系分配作用的大小。另外，还有在已知某一基准有机物的分配系数和取代基常数基础上来估算同系物分配系数的方法。

5.1.5 生物浓缩因子

以上介绍的是一种有机污染物的化学分配作用。此外，分布在水体中的生物群类也可以参加有机污染物的分配，这种分配作用被称为生物浓缩作用或生物积累作用，有机污染物的这种分配性质用生物浓缩因子来表示。

生物浓缩因子：有机物在生物体内的浓度与其在水中浓度之比称为生物浓缩因子，用 *BCF* 表示。

通过研究得知，生物浓缩因子与有机污染物辛醇-水中的分配系数有很好的相关性，如式（5-11）所示：

$$\lg BCF=b\lg K_{ow}+a \tag{5-11}$$

式（5-11）中的 a、b 视具体的生物体的不同而不同，$\lg BCF$ 与 $\lg K_{ow}$的相关系数，其值还与试验的点数（n 值）有关。

由于K_{ow}与有机污染物的溶解度有关，故生物浓缩因子（BCF）与有机物在水中的溶解度（S_W）也有如式（5-12）所示的形式：

$$\lg BCF=b\lg S_W+a \tag{5-12}$$

例如：Neely 等测量了虹鳟肌肉摄取一些稳定有机化合物的 BCF，发现虹鳟的生物浓缩因子与有机化合物辛醇-水分配系数的关系为：

$$\lg BCF = 0.542\lg K_{ow} + 0.124$$

$$(r = 0.948, n = 8)$$

$$\lg BCF = -0.802\lg S_W - 0.497$$

$$(r = -0.977, n = 7)$$

很显然，$\lg BCF$ 与 $\lg K_{ow}$呈正相关，而从式（5-9）可知，$\lg K_{ow}$与 $\lg S_w$呈负相关，因此，式（5-12）中 $\lg BCF$ 与 $\lg S_w$呈负相关。

以上讨论都是以分配作用达到平衡为前提的，而有机化合物在天然水体中的许多作用随时间的推移而不断发生变化，在讨论挥发作用、水解作用、光解作用以及生物降解作用对有机污染物迁移转化的影响时，更多的是用动力学的处理方法。

5.2 挥发作用

挥发作用是有机物质从溶解态转入气相的一种重要迁移过程。在自然环境中，需要考虑许多有毒物质的挥发作用。挥发速率依赖于有毒物质的性质和水体的特征。如果有毒物质具有“高挥发”性质，那么显然在影响有毒物质的迁移转化和归宿方面，挥发作用是一个重要的过程。然而，即使毒物的挥发较小时，挥发作用也不能忽视，这是由于毒物的归宿是多种过程的贡献。

对于有毒物挥发速率的预测，可以根据式（5-13）所示的关系得到：

$$\frac{\partial C}{\partial t} = -\frac{K_V\left(C - \frac{P}{K_H}\right)}{Z} = -K'_V(C - P/K_H) \tag{5-13}$$

式中，C 为溶解相中有机毒物的浓度；K_V为挥发速率常数；K'_V为单位时间混合水体的挥发速率常数；Z 为水体的混合深度；P 为在所研究的水体上面，有机毒物在大气中的分压；K_H为亨利定律常数。

挥发速率公式表明，挥发速率与有机毒物本身的性质相关，同时与有机毒物在溶解相中的浓度相关，随着挥发过程的进行，浓度 C 在降低，当 $C=\frac{P}{K_H}=C_w$（平衡浓度）时，挥发速率为零，达到动态平衡；另外，挥发速率还与水体特征有关，水体越深，挥发速率越慢。

实际自然环境为开放体系，化合物在大气中的分压几乎为零，这样式（5-13）可简化为式（5-14）：

$$\partial e\,\partial t = -K'_V C \tag{5-14}$$

根据总污染物浓度（C_T）计算时，则式（5-14）可改写为式（5-15）：

$$\frac{\partial C_T}{\partial t} = -K_{v,m} C_T \tag{5-15}$$

$$K_{v,m} = -K_v \alpha_w / Z$$

式中，α_w为有机毒物可溶解相分数。

5.2.1　Henry 定律

Henry 定律是表示当一个化学物质在气-液相达到平衡时，溶解于水相的浓度与气相中的化学物质浓度（或分压力）有关，Henry 定律的一般表示式为式（5-16）：

$$P = K_H C_w \tag{5-16}$$

式中，P 为污染物在水面大气中的平衡分压，Pa；C_w为污染物在水中的平衡浓度，mol/m^3；K_H为 Henry 定律常数，$Pa \cdot m^3/mol$。

在文献报道中，可以用很多方法确定 Henry 定律常数，常用的方法是式（5-17）：

$$K'_H = C_a / C_w \tag{5-17}$$

式中，C_a为有机毒物在空气中的摩尔浓度；K_H 为 Henry 定律常数的替换形式，量纲为 1。

根据式（5-16）和式（5-17）可得关系式（5-18）：

$$K'_H = \frac{K_H}{RT} = \frac{K_H}{[(8.314J/(mol/K)T]} = (4.1 \times \frac{10^{-4} mol}{J}) K_H(在 20℃) \tag{5-18}$$

式中，T 为水的热力学温度（K）；R 为摩尔气体常数。

对于微溶化合物（摩尔分数≤0.02），Henry 定律常数的估算公式为式（5-19）：

$$K'_H = P_s \cdot M_w / \rho_w \tag{5-19}$$

式中，P_s为纯化合物的饱和蒸汽压，Pa；M_w为化合物的摩尔质量，g/mol；ρ_w为化合物在水中的质量浓度，mg/L。

也可将转换为量纲为 1 的形式，此时定律常数则为式（5-20）：

$$K'_H = \frac{0.12 P_s M_w}{\rho_w T} \tag{5-20}$$

例如，二氯乙烷的蒸汽压为 2.4×10^4 Pa，20℃时在水中的质量浓度为 5500mg/L，根据式（5-19）和（5-20），可分别计算出 Henry 定律常数K_H或K'_H：

$$K'_H = \left(2.4 \times 10^4 \times \frac{99}{5000}\right) Pa \cdot \frac{m^3}{mol} = 432 Pa \cdot m^3/mol$$

$$K'_H = 0.12 \times 2.4 \times 10^4 \times \frac{99}{5500 \times 293} = 0.18$$

必须注意的是，Henry 定律（摩尔分数≤0.02）所适用的质量浓度范围是 34000～227000mg/L，化合物的摩尔质量相应在 30～200g/mol，见表 5-1。

表 5-1 Henry 定律使用范围

摩尔质量（g/mol）	摩尔分数为 0.02 时的质量浓度（mg/L）
30	34000
75	85000
100	113000
200	227000

5.2.2 挥发作用的双膜理论

双膜理论是基于化学物质从水中挥发时必须克服来自近水表层和空气层的阻力而提出的。这种阻力控制着化学物质由水向空气迁移的速率。图 5-6 显示了某化学物质从水中挥发时的质量迁移过程。由图 5-6 可见，化学物质在挥发过程中要分别通过一个薄的“液膜”和一个薄的“气膜”。在气膜和液膜的界面上，液相浓度为 C，气相分压则用 P 表示，假设化学物质在气液界面上达到平衡并且遵循 Henry 定律，则有式（5-21）：

$$P_{Ci} = K_H C_i \tag{5-21}$$

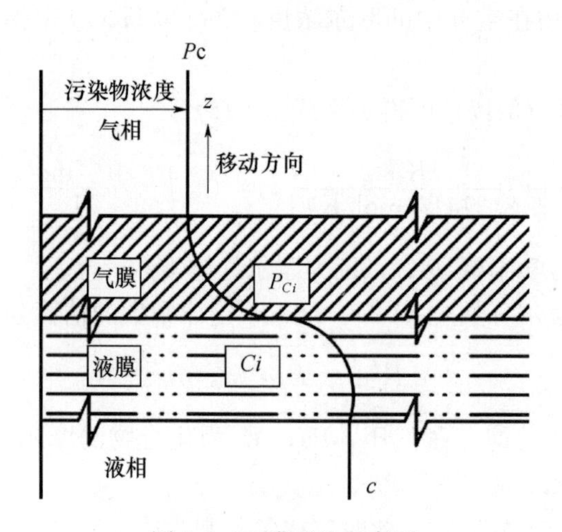

图 5-6 双膜理论示意图

若在界面上不存在净积累，则一个相的质量通量必须等于另一相的质量通量。因此，化学物质在 z 方向的通量（F_z）可表示为式（5-22）

$$F_z = -\frac{K_{gi}}{RT}\cdot(P_C - P_{Ci}) = K_{Li}(C - C_i) \tag{5-22}$$

式中，K_{gi} 为在气相通过气膜的传质系数；K_{Li} 为在液相通过液膜的传质系数；$(C\text{-}C_i)$ 为从液相挥发时存在的浓度梯度；$(P_C\text{-}P_{Ci})$ 为在气相一侧存在一个气膜的浓度梯度。

根据式（5-22）可得式（5-23）：

$$C_i = -\frac{K_{Li}C + K_{gi}P_C/(RT)}{K_{Li} + K_{gi}K_H/(RT)} \tag{5-23}$$

若以液相为主时，气相的浓度为零，将 C 代入后得

$$F_z = K_{Li}(C - C_i) = \frac{K_{Li} K_{gi} K_H/(RT)}{K_{Li} + K_{gi} K_H/(RT)} \cdot C$$

$$K_{VL} = \frac{K_{Li} K_{gi} K_H/(RT)}{K_{Li} + K_{gi} K_H/(RT)}$$

由于所分析的污染物是在水相，因而方程可写为式（5-24）或式（5-25）：

$$\frac{1}{K_V} = \frac{1}{K_L} + \frac{RT}{K_g K_H} \tag{5-24}$$

$$\frac{1}{K_V} = \frac{1}{K_L} + \frac{1}{K_g K'_H} \tag{5-25}$$

由此可以看出，挥发速率常数依赖于K_L、K'_H和K_g。当 Henry 定律常数大于 1.013×10^2Pa·m^3/mol 时，挥发作用主要受液膜控制，当 Henry 定律常数小于 1.013Pa·m^3/mol 时，挥发作用主要受气膜控制，此时均可用$K_V = K_L$或$K_V = K'_H K_g$这个简化方程。如果 Henry 定律常数介于两者之间，则式中两项都是重要的。表 5-2 列出了地表水中污染物挥发速率的典型值。

表 5-2　地表水中污染物挥发速率的典型值

K_H/（Pa·m^3/mol）	K_H'	K_V（cm/h）①	K_V（d^{-1}）②
1.013×10^5	41.6	20	4.8
4.013×10^4	4.2	20	4.8
1.013×10^3	4.2×10^{-1}	19.7	4.7
1.013×10^2	4.2×10^{-2}	17.3	4.2
10.13	4.2×10^{-3}	1.7	1.8
1.013	4.2×10^{-4}	1.2	0.3
0.1013	4.2×10^{-5}	0.3	0.02
0.01043	4.2×10^{-6}	0.01	0.02

①K_g=3000cm/h，K_L=20cm/h。

②水深 1m。

根据双膜理论有两种方法可以用来估算挥发速率，第一种方法比较简单，使用“典型”的K_L和K_g值，仅K_H值时独立变量，允许至少有七个数量级的变化。第二种方法是分别求出K_L和K_g，而不是用假定的典型值。Mills（1981）根据水的蒸发速率，找到气相迁移速率，Mills 提出式（5-26）：

$$K'_g = 700v \tag{5-26}$$

式中，K'_g为水蒸气的气体迁移速率，cm/h；v为风速，m/s。

另外，Linsley 等（1979）对于水的蒸发作用，也从经验关系式推导出式（5-26）。Liss（1973）在一个实验测量时也发现了（5-27）：

$$K'_g = 1000v \tag{5-27}$$

式（5-26）和式（5-27）所使用的研究方法是不同的，但是它们吻合得很好，根据 Bird 等（1960）的渗透理论（penetration theory），K_g和K'_g的相关性如式（5-28）所示：

$$K_g = \left(\frac{D_a}{D_{wv}}\right)^{\frac{1}{2}} \cdot K'_g \tag{5-28}$$

式中，D_a为污染物在空气中的扩散系数；D_{wv}为水蒸气在空气中的扩散系数。

扩散系数的数据可以在 Perry 和 Chilton（1973）的文献中找到，或者用 Wilke-Chang 的方法估算。在许多情况下，一个近似的扩散系数的比值可以采用式（5-29）：

$$\frac{D_a}{D_{wv}} = \left(\frac{18}{M_w}\right)^{\frac{1}{2}} \tag{5-29}$$

式中，M_w为污染物的相对分子质量。

表 5-3 显示出使用 Perry 和 Chilton 文献中的数据和使用式（5-29）所计算出的扩散数据的比值之间的差别，比值之间差别的百分数为 1%～27%，平均为 15%，这种一致性表明式（5-29）可以用来计算扩散系数的比值。

表 5-3　若干污染物扩散系数列出值和预测值的比较

污染物	相对分子质量	Perry 和 Cilton 扩散系数 (cm²/s)	预测值 (cm²/s)	Perry 和 Chilton $\left(\frac{D_a}{D_{wv}}\right)^{\frac{1}{2}}$	预测值 $\left(\frac{D_a}{D_{wv}}\right)^{\frac{1}{2}}$	相差的百分数 (%)
氯苯	113	0.075	0.088	0.58	0.63	9
甲苯	92	0.076	0.097	0.59	0.66	12
氯仿	119	0.091	0.086	0.64	0.63	1
萘	123	0.051	0.083	0.48	0.61	27
蒽	178	0.042	0.070	0.44	0.56	27
苯	78	0.077	0.106	0.59	0.69	17

把式（5-26）、式（5-28）和式（5-29）合并，就可以得到K_g的最终表达式（5-30）：

$$K_g = 700\left(\frac{18}{M_w}\right)^{\frac{1}{4}} v \tag{5-30}$$

这个表达式对于江、湖和河口都是适用的。

液相传质系数（K_L）可以根据该体系的复氧速率（K_a）来预测，Smith 等（1981）提出如式（5-31）所示的关系式：

$$K_L = \left(\frac{D_w}{D_{O_2}}\right)^n K'_a (0.5 \leqslant n \leqslant 1) \tag{5-31}$$

式中，D_w为水中污染物的扩散系数；D_{O_2}为水中溶解氧的扩散系数；K'_a为溶解氧的表面迁移速率，单位和 K 相同，其中

$$K_a = K'_a / Z \tag{5-32}$$

式中，Z 为水体的混合深度。

对于河流，混合深度就是总深度。对于河口，如果河口混合很好的话，混合深度就是总深度。对于湖泊，混合深度可以比总深度小，并且可以选择湖面层这个深度。

指数 n 随研究方法而变化，如果使用双膜理论，则 $n=0.5$。研究者们发现在所使用的实验方法中，n 在 0.5～1.0 变化。由于天然水体中水的流动一般是扰动的，可以选择

$n=0.5$。同样，根据近似的扩散系数比值，可以给出K_L的近似表达式为式（5-33）：

$$K_L=\left(\frac{32}{M_w}\right)^{\frac{1}{4}}K'_a \tag{5-33}$$

由上述可知，只要能求出K_g或K_L，那么就可以算出挥发速率常数。

挥发作用的半衰期是指污染物浓度减少到一半所需的时间，通常用式（5-34）计算：

$$t_{1/2}=0.693Z/K_V \tag{5-34}$$

如果体系中有悬浮固体存在时，则式（5-34）可改写为式（5-35）：

$$t_{1/2}=0.693Z(1+K_p C_p)/K_V \tag{5-35}$$

式中，K_p为分配系数；C_p为悬浮物的浓度。

由于吸着至沉积物的有毒物质对挥发作用没有直接的可利用性，因此挥发的总通量减少甚微。

5.3　水解作用

水解作用是有机物与水之间最重要的反应。在反应中，有机物的官能团X^-和水中的OH^-发生交换，整个反应可反映为：

$$RX+H_2O \rightleftharpoons ROH+HX$$

反应步骤还可以包括一个或多个中间体的形成，有机物通过水解反应而改变了原化合物的化学结构。对于许多有机物来说，水解作用是其在环境中消失的重要途径。在环境条件下，可能发生水解的官能团类有烷基卤、酰胺、胺、氨基甲酸酯、羧酸脂、环氧化物、腈、膦酸酯、磷酸酯、磺酸酯、硫酸酯等。下面列出几类有机物可能的水解反应的产物：

$$H_3C—CH_2—\underset{\substack{|\\Br}}{CH}—CH_3 \xrightarrow{H_2O} H_3CH_2C—\underset{\substack{|\\OH}}{CH}—CH_3+Br^-+H^+$$

2-溴丁烷

$$C_6H_5—\overset{\substack{O\\\|}}{C}—OCH_3 \xrightarrow{H_2O} C_6H_5—\overset{\substack{O\\\|}}{C}—OH+CH_3OH$$

苯甲酸酯　　苯甲酸　　醇

$$CH_3\overset{\substack{O\\\|}}{P}(OCH_3)_2 \xrightarrow{H_2O} CH_3\overset{\substack{O\\\|}}{\underset{\substack{\|\\OH}}{P}}—OCH_3+CH_3OH$$

磷酸双酯　　磷酸单酯　　醇

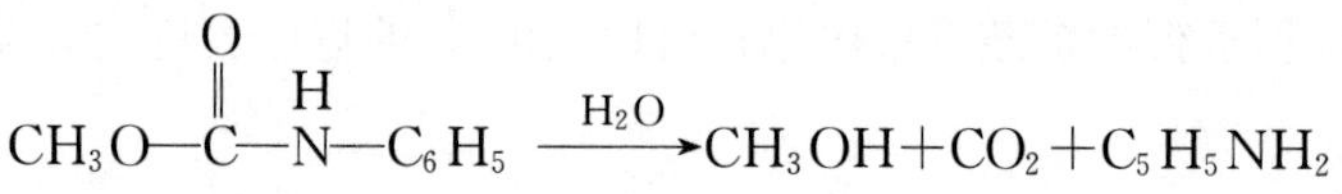

$$CH_3O-\overset{\overset{O}{\|}}{C}-\overset{H}{N}-C_6H_5 \xrightarrow{H_2O} CH_3OH+CO_2+C_5H_5NH_2$$

氨基甲酸酯　　　　醇　　　　苯胺

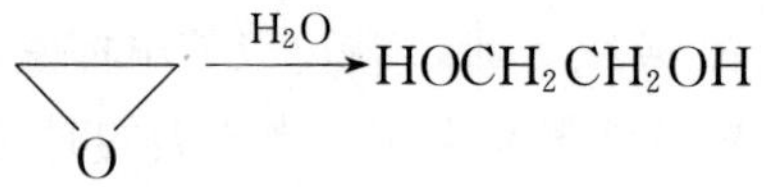

$$\text{环氧乙烷} \xrightarrow{H_2O} HOCH_2CH_2OH$$

环氧乙烷　　　　乙二醇

$$C_6H_5-CH_2O\equiv N \xrightarrow{H_2O} C_6H_5-CH_2COOH + NH_3$$

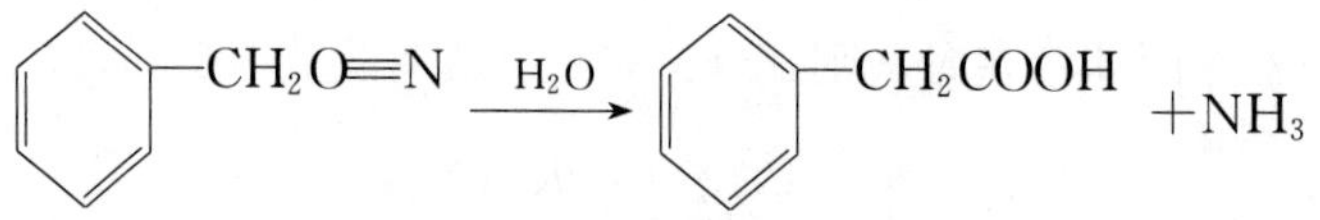

苯乙氰　　　　苯乙酸

水解作用可以改变反应分子，但并不能总是生成低毒产物。例如2,4-D酯类的水解作用就生成毒性更大的2,4-D酸，而有些化合物的水解作用则生成低毒产物，例如：

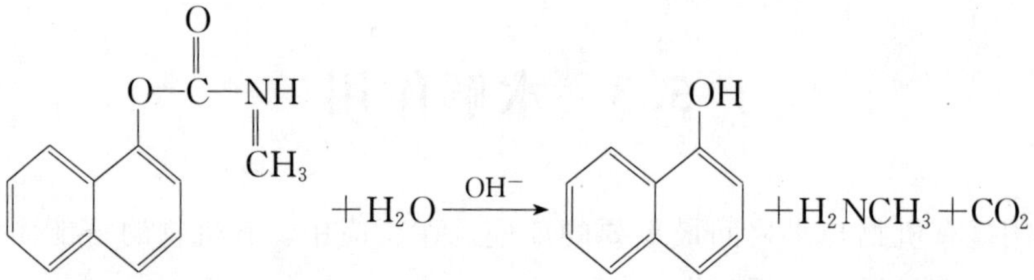

$$C_{10}H_7-O-\overset{\overset{O}{\|}}{C}-NH-CH_3 + H_2O \xrightarrow{OH^-} C_{10}H_7-OH + H_2NCH_3 + CO_2$$

水解产物可能比原来的化合物更易或更难挥发，与pH有关的离子化水解产物的挥发性可能是零，而且水解产物一般比原来的化合物更易为生物所降解（虽然有少数例外）。通常测定水中有机物的水解是一级反应，RX的消失速率正比于［RX］，即式（5-36）：

$$-\frac{d[RX]}{d_t} = K_h[RX] \tag{5-36}$$

式中，K_h为水解速率常数。

一级反应有明显依属性，因为这意味着RX水解的半衰期与RX的浓度无关。所以，只要温度、pH等反应条件不变，从高浓度RX得出的结果可外推出低浓度RX时的半衰期，如式（5-37）所示：

$$t_{1/2} = 0.693/K_h \tag{5-37}$$

实验表明，水解速率与pH有关。Mabey等把水解速率归纳为由酸性催化、碱性催化和中性过程，因而水解速率可表示为式（5-38）：

$$R_H = K_hC = \{K_A[H^+] + K_N + K_B[OH^-]\}C \tag{5-38}$$

式中，K_A、K_B、K_N分别为酸性催化、碱性催化和中性过程的二级反应水解速率常数。K_h为在某一pH准一级反应水解速率常数，又可写为式（5-39）：

$$K_h = K_A[H^+] + K_N + K_B K_W[H^+] \tag{5-39}$$

式中，K_w为水的离子积常数；K_A、K_B和K_N可从实验求得。

改变pH可得一系列K_h。在lg K_h-pH图（图5-7）中，可得三个交点相对应于三个pH

(I_{AN}、I_{AB}和I_{NB})，由此三值和式（5-40）、式（5-41）、式（5-42）可计算出K_A、K_B和K_N。

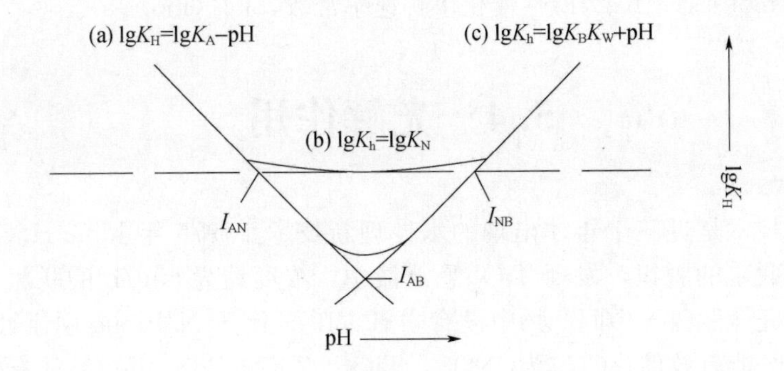

图 5-7　水解速率常数与 pH 的关系

$$I_{AN} = -g(\frac{K_N}{K_A}) \tag{5-40}$$

$$I_{NB} = -\lg(\frac{K_B K_W}{K_N}) \tag{5-41}$$

$$I_{AB} = -\frac{1}{2}\lg\frac{K_B K_W}{K_A} \tag{5-42}$$

Mabey 和 Mill 提出，pH-水解速率曲线可以呈现 U 形或 V 形（虚线），这取决于与特定酸、碱催化过程相比较的中性过程的水解速率常数的大小。I_{AN}，I_{NB}和I_{AB}为酸、碱催化和中性过程对K_h有显著影响的 pH。如果某类有机物在图 lgK_h＝pH 中的交点落在 pH 为 5～8范围内，则在预言各水解反应速率时，必须考虑酸、碱催化作用的影响。表 5-4 列出了对有机官能团的酸、碱催化起重要作用的 pH 范围。

表 5-4　对有机官能团的酸、碱催化起重要作用的 pH 范围

种类 \ 催化方式	酸催化	碱催化
有机卤代物	无	＞11
环氧化物	3.8①	＞10
脂肪酸酯	1.2～3.1	5.2～7.1①
芳香酸酯	3.9～5.2①	3.9～5.0②
酰胺	4.9～7①	4.9～7②
氨基甲酸酯	＜2	6.2～9②
磷酸酯	2.8～3.6	2.5～3.6

①水环境 pH 范围为 5＜pH＜8，酸催化是主要的。

②水环境 pH 范围在 5＜pH＜8，碱催化是主要的。

应该指出，并不是一切水解过程都有三个速率常数，例如，当 K_N＝0 时，则图 5-7 中就只表现出 I_{AB}。

如果考虑到吸附作用的影响，则水解速率常数（K_h）可写为式（5-43）：

$$K_h = [K_N + \alpha_w(K_A[H]^+ + K_B[OH]^-)] \tag{5-43}$$

式中，K_N为中性水解速率常数，S^{-1}；α_w为有机物溶解态的分数；K_A为酸性催化水解速率常数，L/（mol·s）；K_B为碱性催化水解速率常数，L/（mol·s）。

5.4 光解作用

光催化氧化技术是近三十年才出现的水处理新技术。1976 年 John. H. Carey 将光催化技术应用于多氯联苯的脱氯，发现 TiO_2 悬浮液中，浓度约为 50g/L 的联氯化物经过 0.5h 的光照反应即可完全脱氯，中间产物中没有联氯。1977 年 S. N. Frand 用氙灯作光源，发现 TiO_2、ZnO、CdS 能有效催化CN^-为CNO^-，TiO_2、ZnO、CdS、Fe_2O_3 能有效催化SO_2^{3-} 为 SO_2^{4-}，并且在 TiO_2 光催化降解有机物方面也取得了满意的效果，从此光催化氧化有机物技术的研究工作取得了很大进展，出现了众多的研究报告。20 世纪 80 年代后期，随着对环境污染控制研究的日益重视，光催化氧化法被应用于气相和液相中一些难降解污染物的治理研究，并取得了显著的效果。根据已有的研究工作发现卤代脂肪烃、卤代芳烃、有机酸类、硝基芳烃、取代苯胺、多环芳烃、杂环化合物、其他烃类、酚类、染料、表面活性剂、农药等都能有效地进行光催化反应，最终生成 H_2O、CO_2 和无机盐等，从而达到污染物无害化处理的要求，消除其对环境的污染及对人体健康的危害。

光解作用是有机污染物真正的分解过程，因为它不可逆地改变了反应分子，强烈地影响水环境中某些污染物的归趋。一个有毒化合物的光化学分解的产物可能还是有毒的。例如，辐照 DDT（双对氯苯基三氯乙烷）反应产生的 DDE（1，1-双对氯苯基-2，2-二氯乙烯），它在环境中的滞留时间比 DDT 还长。污染物的光解速率依赖于许多化学和环境因素。光的吸收性质和化合物的反应、天然水的光迁移特征以及阳光辐射强度等均是影响环境光解作用的一些重要因素。光解过程可分为三类：第一类称为直接光解，这是化合物本身直接吸收了太阳能而进行分解反应；第二类称为敏化光解（也称为间接光解），水体中存在的天然物质（如腐殖质等）被阳光激发，又将其激发态的能量转移给化合物而导致的分解反应；第三类是氧化反应，天然物质被辐照而产生自由基或纯态氧（又称单一氧）等中间体，这些中间体又与化合物作用而生成转化的产物。下面就光解过程分别进行介绍。

5.4.1 直接光解

根据 Grothus-Draper 定律，只有吸收辐射（以光子的形式）的那些分子才会进行光化学转化。这意味着光化学反应的先决条件应该是污染物的吸收光谱要与太阳发射在水环境中可利用的部分相适应。为了解水体中污染物对光子的平均吸收率，首先必须研究水环境中光的吸收作用。

1. 水环境中光的吸收作用

光以具有能量的光子与物质作用，物质分子能够吸收作为光子的光，如果光子的相应能量变化允许分子间隔能量级之间的迁移，则光的吸收是可能的。因此，光子被吸收的可能性强烈地随着光的波长而变化。一般说来，在紫外到可见光范围的波长的辐射作用，可以有效地把能量传给最初的光化学反应。下面首先讨论外来光强是如何到达水体表面的。

水环境中污染物的光吸收作用仅来自太阳辐射可利用的能量，太阳发射几乎恒定强度的辐射和光谱分布，但是在地球表面上的气体和颗粒物通过散射和吸收作用改变了太阳的辐射强度。阳光与大气相互作用改变了太阳辐射的谱线分布。

太阳辐射到水体表面的光强随波长而变化，特别是近紫外区（290～320nm）光强变化很大，而这部分紫外光往往使许多有机物发生光解作用。其次，光强随太阳射角高度的降低而降低。此外，由于太阳光通过大气时，有一部分被散射，因而使地面接受的光线除一部分是直射光（I_d）外，还有一部分是从天空来的散射光（I_s），在近紫外区，散射光要占到50％以上。

当太阳光束射到水体表面，有一部分以与入射角 z 相等的角度反射回大气，从而减少光在水体中的可利用性。一般情况下，这部分光的比例小于 10％，另一部分光由于被水体中的颗粒物、可溶性物质和水本身散射，因而进入水体后发生折射从而改变方向（图 5-8）。

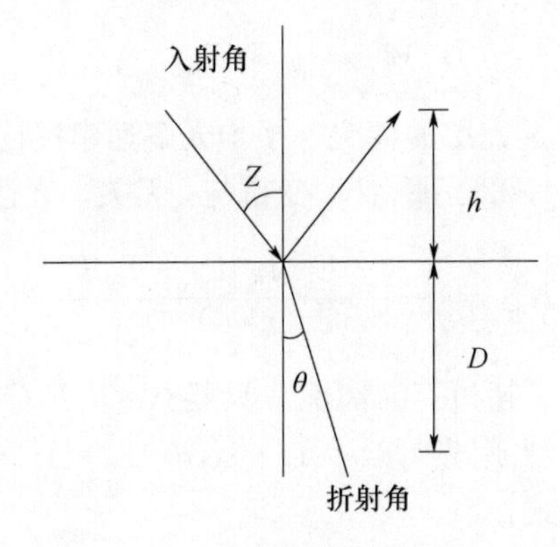

图 5-8　太阳光束从大气进入水体的途径

入射角 z（又称天顶角）与折射角 θ 的关系为式（5-44）：

$$n = \sin z / \sin\theta \tag{5-44}$$

式中，n 为折射率，对于大气与水，$n=1.34$。

在一个充分混合的水体中，根据 Lambert 定律，其单位时间吸收的光量为式（5-45）：

$$I_{\lambda} = I_{O\lambda}(1 - 10^{-\alpha\lambda L}) \tag{5-45}$$

式中，$I_{O\lambda}$ 为波长 λ 的入射光强；L 为光程，即光在水中走的距离；α_{λ} 为吸收系数。

单位体积水的平均吸收率（$I_{\alpha_{\lambda}}$）由式（5-46）计算：

$$I_{\alpha_{\lambda}} = [I_{d_{\lambda}}(1 - 10^{-\alpha_{\lambda}L_d}) + I_{s\lambda}(1 - 10^{-\alpha_{\lambda}L_s})]/D \tag{5-46}$$

式中，D 为水体深度；L_d 为直射光程，$L_d = D \cdot \sec\theta$；L_s 为散射光程，$L_s = 2D \cdot n \cdot [n - (n^2-1)^{1/2}]$。

当水体加入污染物后，吸收系数由 α_{λ} 变为（$\alpha_{\lambda} + E_{\lambda}C$），其中 E_{λ} 为污染物的摩尔消光系数，C 为污染物的浓度。光被污染物吸收的部分为 $E_{\lambda}C/(\alpha_{\lambda} + E_{\lambda}C)$。由于污染物在水中的浓度很低，$E_{\lambda}C \ll \alpha_{\lambda}$，所以 $\alpha_{\lambda} + E_{\lambda}C \approx \alpha_{\lambda}$，因此，光被污染物吸收的平均速率（$I'_{\alpha_{\lambda}}$）为式（5-47）：

$$I'_{\alpha_{\lambda}} = I_{\alpha_{\lambda}} \cdot \frac{E_{\lambda}C}{j \cdot \alpha_{\lambda}} \tag{5-47}$$

或

$$I'_{\alpha_{\lambda}} = K_{\alpha_{\lambda}}C \tag{5-48}$$

$$K_{\alpha_\lambda} = I_{\alpha_\lambda} \frac{E_\lambda}{j \cdot \alpha_\lambda} \tag{5-49}$$

式中，j 为光强单位转化为与 C 单位相适应的常数，例如，C 以 mol/L 和光强以光子/(cm^2 · s) 为单位时，j 等于 6.02×10^{20}。

在下面两种情况下，方程可以简化：

(1) 如果$\alpha_\lambda L_d$和$\alpha_\lambda L_s$都大于 2，即意味着几乎所有负担光解的阳光都被体系吸收，K_{α_λ} 表示式变为式 (5-50)：

$$K_{\alpha_\lambda} = \frac{W_\lambda E_\lambda}{j \cdot D \cdot \alpha_\lambda} \tag{5-50}$$

其中

$$W_\lambda = I_{d_\lambda} + I_{s_\lambda} \tag{5-51}$$

此式适用于水体深度大于透光层的情况，平均光解速率反比于水体深度。

(2) 如果$\alpha_\lambda L_d$和$\alpha_\lambda L_s$小于 0.02，那么K_{α_λ}变得与α_λ无关，表达式应变为式 (5－52)：

$$K_{\alpha_\lambda} = \frac{2.303 E_\lambda (I_{d_\lambda} L_d + I_{s_\lambda} L_s)}{j \cdot D} \tag{5-52}$$

式 (5-52) 甚至适用于$E_\lambda C$超过α_λ的情况，只要 ($\alpha_\lambda + E_\lambda C$) 小于 0.02，即只有 5%的光被吸收的体系就可用此式。当用光程$L_d = D \cdot \sec\theta$，$L_s = 1.20D$，代入式 (5-42)，则K_{α_λ}可变成如式 (5-53) 所示的形式：

$$K_{\alpha_\lambda} = 2.303 E_\lambda Z_\lambda / j \tag{5-53}$$

其中

$$Z_\lambda = I_{d_\lambda} \cdot \sec\theta + 1.20 I_{s_\lambda} \tag{5-54}$$

2. 光量子产率

虽然所有光化学反应都能吸收光子，但是并不是每一个被吸收的光子均诱发产生化学反应，除了化学反应外，被激发的分子还可能产生包括磷光、荧光的再辐射，光子能量内转换为热能以及其他分子的激发作用等过程，如图 5-9 所示。

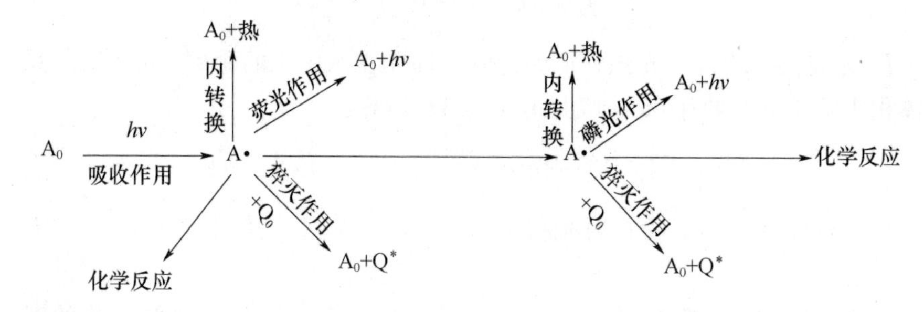

A_0—基态时的反应分子；A·—激发态时的反应分子；Q_0—基态时的猝灭分子；Q^*—激发态时的猝灭分子

图 5-9 激发分子的光化学途径示意图

从这个示意图可看出，激发态分子并不都是可诱发产生化学反应。因此，一个分子被活化是由体系吸收光量子或光子进行的。光解速率只正比于单位时间所吸收的光子数，而不是正比于吸收的总能量。分子被活化后，它可能进行光反应，也可能通过光辐射的形式进行“去活化”再回到基态，进行光化学反应的光子与吸收总光子数之比，称为光量子产率 (Φ)，用式 (5-55) 表示：

$$\Phi=\frac{\text{生成或破坏的给定物种的物质的量}}{\text{体系吸收光子的物质的量}} \tag{5-55}$$

在液相中，光化学反应的量子产率显示出简化它们适用的两种性质：(1) 光量子产率小于或等于 1；(2) 光量子产率与所吸收光子的波长无关。所以对于直接光解的光量子产率 (Φ_d)，则有式 (5-56)：

$$\Phi_d=\frac{-\frac{dC}{dt}}{I_{d_\lambda}} \tag{5-56}$$

式中，C 为化合物浓度；I_{λ_d} 为化合物吸收光的速率。

对于一个化合物来讲，Φ_d 是恒定的。对于许多化合物来说，在太阳光波长范围内，Φ 值基本上不随 λ 而改变，因此光解速率 (R_p) 除了考虑光被污染物吸收的平均速率 ($I'_{\alpha_\lambda}=K_{\alpha_\lambda}C$) 外，还应把 Φ 和不同波长均考虑进去，可用式 (5-57) 表示：

$$R_p=\sum K_{a_\lambda}\cdot\Phi\cdot C \tag{5-57}$$

若
$$K_a=\sum K_{a_\lambda},K_p=K_a\cdot\Phi$$

则有式 (5-58)：

$$R_p=K_p\cdot C \tag{5-58}$$

式中，K_p 为光解速率常数。

环境条件影响光解的光量子产率，分子氧在一些光化学反应中的作用像是猝灭剂，减少光量子产率。在另外一些情况下，它不影响光量子产率甚至可能参加反应。因此，在任何情况下，进行光解速率常数和光量子产率测量时均需说明水体中氧的浓度。

悬浮物也影响光解速率，它不仅可以增加光的衰减作用，而且还改变吸附在它们上面的化合物的活性。化学吸附作用也能影响光解速率，一种有机酸或碱的不同存在形式可能有不同的光量子产率以及出现化合物光解速率随 pH 变化等。

应用污染物光化学反应半衰期这个概念，有助于确定测量光解速率的简便方法，这个概念从光化学的量子产率得到，与水体的光化学性质无关。半衰期可表示为式 (5-59)：

$$t_{1/2}=\frac{0.693}{K_d\ \Phi_d}=\frac{0.693j}{2.303\Phi\sum_\lambda E_\lambda Z_\lambda} \tag{5-59}$$

式中，Z_λ 为中心波长 λ 的波长区间内，水体受太阳辐照的辐照度；E_λ 为 λ 波长下的平均消化系数。

当污染物对光的吸收较水对光的吸收大得多的条件下，即 $\sum_\lambda E_\lambda C\geqslant\sum_\lambda a_\lambda$，此时，如果所有的入射光全被吸收，那么光解反应在动力学上是零级反应，同时，半衰期变成与污染物的起始浓度 (C) 和水体深度 (D) 有关。即式 (5-60)

$$t_{1/2}=\frac{j\cdot D\cdot C}{2\Phi\sum_\lambda W_\lambda} \tag{5-60}$$

5.4.2　敏化光解（间接光解）

除了直接光解外，光还可以用其他方法使水中有机污染物降解。一个光吸收分子可能将它的过剩能量转移到一个接受体分子，导致接受体反应，这种反应就是光敏化作用。2，5-二甲基呋喃就是可被光敏化作用降解的一个化合物，在蒸馏水中将其暴露于阳光中没有反应，但是它在含有天然腐殖质的水中降解很快，这是由于腐殖质可以强烈地吸收波长小于500nm 的光，并将部分能量转移给它，从而导致它的降解反应。

光敏化反应的光量子产率（Φ_s）的定义类似于直接光解的光量子产率，如式（5-61）所示：

$$\Phi_s = \frac{-\frac{dC}{dt}}{I_{s_\lambda}} \tag{5-61}$$

式中，C 为污染物浓度；I_{s_λ} 为敏化分子吸收光的速率。

然而，敏化光解的光量子产率不是常数，它与污染物的浓度有关。即式（5-62）

$$\Phi_s = Q_s \cdot C \tag{5-62}$$

式中，Q_s为常数。

这可能是由于敏化分子贡献它的能量至一个污染物分子时，与污染物分子的浓度成正比。

20 世纪 70 年代，Frank 等首次提出半导体材料可用于催化光解水中污染物，Mathews（1986）用 TiO_2/UV 催化法对水中的有机污染物苯、苯酚、硝基苯、苯胺、邻苯二酚、苯甲酸、间苯二酚、1，2-二氯苯、2-氯苯酚、4-氯苯酚、2，4-二氯苯酚、2，4，6-三氯苯酚、2-萘酚、氯仿、三氯乙烯、乙烯基二胺、二氯乙烷等进行研究，发现它们的最终产物都是 CO_2，反应速率相差不大，表明大多数有机物都能被 TiO_2 催化而彻底光解。

5.4.3 氧化反应

有机毒物在水环境中所常遇见的氧化剂有单重态氧（$^1O_2$），烷基过氧自由基（$RO_2\cdot$），烷氧自由基（$RO_2\cdot$）或羟基自由基（$HO\cdot$）。这些自由基虽然是光化学的产物，但它们是与基态的有机物起作用的，所以把它们放在光化学反应以外，单独作为氧化反应这一类。

Mill 等认为被日照的天然水体的表层水中含（$RO_2\cdot$）约 1×10^{-9}mol/L。与（$RO_2\cdot$）的反应有如下几类：

$$RO_2\cdot + H-\overset{|}{\underset{|}{C}}- \longrightarrow RO_2H + \cdot\overset{|}{\underset{|}{C}}-$$

$$RO_2\cdot + >C=C< \longrightarrow O_2R-\overset{\diagdown}{\underset{\diagup}{C}}-\overset{\diagup}{\underset{\diagdown}{C}}\cdot$$

$$RO_2\cdot + ArOH \longrightarrow RO_2H + ArO\cdot$$

$$RO_2\cdot + ArNH_2 \longrightarrow RO_2H + Ar\dot{N}H$$

以上反应中后两个在环境中作用很快（$t_{1/2}$小于几天），其余两个则很慢，对于多数化合物是不重要的。

Zepp 等表明，日照的天然水中（$^1O_2$）的浓度约为 1×10^{-12} mol/L，与（$^1O_2$）作用最重要的化合物是那些含有双键的部分。

$$\mathrm{C{=}C{-}CH_2} + {}^1O_2 \longrightarrow \mathrm{C{-}C{=}CH}\ (\mathrm{OOH})$$

$$\text{共轭二烯} + {}^1O_2 \longrightarrow \text{环内过氧化物（O—O）}$$

$$\mathrm{XC{=}CX} + {}^1O_2 \longrightarrow \text{二氧杂环丁烷（O—O，含 X）}$$

$$2R_2S + {}^1O_2 \xrightarrow{\text{硫化物}} 2R_2SO$$

$$ArOH + {}^1O_2 \longrightarrow ArO\cdot + HO_2\cdot$$

在 Mill 的综述中列出了一些（$^1O_2$）和（$RO_2\cdot$）的速率常数。有机物被氧化而消失的速率（R_{O_x}）为式（5-63）：

$$R_{O_x} = K_{RO_2}.[RO_2\cdot]C + K_{^1O_2}[^1O_2]C + K_{O_x}[O_x]\cdot C \tag{5-63}$$

5.4.4　光催化剂

催化剂是改变化学反应速率的化学物质，其本身并不参与反应。光催化剂就是在光子的激发下能够起到催化作用的化学物质的统称。世界上能作为光触媒的材料众多，包括二氧化钛、氧化锌、氧化锡、二氧化锆、硫化镉等多种氧化物和硫化物半导体，其中二氧化钛因其氧化能力强、化学性质稳定、无毒，成为目前使用最广泛的纳米光触媒材料。在早期，也曾经较多使用硫化镉和氧化锌作为光触媒材料，但是由于这两者的化学性质不稳定，会在光催化的同时发生光溶解，溶出有害的金属离子具有一定的生物毒性，故发达国家目前已经很少将它们用作民用光催化材料，部分工业光催化领域还在使用。

1. 结构

1）晶相结构

（1）用作光催化的 TiO_2 主要有锐钛型 TiO_2 和金红石型两种晶型。由于晶胞八面体的畸变程度和八面体间相互连接的方式不同，使得金红石型 TiO_2 表面吸附有机物和氧气的能力不如锐钛矿型，因而锐钛矿型的催化活性明显高于金红石型。

（2）晶面利用单晶表面的规则结构。对其表面吸附程度和活性中心的研究发现，由于 TiO_2 不同晶面上粒子的排布不同，则不同晶面上对物质降解的光催化活性和选择性将有很大差别，因此锐钛矿型和金红石型 TiO_2 所构成的混合晶型的光催化活性一般要比单一晶型 TiO_2 的光催化活性强，提高了单一催化剂活性。

（3）晶格缺陷研究表明，晶格缺陷是光催化反应中的活性位。但过多的缺陷也可能成为电子空穴的复合中心，从而降低反应活性。

2）晶粒大小

粒径是影响光催化活性的重要因素。纳米尺寸（1～10nm）的晶粒能产生量子尺寸效应，导致禁带变宽，从而具有更强的氧化-还原能力，且催化活性也随着尺寸量子化程度的提高而增加。同时，量子化的粒子更容易让分离的电子-空穴对扩散到表面，从而减少体相内的复合几率，并增加催化剂的表面积，使得比表面积对反应速率的约束减小，且表面缺陷和活性中心增加。这些都有利于光催化活性的提高。

3）表面积

光催化反应是由光生电子与空穴引起的氧化还原反应，表面积是决定反应基质吸附量的重要因素。因此，当晶格缺陷等其他因素相同时，表面积越大，则吸附量就越大，而光催化反应的活性也就越高。

4）光学表面态

纳米粒子的表面原子与总原子数之比随纳米粒子尺寸的减小而急剧变化，从而引起性质变化，这种具有决定表面光学特性的表面态称为光学表面态，它在光催化过程中起着重要作用。

5）pH 值

pH 值对光催化的影响主要是通过改变催化剂表面特性、表面吸附和化合物的存在形态来实现的，不同有机物的光催化降解反应具有不同的最佳 pH 值。

6）外加氧化剂

光生电子-空穴对被催化剂表面晶格缺陷俘获后，如果没有适当的电子或空穴俘获剂，电子-空穴对很快就会复合。因此，必须选用适当的俘获剂或表面空位来俘获电子或空穴，复合才会受到抑制，比较有效的方法是向反应液中加入氧化剂。这些氧化剂本身是一种良好的电子接受体，不但可以与光生电子结合，其本身也可以氧化有机物。光降解反应中，通常加入 O_2、H_2O_2、O_3、$S_2O_8^{2-}$、Fe_2O_3 等氧化剂作为光生电子的受体，以阻止电子-空穴对的复合。此外，光源、半导体催化剂的用量也会影响催化反应。

2. 半导体光催化剂的改性

半导体的光催化特性已经被许多研究所证实，但从利用太阳光的效率来看，还存在以下主要缺陷：一是半导体的光吸收波长范围狭窄，主要在紫外区，利用太阳光的比例低；二是半导体载流子的复合率很高，因此量子效率较低。实际上，从半导体的光催化特性被发现起，就开始对半导体光催化剂进行改性研究。改性的目的和作用包括：提高激发电荷分离，抑制载流子复合以提高量子效率；扩大起作用光的波长范围；改变产物的选择性或产率；提高光催化材料的稳定性等。这些其实也是量度半导体光催化剂好坏的指标。光催化剂是光催化氧化过程得以进行的关键，因此光催化剂活性的高低是光催化氧化反应是否实用的一个决定性因素。光催化剂在适当光能的作用下产生光生电子-空穴对，它们分别与吸附在催化剂表面的 O_2 及 H_2O 作用，形成高活性的羟基自由基（OH·）。但光生电子和空穴产生后，除上述作用外，还存在着很高的复合率，从而导致光催化的量子效率很低。因此，为了提高量子效率或催化剂的催化活性，必须对半导体光催化剂进行改性。

改性的主要目的是：促使光生电子与空穴的分离，抑制其复合，从而提高量子效率；扩大激发光的波长范围，以便充分利用太阳能；提高光催化剂的稳定性。目前，有数种常用的半导体光催化剂的改性技术。其中一种方法是催化剂表面贵金属沉积。贵金属半导体光催化剂表面的沉积可以采用浸渍还原法，即将催化剂颗粒浸渍在含有贵金属盐的溶液中，然后将浸渍颗粒在惰性气体保护下用氢气高温还原；也可采用光还原法，即催化剂颗粒浸渍在含有贵金属盐和有机物（如醋酸、甲醇等）溶液中，然后在紫外光照射下，贵金属被还原而沉积在催化剂表面。最常用的沉积贵金属是 Pt、Au、Ru、Ag 等。贵金属的沉积普遍提高了催化剂的光催化活性，包括水的分解、有机物的氧化以及贵金属的氧化等。催化活性的提高以及可利用的激发光波长的扩展是由于半导体催化剂表面与贵金属接触时，光生载流子重新进行分布，电子从费米能级较高的半导体转移到费米能级较低的金属，直到它们的费米能级相等，从而形成肖特基势垒，所形成的肖特基势垒就成为俘获光生电子的有效陷阱，因而抑制了光生电子与空穴的复合。而 Beydoun 等则认为半导体表面所沉积的金属与半导体形成了一个短路微电池，电子流向金属电极，而空穴则将液相中的有机物氧化，从而降低了电子与空穴的复合率。

5.4.5　光催化氧化的原理

半导体 TiO_2 光催化反应是指半导体光催化材料吸收外界的辐射光能量激发产生导带电子（e^-）和价带空穴（h^+），并进一步与吸附在光催化剂表面上的物质发生一系列的化学反应过程。半导体的光催化特性是由它的特殊能带结构决定的。半导体的能带结构常由一个充满电子的低能价带（VB）和一个高能导带（CB）构成，价带与导带之间的区域称为禁带，同时区域的大小称为禁带宽度。半导体的禁带宽度一般为 0.2～3.0eV，是一个不连续的区域。当照在半导体粒子上的光子能量等于或大于禁带宽度时，其价带上的电子 e^- 被激发，越过禁带进入导带，同时在价带上产生相对应的空穴。因此，当用能量等于或大于 TiO_2 禁带宽度的光照射 TiO_2 的时候，光就会激发电子跃迁到导带，形成电子-空穴对。由于 TiO_2 能带的不连续性，电子-空穴对的寿命较长，在扩散作用或电场作用下，迁移到半导体粒子表面的各个部位，与吸附在 TiO_2 表面上的物质发生反应，或者被其他物质捕获。与此同时，这种电子-空穴对的自身复合也在进行，这对产生强氧化性的各种自由基进行光催化氧化反应降解有机物质极为不利。光激发半导体钛氧八面体的示意如图 5-10 所示。

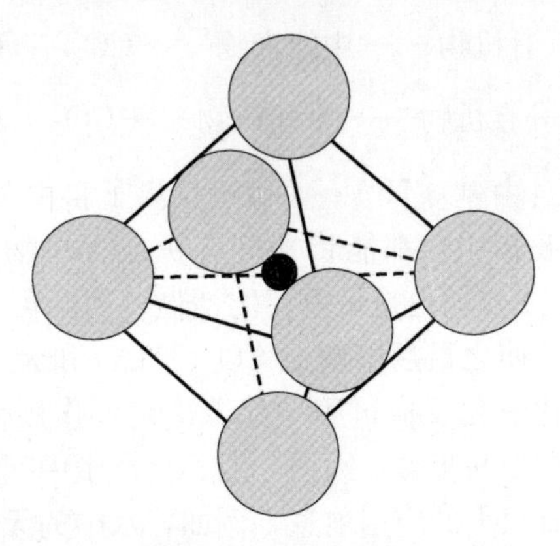

图 5-10　钛氧八面体

这种高度活性的光生电子-空穴对具有极强的氧化还原能力，e^- 可以与吸附在 TiO_2 光催化剂表面的 O_2 发生还原反应生成 $O_2{}^-$，$O_2{}^-$ 进而与 H^+ 反应生成 H_2O_2 并进一步生成具有强氧化性的羟基自由基（HO·）；h^+ 吸附在光催化剂表面的 OH^- 和 H_2O 发生氧化反应，生成羟基自由基（HO·），（HO·）把吸附在光催化剂表面的有机物进行降解甚至矿化。具体的 TiO_2 光催化氧化反应机理示意如图 5-11 所示。

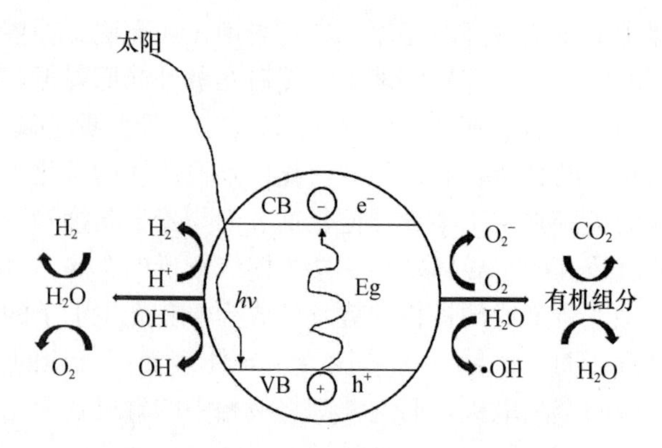

图 5-11 半导体光催化反应原理示意图（TiO_2）

TiO_2 光催化氧化降解有机物的反应过程如下：

$$TiO_2 + hv \longrightarrow TiO_2 + H^+ + e^-$$

$$H_2O + H^+ \longrightarrow HO\cdot + H^+$$

$$e^- + O_2 \longrightarrow O^{2-}\cdot$$

$$H^+ + O_2^-\cdot \longrightarrow HO_2\cdot$$

$$2HO_2\cdot \longrightarrow O_2 + H_2O_2$$

$$H_2O_2 + O_2^-\cdot \longrightarrow HO\cdot + OH^- + O_2$$

$$H_2O_2 + hv \longrightarrow 2HO\cdot$$

$$H_2O_2 + e^- \longrightarrow HO\cdot + OH^-$$

$$OH^- + h^+ \longrightarrow HO\cdot$$

$$h^+ + \text{有机物} \longrightarrow \text{中间产物} \longrightarrow CO_2 + H_2O$$

$$HO\cdot + \text{有机物} \longrightarrow \text{中间产物} \longrightarrow CO_2 + H_2O$$

上面的反应式中，羟基自由基（HO·）和超氧离子自由基（O_2^-）都有很强的氧化性，无论它们在气相还是在液相中，都能将一些有机或无机物质氧化。因此，一般认为，HO·和 O_2^- 是光催化氧化中主要的也是最重要的活性基团，可以氧化包括自然界中生物难以转化的各种有机物污染物并使之最后降解成 CO_2、H_2O 和无毒矿物。它们对反应的作用物几乎没有选择性，在光催化氧化反应过程中起着决定性作用。而且由于它们的氧化能力强，氧化反应一般不会停留在中间步骤，因而一般不会产生中间副产物。故这种深度氧化的过程在处理环境污染物中具有很大的应用前景，例如，水中的无机、有机污染物卤代烃、芳烃、染料、杀虫剂和除草剂等物质均可根据此原理进行降解除去。

5.4.6 光催化氧化的应用

1. 含油废水

近年来，利用半导体粉末的悬浮体系光催化降解水中有机污染物的研究引起各国学者的关注。杨阳、陈爱平等以膨胀珍珠岩为载体，用浸涂烧结法制备了漂浮负载型 TiO_2/EP 光催化剂，并对制备催化剂的工艺条件及水面浮油的光催化降解过程进行了初步研究，结果表明经 7h 光照后该种催化剂能降解癸烷 95%以上，且能较长时间漂浮于水面，便于大面积抛洒并易于拦截和回收，具有实用开发价值。陈士夫等利用空心玻璃球负载 TiO_2 清除水面漂浮的油层，在 375W 高压汞灯照射 120min，正十二烷的光催化去除率为 93.5%，80min 甲苯的去除率达 100%；通入空气或加入 H_2O_2 可以大大地提高光催化的效果，当 H_2O_2 的量为 5.0mmol/L 时，40min 后甲苯的去除率达 100%。

2. 印染废水

传统的处理方法包括吸附法、电化学法、电凝法、生物法等，只能把污染物从一种物相转化为另一种物相，不能使污染物得到彻底分解或无害化，而光催化氧化能够把印染废水中的有害物质彻底分解为 H_2O、CO_2 等有机小分子和其他无害物质，消除了二次污染。有研究采用纳米级 TiO_2 悬浮法光催化氧化处理直接耐晒翠蓝染液（染料浓度 100mg/L，TiO_2 用量 1000mg/L），当光照时间大于 200min 时，色度去除率达到 93%，TOC 去除率达到 50%。另有学者研究光催化氧化对色度 375、pH 值 5.35、COD_{Cr} 595.16 mg/L 的模拟墨绿色印染废水采用光催化处理后脱色率达 90%，COD_{Cr}脱除率达 80%。

3. 无机污染物质

与有机污染物相比，水中的无机污染物的种类较少，最常见的主要是重金属离子和氰离子。光催化技术可以利用光致电子的还原能力去除水中的金属离子及其他的无机物，目前的研究包括 Mn^{7+}、Cr^{6+}、Fe^{3+}、Ni^{2+}、Hg^{2+}、Cu^{2+}、Pb^{2+}、Ag^{+}、CN^{-}、CSN^{-}、NO_2 等。有研究直接以太阳光为光源，用 ZnO/TiO_2 处理电镀含 Cr（Ⅵ）废水，并加入廉价光催化辅助剂，对电镀含铬废水多次处理，使六价铬光致还原为三价铬，再以氢氧化铬形式除去三价铬以达到处理电镀废水的目的。另有研究光催化在柠檬酸根离子存在下，Hg^{2+}、Pb^{2+} 从含氧溶液中被 e^{-} 分别还原成 Hg、Pb 沉积在 TiO_2 表面；以 ZnO/WO_3 为催化剂，在可见光下照射 110min 可将 1.0×10^{-4}g/mL 的 Hg^{2+} 几乎完全还原。

4. 造纸废水

采用多相光催化氧化技术处理造纸漂白废水，可直接将所含的二噁英降解为 CO_2、H_2O 和 Cl^{-}，以达到一次销毁有害物的目的。有研究利用中压汞灯作光源，研究了氯代二苯对二噁英（CDDS，包括 DCCD、PcDD 和 OCDD）在二氧化钛催化下的光解反应。结果表明，二氧化钛能有效地催化 CDDS。在室温下，4h 内 DCCD、PcDD 和 OCDD 分别降解了 87.2%、84.6%和 91.2%。M. Cristi Yeber 等将 TiO_2 和 ZnO 固定在玻璃上，对漂白废水进行了光催化氧化处理，经过 120min 处理后，废水的色度可完全去除，总酚含量减少了 85%，TOC 减少了 50%，处理后残留有机物的急性毒性和 AOX（可吸收卤化物）比处理前大为减少，高分子化合物几乎全部降解。

5. 难降解农药

光催化降解农药的优点是它不会产生毒性更高的中间产物，这是其他方法所无法比拟的。有文献报道COD_{cr}质量浓度为 650mg/L，有机磷质量浓度为 19.8mg/L 的农药废水，经 375W 中压汞灯照射 4h，COD_{cr}去除率为 90%。有研究用高压汞灯为光源，以二氧化钛（锐敏型）光催化降解有机溴杀虫剂——溴氰菊酯（俗名敌杀死）的结果表明，光照 3h，有机物降解了 73.5%。另有研究以太阳光为光源，采用悬浮态的 TiO_2 作催化剂，光降解农药废水的结果表明，光照 5h 对COD_{cr}的去除率高达 72.6%。

5.4.7 光电耦合作用

1. 光电耦合原理

光催化反应是利用光能进行物质转化的一种方式，是物质（污染物）在光和光催化剂共同作用下进行的化学反应。由于其在室温下便可以深度反应以及可以直接利用太阳能等特性，在空气及水污染治理方面受到了极大的关注。但是光催化剂表面电子-空穴对的快速复合制约了光催化技术的应用。如何有效地抑制光生载流子的复合率，从而提高光催化活性已成为研究的热点。光电催化就是通过外加偏压电场来抑制光生载流子复合的有效技术手段，在污水处理方面研究较多。

半导体光电极，用半导体材料作光电极，起光吸收和光催化作用。n 型半导体构成光阳极，只催化氧化反应；p 型半导体构成光阴极，只催化还原反应。但半导体表面一般不具有良好的反应活性，电极反应往往需较高的过电位。经过适当的表面处理（如热处理、化学刻蚀和机械研磨等）来改变电极的表面状态（如价态分布、晶格缺陷、晶粒粒度、比表面和表面态分布等），可以大大改善其催化活性。

光催化氧化技术的最大缺点就是光生电子-空穴对容易复合，从而导致光催化中的光量子效率低下，影响光催化氧化对废水中有机物的处理效果。特别是在处理含高氯离子的废水时，已经有研究发现氯离子可能会对光催化产生的羟基自由基具有很明显的猝灭作用，从而严重影响光催化降解有机物的效率。因此，在光催化体系中引入电解体系，即在外加电场的作用下，可有效地降低光催化中光生电子-空穴对的复合几率，并可以有效地抑制氯离子对羟基自由基的猝灭作用。由于引入电解体系，废水中的氯离子也能够产生一定的活性氯等氧化性成分，强化对有机物的降解。另外废水的 pH 为碱性时，电催化电极强烈的析氧副反应也会促进光催化体系的降解效率，从而实现光-电同步耦合催化氧化，大大提高对有机物的降解效果。

2. 最新技术成果

以 TiO_2/Ti 为阳极，以石墨等惰性电极为阴极并投入一定量的光催化剂，在紫外光的照射条件下，实验已经证明，60min 内，阴极溶液中对苯醌的降解率可达到 82.3%。还有研究表明，在使用了二氧化钛纳米管的光电耦合催化实验中，苯酚、孔雀石绿等有机物降解率甚至可以达到 90%。实验装置图如图 5-12 所示。

3. 催化剂

纳米管比人的头发丝还要细 1 万倍，而它的硬度要比钢材坚硬 100 倍。它可以耐受 6500°F（3593℃）的高温，并且具有卓越的导热性能。纳米管既可以用作金属导电体，比金的导电性高得多，也可以用作制造电脑芯片所必须的半导体。纳米管在极低的温度下还具有超导性。

自 Iijima 发现纳米碳管以来，吸引了人们对合成纳米管状结构材料研究的极大兴趣。管状结构纳米材料因其独特的物理化学性能，在微电子、应用催化和光电转换等领域展现出良好的应用前景，受到广泛的关注。现阶段，在研制新型多孔、高表面积二氧化钛基的复合材料方面，人们已付出了很大的努力。目前有关二氧化钛纳米管的制备技术有不少报道，但大多数均停留在实验室研究阶段，将其应用于工业生产仍有许多工作要做。

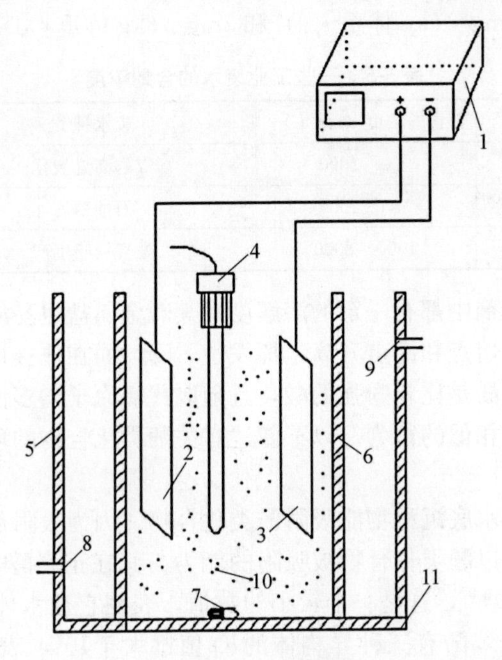

图 5-12　实验装置图

1—直流稳压电源；2—电极阳极；3—电极阴极；4—紫外光灯；5—反应器外壁；6—反应器内壁；7—搅拌转子；8—冷却水入口；9—冷却水出口；10—TiO_2 光催化剂粉末；11—反应器底部

5.5　典型有机污染物的去除

5.5.1　酚类污染物

1. 环境中的来源和基本性质

酚类是指苯环或稠环上带有羟基的化合物。酚及其衍生物组成了有机化合物中的一大类，包括在这个大类中的酚类化合物总数有几百种之多。最简单的是苯酚 C_6H_5OH，俗称石炭酸，它的浓溶液对细菌有高度毒性，广泛用作杀毒剂、消毒剂。甲酚有 3 种异构体，比苯酚有更强的杀菌能力，可用作木材防腐剂和家具消毒剂等。在用氯气氧化处理用水时，水中含酚容易被次氯酸氯化生成氯酚，这种化合物具有强烈的刺激性嗅觉和味觉，对饮用水的水质影响很大。天然水中的腐殖酸组分是一种多元酚，其分子能吸收一定波长的光量子，使水呈黄色，并降低水中生物的生产力。丹宁和木质素都是植物组织中的成分，也都是多酚化合物，分别在制革工业和造纸工业中经废水载带进入天然水系。以上述及的这些都是天然水系中常见的酚类化合物。

酚可以从煤焦油中提取回收，但现在大量的酚是用合成方法制造的，它们又大量地用于木材加工和各类有机合成工业，所以天然水体中若含有多量的酚，就可能来自于石油、炼焦、木材加工及化学合成（包括酚类本身、塑料、颜料、药物等合成）等工业的排放废水。一些工业废水中含酚浓度范围见表 5-5。除工业废水外，粪便和含氮有机物在分解过程中也产生酚类化合物，所以城市污水中所含粪便物也是水体中酚污染物的主要来源，如人尿和人粪中含酚量可分别达 6.6mg/（kg 体重·d）和 3mg/（kg 体重·d）。

表 5-5　一些工业废水的含酚浓度

废水种类	含酚浓度（mg/L）	废水种类	含酚浓度（mg/L）
炼焦回收酚后的废液	900～1000	煤的高温炭化	800～1000
炼焦焦炉留出液	35～250	石油精炼	2000
煤的低温炭化	1000～8000	酚醛树脂生产	800～2000

苯酚在水和非极性溶剂中都有一定的溶解度，其碱金属盐也易溶于水，苯酚的氯代衍生物随环上氯原子数增多，熔点和沸点升高，挥发性下降，而在非极性溶剂（苯、石油醚）中的溶解度却随之增大。氯酚是比苯酚强的酸，且随取代氯原子增多而酸性增强。对含硝基的酚来说，也有与氯代苯酚相似的行为。以下叙述有关酚类化合物的环境化学性质。

（1）吸附

水体中的悬浮颗粒或水底沉积物能吸附酚类化合物。因为吸附剂中所含有机组分与吸附质间有一定的亲和力，所以酚类化合物被吸附的能力与其在正辛醇-水体系中的分配系数K_P值相关。如苯酚的$K_P=10^{1.46}$，这是一个较小的数值，表明它被水体中的悬浮颗粒或沉积物所吸附的能力较弱。一氯苯酚有三种异构体的K_P值都大于10^2，表明氯酚有较大的吸附能力。一般认为吸附作用对水体中酚类的迁移和归宿只产生很小的影响。

（2）挥发

苯酚的蒸汽压低、水溶性大，在大气压下气液两相分配比是 1.8，这些都表明它在水中只有很小的挥发能力。2-氯苯酚在 20℃下蒸汽压为 293.3Pa，表明它有较强挥发能力，但它同时具有很大的水溶性和被溶剂化能力，使其又不易从水中逸出。一般地说，除非伴有强烈的曝气作用，酚类从水环境向大气挥发并不是一个影响其迁移的重要因素。

（3）氧化

苯酚在水溶液中可受分子氧氧化，但速度很慢。在高度曝气的水中，可加速这种氧化作用的进程。如果有紫外线或过氧化物参与，也能加速天然水体中酚的氧化。化学氧化有两个主要方向，或是循序形成一系列的氧化物，最终分解为碳酸、水和脂肪酸；或是由于缩合和聚合反应的结果，形成腐殖质或其他更复杂的稳定的有机化合物。在一般的天然水体中酚的化学氧化速度不能与生化降解速度相比拟。

（4）生物降解

利用微生物降解酚类化合物是工业废水处理中的早期研究课题。用活性污泥法易于分解一元酚和二元酚，难以分解三元酚。氯代或硝基代一元酚大多是易生物降解的，五氯苯酚需较长时间才能降解完全，而 4,6-二硝基-邻甲苯酚是试验条件下唯一难降解的化合物。一般说来，当导入甲基时，分解性能变得良好。甲基在对位比在邻位或间位者分解更迅速。具有分解酚能力的微生物种类很多，包括细菌中的多个属及酵母、放线菌等。通常经过富集和选择培养方法，进行分离可望获得能用于水处理工艺的具有高分解能力的菌株。苯酚在好氧条件下按以下过程降解：

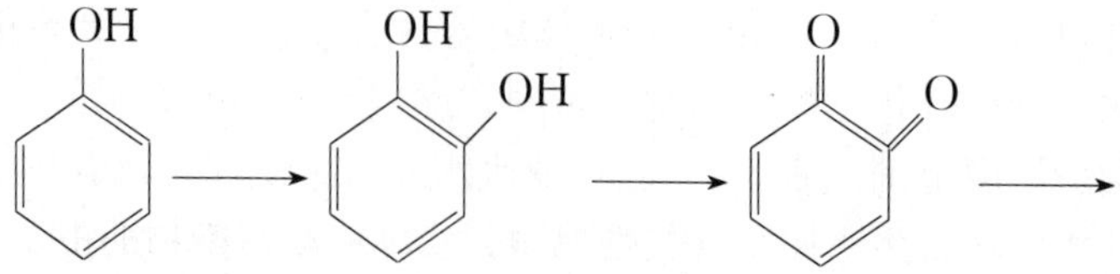

$$\text{(COOH, COOH)} \longrightarrow \begin{matrix} CHCOOH \\ \| \\ CHCOOH \end{matrix} \longrightarrow CH_3COOH \longrightarrow CO_2 + H_2O$$

在厌氧条件下，苯酚先还原为环己酮，然后水解呈正己酸，最终的降解产物是甲烷，因此其厌氧降解和好氧降解的途径、产物是全然不同的。

（5）毒性

水体遭受酚污染后严重影响水产品的产量和质量，水体中低浓度酚就能影响鱼类的洄游繁殖，浓度为 0.1～0.2mg/L 时鱼肉有酚味，浓度更高时可引起鱼类大量死亡，酚及其衍生物对鱼类和藻类引起急性毒害的浓度见表 5-6。

表 5-6　苯酚类化合物对水生藻类和鱼类的毒性（96hLC_{50}[1]）

化合物	淡水绿藻类（mg/L）	多种鱼类（mg/L）	化合物	淡水绿藻类（mg/L）	多种鱼类（mg/L）
苯酚	10～30	4.2～44.5	间甲苯酚	—	12.6～23.2
2-氯苯酚	500	8.1～58.0	对甲苯酚	—	12～19
4-氯苯酚	4.8	3.8～11.0	4-氯-6-甲基苯酚	92.6	—
2,4-二氯苯酚	—	2.0～13.7	1-氯-6-甲基苯酚	—	—
2,4,5-三氯苯酚	1.2	0.4～0.9	2.4-二氯-6-甲基苯酚	500	5～17
2,4,6-三氯苯酚	5.9	0.3～9.0	4-硝基苯酚	4.2	7.8～17
2,3,5,6-四氯苯酚	2.7	—	2,4-二硝基苯酚	9.2	0.3～17
2,3,4,6-四氯苯酚	0.6	0.1～0.5	2,4,6-三硝基苯酚	41.7	—
五氯苯酚	1.0～2.7	0.06～1.7	2,4-二硝基-6-甲基苯酚	50	—

注：（1）96hLC50 指 96h 半致死浓度。

对人体来说，酚类属高毒物质。长期饮用含酚水可引起头昏、出疹、瘙痒、贫血及各种神经系统疾患。体内过量摄入酚时会出现急性中毒症状，如引起腹泻和口疮等。

苯酚或大多数氯代酚可能对人体并没有致癌或致畸作用，但对各种细菌和酵母菌有显著的致突变作用。甲基衍生物是致癌和致突变的，而多数硝基酚无致癌性而有致突变性。

2. 含酚废水的治理方法

治理方法可分为两类，即回收法和无害化法。通常将两类方法结合使用且回收法用之在先。无害化的方法，一般是用化学氧化剂如 H_2O_2、ClO_2 或 O_2 使酚氧化，或用生物降解法使酚降解为 CO_2 和 H_2O。回收法多用于原始含污浓度高的废水，常用的方法有气提、溶剂萃取和吸附/离子交换法。

（1）气提法

可用水蒸气在 100℃左右通入废水将酚吹出，然后用 15％NaOH 作为化学吸收。此方法适用于高浓度废水（含酚大于 100mg/L）。估计每 1000 m^3 废水需用 200t 蒸汽和 2t NaOH，处理后残余酚浓度接近 50mg/L，回收率可达 95％。本方法设备投资费用较高，进一步可用生物法或吸附/离子交换法作后续处理。此外，也可用热空气代替水蒸气进行操作。

（2）萃取法

本法多用于高浓度（含酚 1000mg/L 以上）含酚废水的回收，具有处理水量大、占地面积小、运转费用低等优点。

应用溶剂萃取时，可选用芳香或脂肪烃类、酯类、醚类、酮类、醇类等溶剂作为萃取剂，可根据分配系数、价廉易得、不溶于水、不乳化、蒸汽压小、毒性小及稳定性强等条件选用。此外，还可以选用工厂生产排出的废油等做到以废治废。

应用以溶剂稀释过的萃取剂处理废水时，常用萃取剂有酰胺类萃取剂N_{503}和叔胺类萃取剂N_{235}等，它们都是国产的高效萃取剂，化学结构如下：

N_{503}（N,N-二甲基乙酰胺）N_{235}

$$CH_3C(=O)—N(C_8H_{17})_2 \qquad R_3N\ (R:C_8 \sim C_{10})$$

酰胺类萃取剂可单独使用，亦可与其他溶剂混合使用。此类萃取剂广泛地用于染料化工厂、焦化厂、农药厂、制药厂等含酚废水的萃取处理。其处理特点是，进水浓度越高越好，能处理带微量油状物或悬浮物的废水。与煤油相混合的萃取剂，一次脱酚率达95%，可采用混合澄清槽或萃取塔进行间歇式或连续式操作，操作费用不高，其缺点是少量萃取剂可能溶入废水，造成二次污染。

叔胺类萃取剂相当于一种液体交换树脂，具有一定碱性，与酸生成叔胺盐，反应为：

$$2R_3N + H_2SO_4 \longrightarrow (R_3NH)_2SO_4$$

$$R_3N + HCl \longrightarrow R_3NH + Cl^-$$

成盐后对酚类物质有很高分配系数，即可达到高效萃取的目的。

N_{235}-煤油溶液与水的相对密度差大，常温下溶解度小，沸点高，受热不分解，反萃取条件平易，且可多次重复使用，所以是一种较为理想的处理含酚废水的萃取剂。

(3) 吸附/离子交换法

吸附法适用于处理含酚浓度较低（低于300mg/L）的废水。所用的吸附剂主要有磺化煤、吸附树脂以及活性炭。

磺化煤装塔并采用半连续式操作时，一次脱酚率可达95%。处理时进料酚浓度不宜太高，过高则吸附剂再生频繁，耗用酸碱过多；也不宜处理带油状物或悬浮物的废水，以防堵塞。

应用大孔吸附树脂法的特点是对废水中的有机物具有选择吸附性，吸附不受无机盐的影响；解吸再生容易，回收产物质量高；树脂稳定，经久耐用。

大孔吸附树脂的孔径与吸附质分子比以6∶1最好（对苯酚而言）。其吸附脱酚过程包括吸附、溶胀反冲、解吸及水洗。

活性炭吸附法对酚类物质有很高的吸附效率，几乎可完全除去酚和TOC，但存在对料液洁净度要求高、解吸手续繁杂、活性炭再生困难等问题。

5.5.2 芳烃类污染物

1. 环境中的来源和基本性质

芳烃是芳香族化合物的母体，大多是芳烃含有苯的六碳环结构。对含苯环的芳烃根据所含苯环数目和联结方式不同，又可分为：(1) 单环芳烃，其分子中只含一个苯环，如苯及苯的氯、硝基、甲基、乙基等取代衍生物；(2) 多环芳烃（简写为 PAHs），其分子中含有两个或两个以上苯环，如联苯、萘、蒽等。

存在于环境中的单环芳烃基本上只有人为来源，且主要来源于含多量单环芳烃的化石燃料。煤干馏、石油裂解或芳构化等加工过程中可产得多种单环芳烃，它们在生产、运输、销售、应用等过程中又会转入大气（单环芳烃多具有挥发性）或水体环境。水体中的单环芳烃主要来源于工业废水、城市污水及倾翻入水体中的原油。

存在于环境中的多环芳烃有天然和人为两种来源。前者包括：(1) 某些细菌、藻类和植物的生物合成产物；(2) 森林、草原燃气的野火及火山喷发物；(3) 从化石燃烧、木质素、底泥等散发出多环芳烃，是长期地质年代间由生物降解再合成的产物。人为来源主要有：(1) 废物焚烧和化石染料不完全燃烧产生的烟气（包括汽车排气）；(2) 工厂（特别是炼焦、炼油、煤气厂）排出物。水体中的多环芳烃主要来源于各类工业废水、大气降落物、表面敷沥青道路的径流及污染土壤的沥滤液等。与地下水、湖水相比，河水更容易受污染，其中多环芳烃的浓度水平可能高于 0.05μg/L，且大量被吸附在悬浮粒子上，仅少量呈溶解态。

芳烃类化合物的物理性质及化学稳定性主要由其分子结构中的共轭 π 电子体系决定。环境中常见芳烃类化合物的一些特性参数列举在表 5-7 之中。

表 5-7　芳烃类化合物的物理常数

化合物	分子式	相对分子质量	熔点(℃)	沸点(℃)	相对密度(d_1^{20})(g/cm^3)	蒸气压①(Torr)②	水溶密度(mg/L)(24℃)	分配系数($\lg P_{OCL}$)
苯	C_6H_6	78	5.5	80.1	74.3	1780(20℃)	2.13	—
氯苯	C_6H_5Cl	113	−45.6	131.7	1.11	8.8	472	2.84
1,2-二氯苯	$C_6H_4Cl_2$	147	−17.0	180.5	1.31	1	156	3.55
1,3-二氯苯	$C_6H_4Cl_2$	147	−24.8	173.0	1.29	3	111(20℃)	3.44
1,4-二氯苯	$C_6H_4Cl_2$	147	53.1	174.1	1.25	0.5	79(20℃)	3.38
甲苯	C_7H_8	92	−95	110.6	0.87	22.4	535	2.69
邻二甲苯	C_8H_{10}	106	−25.1	144.1	0.88	5.2	175(20℃)	3.15
乙基苯	C_8H_{10}	106	−95	136.2	0.86	7.1	140(20℃)	3.15
硝基苯	$C_6H_5NO_2$	123	5.7	210.9	1.20	0.27	205.74(20℃)	1.85
萘	$C_{10}H_8$	128	80.2	211	1.14	0.05	31.7	3.37
蒽	$C_{11}H_{10}$	178	216.2	340	1.25	1.7×10^{-5}(25℃)	0.045	4.45
菲	$C_{14}H_{10}$	178	100	340	1.025	9.6×10^{-4}(25℃)	1.00	4.45
1,2-苯并菲	$C_{18}H_{12}$	228	254	488	1.274	6.3×10^{-9}(25℃)	1.8×10^{-3}	5.61
苯并芘	$C_{20}H_{12}$	252	179	310～312(1.3kPa)	—	5.6×10^{-9}(25℃)	3.8×10^{-3}	6.06

①20℃；②1Torr＝133.3Pa。

一些单环芳烃化合物仅微溶于水，在天然水体中的滞留时间很短。随着苯环上取代氯原子数增多，化合物在水中的溶解度降低，而在正辛醇-水体系中分配系数增大。一般在苯环上引入氯原子还可引起熔点降低、沸点升高，所以邻位和间位的二氯取代物呈液态的温度范围变宽。但对位的取代物呈相反的趋向。被氯取代后的苯环有较大化学反应性，但所有氯苯化合物都是热稳定性的。

多环芳烃类化合物具有大的相对分子质量和低的极性，所以大多是水溶性很小的物质，但若水中存在阴离子型洗涤液（如月桂酸钾）时，其溶解度可提高到10^4倍。含2～3个环且较低相对分子质量的PAHs（萘、菲、蒽）有较大挥发性以及对水生生物有较大毒性；含4～7个环的高相对分子质量的PAHs化合物虽然不显示出急性毒害，但大多具致癌性。

芳烃化合物在化学性质上表现惰性。一旦发生反应趋向于保留共轭环体系，即较容易发生与—Cl、—NO_2、—SO_3H、—CH_3等基团间的亲电子取代反应，而难以发生加成或氧化反应。此外，PAHs可与水中存在的胶体形成复合物，并以此形式在整个天然水系中迁移。因此，曾在远离密集人群活动的海洋生物体组织中检测到了PAHs。

对于芳烃类污染物的各种环境化学性质进一步分述如下：

（1）吸附

单环芳烃特别是氯代苯有较大K_{OW}值（正辛醇-水分配系数），这表明它们能被沉积物中的有机组分强烈吸附。例如，实验室研究表明，六氯苯在沉积物相和水相中的平衡浓度分别为332μg/kg和8.3μg/L，浓集因子约40。由于单环芳烃及其衍生物具有易被吸附的性能，致使其在水层中的浓度维持在较低的水平，并可使单环芳烃在水体中所发生的其他迁移或转化过程（如挥发）也有所减慢。

多环芳烃的水溶性和蒸汽压都很小，进入水体后容易被水中的悬浮粒子或沉积物所吸附。在水生生物中的浓度虽然比在水中的浓度要高几个数量级，但与沉积物中的浓度相比还是较低的。低相对分子质量的PAHs化合物通过沉积、挥发、微生物降解等过程而从水相中迁走；高相对分子质量的PAHs化合物主要通过沉积和光化学氧化过程发生迁移和转化。人们受芳烃化合物具有易被吸附性能的启发，在废水处理中采用了混凝、沉降、过滤或活性炭吸附等方法，通过实践也的确证实了这些方法的有效性。

（2）挥发

对存在于水体中的大多数单环芳烃化合物来说，决定其环境归宿的另一途径是朝大气方向的挥发。在挥发过程仅由气相动力因素控制的前提下，苯的挥发速率仅取决于水的温度。表5-8列举了一些典型单环芳烃化合物因挥发而迁移的半衰期数据。但实际水体中对象物的半衰期数据还与天然水体中水的深度及水的流速等因素有关。

表5-8　典型单环芳烃因挥发而迁移的半衰期

化合物	半衰期（h）	化合物	半衰期（h）
苯	4.81	乙苯	5～6
氯苯	9.0	硝基苯	～200
1,2-二氯苯	<9.0	甲苯	5.18
1,3-二氯苯	—10	2,4-二硝基甲苯	～数百天
1,4-二氯苯	<9.0	2,6-二硝基甲苯	～数百天
六氯苯	—8		

对于具有两个环的PAHs化合物来说，有较大挥发性。例如，飘浮海面的原油中所含的萘很容易在一定水温、水流、风速条件下挥发逸散到大气中去，但存在于水体中具有四个或四个以上苯环的PAHs化合物在任何环境条件下都是不易挥发的。

包括很多芳烃（苯、甲苯、二甲苯、乙苯等）在内的许多有机物都具有挥发特性。由此组成了一个有机化合物大类，被称为挥发性有机化合物（VOCs）。按世界卫生组织定义，凡有机化合物（不包括金属有机化合物和有机酸类）其在标准状态（20℃和 101.3kPa）下的蒸汽压大于 0.13kPa 者即属 VOCs 类化合物。所以除芳烃外还包括诸如四氯化碳、三氯乙烯等挥发性非芳烃类化合物。VOCs 类化合物因其低极性和高疏水性而易穿透土壤，进入地下水。且因地下水所具有的特殊环境条件，有可能使其进一步积聚到很高的浓度水平，成为一组高危险性的污染物类。目前对 VOCs 类化合物的研究已经成为环境化学学科的一个专题。

（3）水解、化学分解和光化学分解

在天然水体条件下，大多数单环芳烃不容易发生水解、化学分解或光化学分解。但 2,4-二硝基甲苯是一个例外，在高度曝气的水中，其分子上的甲基能被水中的溶解氧所氧化。在为处理废水而做的实验室研究中，应用 Fenton 试剂（催化剂）能有效地使单环芳烃类化合物化学降解。若再外加紫外光照，则更能提高降解速率和降解程度。一般认为只是波长小于 280nm 的入射紫外光才有可能引起分子光分解。

存在于大气中的 PAHs 化合物较容易发生化学氧化或光化学氧化，但在溶液中就较难发生。表层水中的苯并［a］芘受光化学降解的能力主要取决于水中溶解氧浓度、温度和太阳光在水面上的辐射强度。在水下层，光化学降解能力显著减弱，因为一则光强减弱，再则温度和溶解氧浓度下降。至于被吸附在沉积物中的 PAHs 化合物，其光化学降解就完全可以忽略不计了。

（4）生物降解

一些土壤和水生微生物能利用某些单环芳烃化合物作为碳源，所以苯、氯苯、1,2-二氯苯、六氯苯等都可能在水中为生物所降解。存在于土壤、污泥、海水中的微生物能对 PAHs 化合物起降解作用，降解反应按一般芳烃化合物的降解机理进行，即先引入两个羟基，使 PAHs 化合物转为二酚类化合物后再开环。此后，对低相对分子质量的 PAHs 化合物可彻底降解转化为CO_2 和 H_2O；对高分子量的 PAHs 化合物则能产生各种代谢物酚和酸。

（5）毒性

芳烃类化合物具有高度溶脂性，容易在人体富脂肪器官和乳液中积累。许多单环芳烃包括含 1～5 个氯原子的氯代苯、甲苯、乙苯、硝基苯都无致癌性。致癌或可能致癌的化合物有苯、2,6-二硝基甲苯、2,4,6-三硝基甲苯、偶氮苯、十二烷基苯等。大鼠口摄六氯苯的试验表明，该化合物能引起肝肿、甲状腺腺瘤等症。此外，六氯苯还有致突变和对胎儿产生毒性等生理行为。

多环芳烃及其衍生物中很多具有致癌和致突变性，且致癌性与致突变性间有很好的相关关系。表 5-9 列举了某些致癌和不致癌的多环芳烃。除致癌性外，多环芳烃还可能损伤造血系统和淋巴系统。

表 5-9　多环芳烃的致癌性

致癌或 可能致癌的化合物	苯并［a］芘，苯并［c］芘，苯并［a］蒽，苯并［a］荧蒽，苯并［b］荧蒽，苯并［j］荧蒽，苯并［k］荧蒽，苯并［g，h，i］苝，苯并［a］芴，芴，苝，芘	不致癌化合物	苊烯，蒽，荧蒽，萘，菲

2. 含芳烃废水的治理方法

含芳烃化合物的废水，例如石油化工废水都具有组分复杂（往往同时含有非芳烃类有机化合物，有时组分可多达上百种）、总有机碳量值高、水质变动大等特点。采用何种处理方法最为合适不能一概而论，常因对象而异。一般情况下都需要进行三级处理方能达到最终净水目的，即达到地表水水质标准予以排放，或转为循环冷却水予以回收再用。

一级处理所用方法有沉淀、隔油、浮选、中和、均质、混凝沉降和气提等。隔油、浮选、混凝的主要目的是除油（内含多量不溶于水的芳烃），气提能除挥发性芳烃。二级生物处理可去除废水中的可溶性芳烃。好氧生化处理法对大多数芳烃基本有效，它们能被活性污泥吸附并进一步分解，当芳烃上有取代基存在时会加快生化降解速度，例如甲苯要比苯更容易生化降解。某石油裂解工业废水中含致癌多环芳烃 1200g/L，经生化处理后，其去除率约在 30%以上。三级处理方法主要有活性炭吸附、臭氧或过氧化氢氧化、萃取、离子交换等。

5.5.3 三卤代甲烷类污染物

1. 环境中的来源和主要性质

三卤代甲烷类（THMs）污染物的化学通式为 CHX_3，其中 X 代表 F、Cl 或 Br 原子。具有重要环境意义的是以下（一组）四种化合物：

（1）氯仿（三氯甲烷），$CHCl_3$；

（2）一溴二氯甲烷，$CHCl_3Br$；

（3）二溴一氯甲烷，$CHClBr_2$；

（4）溴仿（三溴甲烷），$CHBr_3$。

在一些化学工业排放废水中可能存在三卤代甲烷，但 THMs 在当前之所以备受关注还与 THMs 有可能引起致癌性的饮用水污染问题有关。大多数水处理工程为了各种目的而装备了氯化处理单元。一般在自来水、工业用水和废水、生活污水等的处理过程中广泛使用氯气或次氯酸盐作为水处理药剂，用以除去自来水中的铁、锰和待排放废水中的硫化氢、氰化物及杀灭水中的细菌、藻类、病毒等有害微生物。这类药剂还用于众多有机合成工业和纸张之类工业产品的漂白。上述各种行业和生产过程都有可能导致水体环境受到 THMs 的污染。例如，在日本大阪湾周边水域中曾有过浓度为 12～927μg/L 的 THMs 检测记录。水中所含 THMs 中通常以氯仿所占比例为最大（可达 80%）。

水中 THMs 的生成是氯气之类水处理药剂与水中所含有机物（前驱物）及溴化物反应的结果。凡具有羟基、氨基的芳香族化合物及具有羰基的非环化合物均有可能成为水中 THMs 生成的前驱物。各种有机物按其对 THMs 生成率（定义为 1mol 该化合物可生成氯仿的摩尔数）作分类的情况见表 5-10。石油化学工业排放废水中所含的多种有机化合物是重要的前驱物，水体中天然存在的腐殖质、藻类、叶绿素等也是潜在的前驱物。

表 5-10 各种化合物按其 THMs 生成率作分类

生成率 0.10～0.19	生成率 0.20～0.30
对羟基安息香酸、3,5-二甲基苯酚、1-氯苯酚、2,4-二氯苯酚、4-氨基苯酚、苯胺	间苯二酚、4-甲氧基苯酚、腐殖酸①、2,6-二甲基苯酚、五氯苯酚、对苯二酚
N,N-二甲基苯胺、3-羟基丁醛、2,4-戊二酮	N,N-二乙基苯胺

①1mg 腐殖酸可生成 25μg±4μg 氯仿。

曾有学者提出过含羰基化合物经氯化后生成 THMs 的机理。在图 5-13 所示的反应过程中包含了水解及分子末端基团—H_3 中三个 H 原子被渐次氯化等过程。整个过程进行得非常缓慢，并取决于 pH 值、氯的剂量及含溴量、温度以及水中有机物的组成和浓度。一般说来，随上列各参数的提高（或增大），反应速度及 THMs 生成量会有所提高。在河水所具备的环境条件下，THMs 生成浓度可近似地用式（5-64）表示：

$$[THMs]=K[TOC][Cl_2]_T^m(pH-2)t^n \tag{5-64}$$

式中，[TOC] 为以含碳浓度表示的有机前驱物总浓度；$[Cl]_T$为离氯浓度；m 和 n 为数值均为 0.3～0.4 的经验性参数；K 为由有机前驱物种类和温度 t 所决定的系数。

在其他条件固定不变情况下，测得 K 随温度变化的关系，由此计算得反应活化能约为 37.6kJ/mol。相当于水温每升高 10℃，THMs 生成量提高 1.6 倍，所以冬季水体中的 THMs 浓度较夏季低。当自来水经加热后用作洗澡水或饮用水时，则在短时间内可产生大量 THMs（浓度可能是原冷水中 5 倍），且因这类污染物容易挥发，可能大部分从沸腾了几分钟后的水中逸散到室内空气中去。水中 THMs 生成机理如图 5-13 所示。

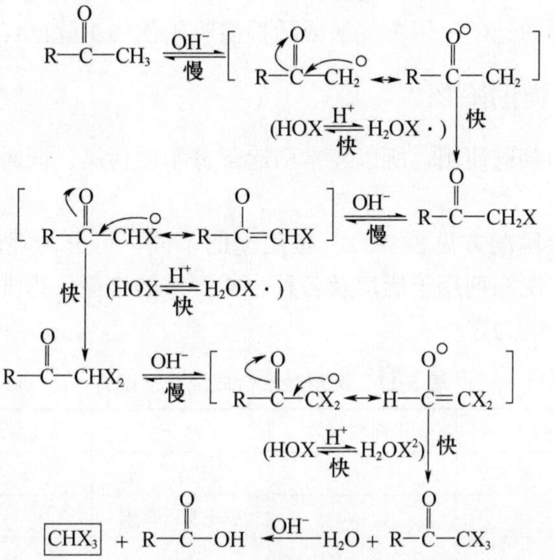

图 5-13　水中 THMs 生成机理（X 为卤原子）

表 5-11 中列举了 THMs 污染物的主要性质。

表 5-11　THMs 污染物的主要性质

性质＼污染物	氯仿	一溴二氯甲烷	二溴一氯甲烷	溴仿
分子式(相对分子质量)	$CHCl_3$(119.4)	$CHBrCl_2$(163.8)	$CHBr_2Cl$(208.3)	$CHBr_3$(252.8)
熔点(沸点)(℃)	−63.5/61.7	−57.1/89	>(−20)/116～122	4.8/149～150
相对密度(d_1^{25})(g/cm³)	1.4890	1.971(d_{25}^{25})	2.451	2.847(d_{25}^{25})
蒸气压(Pa)	3.3×10^4(25℃)	6665(20℃)	2000(10.5℃)	666.5(22℃)
水中溶解度(mg/L)	8200(20℃)	4700(22℃)	4400(22℃)	3190(30℃)
亨利系数[mol/(m³·kPa)]	2.3	6.25	11.8	20
分配系数 $\lg p_{oct}$	1.97	2.10	2.09	2.30
生物浓集因子 $\lg BCF$	6(蓝腮太阳鱼)	0.72～1.37	0.74～1.47	(?)
生物可降解性(试验)	①	①	②	①
毒性 LD_{50}(mg/kg)(大鼠,经口)	908	450(小鼠,经口)	800	1147

①微生物逐渐适应生物可降解性的实验条件，化合物随后降解；
②试验条件下不易降解。

2. 防治方法

减轻环境受 THMs 污染的主要措施是减少有关生产和应用单位的废物排放，也更应着重考虑如何限制 THMs 在饮用水中的水平。

净化含氯仿废水的方法有应用泡沫塑料的吸附法，应用亲油性滤料的粗粒化法，在高 pH 和高温条件下的水解法及生化处理法等，但处理效果大多不够理想。如应用生化法时，低相对分子质量的卤代烃在需氧阶段即可能因挥发而逸散至大气。

在美国和日本等国家都限定饮用水中的 THMs 浓度不超过 100μg/L。为实现这一目标，可在水厂生产中考虑采用以下三方面措施：(1) 用其他药剂代替氯作为水消毒剂，如臭氧、高锰酸盐等；(2) 用凝聚沉降法除去腐殖质等前驱物，用活性炭或离子交换树脂等吸附除去其他有机化合物类前驱物；(3) 用曝气法或活性炭吸附法等去除已经生产的 THMs。

5.5.4 合成洗涤剂类污染物

由于合成洗涤剂的普遍使用，所以经常引起部分水质污染，同时可能影响到饮用水和环境生物。

家庭用洗涤剂的常用配方见表 5-12。按用途的不同，可分为轻洗涤剂与重洗涤剂，其配合成分有所不同。轻洗涤剂用于厨房及各种合成纤维的洗涤。重洗涤剂常配以多量的缩聚磷酸盐，以提高其洗涤能力。

表 5-12 家用粉状合成洗涤剂配方

组分	轻洗涤剂（%）	重洗涤剂（%）	组分	轻洗涤剂（%）	重洗涤剂（%）
表面活性剂	20～30	17～35	荧光增白剂	0～0.5	0.5～1.0
$Na_4P_2O_7$	0～10	0～30	羧甲基纤维素	—	1.0～4.0
$Na_5P_3O_{10}$	0～10	25～50	芒硝	余量	余量
泡沫稳定剂	1～5	0～3			

从上列配方可见，合成洗涤剂引起水体污染的化学物质主要是表面活性剂和缩聚磷酸盐。后者在水体中经藻类等微生物催化后，很容易水解而转化为正磷酸盐，成为能引起水体富营养化的污染物。

用于配制合成洗涤剂的表面活性剂主要是阴离子型烷基苯磺酸钠，按分子中烷基是带支链的或是直链的，这类表面活性剂又可分为（支链）烷基苯磺酸钠 ABS 和直链烷基苯磺酸钠 LAS 两类，它们分别有多种异构体和链长有差别的化合物，下列结构式只是其中之一。

$$H_3C—CH_2—CH_2—CH_2—C(CH_3)_2—CH_2—C(CH_3)_2—C_6H_4—SO_3Na \quad (ABS)$$

$$CH_3—(CH_2)_4—(CH_2)_5—CH(CH_3)—C_6H_4—SO_4Na \quad (LAS)$$

这类表面活性剂的生产始于 1940 年，由其组成的洗涤剂具有很强的发泡和洗涤的能力（即使浓度低至 1mg/L 的合成洗涤剂溶液也能发泡）。过多发泡所产生的大量泡沫长久积蓄在下水道、河流、湖泊等处是这类合成洗涤剂引起环境水体污染的一个方面，由此还会滋生有害细菌及阻碍氧气由大气向水体传输。合成洗涤剂配方中含有较多磷酸盐组分，具有很强的配合钙、镁离子的能力，所以免除了使用过程中会产生大量的盐泥之弊，但磷酸盐组分排入水体后会引起富营养化的问题，这是这类合成洗涤剂引起环境水体污染的另一个方面。

早先，合成洗涤剂中的配用的是生物不易降解的 ABS，发泡问题十分严重，后来将容易发生生物降解的直链烷基缩合在苯环上，改良成为直链烷基苯磺酸钠（LAS）。这种组分进入水体后，在有氧状态下，可经生物降解使支链碳数降到 5～6，发泡性即消失，于是人们认为发泡污染问题已经解决。对于合成洗涤剂中的助剂三聚磷酸盐引起的污染问题的解决，则采用代用品次氮基三乙酸、丁二酸、硅酸盐等以减少或完全不用磷酸盐，或在污水处理厂进行充分脱磷后再排放到水体。不过最近人们发现，随着世界上许多地区人口向城市急剧集中和工业化程度的提高，生活污水、人畜的排泄物、工厂排放的废水及土壤肥料等引起的磷污染远比洗涤剂中磷的污染大。

关于 LAS 的生物降解，其分子首先受 ω 氧化，然后 β 氧化，断裂，脱硫。不过因直链的长短、苯基位置等不同，其降解速度也不同。苯基和磺酸钠基之间键的断裂机理为：首先生成邻苯二酚，在两个羟基的中间开环，生成二羧酸，然后变成 β-酮己二酸，又进一步分解成醋酸盐和丁二酸盐。LAS 的生物降解速度虽不能与肥皂相比，但与同类物质的 ABS 相比，还是相当快的。在 LAS 的生物降解过程中，既不产生有毒中间产物，也无蓄积的倾向。当分子通过降解变小（相应于水的表面张力系数复升到 0.05N/m 以上），就很难与鱼体中的鳃蛋白形成复合体，对鱼类的不良作用也就逐渐减弱。

5.5.5　石油类污染物

以“溢油”形式排入海洋和以蒸汽形式散入大气是石油类污染物对环境产生不良影响的两个主要起始过程。

油类是常见的海洋污染物。近代，满载原油的油轮因风浪或触礁而沉没，致使几十万吨原油流入大海的事故已是屡见不鲜。例如，1978 年 3 月在法国西北部海滨旅游地的海岸线外一艘巨型油轮沉没，22 万 t 原油入海，造成了不可估计的经济损失。旅游地区被迫封闭弃之不用，数百万只海鸟被毒死，海水养殖场被破坏，其中浮游生物、鱼类等海生动物死亡殆尽等。除此之外，其他污染源向海洋水体传输的油类每年达 500 万～1000 万 t（包括油轮漏油和清洗，钻井、油管和贮器泄露，工业废水等）。

原油是含有几百种组分的复杂混合物，其中所含主要组分有直链烃类（C_7 以上烷烃和烯烃）、环烷烃（环己烷、甲基环己烷等）、芳香烃（苯、甲苯、二甲苯等）、重金属（Fe、Ni、V、Cu 等）及带—SH 基团的多种含硫化合物等。此外，原油中还含多种多环芳烃，已知其中有七八种具有致癌作用，特别是苯并［a］芘有强致癌性。

烃类化合物的密度一般小于水，所以原油的大多数组分飘浮在海面之上，也有一些组分（例如含重金属者）可能因重力沉降到海底，对栖息在海底的生物发生影响。

浮在水面上的油分能否铺展为单分子层（2nm）？关于这个问题可从两方面来考虑，从分子结构看，带有极性基团的分子易在水面铺展；另一方面也可从表面张力看，即液体的铺展系数 S_{BA} 为式（5-65）：

$$S_{BA} = r_A - r_B - r_{AB} \tag{5-65}$$

式中，r_A、r_B、r_{AB}分别为水的表面张力、油组分的表面张力和水油间的界面张力。如$S_{BA}>0$，则该组分能铺展。否则，油分B在水体A中呈滴状。能铺展的化合物有正庚醛、正辛醇、油酸（S_{BA}分别为32.2、35.7和24.6）等；呈滴状分散的化合物有正庚烷（−0.4）、正十六烷（−9.52）等。

就典型的原油而言，如将它加热至100℃则体积可能减少12%，若加热到200℃则体积可能减少25%，这间接地表明，飘浮在水面的油分在几天之内可能因挥发减量1/4，残留的油分会以更慢的速度挥发或被微生物慢慢降解或被水生动物所吞食。约经过三个月，最终残留物约只有原数量的15%左右，是原油中沥青组分的残留物，以油性小团块形态飘浮在世界范围的海水之中。

进入海水水体的油类，其在水体中迁移、分布的过程和途径如图5-14所示。由图可见油在水体中存在的形态主要有：飘浮在水表面的油、乳化细滴状态的油及吸附于悬浮粒子或底泥中的油。

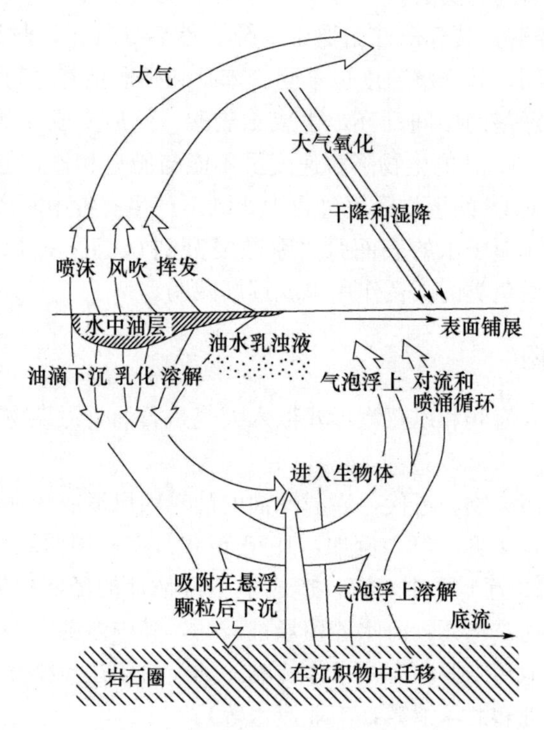

图5-14 油类在海洋中的分布和迁移

一般来说，飘浮在水面上的油类容易发生微生物作用下的生物降解。一些海洋细菌、丝状真菌能在自身体内合成并向外界分泌一种乳化剂，使油分在水中能以微小胶体粒子状态分散，然后渗入细胞体内发生消解。油分的生物降解还有以下几个特点：(1) 耗氧特别大。如1L原油降解过程中可将320000L海水中的全部溶解氧消耗殆尽；(2) 降解速度缓慢。在低温、低溶解氧或重金属存在等条件下，不易发生降解；降解速度还常受水体中硝酸盐、磷酸盐含量的制约；(3) 对毒性强的组分不能降解。

油类污染物对海洋水体（还有其他水体）所发生直接的不良影响约有两个方面。其一，降低水体中的溶解氧值。浮在水表面的石油，形成光滑的油膜，并进一步因水流而扩展成薄膜，每升石油的扩展面积可达1000～10000 m^2。这种大面积的浮油在矿物质、阳光及微生物的催化作用下能发生氧化耗氧，而且由于油膜的阻隔作用，会使大气通过界面向水体补给耗氧也难以进行。其二，油类对水生生物有毒杀作用。油容易填塞鱼的鳃部，使之呼吸困难，引起窒息死亡，石油的油臭成分侵入鱼、贝体内，通过其血液或体液扩散到全身，将使鱼、贝失去食用价值。油膜和油滴能黏住大量鱼卵和幼鱼，造成鱼卵大批死亡，孵化出来的幼鱼也会带有畸形，或生长不良。石油污染使水鸟受到祸害也是灾难性的。鸟的羽毛直接污染而产生缠结时，它们变得游不动也飞不起，结果衰竭而死。石油通过消化道进入鸟类机体以后，引起肠胃、肾、肝等器官病变，并使水鸟繁殖率下降。石油中各种组分对水生生物的直接毒性如图5-15所示。

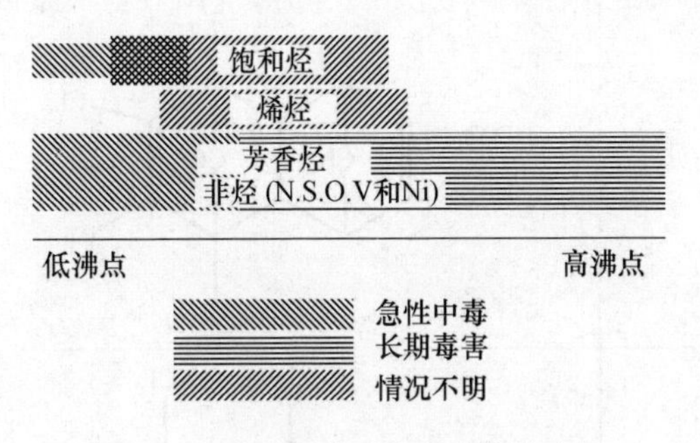

图5-15　石油组分对水生生物的毒性

要处理散入海洋的油类污染物不是一件轻而易举的工作，只有海面浮油或分散在海涂上的油相对比较容易处理，常见的处理方法有：(1) 吸附法，使用的吸附剂有稻草、米壳、软质泡沫聚氨酯塑料等，也可用颗粒状白垩为吸附剂，吸油后沉入水底；(2) 吸入法，利用浮动吸油装置，通过其浮于水面的吸口将水面浮油吸入分油器，然后在装置中分去空气和水，回收得油；(3) 凝固法，在油面上喷洒固化剂或胶凝剂，使浮油凝成油块回收；(4) 磁性分离法，在污染处洒布含铁的油溶性药剂，然后用电磁铁吸除含有磁性物；(5) 生物法，利用假单胞细菌属能有效降解油中的烃类化合物。试验表明，用这种方法在两昼夜间可分解50%～75%的水中含油，且产物无毒性。

5.5.6　持久性有机污染物

2001年5月22日，127个国家环境部长或高级官员聚会瑞典斯德哥尔摩。在这里举行的联合国环境会议通过了《关于持久性有机污染物的斯德哥尔摩公约》，从而正式启动了人类向有机污染物宣战的进程。公约内容涉及12种持久性有机污染物（POPs）的生产、使用、进出口、废物处置、科研开发、宣传教育、技术援助、财务机制等方面。这12种物质包括艾氏剂、氯丹、狄氏剂和异狄氏剂、滴滴涕、七氯、六氯环己烷（六六六）、灭蚁灵、毒杀芬、多氯联苯、多氯对苯并二噁英和多氯对苯并呋喃。前9种是农药，第10种是工业化学品，最后两种是无用的工业副产物或焚烧排污物。这12种物质都可归入环境毒物类，而且都是含氯的有机化合物。

氯是一种非常活泼的元素，成为近四万种人造化学物质的基本组成元素。一旦与其他原子结合为分子，其中氯原子又能起到增强分子的稳定性和持久性的作用，并使其更有可能在生物中积累。由POPs公约提出管制的这"一打"含氯有机污染物是一类最危险的化学物质，它们一般具有极高毒性（包括致癌、致畸和致突变的毒性），它们的化学性质又非常稳定，难以在环境条件下或在生物体内发生自然分解或生物降解，以至能在环境中长时期存留，并通过空气、水体和迁徙物种作跨越国际边界的迁移而不变态。它们还兼有很强的生物蓄积和生物放大作用，对全球范围内的人群健康和全球生态系统的正常运行造成严重的威胁。

POPs 物质的化学名称、结构式和毒性列举在表 5-13 之中。它们在世界范围内的生产和应用情况列举在表 5-14 之中。

表 5-13　POPs 物质的毒性

简称（俗称）	化学名称	化学结构式	毒性
艾氏剂	六氯-六氢-二亚甲基萘	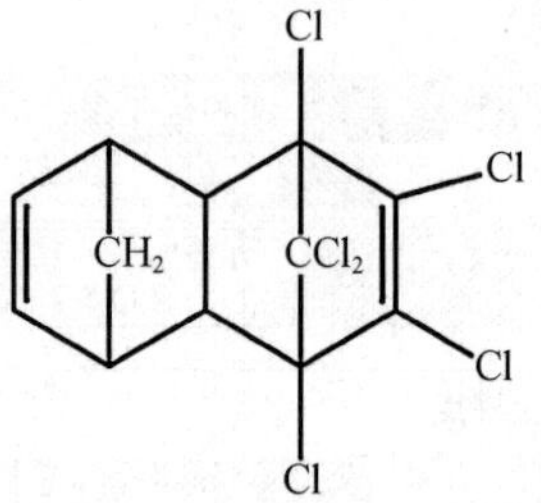	神经系统和肝功能障碍，致癌
氯丹	八氯-六氢亚甲茚	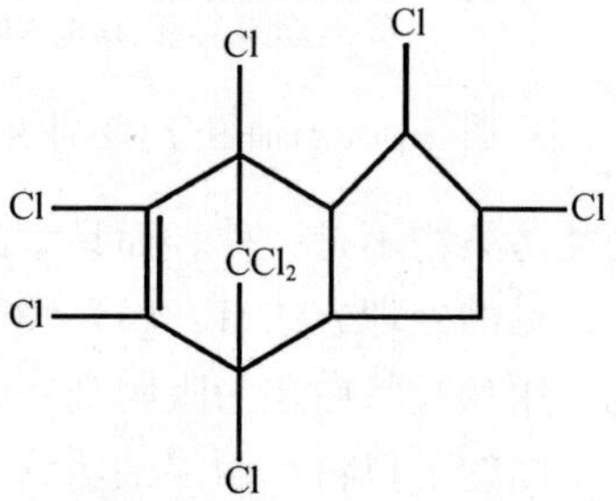	毒害中枢神经及肝、肾、肺和消化道，致癌
狄试剂和异狄试剂（二者为立体异构体）	六氯-环氧八氢-二亚甲基萘	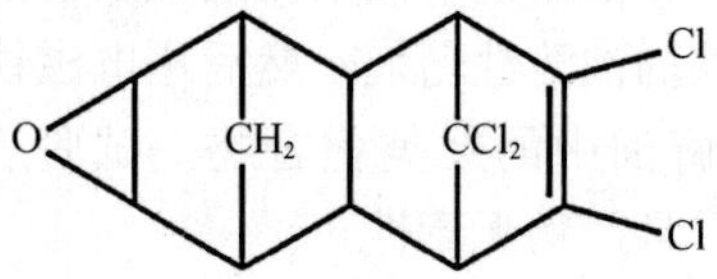	神经系统和肝功能障碍，致癌 影响人体发育，致癌
滴滴涕	双对氯苯基三氯乙烷	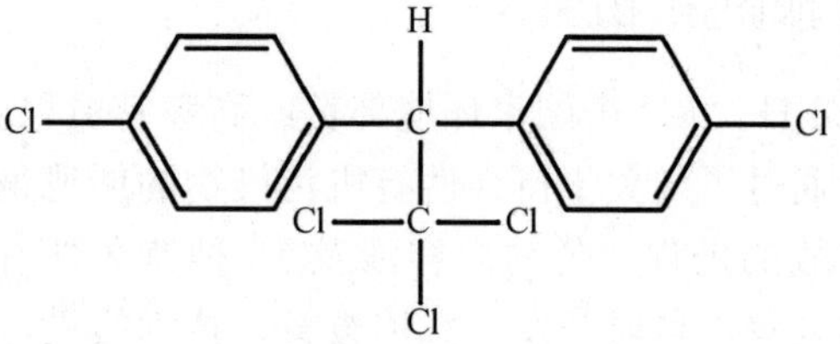	影响肝、肾功能，致突变
七氯	七氯化茚	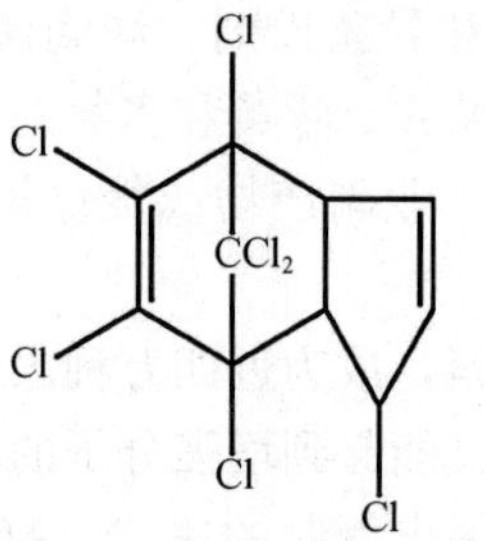	毒害中枢神经系统和肝脏，影响生殖，致癌

续表

简称（俗称）	化学名称	化学结构式	毒性
六六六	六氯环已烷	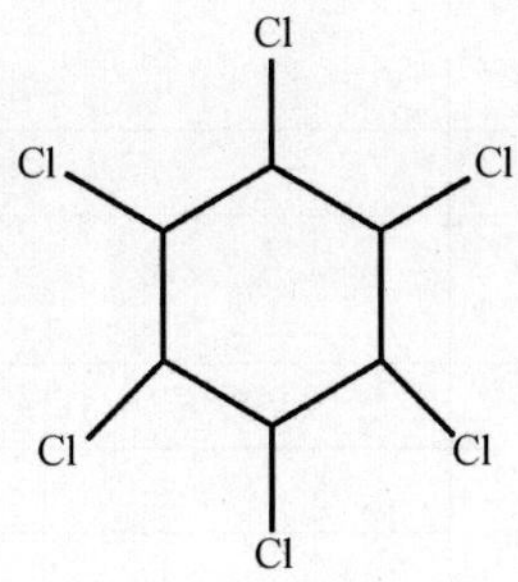 Cl Cl Cl Cl Cl Cl	神经毒素，影响肝功能
灭蚊灵	十二氯八氢化-1，3，4，-甲桥-2H-环丁并［cd］戊搭烯	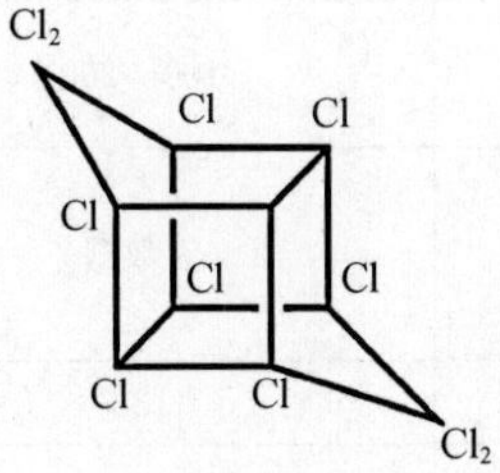 Cl_2 Cl Cl Cl Cl Cl Cl Cl Cl_2	致癌，致畸
毒杀芬	氯化莰烯	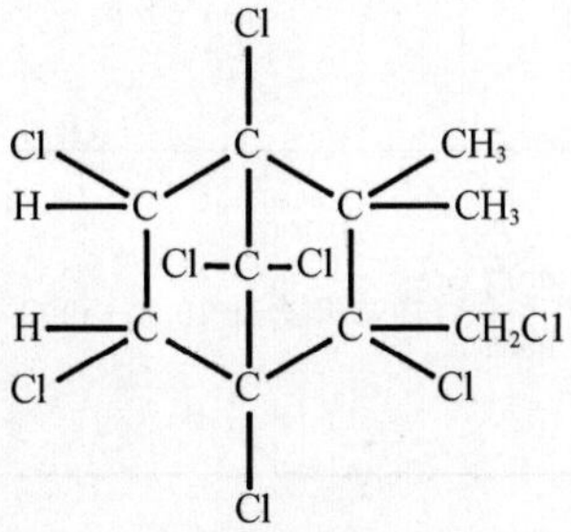 Cl Cl H—C C CH_3 CH_3 Cl-C-Cl H—C C CH_2Cl Cl Cl Cl	全身抽搐，致癌
二噁英	多氯联苯（PCBs）	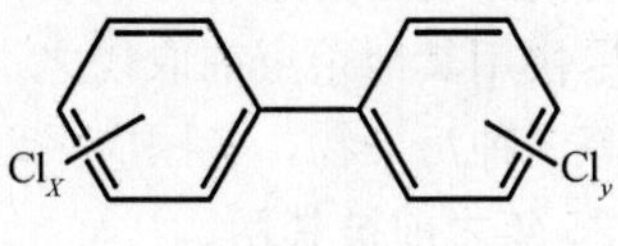 Cl_X Cl_y	痤疮，肝损伤，致癌
二噁英	多氯二苯并对二噁英（PCDDs）	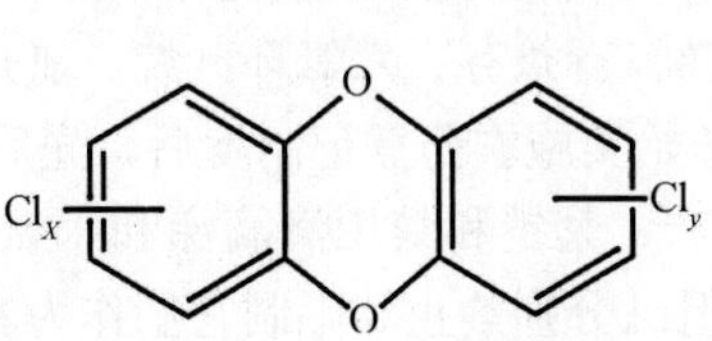 O Cl_X Cl_y O	剧毒，致癌，致畸，致突变
二噁英	多氯二苯并呋喃（PCDFs）	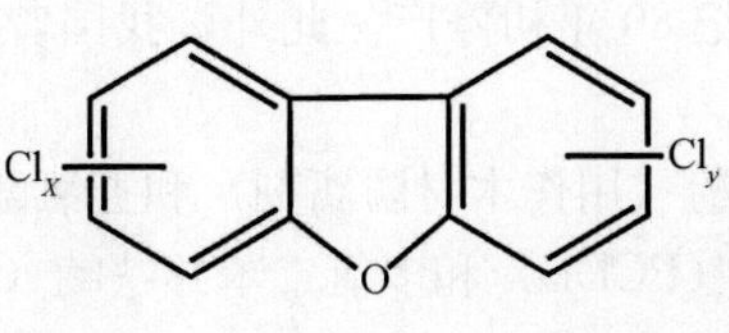 Cl_X Cl_y O	剧毒，致癌，致畸，致突变

表 5-14　持久性有机污染物的产量和用途

持久性有机污染物	首次生产年份	世界累积产量(万 t)	用途
艾氏剂	1949	24	杀虫剂,用于控制玉米、棉花和马铃薯毒害(主要是白蚁);熏蒸剂
氯丹	1945	7	杀虫剂,用于各种作物,控制白蚁
狄氏剂	1948	24	杀虫剂,用于水果、土壤和种子作物(包括玉米、棉花和马铃薯)
异狄氏剂	1951	(1977 年,0.3119)	杀鼠剂和杀虫剂,用于棉花、水稻和玉米
滴滴涕	1942	280～300	家用和农用灭蚊剂
七氯	1948	(1974 年美国使用 0.9)	杀虫剂,用于杀灭土壤昆虫和白蚁。用于火蚁控制,也用于疟疾控制
六氯环已烷(六六六)	1945	100～200	用作杀真菌剂。也是农药生产中的一种副产品和其他农药产品中的污染物
灭蚁灵	1959	(无数据)	杀虫剂,用于控制火蚁、切叶蚁和秋白蚁,也是一种阻燃剂,是最稳定的和最耐久的农药之一
毒杀芬	1948	133	杀虫剂,专门用于防治棉花上的蜱、螨和蛆
多氯联苯	1929	100～200	主要以液体形态使用,用作电容器和大型变压器的介质液体、液压液体和传热系统。非流体形态用于抗老化剂、无碳复印纸、涂料、粘结剂和合成树脂增塑剂
多氯二苯并对二噁英	1920 前后	(1995 年合计 10.5t;TEQ)	燃烧产物,特别是塑料燃烧产物,生产含氯制品和纸漂白的副产物
多氯二苯并呋喃	1920 前后		副产物,特别是多氯联苯的副产物,通常和二噁英一起产生

按 POPs 公约，9 种杀虫剂中除滴滴涕和六氯环已烷外，其余 7 种被禁止生产和使用。由于滴滴涕仍是一些国家所使用的暂时难有替代物的杀虫剂，所以作为暂时性的应对措施，它将被严格限制使用，并尽快用其他杀虫剂取代之。对于六氯环已烷杀虫剂和多氯二苯并对二噁英及多氯二苯并呋喃等 3 种污染物，各国应采取措施将其环境排放量尽可能限制在最低水平。而多氯联苯将在 2025 年之前被禁用。

我国是农业大国，有机氯农药在 20 世纪 60～80 年代曾是我国行市的主要农药品种，曾大量生产和使用过滴滴涕、毒杀芬、六氯环已烷、氯丹、七氯 5 种 POPs 农药（另 4 种未曾生产过）。1982 年我国开始实施农药登记制度后，先后停止了氯丹、七氯、毒杀芬的生产和使用。1984 年又一度停产、禁销和禁用滴滴涕和六氯环已烷。目前虽保留滴滴涕农药登记和六氯环已烷的生产，但已分别禁止和限制它们作为农药使用。

我国在 1965 年至 1981 年曾生产过为量不多的作为油漆添加剂和电容器绝缘介质的多氯联苯（PBC），至 20 世纪 80 年初停产。此外，我国曾从国外进口过大量含 PCB 的电容器，这些设备现已大多报废。

在我国生产的五氯酚（用作木材防腐剂）和五氯酚钠（用作杀虫剂）产品中曾检测出多量的多氯二苯并二噁英（PCDD）和多氯二苯并呋喃（PCDF）。

习题

1. 请叙述有机物在水环境中的迁移、转化存在哪些重要过程。

2. 某水体中含有 300mg/L 的悬浮颗粒物，其中 70%为细颗粒（$d<50\mu m$），有机碳含量为 10%，其余的粗颗粒有机碳含量 5%，已知苯并［a］芘的K_{ow}为10^5。请计算该有机物的分配系数。（$K_b=4.6\times10^4$）

3. 一个有毒化合物排入 pH=8.4，$t=25℃$水体中，90%的有毒物质被悬浮物所吸着，已知酸性水解速率常数$K_a=0$，碱性催化水解速率常数$K_b=4.9\times10^7$ L/（d · mol），中性水解速率常数$K_D=1.6\ d^{-1}$，请计算化合物的水解速率常数。（$K_h=1.6\ d^{-1}$）

4. 某有机污染物排入 pH=8.0，$t=20℃$的江水中，该江水中含悬浮颗粒物 500mg/L，其有机碳含量为 10%。

（1）若该污染物相对分子质量为 129，溶解度为 611mg/L，饱和蒸气压为 1.21Pa（20℃），请计算该化合物的 Henry 定律常数，并判断挥发速率是受液膜控制还是受气膜控制。（$K_H=2.60\times10^{-1}$ Pa · m^3/mol，受气膜控制）

（2）假定$K_g=3000$cm/h，求该污染物在水深 1.5m 处挥发速率常数（K_v）。（$K_v=1.76\ d^{-1}$）

5. 什么是酚类化合物？水体中酚的天然来源和人为来源有哪些？在水体中酚类化合物显示什么环境特性？

6. 存在于自然环境中的单环芳烃和多环芳烃化合物主要有哪些？它们来源于哪里？存在于水体中的芳烃类化合物显示什么环境特性？

7. 你认为去除污染水中多环芳烃的最简单有效的方法是什么？为什么？

8. 水体中的油类污染物会产生什么不良环境效应？

9. 何谓水中多环芳烃指示物，提出这些指示物有何意义？

10. 原水中存在以下物质：蔗糖、安息香酸、2,4-二甲基苯胺和 1,2-乙二醇，估量它们中哪一个可能是生成水中 THMs 的前驱物。

第 6 章　水中重金属的迁移转化

6.1　水中重金属

作为生命之源的水资源，是人类得以生存的必需品。虽然地球表面 70％是被水覆盖着，但人类可使用的淡水资源却仅有 2.5％，而这仅有的淡水资源中 70％以上是南极、北极的冰川积雪，难以利用。正因如此，淡水资源的短缺和分布不均，成为人类面临的严重问题。而在地球上总量不到 1％的淡水资源如今却因为人类的活动而变得岌岌可危。

随着科技的不断发展，人类经济活动变得越加丰富，而大量化工、冶金等工业以及农业的蓬勃发展使得重金属被大量地运用到各方面。在我国，废水的随意排放、固体废物的不合理堆放和填埋，造成了大量重金属进入到水体环境，导致了日益严重的水污染。有报道指出，我国有 50％的河道和 80％以上的湖泊已经受到污染，而重金属的大量排入将给水环境造成严重后果。

对人体危害较大的重金属污染一直是全世界关注的热点。在众多重金属元素中，公认的危害较大的有毒金属元素有 Cd、Pb、Hg、Cr 等。重金属 Cd 是人体非必需元素，其具有毒性，误食镉后可导致急性镉中毒，通常经 10～20min 时间后，人体就可能出现呕吐、腹痛等症状；重金属 Pb 通常表现为积累性中毒，其侵入人体后会随着血液流入脑组织，进而损伤小脑和大脑皮质细胞。汽车排放的尾气中含有铅，经大气扩散后进入环境，可以造成地表面铅浓度的升高，进而造成人体内铅含量增加。因重金属污染而导致的悲剧经常发生，历史上比较有名的有日本熊本县水俣市的水俣病事件：食用受汞污染的鱼、贝等水生生物，而导致人体中枢神经中毒。水体中的重金属可通过食物链传递到人类体内，继而经生物富集放大作用威胁到人类的健康，甚至生命。

6.2　典型重金属在水中的积累和迁移转化

6.2.1　重金属

关于重金属（heavy metals）这一特定术语，目前尚无统一的定义。通常将密度大于或等于 4.5g/cm^3 的金属元素统称为重金属，即将其以特定密度值加以区分，分为轻金属和重金属两类。

特殊的 As、Se、Te 等元素，兼具有金属和非金属的某些性质，一般被称为类金属。由于 As 的环境效应及其对生态的毒性作用与重金属类似，故在环境保护领域中常常作为重金属元素进行研究和检测，在此章也一并加以叙述。

在我国，Hg、Cr、Cd、As 和 Pb 等元素的污染问题较为严重，一直属于政府常规监控的 5 种重金属元素。因此在环保领域，重金属（heavy metals）一般泛指具有较大危害的重金属元素和类金属元素。

另需读者注意的是，当今世界人们关注的大部分放射性元素（radioactive elements）如 U、Ra、Cs、Co 等也属于重金属元素。在许多科研活动和科技文献中，已将放射性元素作为研究对象加以讨论和研究。

6.2.2　重金属的存在形态

重金属除了以溶解的自由离子状态存在，还可以以络合物、胶体、颗粒等多种形态存在。在水环境中（如江河、湖泊、海洋、水库及其底泥等），重金属的存在形态包括溶解态（溶解于水中）和颗粒态（存在于悬浮质中的悬浮态及存在于表层沉积物中的沉积态）。

水环境中的重金属主要结合于颗粒物中，液相中的重金属含量相对较低，但目前绝大部分实验室采用的重金属污染治理的科研方法，都是利用溶解态的游离重金属离子进行研究，即一般用分析纯的化学试剂在实验室人工配水开展相关实验研究。大多利用游离的金属阳离子如 Zn^{2+}、Cu^{2+}、Cd^{2+} 等的硝酸盐配置。但实际废水及受污染水体中，重金属具有非常复杂的形态，研究和开发重金属污染治理技术，必须注意实际环境中重金属的存在形态。

颗粒态重金属形态的不同，其环境的行为、生物的作用以及水体中的迁移行为都是不同的，并不是所有形态都会被生物吸收、对生物造成危害。因此，对重金属各种形态的研究对于分析评价水环境污染状况有重要意义，能更具体地表明重金属的污染程度。重金属形态的提取分离方法有多种。根据形态提取的数量可分为单一形态的单独提取法和多种形态的连续提取法。单独提取法是利用提取剂直接溶解重金属的某一特定形态，如可迁移态等，该方法操作简便，提取时间短，可直观地判断污染程度。连续提取法以 BCR 提取法和 Tessier 提取法应用最为广泛。

BCR 提取法是欧共体标准局（现名为欧共体标准测量与检测局）于 1987 年建立的一套三步连续提取法。该方法经过多年的不断完善，在 1999 年由 G. Rauret 再次改进，得到现在广为采用的修正的 BCR 法。该方法将重金属元素分为酸可提取态、可还原态、可氧化态和残渣态。

Tessier 等于 1979 年提出五步连续提取法。据 Tessier 等提出的逐级化学提取法，可将水体中颗粒态重金属的形态划分为：离子交换态，碳酸盐结合态，铁锰水合氧化物结合态（FeOOH，MnOOH），有机硫化合物结合态，残渣态。

其中，可交换态是指沉积物上交换吸附的黏土矿物及其他成分上的重金属，一般将溶解态和可交换态合并计算；碳酸盐结合态指碳酸盐沉淀与重金属的结合；铁锰氧化物结合态是重金属与锰氧化物结合的这部分；有机结合态是重金属通过各种形式包裹在有机质颗粒上，与有机质发生螯合等机制的部分；残渣态是指结合在石英、黏土矿物等晶格里的金属离子，一般条件下难以释放的部分。可交换态重金属的毒性最强，迁移性也最强；碳酸盐结合态重金属易受 pH 值的影响，在酸性条件下会向可交换态转化，碳酸盐结合态和可交换态可被生物吸收；有机结合态和铁锰氧化物结合态一般情况下保持稳定，但是在一定的 pH 值和氧化还原电位条件下也会缓慢地向可交换态转化，对生物的有效性是潜在的；残渣态重金属在环境中极为稳定，有机结合态及残渣态较稳定，不易被生物吸收利用，一般不具有毒性和危害。

6.2.3 典型重金属在水中的转化规律

1. 汞

汞在自然界的含量并不高，但分布很广。地球岩石圈内汞的含量为0.03μg/g。汞在自然环境中的本底值不高，大气中汞的本底值为（0.5～5）$\times 10^{-3}$μg/m^3。在森林土壤中为0.029～0.10μg/g，在耕作土壤中为0.03～0.07μg/g，水体中的汞的含量更低，例如河水中约为1.0μg/L，海水中约为0.3μg/L，雨水中约为0.2μg/L，某些泉水中可达80μg/L以上。

19世纪以来，随着工业的发展，汞的用途越来越广，生产量急剧增加，从而使得大量汞由于人类生产活动而进入环境。据统计，全世界目前每年开采应用的汞含量约在一万吨以上，其中绝大部分最终以三废的形式进入环境。据计算，在氯碱工业中每生产一吨氯，就要流失100～200g汞；生产一吨乙醛，需要100～300g汞，以损耗为5%计，年产十万吨乙醛就有500～1500kg汞排入环境中。

与其他金属相比，汞的重要特点在于能以零价形态存在于大气、土壤和天然水中，这是因为汞具有很高的电离势，故转化为离子的倾向小于其他金属。汞及其化合物都特别容易挥发，无论其是否以可溶的形式存在，都会有一部分汞渐渐挥发至大气中。其挥发程度与化合物的形态及在水中的溶解度、表面吸附、大气的相对湿度等因素密切相关，汞及其化合物在水中的挥发性见表6-1。由表可以看出，不管汞以何种形态存在都有不同程度的挥发性。一般有机汞的挥发性大于无机汞，有机汞又以甲基汞和苯基汞的挥发性最大。无机汞中以碘化汞挥发性最大，而硫化汞最小。

表6-1 典型汞化合物在水中的挥发性

化合物	挥发条件	大气中汞质量浓度（μg/m^3）
氯化甲基汞	0.06%的0.1mol/L磷酸盐缓冲液，pH=5	900
双氰胺甲基汞	0.06%的0.1mol/L磷酸盐缓冲液，pH=5	140

相比气相汞最终进入土壤或以海底沉积物的形式沉降，天然水体中的汞主要与水中存在的悬浮微粒相结合，长时间滞留于水体中，对水生生物和自然环境的影响更大。

有机汞化合物曾作为一种农药，特别是作为一种杀真菌剂而获得广泛应用，这类化合物包括芳基汞（如二硫代二甲氨基甲酸苯基汞，在造纸工业中用作杀黏菌剂和纸张霉菌抑制剂其结构式如图6-1所示）和烷基汞制剂（如氯化乙基汞，用作种子杀真菌剂）。

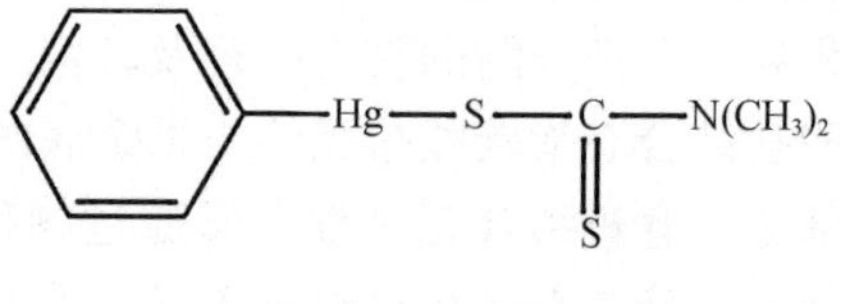

Hg—S—C(=S)—N$(CH_3)_2$

图6-1 二硫代二甲基甲酸苯基汞的结构式

无机汞化合物在生物体内一般容易排泄。但当汞与生物体内的高分子结合，形成稳定的有机汞络合物，就很难排出体外。由表6-2列出的甲基汞和汞的某些络合物稳定常数可以看出，在水相环境中，汞的络合物相当稳定。

表 6-2　甲基汞和汞的某些络合物的稳定常数

配体	*pK*	
	CH_3Hg^+	Hg^{2+}
—OH	9.5	10.3
组氨酸	8.8	10
半胱氨酸	15.7	14
血蛋白	22.0	13

在液相中，如果存在亲和力更强或者浓度很大的配位体，重金属难溶盐就会发生转化，这是一个普遍规律。例如，在 $Hg(OH)_2$ 与 HgS 溶液中，从计算可知，Hg 的质量浓度仅为 0.039mg/L，但当环境中的 Cl^- 离子浓度为 0.001mol/L，$Hg(OH)_2$ 和 HgS 的溶解度可以分别增加 44 倍和 408 倍；如果 Cl^- 离子浓度为 1mol/L 时，$Hg(OH)_2$ 和 HgS 的溶解度可以分别增加 10^5 倍和 10^7 倍。这是因为高浓度的 Cl^- 离子与 Hg^{2+} 离子发生强的络合作用。因此，河流中悬浮物和沉积物中的汞，进入海洋后会发生解吸，使河口沉积物中的汞含量显著减少。

汞在水环境中的迁移、转化与环境的点位和 pH 息息相关。从图 6-2 可以看出，液态汞和某些无机汞化合物，在较宽的 pH 和电位条件下是稳定的。

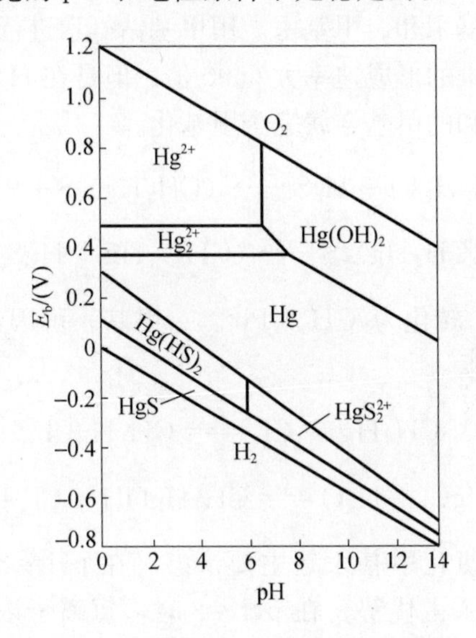

图 6-2　各种形态汞在水中的稳定范围

特别的，1953 年，在日本熊本县水俣湾爆发的水俣病，是一种由汞污染导致的中枢神经性疾患。经过十年研究，在水俣湾中附近的鱼贝等水生产品中提取出 CH_3HgCl，并使用其纯结晶对猫进行实验，出现了与水俣病完全一样的症状。1968 年，日本政府确认水俣病是由水俣湾附近的化工厂在生产乙醛时排放的汞和甲基汞废水造成的。同时，这是世界历史上首次出现的重大重金属污染事件。

甲基钴氨素是金属甲基化过程中甲基基团的重要生物来源，当含汞废水样进入水体后，无机汞被颗粒物吸着沉入水底，通过微生物体内的甲基钴氨酸转移酶进行汞的甲基化转变。此时汞以氧化态出现，其反应如下：

$$CH_3CoB_{12} + Hg^{2+} + H_2O \longrightarrow H_2OCoB_{12}^{+} + CH_3Hg^{+}$$

水合钴氨素被辅酶 $FADH_2$ 还原，使其中钴由三价降为一价，然后辅酶甲基四氢叶酸将正离子 CH_3^+ 转移给钴，并从钴上取得两个电子，以 CH_3^- 与钴结合，完成了甲基钴氨素的再生，使得汞的甲基化能够继续进行。其循环反应过程如图 6-3 所示。

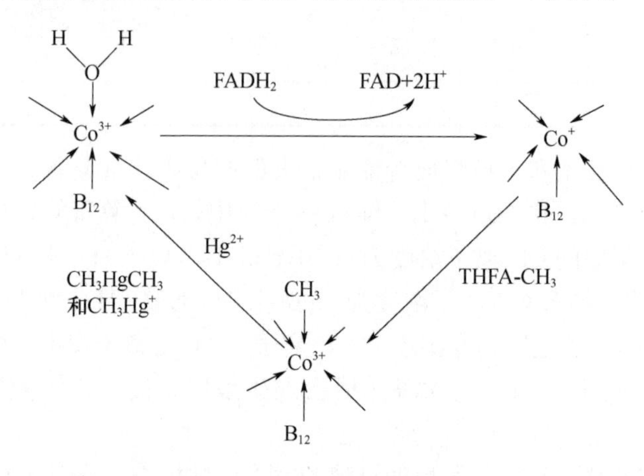

图 6-3　汞的甲基化过程

汞的甲基化产物有一甲基汞和二甲基汞。用甲基钴氨素进行非生物模拟实验证明，一甲基汞的形成速率要比二甲基汞的形成速率大 6000 倍。但是在 H_2S 存在下，则容易转化为二甲基汞。这一过程可使不饱和的甲基金属完全甲基化。

$$2CH_3HgCl + H_2S \longrightarrow (CH_3Hg)_2S + 2HCl$$

$$(CH_3Hg)_2S \longrightarrow (CH_3)_2Hg + HgS$$

例如，能使 $(CH_3)_3Pb^{-1}$ 转化为 $(CH_3)_4Pb$ 。一甲基汞可因氯化物浓度和 pH 不同而形成氯化甲基汞或氢氧化甲基汞。

$$CH_3Hg^+ + Cl^- \rightleftharpoons CH_3HgCl$$

$$CH_3HgCl + H_2O \rightleftharpoons CH_3HgOH + Cl^- + H^+$$

在中性和酸性条件下，氯化甲基汞是主要形态。在 pH＝8 时，氯离子质量浓度低于 400mg/L 时，则氢氧化甲基汞占优势；在 pH＝8 时，氯离子浓度为 18000mg/L 的条件下（海水），CH_3HgCl 约占 98%，CH_3HgOH 占 2%。

在烷基汞中，只有甲基汞、乙基汞和丙基汞三种烷基汞为水俣病的致病性物质。它们存在的形态主要是烷基汞氯化物，其次是烷基汞溴化物和碘化物。有趣的是具有四个碳原子以上的烷基汞并不是水俣病的致病物质，也并未发现它们具有直接毒性。

汞的甲基化既可以在厌氧条件下发生，也可以在好氧条件下发生。在厌氧条件下，主要转化为二甲基汞，二甲基汞难溶于水，有挥发性，易散逸至大气中。但二甲基汞容易被光解为甲烷、乙烷和汞，故大气中其存在量很少。在好氧条件下，主要转化为一甲基汞，在弱酸性水体（pH 为 4～5）中，二甲基汞也可以转化为一甲基汞。一甲基汞为水溶性物质，易被生物吸收而进入生物链。

水体沉积物中的甲基汞也可被某些细菌降解而转化为甲烷和汞。这些细菌经鉴定为假单胞菌属。日本分离得到的K62假单胞菌为典型的抗汞菌。

$$CH_3Hg^+ + 2H^+ \longrightarrow Hg + CH_4 + H^+$$

$$HgCl_2 + 2H^+ \longrightarrow Hg + 2HCl$$

汞在环境中的循环如图 6-4、图 6-5 所示。

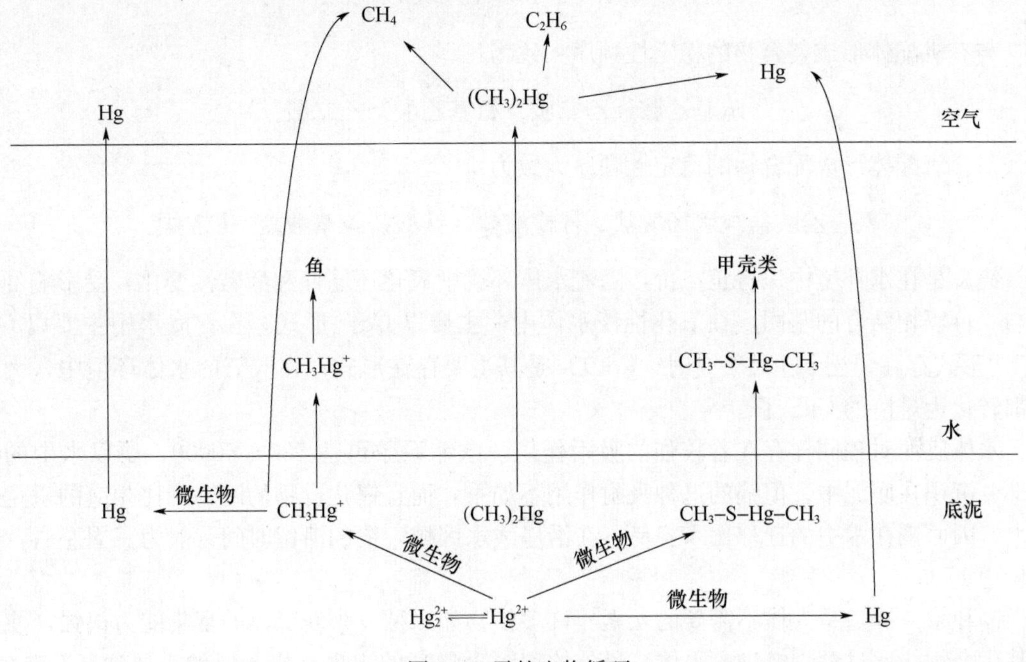

图 6-4 汞的生物循环

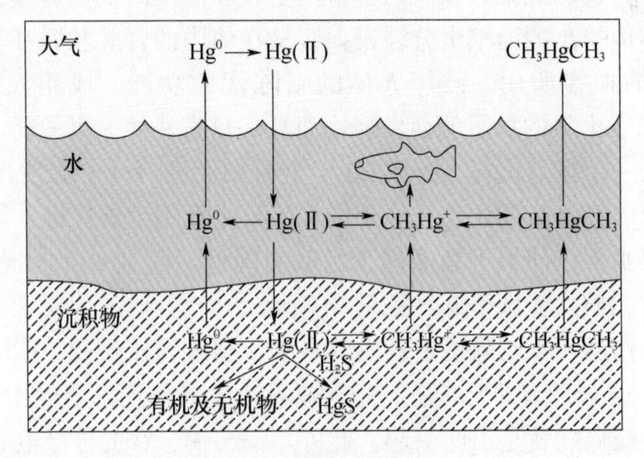

图 6-5 水体中的汞循环

2. 镉

地壳中镉的丰度仅为 20ng/g，通常与 Zn 共生。最早发现 Cd 元素就是在 ZnO_3 矿中。在 Zn-Pb-Cu 矿中含 Cd 浓度最高，所以炼锌过程中排放的废水是水体中 Cd 的主要来源。同时，在冶炼 Pb 和 Cu 时也会排放出 Cd。

镉的用途很广，主要用于电镀、增塑剂、颜料生产、Ni-Cd 电池生产等。电镀厂在更换镀液时，常将含镉量高达 2200mg/L 的废镀液直接排入周围水体中。此外，在磷肥、市政污泥和矿物燃料中也含有少量镉。

镉在环境中易形成各种配合物或螯合物，Cd^{2+}与各种无机配体形成的配合物的稳定性顺序大致为：

$$HS^- > CN^- > P_3O_{10}^{5-} > P_2O_7^{4-} > CO_3^{2-} > OH^- > PO_4^{3-} >$$

$$NH_3 > SO_4^{2-} > I^- > Br^- > Cl^- > F^-$$

与有机配体形成螯合物的稳定性顺序大致为：

疏基乙胺>乙二胺>氨基乙酸>乙二酸

与含氧配体形成配合物的稳定性顺序大致为：

氨三乙酸盐>水杨酸盐>柠檬酸盐>钛酸盐>草酸盐>酐酸盐

镉总是在水环境中保持正二价，随着水体环境中氧化还原性和酸碱性变化，受影响的仅为与二价镉相结合的基团。在氧化性淡水体中，主要以Cd^{2+}形式存在；海水中主要以$CdCl_x^{2-x}$形式存在；当pH大于9时，$CdCO_3$是其主要存在形式；在厌氧的水体环境中，大多数都转化为难溶的CdS了。

水体底泥对镉同样存在着较强的吸附作用，浓缩系数可达500～50000，所以水中的镉大部分沉积在底泥中。但镉的这种吸附作用不如汞，而且镉化合物的溶解度比相应的汞化合物大，因而镉在水中的迁移比汞容易。在沿岸浅水区域，镉的滞留时间一般为三周左右，而汞长达17周。

镉和汞一样，是人体不需要的元素。许多植物如水稻、小麦对镉的富集能力很强，使镉及其化合物能通过食物链进入人体，另外饮用镉含量高的水也是摄入镉的重要途径。其实，在由镉污染的地区，粮食、蔬菜、鱼体内都检出了较高浓度的镉，这些都是致病因素。镉的生物半衰期长，从体内排出的速率十分缓慢，容易在体内的肾脏和肝脏等脏器部位富集，对人体器官造成较大的损害所用，破坏人体的新陈代谢功能。成年人若每天平均摄取镉0.3mg以上，经过二三十年的积累就会发病，而且一旦发病便无可救药。

在我国山西省的一个偏远山村，连续18年全村妇女没有一个男婴出生，令村民忧心忡忡，外界也谣言四起。经过长期调查，终于揭开了只生女不生男之谜，原来当地的饮用水中镉含量非常高，高镉水不仅使男子精子减少活动力降低，而且对Y染色体也具有很严重的损害作用，因而该村的妇女生育率低，且只产女婴。

镉对骨质的破坏作用在于它阻碍了钙质的吸收，导致骨质松软。Cd^{2+}半径为0.097nm，Ca^{2+}的半径为0.099nm，两者非常接近，很容易发生置换作用，骨骼中钙的位置被镉占据，就会造成骨质变软，痛痛病就是由此引起。此外，镉与铜、锌的外层电子结构非常相似，半径也相似，因此在生物体内也存在铜和锌被镉置换取代的现象。铜和锌均为人体必需元素，由于受到镉污染而造成人体缺铜和缺锌，都会破坏正常的新陈代谢作用。

镉对肾脏的损害作用主要是由于其积蓄在肾表皮中导致输尿管排出蛋白尿。当肾表皮含镉量达到200mg/kg时，就会出现肾管机能失调。镉中毒致死的人体解剖结果发现肾脏含大量的镉，甚至骨灰中的含镉量高达2%。

有研究表明，硒（Se）对镉的毒性有一定的拮抗作用。这可能与硒是硫族元素，镉与硒能较稳定地结合在一起，使镉失去活性有关。

镉与锌同属，地球化学性质很相似。在天然水体中，镉与锌都以二价的阳离子形式存在，不过镉形成共价键的趋势比锌大，较容易形成稳定络合物。

镉在金属电镀工业中有广泛的应用，水中镉的污染物主要来源于工业废水和采矿废物。

镉是剧毒性金属，急性镉中毒会给人体造成严重的损害，体征表现在高血压、肾损伤、睾丸组织和红血球细胞破坏等。

锌在生物菌种具有重要作用，由于镉与锌的化学性质相似，一旦镉摄入体内后，生物酶中的锌可能被镉置换出来，从而导致酶的空间结构和酶的催化活性受到了破坏，最终诱发各种疾病。有鉴于此，镉已被公认为是最危险的水污染物之一。

在被工业设施包围的港湾、河口等地区，天然水体的底泥经常可以发现有镉和锌的污染物存在。据有关调查报告显示，一些受镉工业废水污染的港湾底泥中，镉的含量高达130μg/g，即使港口外海湾沉积物中，镉的含量也有1.9μg/g。另外还发现，水中镉的浓度分布呈现随水的深度增加而下降的规律，在含氧的表层水中，含有较高浓度的可溶性离子$CdCl^+$。在缺氧的地层水域中，镉的含量明显减少，因为厌氧微生物利用硫酸根作硫源，把其还原成负二价的硫：

$$2\{CH_2O\} + SO_4^{2-} + H^+ \longrightarrow 2CO_2 + HS^- + 2H_2O$$

继而与镉作用生成难溶的硫化镉沉淀：

$$CdCl^+ + HS^- \longrightarrow CdS(s) + H^+ + Cl^-$$

冬天，强劲的风力把河口和河湾的水充分搅匀，含氧的海湾水把河口底泥中的镉解吸出来，溶解的镉随着水流被带入海洋。

在重金属污染造成的严重事件中，除水俣病之外，就属痛痛病了。1955年痛痛病首次发现于日本富山县神通川流域，是积累性镉中毒造成的。患者初发病时，腰、背、手、脚、膝关节等部位会感到疼痛，直至逐渐加重，上下楼梯时全身疼痛，行动困难，持续几年后，出现骨萎缩、骨弯曲、骨软化等症状，进而发生自然骨折，甚至咳嗽都能引起多发性骨折，直至最后死亡。经过调查，发现是由于神通川上游锌矿冶炼排出的含镉废水污染了神通川，用河水灌溉农田，又使得镉进入稻田被水稻吸收，致使当地居民长期饮用被镉污染的河水和食用被镉污染的稻米而引起的慢性镉中毒。此病潜伏期一般为2～8年，长着甚至可达10～30年。直到这一事件发生之后，镉污染问题才引起了人们普遍的关注。

3. 铬

自然界铬化合物中的铬主要以三价和六价出现，铬的价态不同，对生物有着迥然不同的影响。三价铬是一种人体必需的微量元素，而水溶性六价铬则被列为对人体危害最大的8种化学物质之一，是国际公认的3种致癌金属物之一，同时也是美国EPA公认的129种重点污染物之一。铬对人类的威胁在于它不能被微生物分解，通过食物链在生物体内富集。环境中铬（包括各种铬酸盐）在自然界的迁移十分活跃，易于造成环境的污染，其迁移活动主要是通过大气（气溶胶和粉尘）、水和生物链来完成，其中含铬工业废水、废渣的排放是铬迁移扩散的主要途径。

与前面几种重金属不同的是，三价铬是人体必须的微量元素。它参与正常的糖代谢和胆固醇代谢的过程，促进胰岛素的功能，人体缺Cr^{3+}会导致血糖升高，还会引起动脉粥样硬化症。但六价铬对人体具有强烈的毒害作用，吸入会引起急性支气管炎和哮喘；入口则可刺激和腐蚀消化道，引起恶心和呕吐甚至肾脏损害。另外，长时间地与高浓度六价铬相接触，还会损害皮肤，引起皮炎和湿疹，甚至产生溃疡（俗称铬疮）。六价铬对黏膜的刺激和伤害也很严重，空气中铬的质量浓度为0.15～0.3mg/m^{3}时可导致鼻中铬穿孔。同时，六价铬的致癌作用也被确认。另外，三价铬的摄入也不应过多，否则同样会对人体产生有害作用。

铬在环境中的分布是微量级的。大气中约1ng/m^3，天然水中1～40μg/L，海水中的正常含量是0.05μg/L，单在海洋生物体内铬的含量达50～500μg/kg，说明生物体对铬有较强的富集作用。

1）水环境中铬的存在形态

天然水体中铬的质量浓度一般在1～40μg/L之间，主要以Cr^{3+}、CrO^{2-}、$CrO_4{}^{2-}$、$Cr_2O_7{}^{2-}$等4种离子形态存在，水体中铬主要以三价铬和六价铬的化合物为主。铬的存在形态直接影响其迁移转化规律。三价铬大多数被底泥吸附转入固相，少量溶于水，迁移能力弱。六价铬在碱性水体中较为稳定并以溶解状态存在，迁移能力强。因此，水体中若三价铬占优势，可在中性或弱碱性水体中水解，生成不溶的氢氧化铬和水解产物或被悬浮颗粒物强烈吸附后存在于沉积物中。若六价铬占优势则多溶于水中。

电镀、皮革、燃料和金属酸洗等工业均是环境中铬的污染来源。对我国某电镀厂周围环境的检测结果发现，该电镀厂下游方向的地下水、土壤和农作物都受到不同程度的六价铬污染，且离厂区越近污染越严重。电镀厂附近居民的血、尿、毛发中的六价铬平均水平均超过了正常水平。另外重铬酸钾和浓硫酸配置的溶液曾广泛应用于实验室的洗液，自从六价铬的毒性被确认之后，这种洗液已被禁用。

进入自然水体中的三价铬，在低pH值条件下易被腐殖质吸附形成稳定的配合物，当pH>4时，三价铬开始沉淀。接近中性时可沉淀完全。天然水体的pH值在6.5～8.5之间，在这种条件下，大部分的三价铬都进入底泥中。在强碱性介质中，遇到氧化性物质，Cr（Ⅲ）会向Cr（Ⅵ）转化；而在酸性条件下，Cr（Ⅵ）可以被水体中的二价铁、硫化物和其他还原性物质还原为Cr（Ⅲ）。在天然水体环境中经常发生三价铬和六价铬之间的这种相互转化。

铬的生物半衰期相对比较短，容易从排泄系统排出体外，因而与前面几类金属相比，铬污染的危害性相对小一些。

2）水环境中铬的迁移转化过程

在水体中铬的迁移主要是水解、沉淀、络合、吸附和氧化还原等过程。

（1）水解作用

天然水体中六价铬以H_2CrO_4、$HCrO^{-4}$、$CrO_4{}^{2-}$和$Cr_2O_7{}^{2-}$ 4种形式存在。水中的pH值影响铬的存在形态。水体中六价铬主要以$CrO_4{}^{2-}$和$Cr_2O_7{}^{2-}$两种形式存在。各种形态之间存在着平衡：

$$H_2CrO_4 + H_2O \rightleftharpoons H_3O^+ + HCrO_4^- \qquad \lg K_1 = 0.2$$

$$HCrO_4^- + H_2O \rightleftharpoons H_3O^+ + CrO_4^{2-} \qquad \lg K_1 = -5.9$$

$$2HCrO_4^- \rightleftharpoons Cr_2O_7^{2-} + H_2O \qquad \lg K_1 = 1.53$$

在水中三价铬易水解生成羟基配合物：

$$Cr^{3+} + H_2O \rightleftharpoons Cr\,OH^{2+} + H^+ \qquad \lg K_1 = -4.0$$

$$Cr^{3+} + 2H_2O \rightleftharpoons Cr(OH)^{2+} + 2H^+ \qquad \lg K_1 = -9.6$$

$$Cr^{3+} + 4H_2O \rightleftharpoons Cr(OH)_4^- + 4H^+ \qquad \lg K_1 = -27.4$$

(2) 沉淀作用

六价铬可与钡、铅、银等重金属离子形成不溶于水的铬酸盐沉淀。但天然水体中这些金属浓度较低。因此，六价铬在水中有较强的迁移能力，难以沉淀。在弱酸性和碱性条件下，三价铬易形成难溶于水的氢氧化物沉淀：

$$Cr^{3+} + 3H_2O = Cr(OH)_3 \downarrow + 3H^+ \qquad \lg K = -12.0$$

同时，三价铬还可被水合铁氧化物吸附在表面成为晶体的组成部分，从而形成共沉淀。水解后的三价铬可在 Fe 的水合氧化物上吸着，这一过程已用于将海水中的三价铬和六价铬分离。

(3) 氧化还原作用

六价铬是强氧化剂，特别是在酸性溶液中，可与还原性物质强烈反应，生成三价铬。电极反应为：

$$Cr_2O_7^{2-} + 14H^+ + 6e^- = 2Cr^{3+} + 7H_2O \qquad E^0 = 1.33V$$

在弱酸性和碱性条件下，三价铬可转化为六价铬。在 pH＝6.5～8.5 之间，三价铬转化为六价铬的反应式为：

$$2Cr(OH)_2^+ + 1.5O_2 + H_2O = 2CrO_4^{2-} + 6H^+$$

但此反应速度极为缓慢，要使此反应顺利进行，需加入其他物质。

(4) 络合作用

六价铬一般不会生成配位化合物。天然水体的三价铬能与带负电荷的有机配位体和无机配位体生成稳定的络合物。三价铬可与氨、氟离子、氰化物、硫氰酸盐、溴离子和硫酸盐形成络合物。当水中无其他离子存在时，三价铬与水分子反应生成羟基化合物。有机配体，如 NAT、EDTA、醋酸、丙酮酸也具有与三价铬络合的能力。

(5) 吸附作用

天然水体的底泥和悬浮物含有丰富的胶体。胶体有巨大的比表面积和带大量电荷，能吸附六价铬和三价铬。

天然水体中的六价铬主要以含氧阴离子（CrO_4^{2-} 和 $Cr_2O_7^{2-}$）的形式存在，但几乎不与悬浮颗粒中的阴离子结合。

六价铬具有强氧化能力，可与水中的还原性物质反应，被还原成三价铬，三价铬能与带负电荷的有机及无机配位体生成稳定的络合物，易被水体中的悬浮物所吸附而沉积在底泥中。

通过铬在水体中的迁移过程可以看出，六价铬不易形成络合物或沉淀直接从水中去除。因此，将六价铬还原成三价铬，然后利用沉淀、吸附和络合等作用将铬从水中去除是含六价铬废水处理的主要途径。

4. 砷

有毒元素在水环境化学中的重要性很少有人怀疑，然而研究者普遍关注的只是汞、镉、铬和铅等寥寥几种元素。对于过渡金属锰、镍、钴和铜等元素，由于它们在代谢和酶催化过程中的作用，它们在环境中的化学行为一直在被研究。但是从环境和毒理学的观点看，对砷、硒、铍和钒的研究将会变得日趋重要。

(1) 砷的来源及分布

砷是一个广泛存在并具有准金属特性的元素。它多以无机砷形态分布于许多矿物中，主要含砷矿物有砷黄铁矿、雄黄矿与雌黄矿。地壳中砷的含量为 1.5～2mg/kg，而受醇污染的土壤中含砷量则高达 550mg/kg。

某些煤中也含有较高浓度的砷。如美国煤的平均含砷量为 1～10mg/kg；捷克斯洛伐克的一些煤中砷含量可高达 1500mg/kg。

空气中砷的自然本底值为每立方米几纳克。其中甲基砷含量约占总砷量的 20%。

地面水中砷的含量很低，如德国境内河水中砷含量的平均值为 0.003mg/L，湖水中为 0.004mg/L。地面水中三价砷与五价砷的含量比范围为 0.06～6.7。

海水含砷量范围为 0.001～0.008mg/L，其中主要为砷酸根离子，但亚砷酸根仍占总砷量的三分之一。

某些地下水水源的含砷量极高（224～280mg/L），且一半为三钾砷。温泉活动地区的水源含砷量，如新西兰温泉水的含砷量高达 8.5mg/L，温泉孔内，水中 90%以上为三价砷。日本地热水含砷量为 1.8～6.4mg/L。

在未经含砷农药处理过的土地生长的植物，其含砷量变动范围为 0.01～5mg/kg 干重。但在砷污染的土壤中生长的植物可含相当高水平的砷，尤其是根部。海藻与海草的含砷量相当高，为 10～100mg/kg 干重，其浓缩倍数为 1500～5000 倍。

环境中砷污染的来源主要来自以砷化物为主要成分的农药。如砷酸铅、乙酰亚砷酸铜、亚砷酸钠、砷酸钠和有机砷酸盐。大量甲砷酸和二甲次砷酸用作具有选择性的除莠剂。二甲次砷酸还在越南作为落叶剂用于军事目的（即蓝色剂）。它还可以在林业上用作杀虫剂。

铬砷合剂、砷酸钠与砷酸锌用作木材防腐剂，防止霉菌与昆虫。

某些苯胂酸化合物，如对氨基苯基胂酸，作为饲料添加剂用于家禽和猪，也用于治疗小鸡的某些疾病。

此外，砷还可用于冶金工业和半导体工业，如砷化镓与砷化铜。所以，工厂和矿山含砷废水、废渣的排放，以及矿物燃料燃烧等也是造成砷污染的重要来源。

（2）砷在环境中的迁移和转化

在天然水体中，砷的存在形式为 H_2AsO_4，$HAsO_4^{2-}$，H_3AsO_3 和 $H_2AsO_3^-$。在天然水的表层中，由于溶解氧浓度高，pE<0.2，pH 在 4～9，砷主要以五价的 $H_2AsO_3^-$ 和 $HAsO_4^{2-}$ 形式存在。在 pH>12.5 的碱性水环境中，砷主要以 AsO_4^{3-} 形式存在。在 pE<0.2，pH>4 的水环境中，则主要以三价的 H_3AsO_3 和 $H_2AsO_3^-$ 形式存在。以上这些形态的砷都是水溶性的，它们容易随水发生迁移。

砷的生物甲基化反应和生物还原反应是它在环境中转化的一个重要过程。因为它们能产生一些可在空气和水中运动并相当稳定的有机金属化合物。但生物甲基化所产生的砷化合物易被氧化和细菌脱甲基化，结果又使它们回到无机砷化合物的形式。砷在环境中的转化模式如图 6-6 所示。

砷与产甲烷菌作用或与甲基钴氨素及 L-甲硫氨酸甲基反应均可使砷甲基化。在厌氧菌作用下主要产生二甲基胂，而好氧的甲基化反应则产生三甲基胂。Challenger 与 McBride 等认为砷酸盐甲基化的机制如图 6-7 所示。

该机制指出，As（Ⅴ）必须在甲基化前还原成 As（Ⅲ）。

在水溶液中二甲基胂和三甲基胂可以氧化为相应的甲胂酸。这些化合物与其他较大分子的有机砷化合物，如含砷甜菜碱和含砷胆碱，都极不容易化学降解。

甲胂酸为二元酸，其 pK_{a1} 为 4.1，pK_{a2} 为 8.7，它能与碱金属形成可溶性盐类。二甲

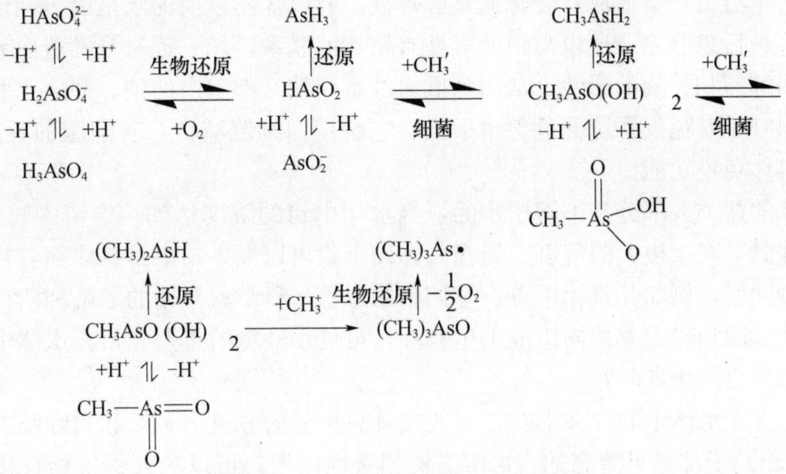

$$HAsO_4^{2-} \underset{+H^+}{\overset{-H^+}{\rightleftharpoons}} H_2AsO_4^- \underset{+H^+}{\overset{-H^+}{\rightleftharpoons}} H_3AsO_4 \underset{+O_2}{\overset{\text{生物还原}}{\rightleftharpoons}} HAsO_2 \ (\xrightarrow{\text{还原}} AsH_3;\ HAsO_2 \underset{-H^+}{\overset{+H^+}{\rightleftharpoons}} AsO_2^-) \underset{\text{细菌}}{\overset{+CH_3'}{\rightleftharpoons}} CH_3AsO(OH)_2\ (\xrightarrow{\text{还原}} CH_3AsH_2;\ \underset{+H^+}{\overset{-H^+}{\rightleftharpoons}} CH_3-As(=O)(OH)-O) \underset{\text{细菌}}{\overset{+CH_3'}{\rightleftharpoons}}$$

$$CH_3AsO(OH)_2\ (\xrightarrow{\text{还原}} (CH_3)_2AsH;\ \underset{-H^+}{\overset{+H^+}{\rightleftharpoons}} CH_3-As(=O)=O) \xrightarrow{+CH_3^+} (CH_3)_3AsO \xrightarrow[-\frac{1}{2}O_2]{\text{生物还原}} (CH_3)_3As\cdot$$

图 6-6　砷在环境中的转化模式

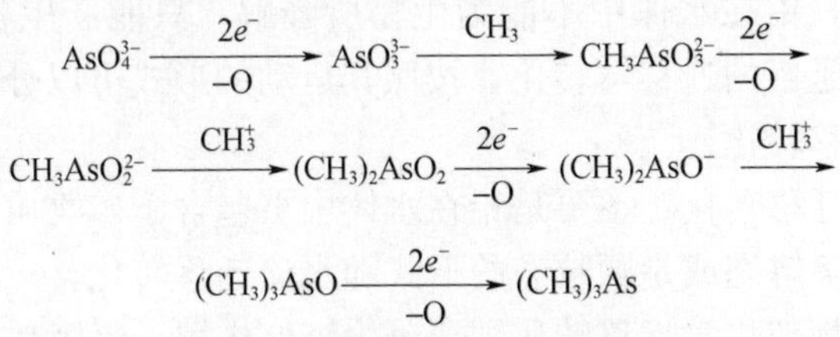

$$AsO_4^{3-} \xrightarrow[-O]{2e^-} AsO_3^{3-} \xrightarrow{CH_3} CH_3AsO_3^{2-} \xrightarrow[-O]{2e^-}$$

$$CH_3AsO_2^{2-} \xrightarrow{CH_3^+} (CH_3)_2AsO_2 \xrightarrow[-O]{2e^-} (CH_3)_2AsO^- \xrightarrow{CH_3^+}$$

$$(CH_3)_3AsO \xrightarrow[-O]{2e^-} (CH_3)_3As$$

图 6-7　砷酸盐甲基化的机制

次胂酸为一元弱酸，其 pK_a 为 6.2，也能形成溶解度相当大的碱金属盐。一些烷基胂酸能还原成相应的胂。它们与硫化氢及一些巯基链烷反应生成含硫的衍生物，如 $(CH_3)_2AsSSH$。因此，二甲次胂酸的还原反应及其与巯基间的继发反应很可能是它参与生物活性的关键所在。

（3）砷的毒性与生物效应

三价无机砷毒性高于五价砷。也有证据表明，溶解砷比不溶性砷毒性高。可能是因为前者较易吸收。据报道，摄入 As_2O_3 剂量为 70～180mg 时，可使人致死。

无机砷可抑制酶的活性，三价无机砷还可与蛋白质的巯基反应。三价砷对线粒体呼吸作用有明显的抑制作用，已经证明，亚砷酸盐可减弱线粒体氧化磷酸化反应，或使之不能偶联。这一现象与线粒体三磷酸腺苷酶（ATP 酶）的激活有关，它本身又往往是线粒体膜扭曲变形的一个因素。

长期接触无机砷会对人和动物体内的许多器官产生影响，如造成肝功能异常等。体内与体外两方面的研究都表明，无机砷影响人的染色体。在服药接触砷（主要是三价砷）的人群中发现染色体畸变率增加。可靠的流行病学证据表明，在含砷杀虫剂的生产工业中，呼吸系统的癌症主要与接触无机砷有关。还有一些研究指出，无机砷影响 DNA 的修复机制。

5. 铅

铅的毒性非常大，它作用于人体的各系统和器官，并以神经毒性为主。在人体内对许多器官和生理功能产生危害，其危害主要包括一下几个方面：（1）铅对人的神经系统有损害作用，它会使神经发生变性阻碍神经冲动的传递。（2）铅对人体消化系统有很大影响，因为铅对肝脏的损害十分大，会造成肝硬化或是肝坏死。武汉大学以前的水是由东湖供给的，后来几名武大老师最后患肝癌，这也与铅的毒性有密切的联系。(3) 铅对骨髓造血系统产生破坏作用，由于铅抑制相关酶的活性，从而降低血红素，使红细胞内的钠、钾、水脱失，造成中毒性贫血。(4) 铅对免疫系统的危害也很大，它会使白细胞减少，有细胞的吞噬作用下降，从而降低了机体免疫功能。

由铅组成的盐类大部分是不溶于水的，当水体中铅的浓度达到一定范围时就会对人体、渔业、农业灌溉等产生极大的危害。铅在人体内富集可以发生铅中毒。伴随着社会上出现的一系列铅污染问题，例如儿童铅中毒、孕妇铅中毒等，科学家对铅的了解和研究进一步的加深。水圈与大气圈和岩石圈共同组成了生物圈，可见水环境的重要，铅在水体中的迁移与转化也必然成为社会的焦点问题。

关于铅元素在水体中的存在形态，一般按其总量分为“可溶态”和“颗粒态”，一些+2价铅和+4价铅离子都是可溶态的，可溶态的铅毒性较大，可以为人、生物直接吸收，储积性强。悬浮物和沉积物中的铅是颗粒态的。

和其他重金属一样，铅在水体中不能为生物所降解，只能产生各种形态之间的相互转化、分散和富集，这就是铅的迁移与转化，按照其运动的形式可以分为机械迁移转化、物理化学迁移转化、生物迁移转化。

(1) 对于铅的机械迁移转化，主要是铅在水体中被包含于矿物质或是有机胶体中，或是被吸附在悬浮物上，以溶解态或是颗粒态的形式随水流迁移转化。

(2) 铅在水体中的物理化学迁移转化主要分为沉淀作用、吸附作用和氧化还原作用。在此笔者详细地讨论一下其转化过程。从高中的知识我们知道铅盐的溶解度都非常小，在偏酸性的水体中 Pb 的浓度被 PbSO 和 PbS 等限制着，水体中的氢离子浓度大于氢氧根离子浓度，$Pb+SO \longrightarrow PbSO$（沉淀），$Pb+S \longrightarrow PbS$（沉淀），生成的 PbSO、PbS 不溶于酸；在偏碱性的水体中铅的浓度受 $Pb(OH)_2$ 的限制，$Pb(OH)_2 \longrightarrow Pb+2OH$，此反应是可逆的，水中 OH^- 较多，使得平衡向逆向移动，又水解反应 $Pb+2HO \longrightarrow Pb(OH)+H$，$OH^-$ 中和 H^+ 使得平衡向正向移动。另外铅离子在水体中会发生络合反应生成一些络合物，所以铅通过沉淀作用可以使铅在水体中的扩散速度和范围得到限制。铅离子带正电被水中带负电的胶体吸附，发生聚沉现象，这也如沉淀作用有着相同之处，最后大量的铅沉积在排污口的底泥中，实现了铅从水体转化到表层沉积物中，在一些反应中会转化为其他形式，同时表层沉积物中的铅在一定的条件下通过一系列的物理化学生物过程释放到水体中，形成二次污染，所以沉积处也就成为了又一个潜在的污染源。谈及铅的氧化还原，首先可知铅在水体中一般以2价铅离子和4价铅离子存在，4价铅离子得电子发生还原反应，产生的2价铅比较稳定，这样使得造成的危害相对减少。

(3) 说到生物迁移转化不得不提食物链和富集作用。铅在生态中通过生物的新陈代谢迁移，食物链是其重要的方式，铅不仅可以从食物链的一级转化到另一级，而且转化过程中对铅元素有逐级放大的作用，其浓度从低营养级到高营养级是一个倒金字塔型，能量传递经过的营养级越多，浓度放大的比例就越大，在水体中植物通过根系从底泥中吸收化学态铅，一些植食类动物消化后铅就在体内富集，当此类动物营养转化倒高营养级生物体内时，铅也随之得以富集，就这样随着食物链，铅一级一级地富集，当营养剂到达人时，铅的浓度已经相当高了，从而会对人产生极大的危害。

影响铅在水体中迁移转化的因素有很多种，从铅自身的角度讲，铅存在的形态和价态是一个关键因素，从外界条件讲影响因素有温度、水体的酸碱性、DO、有机质等。关于铅自身形态价态和水体的酸碱性在前面已经讲过。溶解氧（DO）的含量可以影响水体中氧化还原电位，对于铅而言，氧可以使铅氧化从而改变铅存在的形态及溶解度等，进而影响铅的迁移性和毒性。关于温度的影响，先讲一下重金属的吸附，重金属在固体颗粒上的吸附是一个放热过程，解吸是一个吸热过程，当温度升高时，有利于重金属的解吸，重金属铅就会从吸附态变成自由态，所以一般在夏天河流的底物向水体中释放更多的重金属，包含大量的铅。有机质一般处于沉积物的表层，有较高的吸附性，其中一些物质如有机酸会与铅离子发生反应，生成可溶性的络合物和胶体悬浮物，从而影响铅的迁移转化。综上所述，铅在水体中的迁移转化过程受各方面因素的共同影响。

6.3　重金属在水体中的迁移转化规律

重金属在水体中的运动过程可以概括为迁移、吸附、释放三个过程：迁移过程即溶解态重金属和悬浮态重金属随水流迁移的过程；吸附过程往往发生在悬浮物和沉积物的表层，其吸附重金属离子的能力大小与泥砂粒径、水体 pH 值、水体盐度等有关；进入水体的重金属离子在吸附、络合、沉淀等因子作用下富集于沉积物中，并易在环境条件发生变化时从沉积物中释放，再悬浮和溶出到水体中，对水环境造成二次污染。

重金属吸附载体的组成：悬浮物成为吸附重金属的主要载体在于其有大的比表面积，悬浮颗粒物随水流迁移一定距离后会沉降到水体底部而成为沉积相，沉积相的有机质含量低，发育环境光强较弱，氧化还原电位较低，结晶度较高；水体中的颗粒物包括各类矿物微粒，含有铁、锰、硅水合氧化物等的无机高分子，含有腐殖质、蛋白质等的有机高分子，以及细菌等生物胶体，颗粒物通过物理、化学作用相互结合成复合体，该复合体易于吸附重金属和有机污染物等，即水体中最基本的颗粒物群体；生物膜，易于吸附、富集重金属，一般生长在溶解氧量高、阳光充足、微生物种类多的环境中，生物膜吸附重金属的关键在于生物膜的结构、表面活性点位、官能团特性和表面积等。在上述载体中，主要的载体是黏土矿物、金属水合氧化物、腐殖质和微生物等

重金属污染物进入水体后由于水体中悬浮物的吸附作用，大部分从水相转移至悬浮物中随之迁移，当悬浮物负荷量超过其搬运能力时就逐步沉降下来，蓄积在沉积物中。水环境条件等因素改变时，重金属又可能再次释放，重新进入水体中。由此可见，重金属在水体中的迁移转化是一个复杂的过程，包括了水体中的各种物理、化学及生物反应，并且其中有些过程是可逆的，所以在研究重金属在水体中的迁移转化规律时，必须综合考虑各过程以及主要影响因素。由于迁移转化规律复杂，在水环境条件的影响下，不同的重金属污染物之间也会反映出明显的差异。

在重金属迁移转化中有两个环节是十分重要的：

（1）重金属被吸附，这是重金属污染物沉降的前提条件。重金属如何被吸附，吸附量和吸附速率受哪些因素的影响，都直接关系到重金属能否很快地迁移到沉积物中；

（2）重金属的释放。重金属从悬浮物或沉积物中重新释放，造成二次污染，对其释放规律和影响因素的研究十分必要。

6.3.1 重金属的吸附过程

1. 影响重金属吸附的主要因素

进入天然水体中的重金属污染物被水体中的悬浮沉积物吸附，它们顺水迁移或经絮凝沉降到底部沉积物中，这是重金属污染物由液相转入固相的重要途径，也是水相浓度降低的主要原因。因此，重金属的吸附过程是其迁移转化过程中的重要环节，对水体的自净、污染效应以及控制措施等都有直接的影响。影响重金属吸附的水力环境因素是研究所关注的重点，经分析主要有以下几个方面：

（1）悬浮物

悬浮物是水体污染物的主要载体，悬浮物中多含有较强吸附能力的活性物质，主要是黏土矿物、铁锰水合氧化物、有机物以及碳酸盐等，它们的种类和特性决定着悬浮沉积物的吸附性能。因此在对悬浮沉积物的整体吸附性能进行研究时，也要对其中各组分进行单独吸附能力分析，考察它们对于总体吸附的贡献。除了悬浮物的吸附特性外，悬浮物浓度和粒径大小也是影响重金属悬浮的重要因素。研究表明，在重金属污染物浓度固定时，单位吸附量随着悬浮物浓度增加而减小，并且随着粒度的增大悬浮物对污染物的吸附量减少。

悬浮物在污染物的输送以及最终归宿方面起到很重要的作用，对于重金属污染物亦是如此。目前主要通过现场采样调查和实验分析相结合的方式，分析悬浮物的表面特性等对重金属的吸附以及迁移能力的影响。

（2）泥砂性质

在多泥砂河流中，泥砂是沉降物的主体，悬浮物中以细颗粒泥砂为主，而沉积物中则以粗颗粒泥砂为主，泥砂成为了多泥砂河流中重金属污染物的主要归宿。可见，泥砂对于多泥砂河流中重金属污染问题研究的重要性。经研究发现泥砂浓度和泥砂性质是多泥砂河流中影响重金属吸附的最主要因素。

研究表明，泥砂浓度与单位泥砂的吸附量呈负相关，这与悬浮物浓度对污染物吸附的影响有着相似性，即泥砂浓度减少，单位泥砂的吸附量增加，但吸附总量总是随着含砂量的增加而不断增加的。这是因为泥砂含量小时，泥砂表面可充分与水溶液接触，可有效吸附重金属；而当泥砂含量逐渐增大时，由于泥砂的相互粘结使得与水溶液直接接触的表面吸附点位以及水相重金属浓度逐渐减小，单位泥砂的吸附量受到相应影响。

泥砂吸附与其比表面积（表面积/体积）也有一定关系，若将泥砂近似认为是球体，则其比表面积与粒径成反比，泥砂越细，比表面积越大，具有越多的空白吸附点位，所以吸附作用就越强。实验研究也证明，细粒径泥砂吸附能力强，而粒径大的泥砂吸附能力较弱，尤其在重金属浓度较高时，表现更为明显。

泥砂的吸附作用除了与上述两种因素有关外，还与泥砂颗粒所含的活性成分有关，泥砂的活性成分通常是指黏土矿物、铁、锰、铝水合氧化物和碳酸盐等。一般颗粒越细，所含活性成分越多，这与泥砂粒径的影响是相同的。

（3）沉积物

沉积物对重金属吸附的影响类似于悬浮物。沉积物中的有机质、矿物等都对很多重金属有很强的吸附能力，其组分和含量的不同影响其对重金属的吸附能力，并且也具有细微颗粒吸附重金属量大的特点。

(4) 温度和 pH 值

随着温度的升高，重金属的吸附速率增大。金相灿在研究黄河中游悬浮物对重金属吸附和解吸中就得到类似结论：随着反应温度升高 Cu 被沉积物吸附的速率逐渐升高。

由于 pH 值变化会制约重金属的溶解度等很多性质，而且还会影响悬浮沉积物的表面吸附特性和各种吸附反应，所以水体 pH 值的变化直接影响吸附速率的变化，通常 pH 值升高吸附速率增大，解吸速率减少。吸附量也不是随着 pH 值的升高无限制的增加，存在一个临界 pH 值，即在此 pH 值下吸附量最大。

(5) 离子强度

沉积物中有大量的阳离子，如 Ca^{2+}、Mg^{2+}、Na^{+} 和 K^{+} 等，它们都会对吸附产生影响，且影响程度不一。Handen 等研究 Chapala 湖沉积物的吸附时发现对 Cd 的吸附主要依赖于电解质的类型和浓度，而 Pb 受电解质的影响较小，当浓度增加时，Pb 和沉积物表面吸附反应几乎不可逆。

2. 重金属吸附模式分析

天然水体中，上述几种因素分别对重金属吸附产生影响，当要综合分析它们对重金属吸附过程的影响时，人们发现可用三种等温吸附模式，即 Henry 型、Langmuir 型和 Freundich 型来描述重金属的吸附过程，三种吸附模式分别有不同的适用条件。吸附等温式和吸附动力学方程是三种模式的数学表达形式，其中，吸附等温式是在温度固定条件下表达重金属平衡吸附量和水相平衡浓度之间关系的数学式，根据这种关系绘制的曲线称为吸附等温线，通过该曲线可以研究两者之间的相关关系。吸附动力学方程描述的重金属吸附量随时间的变化过程，主要通过分析吸附和解吸速率来实现。

(1) Henry 型等温吸附模式

Henry 型等温吸附模式适合于研究重金属污染很低时的吸附情况。

吸附动力学方程为式 (6-1)：

$$\frac{dN}{dt} = K_1 C - K_2 N \tag{6-1}$$

吸附等温式为式 (6-2)：

$$N_\infty = K_e C_\infty^{\frac{1}{n}} \tag{6-2}$$

式中：K_1 为吸附速率系数；K_2 为解吸速率系数；K_e 为吸附-解吸系数常数（$=K_1/K_2$）；N_∞ 为平衡吸附量；C_∞ 为水相平衡浓度。

由式 (6-1) 可见和水相重金属浓度 C 成正比，与吸附量 N 成反比；式 (6-2) 表明，吸附平衡时，平衡吸附量和水相平衡浓度成正比例。

(2) Freundich 型

该模式限于中等浓度的情况。

吸附动力学方程为式 (6-3)：

$$\frac{dN}{dt} = K_1 C^n - K_2 N \tag{6-3}$$

吸附等温式为式 (6-4)：

$$N_\infty = K_b C_\infty^{\frac{1}{n}} \tag{6-4}$$

式中，K_b 和 n 为常数，没有明确的物理意义，K_1、K_2、N_∞、C_∞ 同上。

（3）Langmuir 型

该模式适合于研究高浓度的重金属吸附情况。

吸附动力学方程为式（6-5）：

$$\frac{dN}{dt} = K_1 C(b-N) - K_2 N \tag{6-5}$$

吸附等温式为式（6-6）：

$$N_\infty = b\frac{C_\infty}{K + N_\infty} \tag{6-6}$$

式中，N、C、N_∞、C_∞ 意义同上；b 为吸附达到饱和时的最大极限吸附量；K 值为吸附系数，相当于吸附量 1/2 时的水相平衡浓度（$=K_2/K_1$）。

式（6-5）表明吸附速率和水相浓度 C 及剩余吸附能力（$b-N$）的乘积成正比，与吸附量 N 成反比。

根据不同的使用条件选择相应的吸附模式，就可以求解出吸附速率和解吸速率系数，并通过改变实验条件分析该数受哪些因素影响，建立它们之间定量或定性关系，从而达到研究重金属吸附的目的。崔慧敏在研究拒马河悬浮沉积物随重金属的吸附——解吸规律时，就用 Freundich 型吸附等温式求解吸附和解吸系数，并根据影响因素建立了经验公式。黄岁樑等也选用 Freundich 型和 Langmuir 型吸附模式研究泥砂对重金属的吸附作用。除了上述三种吸附模式以外，Stumn 等提出的表面络合模式也是近年来用于描述水环境界面上吸附过程的主流理论之一。文湘华等采用该模式对乐安江沉积物的表面特性以及对重金属的吸附特性进行分析，这种模式已建立了相应的图解、参数估值法和计算程序软件。

6.3.2 水体中重金属的释放过程

累积于悬浮物或沉积物中的重金属还会被重金属释放出来，这对水生生态系统和饮用水的供给都是十分危险的。水体中的重金属被释放主要由 4 种化学变化引起：

（1）盐度的变化

在盐度大的水中，由于阳离子竞争加强可被沉积物吸附的金属离子置换出来，这在河海混合带即河口环境中尤为突出。目前人们对河口重金属解吸的研究还主要是针对几种代表性的重金属元素，依据环境特点分析解吸的顺序、速率以及影响因素等。

（2）氧化还原反应条件的变化

在氧化电位下降时，强还原性沉积物中的铁氧化物部分或全部溶解，被其吸附或沉淀下来的重金属离子也同时被释放出来。

（3）pH 值的变化

水体的 pH 值降低可使碳酸盐和氢氧化物溶解，H^+ 的竞争吸附作用可增加重金属离子的解吸量。例如从废矿石中渗出的水 pH 值很低，这种矿石的长期堆放就会促使附近水体中重金属的释放，造成水相重金属浓度的增加。

（4）天然或人工合成的强络合剂的使用

这类络合剂能和重金属形成可溶性络合物，有时这种络合物稳定性较好，可以以溶解态存在，这就使重金属解吸出来。

此外，微生物的活动也会引起重金属的释放，主要通过络合金属离子、改变环境条件以及氧化还原等方式促使重金属的释放。

除了上述因素影响之外，重金属释放还与颗粒粒径、颗粒表面特性以及水流紊动强度等因素有关。一般颗粒粒径大，解吸能力强，水流紊动强度可通过影响水流挟砂力来影响重金属的释放。

重金属的释放过程从表面形式上来看似乎是金属吸附过程的逆过程，其实两者之间存在较大的区别：①重金属的解吸速率与吸附速率系数往往相差几个至几十个数量级，两者几乎没有可比性；②由于重金属的吸附速率快，吸附平衡在较短时间内即可达到，而重金属的解吸速率很小，达到释放平衡所需时间很长；③在释放过程中重金属水相浓度并不是单调地增加直至平衡，而是经历了由低到高，再下降直至平衡的过程，这不同于一般的解吸过程。主要是因为在重金属释放到一定程度时又与其他溶出物质发生物理化学变化，从而使水相重金属浓度又开始降低直至平衡，所以浓度值存在峰值。

对重金属在水体中释放规律的研究主要有两种方法。一种方法是以重金属吸附动力学为基础，把重金属释放看作是吸附的逆过程。另一种方法则是以重金属释放的试验为基础，研究重金属释放的动力学过程。

选择第一种方法研究重金属释放问题，需要考虑的是用重金属吸附动力学模型来描述重金属的释放动力学过程是否合理。通过对吸附和释放过程区别的分析，可以看出释放过程并不能完全等同于吸附过程的逆过程，通过以吸附为主要研究对象的试验来反映释放规律并不是很准确。若从第二种方法出发，释放过程十分缓慢，实验室的水流实验受到限制，也使得研究十分困难。目前对重金属释放过程的研究还处于发展中，释放动力学模型理论依据不足，各种影响因素的研究中定量描述少，多为定性描述，且大部分成果都是室内试验得出来的。

6.3.3　影响重金属迁移转化的主要因素

重金属迁移转化的总趋势是转入相对稳定的固相，但当一些环境因素改变时，会引起转化的逆向进行，这些环境因素包括 pH、氧化还原电位、温度、微生物活动等。

（1）pH 值

pH 值可以影响重金属的溶解度，溶解度随着 pH 值的减小而增大，因此重金属的吸附量随 pH 减小而减小。当溶液中的 pH 值高于某元素的临界 pH 值时，该元素会以水解、沉淀的形态存在于溶液中。除了对水体中重金属的形态和吸附特性有一定影响外，pH 值还可通过重金属吸附载体的含量和形态的改变，进而改变重金属的吸附量和吸附速率。

（2）氧化还原电位

水体氧化还原电位的改变会对水体中重金属的形态造成一定影响，如氧化性淡水体环境中的镉，以 Cd^{2+} 为主要形式存在，而在海水环境中多以 $CdCl_x^{2-x}$ 形式存在；在厌氧条件的水体中，则多会以 CdS 的形式存在。

研究表明，沉积物中的重金属更易于在还原条件下释放出来，对于氧化性沉积层，从沉积物中已释放到间隙水的重金属在氧化条件下很难进一步扩散到上覆水体；对于还原性沉积物层，从沉积物释放带间隙水中的重金属能够扩散到上层水体。

（3）离子强度

水体中的离子强度对重金属迁移的影响在于它能够改变水体中的活化系数，活化系数减少会降低重金属吸附量。根据 Hansen 等的研究，电解质类型和浓度能够影响 Chapala 湖沉积物上镉的吸附程度。河流进入海洋后，悬浮物和沉积物中的汞会发生解吸过程，使河口沉积物中的汞含量减小，原因就是高浓度的 Cl^- 和 Hg^{2+} 发生了强的络合作用，进而加大了汞的难溶盐溶解度。

（4）微生物活动

微生物如细菌、真菌、藻类等对重金属有着很强的吸附能力。细菌作为重要的微生物，广泛分布于沉积物和水中，细菌吸附重金属过程分为两个阶段，第一个阶段是在细胞表面发生的可逆的物理吸附过程；第二个阶段为较慢的化学吸附过程，与微生物代谢活性有关。用表面配位模型描述细菌表面对金属离子的吸附作用为：

$$R^- AH^0 \longleftrightarrow R^- A^- + H^+$$

$$M^{m+} + R^- A^- \longleftrightarrow R^- A^- + M^{(m-1)}$$

R 代表细菌，AH^0 代表细菌表面的官能团，M 为金属离子。

被吸附的金属离子主要以键合方式存在于细胞壁上，控制这一吸附过程的是细胞壁表面的酸/碱基官能团，以及某官能团对特定金属离子的键合程度。通常影响金属与细胞接触的主要有细菌的多聚糖和蛋白质、鞭毛和散毛以及水体的各种理化参数。

习题

1. 请简述一般重金属在水环境中的迁移、转化存在哪些重要过程。
2. 请简述汞的甲基化、甲基汞脱甲基化过程。
3. 请列举影响重金属吸附的几种主要因素。
4. 请简述三种描述重金属迁移的模型即 Henry 型、Langmuir 型和 Freundich 型的异同。

第 7 章　水中营养物质的迁移转化

氮、磷作为植物营养必需的元素，它们在水中的存在状况也引起了人们的高度关注。通过美国环保署的统计资料，N、P 营养元素的富集是导致水资源遭受损坏的重要原因之一。据美国环保署 2000 年统计资料显示，美国境内约 40％河流水体、51％湖泊水体以及 57％入河口水体受到污染破坏的原因主要由 N、P 营养元素的富集所导致。

目前对于 N、P 元素对水体的破坏越来越引起社会的高度关注，尤其是所导致的水体水华、富营养化以及对于水体溶氧量（DO）降低等问题，同时还会造成与人类健康相关的问题，如饮用水中三卤甲烷的形成、霍奇金淋巴瘤以及高含量的亚硝酸盐/硝酸盐导致的高铁血红蛋白症等。

7.1　氮元素的迁移和转化

7.1.1　背景

水体中所富含的含氮化合物可以从生物角度对植物提供可观的营养物质，但也对人类以及水体生物的健康构成了威胁。氮气（N_2）是水体中所发现的含氮化合物的首要来源，由于气态氮气中具有很强的 N≡N 化学键，动植物无法通过自身体内的代谢反应以及光合作用来打破该化学键，最终导致气态氮作为 N 元素直接的营养物质占比很低。气态氮必须转化为其他形式的含氮化合物，才能被生命体所利用。

气态氮转化为其他形式的含氮化合物称作氮的固定，该过程的发生通常由存在于水体、土壤以及植物根瘤中的微生物完成，如苜蓿、黄豆、豌豆以及三叶草等植物。固氮过程的另一个主要来源是大气闪电，闪电可以使周围空气温度陡然增高，其所产生的高能量足以打破 N_2、氧气（O_2）以及水蒸气（H_2O）之间的化学键，使之可以重新组合为其他形式的含氮化合物，其中 N 的主要存在形式为硝酸根（NO_3^-）以及较少量的亚硝酸根（NO_2^-）与氨氮（NH_3）。大气闪电所导致产生的可溶性的含氮化合物会随着大气降水渗入土壤中，最终可以被植物根部吸收，这样 N 便开始了它的循环。

大气中所存在的 N 进入 N 循环的量远不能满足当今农业对于氮素的需求。而所缺少的大部分可被生物利用的含氮肥料主要来自化工厂的化学加工过程，这一过程能量来源于石油燃料。如今大型农场已经采用一定的方法通过石油燃料所提供的能量加工生产含氮肥料。

7.1.2　氮循环

氮循环如图 7-1 所示，氨氮以及氮氧化物会溶于土壤孔隙水中，植物通过对水分的吸收同时也将上述含氮化合物摄入体内，并将其转化为自身的蛋白质、DNA 以及其他的自身含氮化合物质。动物会将含氮的植物或其他动物作为自身的食物，最终获取所需的含氮化合物；这正如植物的光合作用以及动物的代谢作用无法提供足够的能量直接将大气当中的气态氮转化为自身利用的含氮化合物。进入到陆地生态系统中，可被生物利用的含氮化合物通过生命体的出生、生长、死亡以及衰败的过程实现氮的陆地生态循环。同样，自然界中持续存在着少量的反固氮过程，通常由特定的反硝化菌将已固定的氮转化为氮气，最终使得氮以气态形式回归到大气中，最终继续完成营养物质的其他循环环节。

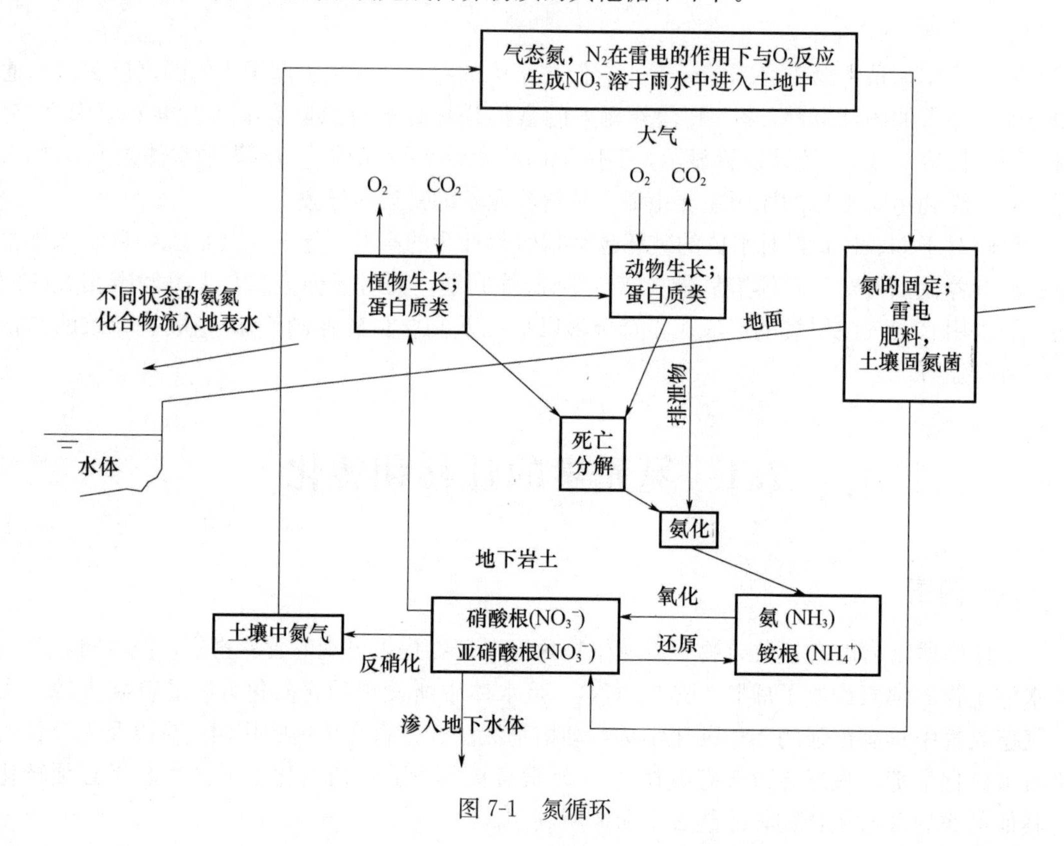

图 7-1　氮循环

在氮作为营养物质的循环过程中，会经历可逆-降解一系列反应过程，形成含氮有机分子，如蛋白质、尿素、胺类、氨类（NH_3）、亚硝酸根（NO_2^-）以及硝酸根（NO_3^-）。无论是通过溶解氧的存在导致的氧化还是硝化细菌的作用，氨化是含氮化合物降解的第一步骤，接下来进一步的氧化将会生成亚硝酸盐类以及硝酸盐类。氨态氮可以自然存在于大多数地表水体以及污水中。在有氧条件下，环境水体中的氨态氮可以被氧化为亚硝酸盐类以及硝酸盐类，如式（7-1）所示。每氧化 1mg 氨态氮大约消耗 4.3mg 溶解氧（DO），所耗氧量可以定义为氨态氮生化需氧量（NBOD）。

$$\text{有机 N} \xrightarrow{\text{生物降解}} NH_3 \underset{\text{还原}}{\overset{\text{氧化}}{\rightleftharpoons}} NO_2^- \underset{\text{还原}}{\overset{\text{氧化}}{\rightleftharpoons}} NO_3^- \tag{7-1}$$

在缺氧条件下，式（7-1）部分反应将反向进行；硝态氮可以被还原为亚硝态氮，同时可以继续还原为氨态氮，如图 7-2 所示。

7.1.3　氨/铵盐

溶解态的氨可以在水中发生解离反应使 OH^- 浓度升高，同时 pH 值也相应地有所提升，

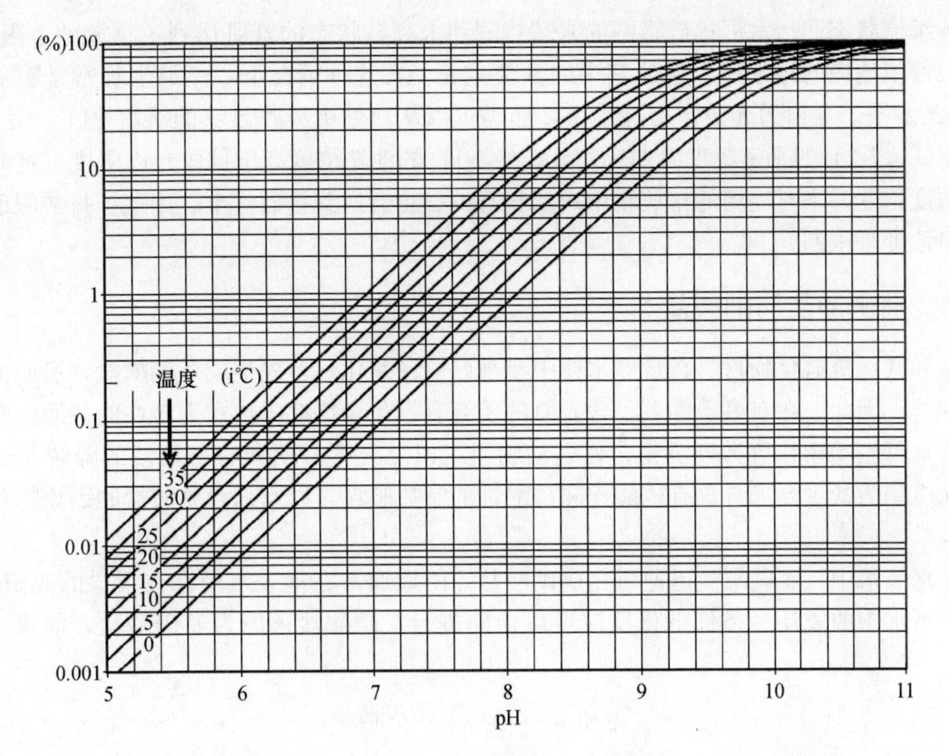

图 7-2　氨态氮（NH_3）所占百分比与环境 pH 以及温度（*T*）关系曲线图

如式（7-2）所示。

$$NH_3 + H_2O \rightleftharpoons NH_4^+ + OH^- \tag{7-2}$$

平衡反应公式（7-2）主要取决于环境的 pH 值以及温度。将 pH 值调整到不小于 11 可以保证氨态氮全部以 NH_3 形式存在。为了更准确地测定水样中的 NH_4^+ 浓度，应保证水样的 pH 以及温度不变并迅速对其进行分析。如果水样测试条件无法满足，在实验室可以通过对总氮进行测定并采用现场测试的 pH 值与温度条件来计算得到 NH_3 和 NH_4^+ 浓度。由于未解离态的氨氮对于水生生物毒性远远高于解离态，因而在采样点现场对水体 pH 值和温度值测定显得尤为重要。

在环境中两种状态的氨氮化合物存在不同的电子转移过程。尽管氨根阳离子具有高溶解性的特征，通常有一部分会强烈吸附在表面具有负离子矿物的表面，这样使得阳离子可以很好地固定。相比之下，结合状态的氨氮也是可溶的，因为它可以与水分子形成氢键，但对矿物质没有很强的吸附力，因而通过水的流动方便运输。然而，非离子态的氨氮也是可挥发的，且一部分由水体挥发到大气中。部分将被转换为未电离态的 NH_3，同时可以解吸并对水生生物形成一种有毒的污染物，最后挥发到大气中。

在图 7-1 中，氮通过营养元素循环经历几种不同的化学状态。为了便于这些不同形式的含氮化合物之间直接比较，分析结果通常以其氮元素的含量来表示其浓度。如 10.0mg/L 未离解状态的能以 HN_3-N 为 8.22mg/L 的方式来表示；10.0mg/L 的硝酸盐可以用 NO_3-N 为 2.26mg/L 的方式来表示。

环境条件的变化导致水体温度升高或 pH 值升高，初始可接受的总氨浓度增加，并且由电离态氨转化为未离解态的氨。例如，考虑到污水处理厂通过排放污水至停留池，水流呈现一种连续流状态。污水厂排放管网的末端检测到未离解状态的氨氮达到了排放的上限要求。然而，停留池内的污水流入促使其中的藻类生长。在这种情况下，藻类生长常常影响池塘pH值的水平。在白天光合作用过程中，藻类可以从池塘中吸收足够的溶解CO_2，提高pH值，将式（7-2）的平衡程度向左反应，以使NH_3的池塘浓度高于排放允许限度，这时即使总氨浓度不变，来自池塘的排放物中离解状态的氨也会达到排放标准。因此，排放限值通常以总氮浓度来限制。

7.1.4 亚硝酸盐与硝酸盐

氨和其他氮氧化物材料在自然水体中易被好氧菌氧化，首先生成亚硝酸盐，进而被氧化为硝酸盐。因此，在有氧条件下，含有氮的所有有机化合物都应被视为潜在的氮源。有机氮化合物从野生动物和鱼类排泄物、死亡动物组织以及人类粪便和家畜粪便的降解而进入环境。无机硝酸盐主要来自含有硝酸铵和硝酸钾的制造肥料，以及来自硝酸盐的爆炸物和火箭燃料。

在富氧水中，亚硝酸盐迅速氧化成硝酸盐，所以通常在地表水中存在很少的亚硝酸盐。而在地下水中的氧耗尽条件下该反应可以逆向进行，硝酸盐还原为亚硝酸盐，如式（7-3）所示。

$$2NO_2^- + O_2 \rightleftharpoons 2NO_3^- \tag{7-3}$$

亚硝酸盐和硝酸盐都是植物的重要营养物质，但两者都对鱼类有毒性（但不如NH_3毒性强），人们已对此高度重视。硝酸盐和亚硝酸盐是易溶的，不易吸附到矿物和土壤表面，并且在环境中容易转变形态，当溶解在地表水和地下水中时随着循环并不会流失。因此，当土壤的硝酸盐含量高时，硝酸盐浸出对地下水的污染是一个严重的问题。与氨不同，亚硝酸盐和硝酸盐被植物和微生物消耗，并不会蒸发而留在水中。

7.1.5 凯氏氮

污水中的含氮化合物有四种：有机氮、氨氮、亚硝酸盐氮与硝酸盐氮。四种含氮化合物的总量称为总氮（TN）。有机氮很不稳定，容易在微生物的作用下，分解成其他三种。在无氧的条件下，分解为氨氮；在有氧的条件下，分解为氨氮，再分解为亚硝酸盐氮与硝酸盐氮。

凯氏氮（KN）是有机氮与氨氮之和。凯氏氮指标是用来判断污水在进行生物法处理时，氮营养是否充足的依据。生活污水中的凯氏氮含量约40mg/L（其中有机氮约15mg/L，氨氮约25mg/L）。

总氮与凯氏氮的差值，约等于亚硝酸盐氮与硝酸盐氮。凯氏氮与氨氮的差值，约等于有机氮。

7.1.6 废水脱氮工艺

经过活性污泥处理阶段后，城市污水一般仍含有一些有机氮和氨态氮，需要额外的处理工艺以从废物中除去氮。

1. 氨的吹脱

用石灰（CaO）将pH值调至约10或11以将所有氨氮转化为挥发性NH_3形式。在较高的温度下，去除效率将会提高。石灰通常是提高 pH 值的最经济的方法，但它也会产生 $CaCO_3$ 污泥沉淀。氢氧化钠虽然成本高，但不会产生污泥沉淀。规模小、结冰以及空气污染是空气吹脱法的一些潜在缺点，但其优点是在用石灰调节 pH 值时会把磷以磷酸钙化合物的形式形成沉淀。图 7-3 所示为氨气脱除塔的外形与内部结构。

在塔内安设木制或塑料的格子填料，用以促进空气与水的充分接触。一般以石灰作为碱剂对污水进行预处理，使 pH 值上升到 11 左右。污水从塔的上部淋洒到填料上而形成水滴，在填料间隙依次下落，用风机或空压机从塔底向上吹送空气，使水气对流，在填料的作用下，水、气可以充分接触，水滴不断地形成、破碎，使游离氨呈气态而从水中逸出。

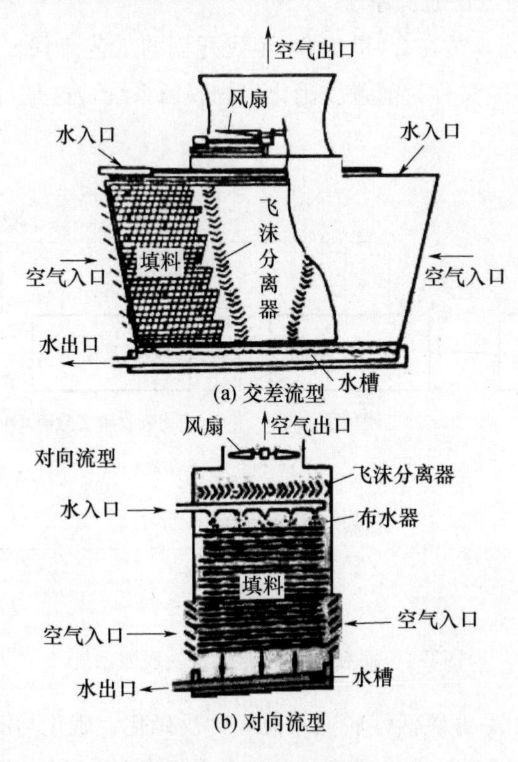

图 7-3　氨气脱除塔

这种处理技术的优点是：(1) 除氨效果稳定；(2) 操作简便，容易控制。

存在的问题：(1) 逸出的游离氨造成二次污染；(2) 使用石灰易生成水垢；(3) 水温降低，脱氮效果也随之降低。

对于这些问题可采取的有效措施有：(1) 改用氢氧化钠作为预处理碱剂，以防形成水垢；(2) 采取技术措施回收逸出的游离氨。

2. 硝化-反硝化两步法

(1) 硝化过程，氨态氮以及有机氮在富氧（ORP＝＋100～＋350mV）环境中被硝化细菌（亚硝化单胞菌和硝化杆菌）氧化为硝态氮（NO_3^-）。所有还原态的氮被氧化成硝酸盐都是通过向污水中大量曝气进行的，如式 (7-4) 和式 (7-5) 所示。

$$2NH_4^+ + 3O_2 \xrightarrow[\text{好氧}]{\text{亚硝化单胞菌}} 4H^+ + 2NO_2^- + 2H_2O \tag{7-4}$$

$$2NO_2^- + O_2 \xrightarrow[\text{好氧}]{\text{亚硝化单胞菌}} 2NO_3^- \tag{7-5}$$

（2）反硝化过程，氧化还原电位（ORP）需要降低到一定程度才能实现（ORP＝＋50～－50mV）。有反硝化细菌存在时，在厌氧条件下可将硝酸盐还原成氮气（N_2）。ORP不应低于－50mV，以防止刺激性的硫化氢产生。硝化和反硝化过程都需要为细菌提供碳源营养。当所处理水体中的总有机碳含量较低，可能需要额外添加甲醇或其他碳源，如式(7-6)所示。

$$4NO_3^- + 5CH_2O + 4H^+ \xrightarrow[\text{厌氧}]{\text{反硝化细菌}} 2N_2(g) + 5CO_2(g) + 7H_2O \quad (7\text{-}6)$$

（3）缺氧-好氧活性污泥法脱氮系统

亦名A/O法脱氮工艺，是在20世纪80年代开创的工艺流程，其主要特点是将反硝化反应器放置在系统之首，故又称为前置反硝化生物脱氮系统，这是目前采用比较广泛的一种脱氮工艺，如图7-4所示。

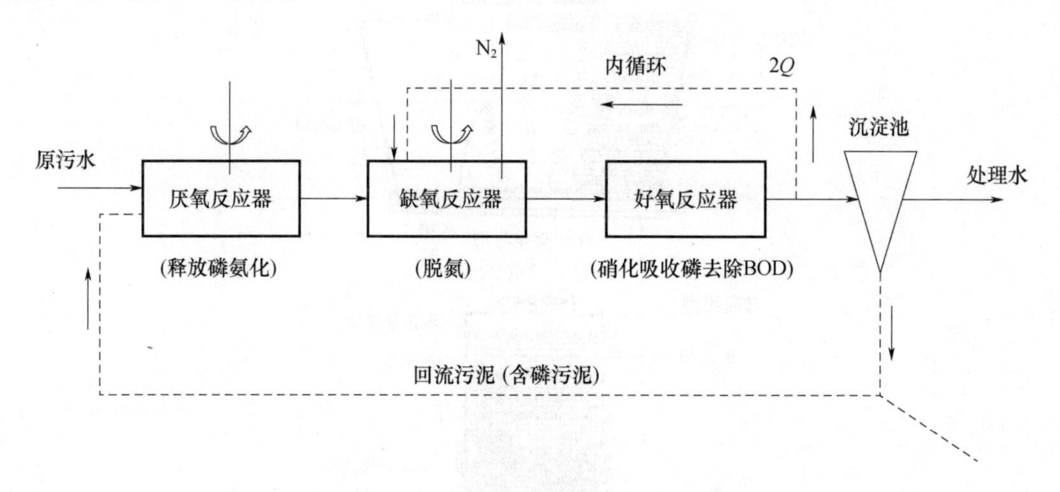

图7-4　缺氧-好氧活性污泥法脱氮系统

图中所示为分建式缺氧-好氧活性脱氮系统，即反硝化、硝化与BOD去除分别在三座不同的反应器内进行。硝化反应器内已进行充分反应的硝化液一部分回流到反硝化反应器，而反硝化反应器内的脱氮菌以原污水中的有机物作为碳源，以回流液中硝酸盐中的氧作为电子受体，进行呼吸和生命活动，将硝态氮还原为气态氮（N_2），不需要外加碳源（甲醇）。

3. 折点加氯法

可以通过加氯产生的化学反应去除污水中的氨与氨态氮，反应式如式（7-7）、式（7-8）和式（7-9）。氨与溶解态氯发生化学反应，首先通过反硝化作用将氨转化成氯胺（NH_2Cl）。继续增加液态氯的投加量，氮气将会伴随产生。任何剩余的氯胺都是弱消毒剂，对水生生物无毒。

$$NH_3(aq) + Cl_2(aq) \longrightarrow NH_2Cl(aq) + Cl^- + H^+ \quad (7\text{-}7)$$

$$NH_4^+(aq) + Cl_2(aq) \longrightarrow NH_2Cl(aq) + Cl^- + 2H^+ \quad (7\text{-}8)$$

$$2NH_2Cl(aq) + Cl_2(aq) \longrightarrow N_2(g) + 4H^+ + 4Cl^- \quad (7\text{-}9)$$

在式（7-7）与式（7-8）中，所投加的液氯与氨氮质量之比为5∶1，若转换为摩尔之比则为 1∶1。由于反应环境中 pH 不同以及液氯的过量可能导致少量的 $NHCl_2$ 以及 NCl_3 生成。投加过量的液氯将会导致其全部转化为氮气。将液氯氧化氨氮过程整合，如式（7-10）与式（7-11）。

$$2NH_3(aq)+3Cl_2(aq)\longrightarrow N_2(g)+6H^++6Cl^- \tag{7-10}$$

$$2NH_4^+(aq)+3Cl_2(aq)\longrightarrow N_2(g)+8H^++6Cl^- \tag{7-11}$$

由于水体的存在，可能化学反应当中有少量的硝酸根生成，如式（7-12）与式（7-13）所示。

$$NH_3(aq)+4Cl_2(aq)+3H_2O\longrightarrow NO_3^-+9H^++8Cl^- \tag{7-12}$$

$$NH_4^+(aq)+4Cl_2(aq)+3H_2O\longrightarrow NO_3^-+10H^++8Cl^- \tag{7-13}$$

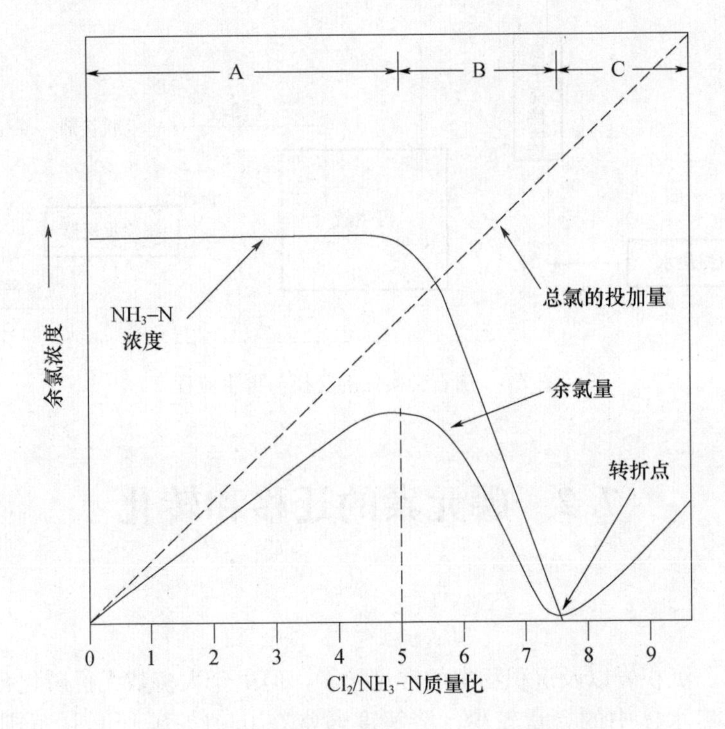

图 7-5　折点加氯曲线中氨氮去除效果关系图

通过反应式（7-10）～式（7-13），可以得知液氯与氨氮或铵盐质量之比为 3∶2，摩尔之比为 7.6∶1。我们称这种方法为折点加氯法，如图 7-5 所示，可以非常快速去除电解态与非电解的氨氮化合物。

折点加氯法的特点：

（1）折点加氯可以非常有效地去除水中的氨氮，但是要使氨氮下降到国家标准（0.5mg/L）以内，大概需要氯量为原水中氨氮浓度的 7～10 倍，但在实际生产中由于外界环境等因素的影响，这个比例会更大，这对成本控制和设备维护提出更高的要求。

（2）氯具有强氧化性，可以将水中的氨氮氧化去除，也可以有效地降低耗氧量，使水质得到改善。但需要小心地控制投加量，以免造成消毒副产物的产生。

4. 铵离子交换

铵离子交换是空气解离的较好选择，因为某些交换树脂（如天然沸石、斜方沸石）对铵离子有选择性。有必要将 pH 降低到 6 或更低，这将 99.9%的氨氮转化为铵根离子形式。在树脂上 NH_4^+将 Na^+ 或 Ca^{2+} 替换，同时树脂可以用钠盐或钙盐再生。

离子交换法实际上是利用不溶性离子化合物（离子交换剂）上的可交换离子与溶液中的其他同性离子（NH_4^+）发生交换反应，从而将废水中的 NH_4^+牢固地吸附在离子交换剂的表面，达到脱出氨氮的目的。虽然离子交换法去除废水中的氨氮取得了一定的效果，但树脂用量大、难再生，导致运行费用高，且存在二次污染。沸石交换柱的交换与再生流程如图 7-6 所示。

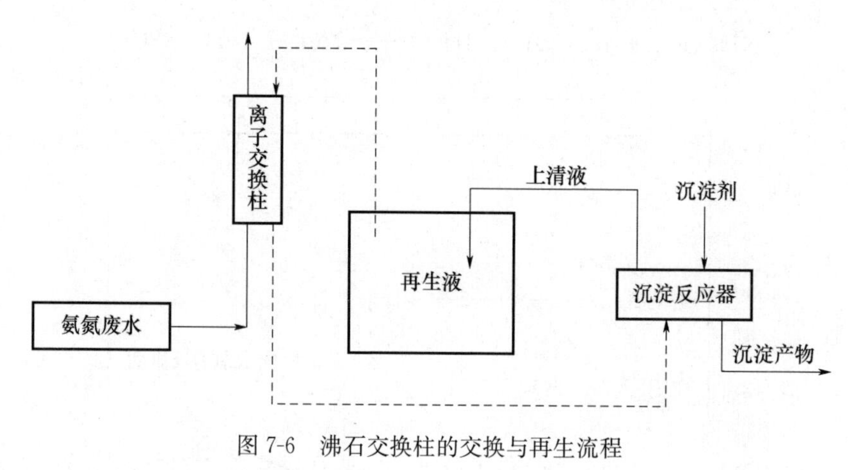

图 7-6　沸石交换柱的交换与再生流程

7.2　磷元素的迁移和转化

7.2.1　背景

磷是火成岩、沉积岩以及沉积物中的常见元素，但由于大多数无机磷化合物具有低溶解度，所以它在天然水体中的含量较少，溶解度通常在 0.01～0.1mg/L 范围内，很少超过 0.2mg/L。磷的存在形式主要受其大部分无机化合物的低溶解度特点的影响，同时具有对土壤颗粒的强吸附作用，对于大多数生命体（如动物、植物和微生物）而言都是必需的营养要素。

由于其溶解浓度低，磷通常是天然水体中水生植物生长的限制营养物质。虽然磷是限制性营养元素，但任何增加磷浓度的新来源都会增加水生植物的生长。在没有人类活动的情况下，环境水体中的低溶解态磷浓度足够限制藻类生长。但是，磷是新陈代谢过程中必不可少的，总是存在于动物的排泄物和污水中。废水出流物和雨水径流中的磷通常是导致水华和富营养化现象的主要原因。

7.2.2　磷的主要用途

磷化合物常用于供水和工业冷却水系统中的防腐。某些有机磷化合物被用于杀虫剂。目前含磷化合物的主要商业用途是肥料与合成洗涤剂的生产。在使用磷酸盐清洁剂之前，市政污水中的无机磷主要来自人类排泄物；每人每天2～5g磷随尿液、粪便等排泄物进入到污水中。作为洗涤剂使用的结果，经处理的城市废水中磷的浓度在预定时间内从3mg/L增加到4mg/L。在20世纪60、70年代磷酸盐在洗涤剂中无限制使用时，其浓度甚至达到了10～20mg/L。

目前，磷在洗涤剂中的使用被广泛禁止。以前美国的洗涤剂配方中含有大量的多磷酸盐作为助洗剂，其功效可以螯合金属离子和土壤，并使水软化。洗涤剂的广泛使用几乎取代了肥皂，而这是生活污水中溶解磷的主要来源。在20世纪50年代，洗衣粉含有几乎10%的磷；而到了20世纪60年代末，这一比例达到了20%以上。然而，由于美国各地湖泊和河流水华问题日益严重，20世纪70年代开始，洗衣液中禁止掺加有关磷的添加剂。现在美国所有的州禁止使用磷含量超过0.5%的洗衣粉，部分州甚至禁用含磷的洗碗机清洁剂。各州以及环保总署对清洁剂中的磷含量提出了要求，城市污水处理厂改进的二级与三级处理工艺目前已经能够将处理后的污水中的平均磷浓度降低到约1mg/L或更低。

7.2.3　磷循环

以类似于碳和氮的循环方式，环境中的磷同样会在有机和无机形式之间循环。与碳和氮的循环相比，重要的区别是这两种营养素可以依靠气相在全球进行再分配。但是磷本身没有较为稳定的气态化合物从而无法实现全球再分配这一过程。一些氮素总是通过氨挥发和微生物反硝化作用返回到大气中；碳化合物最终通过氧化过程分解成气态二氧化碳。对于磷而言，最接近全球再分配的方法是通过鸟类迁徙和化肥的国际运输。

三种必需营养素（C、N和P）的土壤流动性差异同样引起了学者的重视。它们都以阴离子形式存在（CO_3^{2-}/HCO_3^-，NO_2^-/NO_3^- 以及 $H_2PO_4^-$/HPO_4^{2-}/PO_4^{3-}），这些阴离子形式不容易通过共同的阳离子交换反应而保留在土壤中。然而，大多数形式的磷化物的形成通常超出环境范围内的pH值，而C和N具有多种可溶解的形式。C所形成的碳酸盐阴离子，形成许多可溶性和中性可溶解盐，而在水中则体现出较高的碱性；N所形成的硝酸盐和硝酸盐阴离子，通常具有可溶解性。因此，碳酸盐和硝酸盐、亚硝酸盐比土壤中的磷酸盐更易于渗入地表水和地下水体中。

磷酸盐阴离子主要形成不溶解性化合物（主要是铁、钙和铝的磷酸盐）并通过吸附到土壤颗粒而固定在土壤中。由于氮和碳化合物比磷化合物更容易从土壤中析出，因此水生植物对于氮和碳获得通常比磷容易，磷的这种特性也使得其成为限制藻类生长的制约因素。在夏季生长条件下，形成水华的无机磷临界水平可以低至0.01～0.005mg/L，但更常见的是在0.05mg/L左右。

所有的生物体内均含有磷的有机化合物。正磷酸盐（PO_4^{3-}）是大多数植物和动物体唯一可以作为自身营养物质的形式。磷循环主要有两个步骤：

（1）有机磷转化为无机磷；

（2）无机磷转化为有机磷。

以上两个过程都是以微生物作为媒介而发生的。非溶解性形式的磷，如磷酸钙 $Ca(HPO_4)_2$ 转化为可溶形式主要是 PO_4^{3-}，同样也是通过微生物完成的。死亡植物和动物以及动物排泄物中的有机磷被细菌转化为可溶性磷酸盐 PO_4^{3-}。因此，释放到环境中的 PO_4^{3-} 被再次吸收到植物和动物组织中。

7.2.4 磷化物的命名

自然界中存在多种磷化合物，因此，除了它们的化学名称外，不同文献还根据其在环境中的特性与分析方法使用一些特殊的分类方式。

1. 化学定义

到目前为止，天然水和废水中最常见的磷主要以磷酸盐的形式存在。而磷酸盐可以进一步分为正磷酸盐，多磷酸盐（也称为缩合磷酸盐）以及有机磷酸盐。

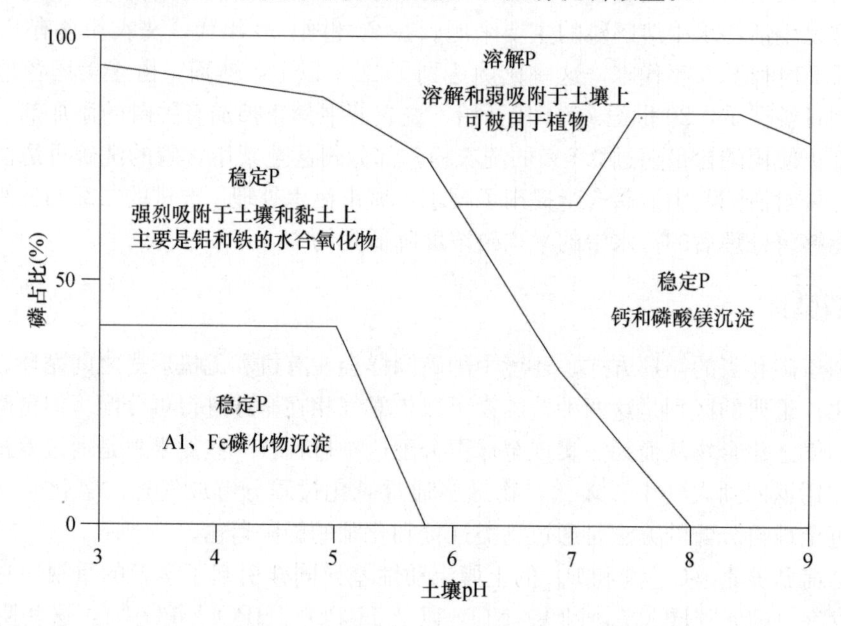

图 7-7 稳定态磷、溶解性磷与土壤 pH 值之间的关系

（1）正磷酸盐（磷酸盐）

正磷酸盐是可溶的，并且是溶于水中的最常见磷化物形式，它是生物代谢后没有进一步发生后续化学变化的磷化物形式。所有正磷酸盐都是磷酸盐，均含有一种或多种磷酸根阴离子。

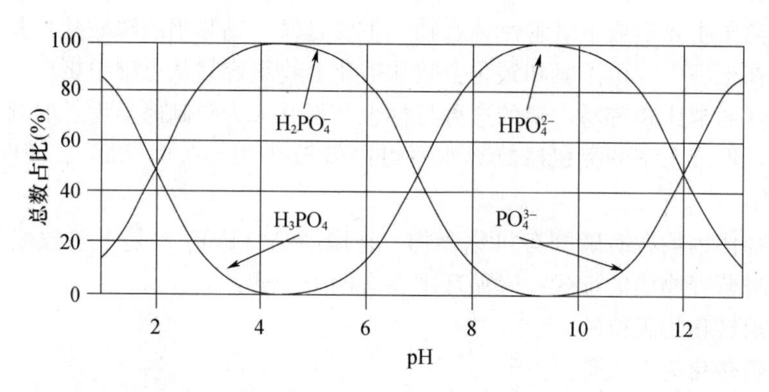

图 7-8 不同种类的溶解态磷化物（H_3PO_4、$H_2PO_4^-$、HPO_4^{2-}、PO_4^{3-}）与 pH 之间的关系

所有溶解在水中的阴离子 $H_2PO_4^-$、HPO_4^{2-} 和 PO_4^{3-}（图 7-8），其形态主要取决于水中的 pH 值。正磷酸盐通常采用石灰或金属盐来使之沉淀而从废水中去除。

为了测量总磷酸盐，在分析之前首先将所有磷酸盐换算成正磷酸盐。

①磷酸，H_3PO_4：主要用于制造肥料。

②磷酸钠，Na_3PO_4（也称磷酸三钠）：曾广泛用于清洁剂，但现在广泛禁用或限制使用；多用作软水剂、清洁剂、食品添加剂（作为酸化剂），去污剂和脱脂剂。

③磷酸氢二钠，Na_2HPO_4：一种吸湿性和水溶性的白色粉末，在商业上用作粉末材料（包括食品）中的抗结块添加剂。

④磷酸二氢钠（NaH_2PO_4）：用作缓冲剂和pH缓冲剂的组分。

⑤磷酸二铵（$(NH_4)_2HPO_4$）：用于肥料，作为阻燃剂，酿酒和酿造蜂蜜酒的酵母营养素，净化糖，助焊剂和羊毛染料溶液。

（2）多磷酸盐（聚磷酸盐）

多磷酸盐也是可溶的，但不会与石灰或金属盐反应发生沉淀。它的化学性质稳定，可以水解成正磷酸盐。在水生环境中，水解缓慢地将多磷酸盐转化成正磷酸盐。为了分析，通过煮沸酸化溶液1～2h将它们转化成正磷酸盐。为了从废水中去除多磷酸盐，需要通过生化反应来转化为正磷酸盐。多磷酸盐包括：

①六偏磷酸钠，$(NaPO_3)_6$：用于pH值控制剂；作为食品添加剂，软水剂和洗涤剂的螯合剂；作为分解黏土和其他土壤类型的分散剂；并作为一些顺势疗法药物的合成剂。

②三聚磷酸钠，$Na_5P_3O_{10}$：主要用作洗涤剂的添加剂，作为软水剂，用于保持食品中的水分，改善各种产品的性能，如纸张、纺织品、橡胶制品和阻燃剂。

③焦磷酸四钠，$Na_4P_2O_7$（TSPP；焦磷酸钠或磷酸四钠）：与其他多磷酸盐类似，TSPP在食品、牙膏、洗涤剂等中广泛用作添加剂、乳化剂和分散剂。

（3）有机磷酸盐（沉积磷）

有机磷酸盐以下列形式出现：

①磷矿物：主要是羟基磷灰石，$Ca_5OH(PO_4)_3$。

②非封闭态磷：磷酸盐离子（通常是正磷酸盐）结合到SiO_2或$CaCO_3$表面。非封闭态磷通常比封闭态磷更易溶解且更易获得。

③封闭态磷：磷酸根离子（通常为正磷酸盐）包含在铁、铝以及无定形硅铝酸盐的水合氧化物的基体结构内，同时封闭态磷的含量较非封闭态磷的含量更高。

④有机磷：与细菌或藻类水生生物结合状态的磷。

2. 标准定义

为了便于对磷名称的管理，根据磷在环境中的存在形式与不同分析方法定义四种磷的名称，通常用于描述地表径流、溪流和湖泊中的磷含量情况。

（1）总磷（TP）

总磷包括水体中所有磷的化学形式，是其他三种磷形式中描述的所有可过滤磷和颗粒磷形式的总和。这是通常用来分析的磷形式，许多公式模型中均会用到总磷这一参数，将湖泊和河流中的磷含量与富营养化指标进行模型建立。在化学分析上，它被定义为样品中的磷被特定的氧化剂氧化成正磷酸盐的磷含量。

（2）可溶性磷（SP，溶解磷）

可溶性磷的定义为：样品中所有含磷物质通过0.45μm过滤器，包括有机磷与无机磷两种形态。同时也可细分为两种形式：

①可溶性活性磷（SRP，无机溶解磷）

主要由无机正磷酸盐（PO_4^{3-}）组成。正磷酸盐是可以被藻类直接吸收利用的磷形式，并且该部分的浓度构成了直接评价藻类生长所需磷量的指标。在磷是限制性营养成分的水中，SRP浓度应该很低而不能检测到（$<5\mu g/L$），因为磷被藻类吸收的速度与其提供的速度一样快。如果SRP含量增加，则可以推断出磷不是限制性营养物或其提供速率比藻类利用的速率更快。

②可溶性非活性磷（SUP，有机溶解磷）

包含在分析测试条件下不会发生水解或溶解的磷形式。SUP包含有机磷和无机聚磷酸盐两种形式，无法被藻类等水生生物用作营养物质。SUP可以体现出SP和SRP之间的差异性。

（3）颗粒磷（沉淀磷）

颗粒磷是过滤器上所拦截的磷状态形式，其中包含无机和有机以及颗粒和胶体的磷形态。通常情况下，颗粒磷形式包含铁、铝、钙、镁、细菌、藻类、有机碎屑以及无机颗粒（如黏土）、较小的浮游动物、偶尔还有较大的浮游动物、沉积物或大型植物的不溶性金属磷酸盐材料等（图7-7）。

磷主要附着在沉积物和不溶性有机物质上。颗粒磷短期内在水生态系统中的生物利用度较低，但随着时间的推移可生化性逐渐提高。颗粒态磷可以通过过滤的方法进行测定，已知体积的水样通过膜过滤器进行测量，或者通过从TP中减去总SP来获得。

（4）生物可利用磷（也称为藻类可利用磷）

生物可利用磷是可用作藻类营养物的全部磷的部分。它通常被认为是影响水质状况的最主要的磷形式。生物可利用磷包括所有的溶解磷和可被微生物用作营养物质的颗粒磷的部分。

7.2.5 磷在环境中的迁移

1. 土壤中的磷

天然肥沃的土壤通常含磷总量为300～1000ppm。土壤系统与水系统类似，只有总磷的少部分容易被植物吸收利用，如图7-7所示。少部分正磷酸盐溶解在潮湿的土壤中，此种形式可被植物迅速吸收利用。当植物不断消耗土壤中的溶解正磷酸盐时，土壤中第二种补充溶解磷的形式，称为不稳定态磷。不稳定态磷对土壤颗粒和有机物质的吸附作用较差。第三种补充形态，稳定态磷，可以强烈地吸附于酸性土壤中铁和铝磷酸盐所形成的土壤颗粒上以及所有土壤中的强有机物质。稳定态磷被认为对植物是无法直接利用的，并以非常低的速率释放出不稳定态以及可溶态的磷形式。

磷是一种重要的植物营养元素，通常以施肥的方式增加土壤中的磷浓度。磷也是动物排泄物的组成部分。来自农业地区的径流是地表水体中总磷的主要来源，因为它的无机化合物的溶解度低，并且强烈地吸附于土壤颗粒上，所以主要在沉积物中发生。

在天然的土壤和沉积物系统中，溶解态磷在水体中的去除方法有：

（1）沉淀作用；

（2）对黏土矿物和铝、铁的氧化物有强烈的吸附作用；

（3）对土壤有机组分的吸附作用；

（4）通过微生物与植被的同化作用。

在大多数土壤中，溶解态磷的这些去除机制主要利用溶解原理，因此磷化合物浸出作用较弱。磷在大多数土壤中几乎不会流失，其在土壤中的迁移主要是通过对侵蚀沉积物的吸附作用，主要通过防止水土流失和控制沉积物转移来控制磷向地表水体的迁移。在大多数土壤中，除了那些几乎全是由沙子组成的土壤，几乎所有施肥后的土壤或作为植物残留物中的磷都将会保留在土壤 1～2 英尺深度范围内。据估计，良好农业土壤对磷的吸附能力在 77～900 磅/英亩土壤剖面的范围内。通常，土壤的总磷去除能力将超过典型土地应用项目的规划寿命。如果土壤的除磷能力趋向饱和，可以采用通过添加钙或者铁盐来补充沉淀溶解态的磷酸盐，以在几个月内使土壤恢复。另外，经过几个季度的作物周期，可以去除大部分的吸附和溶解态磷。

减少（厌氧）条件，如在水饱和的土壤中，可以提高磷的流动性，因为磷将强烈吸附的不溶性 Fe^{3+} 化合物还原成可溶性亚铁离子，从而释放被吸附的磷。铝、铁磷酸盐在酸性土壤中发生沉淀，而磷酸钙则沉淀在基层土壤中。因此磷的固定依赖于土壤性质，如 pH、通风条件、土壤结构、阳离子交换能力，以及土壤中钙、铝和铁氧化物的含量，植物对磷吸收的状况等因素。

图 7-8 显示了土壤 pH 值与磷所发生的反应之间的一般关系：

（1）在酸性 pH 范围内，溶解磷主要以 $H_2PO_4^-$ 形式存在，固定态磷与铁、铝化合物相结合。

（2）在碱性 pH 范围内，溶解磷主要以 HPO_4^{2-} 形式存在，固定态磷主要以磷酸钙形式存在。

（3）环境的 pH 在 6～7 之间时，磷（以及浸出）可被植物最大程度地吸收。

2. pH 对溶解性磷酸根阴离子的影响

磷酸（H_3PO_4）在水中会发生一些列的解离反应，如式（7-14）所示。来自其他溶解性磷化盐中的磷酸根阴离子（例如来自磷酸三钠 Na_3PO_4 的 PO_4^{3-}）将会发生同样的解离反应。因为解离的每一步会释放 H^+，所以磷酸盐物质的最终平衡状态是由环境 pH 决定的。随着 pH 值的逐渐变高，式（7-14）的平衡将向右移动。

$$H_3PO_4 \rightleftharpoons H_2PO_4^- + H^+ \rightleftharpoons HPO_4^{2-} + 2H^+ \rightleftharpoons PO_4^{3-} + 3H^+ \tag{7-14}$$

由图 7-8 可知，磷酸盐阴离子的平衡状态受到环境 pH 值的影响如下：

（1）$pH<2$，主要以 H_3PO_4 形式存在；

（2）$2<pH<7$，主要以 $H_2PO_4^-$ 形式存在；

（3）$7<pH<12$，主要以 HPO_4^{2-} 形式存在；

（4）$pH>12$，主要以 PO_4^{3-} 形式存在。

3. 农田土地中的磷元素

在未开垦的土壤中，容易获得的可溶性磷含量通常不足土壤总磷含量的 1%。土壤中的不稳定态磷（与土壤颗粒结合力较弱）通常小于土壤中总磷含量的 5%，而稳定态的磷含可以与土壤颗粒强烈结合。稳定态的磷含量通常占土壤总磷含量的 95%以上，它包括与矿物结合态的磷，以及与有机物结合态磷。在农业中，肥料可以用来提高土壤中的可溶性磷的比例。

大多数磷肥由可溶性的磷化合物组成，一些有机肥料中所含磷也是可溶的。肥料或磷肥的施用会使局部土壤中的可溶性磷急剧增加。随着大量的磷进入到含不稳定态磷的土壤中，会迅速重新建立化学平衡。随着时间的推移，土壤中的不稳定态磷被转化成更稳定态的有机磷与矿物磷等形式。施肥的直接效果是补充了不稳定态磷和总磷含量；长期效果取决于土壤性质，通过农作物将磷去除，通过其他机理使得磷流失。

4. 地表水体中的磷

自然地表水体中的磷酸盐来自有机物质的分解或者含磷矿物的浸出作用。如果含磷浓度远高于0.2mg/L，那么很有可能该水体受到其他来源的污染，如化肥流失，化粪池系统故障造成的人和动物粪便流失，污水处理厂尾水排放，牲畜饲养区大量的分解有机物废水流失，工业污水和洗涤剂废水排放等。大部分磷酸盐会使得天然水体受到污染，其中洗涤剂废水中所含磷元素是造成这种情况的主要原因。

磷元素通常是水生植物生长的限制性营养元素。地表水生植被过度繁殖导致氧气耗竭，透光率和水体透明度下降，致使藻类毒素产生。这些水质变化可能对鱼类种群造成伤害，降低娱乐用水的水质，导致不良气味的传播，增加家庭用水的处理成本。水体中营养物浓度的逐渐增加导致水生植被的过度繁殖，致使水质恶化，此现象称为富营养化。

富营养化是一个自发的过程，通常伴随着农业或其他作业的发展而加剧，导致养分流向水体。某些集中化农业系统发展使得相关磷素损失率很高，通常自然系统需要花费几个世纪才能完成的变化，现在可能只需要几十年的时间。在我国富营养化现象的加剧是最明显、最持久的地表淡水污染问题之一。农业是导致流域污染的前两大贡献者之一，也是湖泊水体与水库水体受到污染的五大源头之一。从长远来看，我们更需要关注的是进入地表水体中的磷主要以颗粒形态存在。

即使湖泊中的藻类生长暂时受到碳或氮元素而不是磷元素的限制，自然的长期机制可以补偿这些缺少的元素。碳缺乏可以通过大气中的CO_2扩散进行补充，而氮缺乏则可以通过生物生长机制的变化进行补充。因此，即使磷量突然增加，短暂造成藻类生长受到碳或氮元素的限制，但最终这些缺失得到补充。然后，系统再次被磷量所限制，使得藻类生长与磷浓度之间呈一定比例。

7.2.6 溶解磷酸盐的去除方法

目前的磷酸盐去除方法主要是化学方法与生物沉淀技术。水体中磷的去除方法与控制技术在不断发展。EPA（美国环保总署）的《营养物质控制设计手册》（EPA 2010）中对目前除磷技术进行了很好的总结。

1. 生物除磷技术

生物除磷技术可以通过活性污泥在厌氧-好氧（A/O）工艺中实现。在该工艺中某些特定细菌在细胞内异染质颗粒中积累大量的多磷酸盐。在厌氧阶段，磷被释放；在好氧阶段，被释放的磷以及额外的磷被细菌吸收进体内并以多磷酸盐的形式储存，使得水体中的磷得以去除，同时微生物的代谢还可以将部分有机物去除。磷酸盐能以污泥形式从污染水体中去除，或使用二级厌氧工艺进行深度去除。在二级厌氧过程中，存储的磷酸盐以溶解形式释放到水体中。然后细菌细胞可以与磷分离进而实现再循环，并可以通过沉淀法去除释放的可溶性磷酸盐。

生物除磷法可以使得出水磷浓度低于0.5mg/L。然而，由于磷酸盐被悬浮性固体（SS）强烈吸附而难以被细菌同化，所以污染水体中的总悬浮性固体（TSS）通常含有大量的磷酸盐，约占总重量的5%。因此，除了生物除磷工艺之外，通常还需要过滤或化学沉淀法来进一步去除废水中的磷含量。

厌氧-好氧工艺，其流程如图7-9所示。该工艺流程简单，既不投药，也无需考虑内循环，因此，建设费用及运行费用都较低。

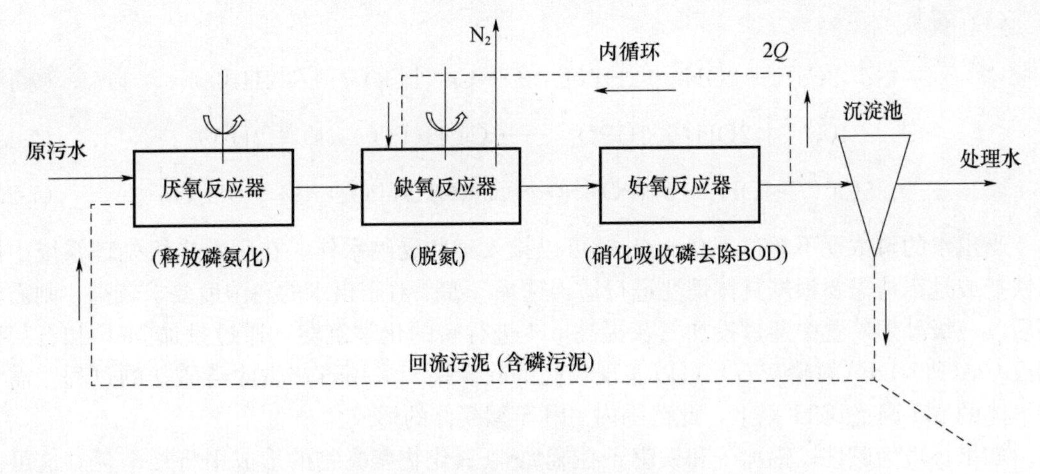

图 7-9　厌氧-好氧处理工艺流程图

由于无内循环，厌氧反应器能够保持良好的厌氧（或缺氧）状态。经试验与实际运行，发现厌氧-好氧工艺具有如下问题：

(1) 除磷率难以进一步提高。因为微生物对磷的吸收，既便是过量吸收，也是有一定限度的，特别是当进水的 BOD 值不高或废水中含磷量高时，即 P/BOD 值高时，由于污泥产量低，将更是这样。

(2) 在沉淀池内容易产生磷的释放现象，特别是当污泥在沉淀池内停留时间较长时更是如此，因此应该注意及时排泥和回流。

2. 化学沉淀法除磷

化学沉淀只能去除正磷酸盐，目前去除率通常是 50%～80%。剩余的大部分磷主要以多磷酸盐形式组成，不与金属盐或石灰发生化学沉淀的反应，如多磷酸盐需要通过生物处理进行去除。通常在固液分离过程中将胶体或颗粒态磷部分进行去除。可降解的非活性有机磷部分，主要以多磷酸盐形式存在，如果是可生物降解的，在沉淀过程中可以水解为正磷酸盐；如果不是可生物降解的，则在处理过程中并不改变其形式。有机磷通常占进水磷总量的一小部分（<1 mg/L）。

我国许多城市污水处理厂在处理过程中需要将磷去除。尽管生物处理过程可以去除部分磷，但在大多数情况下，仍需要通过后续化学沉淀法将磷去除，才能达到排放标准的要求。化学沉淀步骤通常在初级或二级澄清器中投加金属盐，如 $Fe(SO_4)_2$、$FeCl_3$ 或 $Al_2(SO_4)_3$ 作为沉淀药剂。通常用作除磷沉淀药剂的有明矾 $Al_2(SO_4)_3$，石灰 $Ca(OH)_2$，硫酸铁 $Fe(SO_4)_2$ 以及氯化铁 $FeCl_3$。对于沉淀剂的选择主要取决于排放要求、废水 pH 值以及化学成本等因素。

用明矾、硫酸铁、氯化铁以及石灰沉淀磷酸盐的相关反应如式 (7-15) ～式 (7-20) 所示。

(1) 明矾

$$Al_2(SO_4)_3 + 2HPO_4^{2-} \longrightarrow 2AlPO_4(s) + 3SO_4^{2-} + 2H^+ \tag{7-15}$$

(2) 硫酸铁

$$Fe_2(SO_4)_3 + 2HPO_4^{2-} \longrightarrow 2FePO_4(s) + 3SO_4^{2-} + 2H^+ \tag{7-16}$$

(3) 氯化铁

$$FeCl_3 + HPO_4^{2-} \longrightarrow FePO_4(s) + 3Cl^- + H^+ \tag{7-17}$$

（4）石灰

$$3Ca^{2+} + 2OH^- + 2HPO_4^{2-} \longrightarrow Ca_3(PO_4)_2(s) + 2H_2O \tag{7-18}$$

$$4Ca^{2+} + 2OH^- + 3HPO_4^{2-} \longrightarrow Ca_4H(PO_4)_3(s) + 2H_2O \tag{7-19}$$

$$5Ca^{2+} + 4OH^- + 3HPO_4^{2-} \longrightarrow Ca_5(OH)(PO_4)_3(s) + 3H_2O \tag{7-20}$$

当出水的磷浓度不超过1.0mg/L时可以排入某些受纳水体，在废水二级处理系统中使用铁盐或是铝盐需要根据具体情况进行适当选择。如果对于出水的磷浓度要求较高，则需要在后续三级处理装置中通过投加石灰提高pH进行磷的化学沉淀。通过投加NaF和石灰以形成$Ca_5(PO_4)_3F$（氟磷灰石）可以实现较高的除磷率。采用石灰去除磷酸盐的过程，需要将水体的pH调整到11以上，此范围内更利于絮凝体的形成。

如果环境为碱性，铝离子和铁离子在金属-氢氧化物絮凝物的形成中将被消耗。这可能会导致所需投加的药剂量增加高达3倍。钙离子可以在碱性环境中发生反应形成碳酸钙。在铝盐和铁盐作为沉淀剂的情况下，其与碱度的反应不会完全浪费，因为氢氧化物絮凝物也有助于金属-磷酸盐沉淀物的沉淀和除去，同时会去除废水中的其他悬浮和胶体固体物质。

石灰混凝沉淀除磷处理工艺的进程可分为3个阶段，即：石灰混凝沉淀、再碳酸化、石灰污泥的处理与石灰再生。当需要除氮时，在混凝沉淀与再碳酸化之间，还应设脱氨气设备，如图7-10所示。

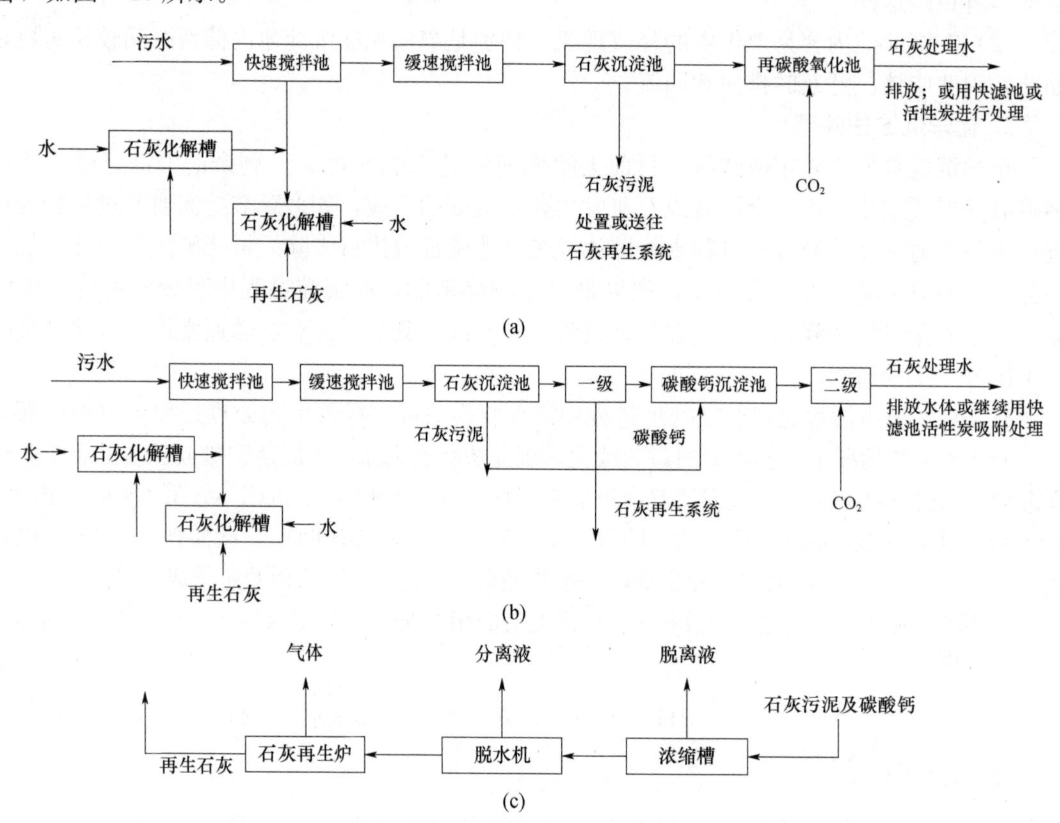

图7-10 石灰混凝沉淀除磷处理系统

（a）一级石灰混凝沉淀处理流程；（b）二级石灰混凝沉淀除磷处理流程；（c）石灰污泥处理石灰再生系统

石灰混凝沉淀处理流程由快速搅拌池、缓速搅拌池和沉淀池等3个单元组成。污水中的磷、悬浮物及有机物为由钙所形成的絮体所吸附，并通过絮凝体的沉淀而得以去除。使污泥回流，提高除磷效果。

7.2.7　不同环境中的磷循环

在自然环境条件下，很难发现农田或城市流域地表完全是透水的土质。所以磷的循环往往发生在相对局部的流域生态系统内。如果三种必需的植物营养物质之一碳、氮或者磷一方供应不足，则流域内的植物生长将受到该元素的影响，并成为植被的限制生长养分。碳可以通过大气中的二氧化碳来直接获取，而氮和磷必须以溶解态形式通过植物根部吸收才能被利用。因此，植物的生长从不受碳元素的限制，但总是受到氮或磷元素限制。其他营养物质，如硫、钾、钙、镁以及某些微量金属，在这里不做讨论，因为在自然条件中这些元素很少成为植物生长限制营养元素。在这两种潜在的限制性营养元素中，可溶性磷通常较可溶性氮更可能成为限制性营养物，主要因为磷的来源通常较少，而且磷迁移性较差。出于此原因，任何湖泊或河流中磷含量的增加，通常会加速植物生长并增加富营养化的可能性。在一个稳定的生态系统中，如原始森林或者湖泊，长期以来磷元素的平均净增长的变化接近于零，因此环境中磷的输入与输出基本保持平衡状态。

在自然条件下，一个稳定的生态系统中，比如原始森林：

（1）磷是通过含磷岩石风化过程中分解出来的。

（2）磷通常以可溶性正磷酸盐形式通过植物从土壤中吸收并储存在植物组织中。

（3）动物通过以植物为食，磷转移到动物组织内。

（4）动的排泄物与尸体的腐烂，使得磷又重新回到土壤中。

（5）几乎所有未被植物吸收的可溶性磷酸盐，形成不溶性的磷化物（主要是钙、铁和铝的磷酸盐）同时可以吸附到土壤颗粒和硅酸盐黏土矿物表面而固定在土壤中。

（6）地表径流和土壤侵蚀流失是磷迁移的重要途径。地表径流可以实现溶解性磷的迁移，而土壤的侵蚀可以实现沉淀磷的转移。

（7）只要流域表面具有良好的透水性，植被覆盖充足，受到暴雨径流和土壤侵蚀影响最小，则当地流域生态系统中磷流失量也较少。

（8）由土壤侵蚀和地表径流所导致的局部生态系统中的少量可溶性磷的损失，可以通过土壤中矿物质解吸并溶解的磷以弥补。

当天然土地被用作其他用途时，流域会受到干扰，同时磷的循环利用方式也会发生改变，对流域生态系统和下游水体都是不利的。城市和农业活动是磷迁移来源，通过地表径流将磷转运到溪流，最终输送到湖泊和水库。未受影响的植被土地（特别是河岸地区）开发为城市或农业用途，是造成河流和湖泊磷负荷增加的主要原因。非点源营养元素通常是非连续的，通常与季节性的农业活动或其他条件（如建筑施工或暴风雨）有关。

1. 森林中的磷循环

森林土壤将磷元素紧紧固定其中，一般认为森林中蕴含丰富的磷。因此，森林在保护河流以及下游水体免受磷污染方面具有重要保护作用。森林表层土壤中的大部分有机质能够有效地抵抗侵蚀并保持磷以有效避免磷的流失。落叶与其他枯萎树枝分解释放的磷会被新生植物吸收并利用。少量的磷流失将会由风化与降水作用进行补充。

森林的砍伐并不会因磷负荷过高而导致水质下降，反而会导致氮负荷增加，磷酸盐与硝酸盐相比，其有机和无机土壤化合物的结合更为牢固。在收获木材的时，新生植被再生，磷负荷也不会很快升高。通过采用自然更新的管理方式，可以将森林的磷损失控制到最低。森林被砍伐后约需要四年时间，其溶解磷的浓度才能会恢复到砍伐前的水平。完成砍伐的森林中磷的增长速率最高。减少地表径流量也可以减少磷的流失。

2. 农田中的磷循环

农业活动的发展大大降低了植物多样性，农作物的生长需要重复施用额外的肥料和水分。在农田流域内，作物植被每年成熟并被收割，导致土壤中的有机物缺少补充而大量流失。在耕作过程中，因无机磷比有机结合态磷更容易溶解和迁移，所以大部分磷以矿物（无机）形式作为磷肥施用。此外，耕耘可以促进土壤通气效果进而促进有机物分解，从而实现有机磷的释放。此外，与森林土地相比，沉积态的磷更易通过开阔地侵蚀而流失。不同形式的磷化物在农田中的循环如图 7-11 所示。

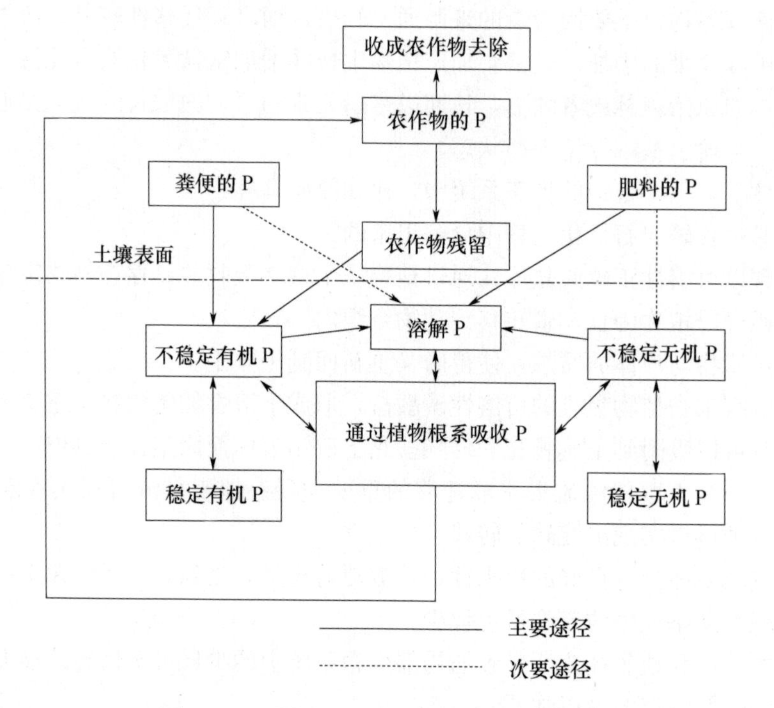

图 7-11　不同形式的磷化物在农田中的循环图

（1）过量施肥以及过度灌溉会使得土壤中的磷负荷过大，土壤侵蚀的风险增加，地表径流水体中的磷含量也随之增加。

（2）大部分剩余磷随农作物收获时一同迁移，这是农田需要重复施肥和浇水的原因。

（3）最佳理想情况是由径流与农作物的同化作用所消耗的磷量与磷施肥以及灌溉所增加的磷量相平衡。

3. 城市中的磷循环

城市当中的磷主要来自草坪和花园的施肥以及废水处理厂所排放的尾水。对于城市地区而言，含磷量计算通常假定所有不透水表面上的径流是不受影响地输送到污水处理厂、透水性土壤或其他水体。

(1) 随着森林地域普遍开发为城市用地，导致植被的覆盖率以及透水区域所占比例逐渐降低。

(2) 这增加了土壤侵蚀量和地表径流量，导致流域内的磷流失量增加，并流入河流和湖泊等水体。

(3) 污水处理厂所排放的尾水可能导致提高受纳水体局部的磷含量。

7.3　同步脱氮除磷工艺

随着城市化在全球范围的迅速发展，每天城市污水排放量将不断增加，以去除有机污染物为目的的传统活性污泥法显然已经不能满足目前的环境质量标准。欧美很多国家早已提出，对现有的生物处理系统必须进行改造，以满足脱氮除磷的要求。目前，在污水处理工程领域中常用的脱氮除磷技术以生物技术为主。

7.3.1　A^2/O 法同步脱氮除磷工艺

1. 工艺概况

A^2/O 法，亦称 A-A-O 工艺，是英文 Anaerobic-Anoxic-Oxic 第一个字母的简称。按实质意义来说，该工艺称为厌氧-缺氧-好氧法更为确切。该方法是在 20 世纪 70 年代，由美国的一些专家在厌氧-好氧（A/O）法脱氮工艺的基础上开发的，其宗旨是开发一项能够同步脱氮除磷的污水处理工艺。工业流程图如图 7-12 所示。

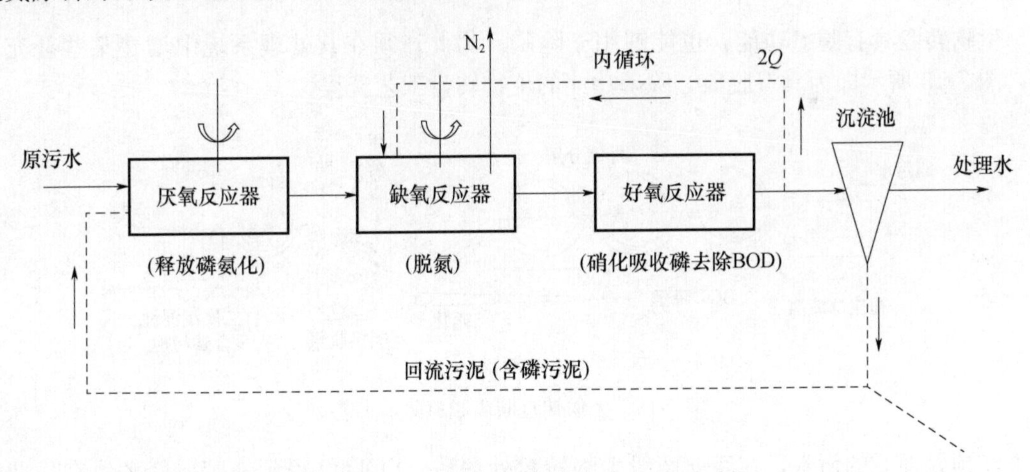

图 7-12　A^2/O 法同步脱氮除磷工艺流程图

2. 各反应器单元功能与工艺特征

(1) 厌氧反应器，原污水进入，同时进入的还有从沉淀池排出的含磷回流污泥，本反应器的主功能是释放磷，同时将部分有机物进行氨化。

(2) 污水经过第一厌氧反应器后进入缺氧反应器，本反应器的首要功能是脱氮，硝态氮是通过内循环由好氧反应器送来的，循环的混合液量较大。

(3) 混合液从缺氧反应器进入好氧反应器——曝气池，这一反应器单元是多功能的，去除 BOD、硝化、吸收磷等反应都在本反应器内进行。这三项反应都是重要的，混合液中含有 NO_3-N，污泥中含有过剩的磷，而污水中的 BOD（或 COD）则得到去除。流量为 $2Q$ 的混合液从这里回流至缺氧反应器。

（4）沉淀池的功能是泥水分离，污泥的一部分回流至厌氧反应器，上清液作为处理水排放。

3. 本工艺的特点

（1）本工艺在系统上可以称为最简单的同步脱氮除磷工艺，总的水力停留时间小于其他同类工艺。

（2）在厌氧（缺氧）、好氧交替运行条件下，丝状菌不能大量增值，无污泥膨胀之虞。

（3）污泥中的含磷浓度高，具有很高的肥效。

（4）运行中无需投药，厌氧段和缺氧段只需轻缓搅拌，以不增加溶解氧浓度，运行费用低。

但是，本工艺也存在如下各项待解决的问题：

（1）除磷效果难以再行提高，污泥增长有一定的限度，不易提高，特别是当 P/BOD 值高时更是如此。

（2）脱氮效果也难以进一步提高，内循环不宜太高。

（3）进入沉淀池的处理水要保持一定浓度的溶解氧，减少停留时间，防止产生厌氧状态和污泥释放磷的现象出现。但溶解氧浓度也不宜过高，以防循环混合液对缺氧反应器的干扰。

7.3.2 生物转盘同步脱氮除磷工艺

生物转盘具有脱氮功能，也能够用于除磷。为此，须在其处理系统中增建某些补充设备，图 7-13 所示即为具有脱氮、除磷功能的生物转盘工艺流程。

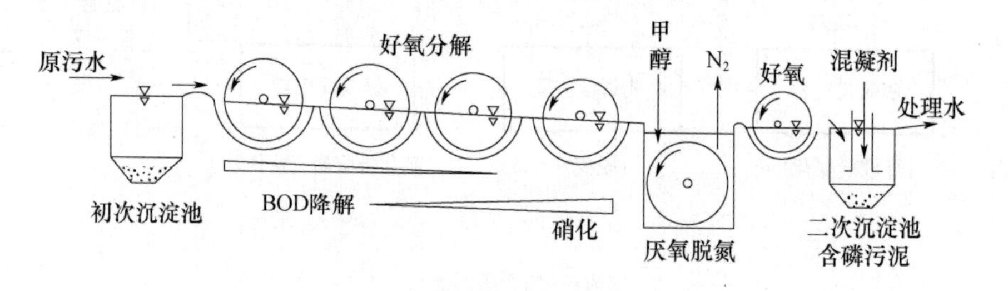

图 7-13 生物转盘同步脱氮除磷工艺

经预处理后的污水，在经前两级生物转盘处理后，BOD 已得到一定的降解，在后两级转盘中，硝化反应逐渐强化，并形成亚硝酸盐氮。其后增设淹没式转盘，使其形成厌氧状态，发生反硝化反应，使氮以气态形式逸出，以达到脱氮目的。为了补充厌氧反应所需的碳源，向淹没式转盘设备中投加甲醇，过剩的甲醇使 BOD 值有所上升，为了去除这部分的 BOD 值，在其后补设一生物转盘。为了截留处理水中的脱落生物膜，其后设二次沉淀池。在二次沉淀池的中央部位设混合反应室，投加的混凝剂在其中进行反应，产生除磷效果，从二次沉淀池排放含磷污泥。

7.3.3　人工湿地与生物浮岛

1. 人工湿地技术

20 世纪 70 年代末发展起来的人工湿地生态工程，比其他传统的生物处理法有更多优势。人工湿地的优势主要体现在投资低、运行和管理费用低、能利用可再生能源（太阳能、风能）、对水量和水质变化适应能力强和生态安全等。目前，国内外学者大都将人工湿地看作用于水质改善功能的工程化湿地。人工湿地是一种由人工建造和监督控制的，与天然湿地类似的生态系统，它充分利用了基质-微生物-植物这个复合生态系统的物理、化学和生物的三重协同作用来实现对污水的净化。人工湿地污水处理技术构造图如图 7-14 所示。

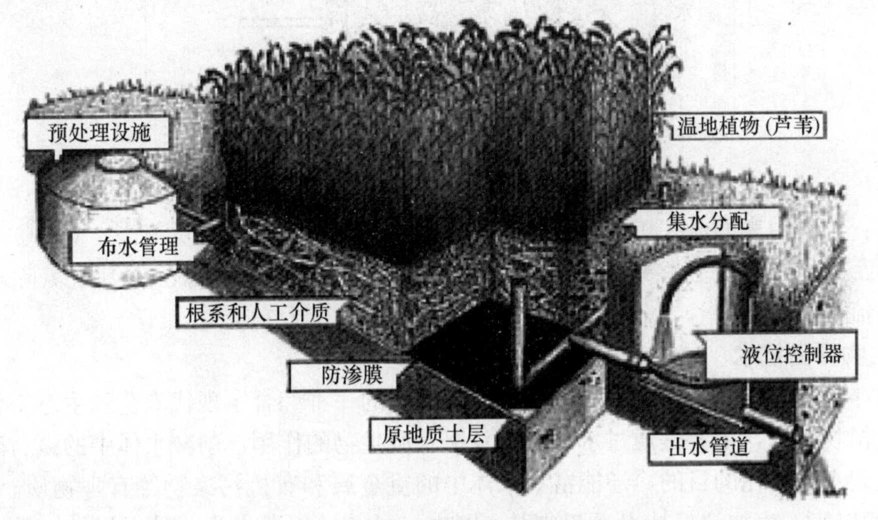

图 7-14　人工湿地污水处理技术构造图

人工湿地主要分为自由表面流人工湿地与潜流型人工湿地两大类，其中潜流型人工湿地又可细分为水平流、垂直流以及复合流。

（1）自由表面流人工湿地

自由表面流人工湿地构造图如图 7-15 所示。

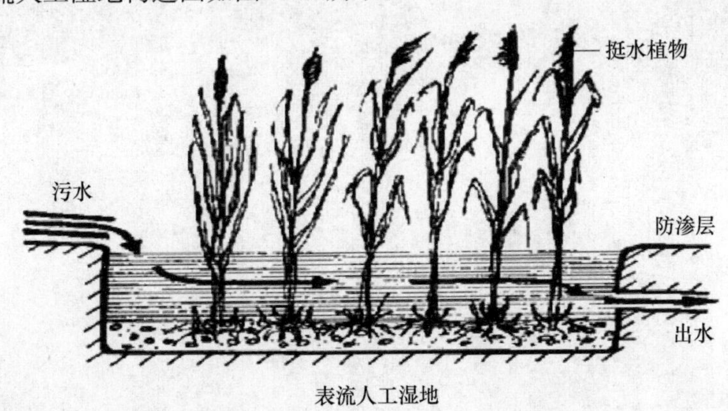

图 7-15　自由表面流人工湿地构造图

优点：投资省、操作简便、运行费用低。

缺点：复合低，去污能力有限。相同处理效率，占地面积大于潜流湿地；冬季结冰；有传播病菌的可能。氧主要来自水体表面扩散、植物根系的传输，但传播能力十分有限。该湿地系统运行受自然气候条件影响较大，夏季易滋生蚊蝇，并有臭味。

（2）潜流型人工湿地

潜流型人工湿地构造图如图 7-16 所示。

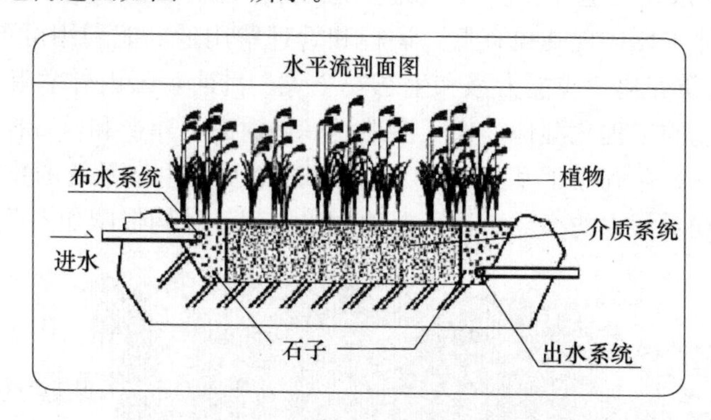

图 7-16　潜流人工湿地构造图

特点：与自由表面流人工湿地相比，水平潜流人工湿地的水力负荷高，对 BOD、COD、SS、重金属等污染物的去除效果好，且很少有恶臭和滋生蚊蝇现象。但其脱氮除磷效果不及垂直潜流人工湿地。

2. 生物浮岛技术

生物浮岛技术是在人工湿地的基础上发展而成的一种综合了现代农艺和生态工程的水面无土种植植物技术，主要是通过水生植物及根系微生物的作用，削减水体中的氮、磷等营养元素，达到水质净化的目的，还能富集水体中的重金属和有机污染物等有害物质。自 20 世纪 80 年代以来，生物浮岛技术逐渐被引入国内，目前已逐渐成为一种无污染、投资少、见效快的水体原位生态修复技术，在湖泊、水库、饮用水源地的水质治理方面得到较为广泛的应用。人工浮岛如图 7-17 所示。

图 7-17　人工浮岛

习题

1. 对 N、P 循环进行简要概述。
2. 简述凯氏氮定义，以及与总氮、硝态氮和亚硝态氮之间的关系。
3. 简述脱氮常用的工艺（物化与生化）。
4. 对生物脱氮工艺的两个阶段进行概述。
5. 简述除磷常用的工艺。
6. 简述 A^2/O 脱氮除磷工艺方法的优缺点。
7. 简述人工湿地中常用的工艺形式有哪些？

第 8 章　水中污染物的生物化学过程

除物理化学过程外，生物化学过程也是水体中污染物迁移转化的重要过程。生物化学过程贯穿在生物生长、新陈代谢和死亡等生命过程中。通过生物化学过程，水体中污染物可以在生物体内富集，并沿食物链迁移，造成污染物的扩散和积累，威胁人体健康和生态安全；也可以被生物转化为毒性更低或更高的产物。由于生物能将水体的污染物质转化为低毒或无毒产物，因此，水处理工程中常用培养微生物和种植水生植物等生物技术来处理污（废）水及天然水体中的污染物。

8.1　天然水体中的生物自净过程

8.1.1　天然水体中的生物降解作用

污染物质在天然水体中的运动过程包括吸收、分布、排泄和生物转化。前三者统称转运，而排泄与生物转化又称为消除。下面介绍污染物质在人体内的转运。

1. 吸收

吸收是污染物质从机体外，通过各种途径通透体膜进入血液的过程。吸收途径主要是机体的消化管、呼吸道和皮肤。

消化管是吸收污染物质最主要的途径。从口腔摄入的食物和饮水中的污染物质主要通过被动扩散被消化管吸收，主动转运较少。消化管的主要吸收部位在小肠，其次是胃。小肠最内层是黏膜，黏膜向肠腔内形成许多突起，称为小肠绒毛，黏膜内布满毛细血管。进入小肠的污染物质大多以被动扩散通过肠黏膜再转入血液，因而污染物质的脂溶性越强及在小肠内浓度越高，被小肠吸收也越快。此外，血液流速也是影响机体对污染物质吸收的因素之一。血流速度越大，则膜两侧污染物质的浓度梯度越大，机体对污染物的吸收速率也越大。由于脂溶性污染物质经膜通透性好，因此它被小肠吸收的速率受到血液流速的限制。相反，一些极性污染物质，因为脂溶性小，在被小肠吸收时经膜扩散成了限制因素，而对血流影响不敏感。小肠液的酸性（pH=6.6）明显低于胃液的（pH=2），有机弱碱在小肠和胃液中分别以未解离型和解离型占优势，未解离型易于扩散通过膜，因此有机弱碱在小肠中的吸收比在胃中的吸收快。反之，有机酸在小肠中主要呈解离型，对吸收不利。但是，小肠的吸收总面积达 200m^2，血流速度为 1L/min，而胃的相对数据仅分别为 1m^2 和 0.15L/min，所以小肠对有机弱酸的吸收一般还是比胃快。促进胃排空，也常可加速小肠对污染物质的吸收。

呼吸管是吸收大气污染物的主要途径。其主要吸收部位是肺泡。肺泡的膜很薄，数量众多，四周布满壁膜极薄、结构疏松的毛细血管。因此，吸收的气态和液态气溶胶污染物质，能以被动扩散和滤过方式，分别迅速通过肺泡和毛细血管膜进入血液。固态气溶胶和粉尘污染物质吸进呼吸道后，可在气管、支气管及肺泡表面沉积。到达肺泡的固态颗粒很小，粒径小于 5μm。其中易溶微粒在溶于肺泡表面体液后，按上述过程被吸收，难溶微粒往往在吞噬作用下被吸收。

2. 分布

分布是指污染物质被吸收后或其代谢转化物质形成后，由血液转送至机体各组织，与组织成分结合，从组织返回血液以及再反复等过程。在污染物质的分布过程中，污染物质的转运以被动扩散为主。

脂溶性污染物质易于通过生物膜，此时，经膜通透性对其分布影响不大，组织血流速度是分布的限制因素。因此，它们在血流丰富的组织的分布，远比血流少的组织中迅速。

与一般器官组织的多孔性毛细血管壁不同，中枢神经系统的毛细血管壁内的皮细胞互相紧密相连，几乎无空隙。当污染物质由血液进入脑部时，必须穿过这一毛细血管壁内皮的血脑屏障。此时，污染物质经膜通透性成为其转运的限速因素。高脂溶性低解离度的污染物质经膜通透性好，容易通过血脑屏障，由血液进入脑部，如甲基汞化合物。非脂溶性污染物质很难入脑，如无机汞化合物。污染物质由母体转运到胎儿体内，必须通过由数层生物膜组成的胎盘，称为胎盘屏障，也同样受到经膜通透性的限制。

污染物质常与血液中的血浆蛋白质结合。这种结合呈可逆性，结合与解离处于动态平衡。只有未与蛋白质结合的污染物质才能在体内进行分布。因此，与蛋白结合率高的污染物质，在低浓度下几乎全部与蛋白结合，存留在血浆内；但当其浓度达到一定水平，未被结合的污染物剧增，快速向机体组织转运，组织中该污染物的分布显著增加。而与蛋白质结合率低的污染物质，随浓度增加，血液中未被结合的污染物质也逐渐增加，故对污染物质在机体内分布的影响不大。由于亲和力不同，污染物质与血浆蛋白的结合受到其他污染物质及机体内源性代谢物质的置换竞争影响。该影响显著时，会使污染物质在机体内的分布有较大的变化。

有些污染物质可与血液的红细胞或血管外组织蛋白相结合，也会明显影响它们在体内的分布。如肝、肾细胞内有一类含巯基氨基酸的蛋白，易与锌、镉、汞、铅等重金属结合成复合物，称为金属硫蛋白。因此，肝、肾这些污染物质的浓度，可以远远超过其血液中浓度的数百倍。在肝细胞内还有一种 Y 蛋白，易与很多有机阴离子相结合，对于有阴离子转运进入肝细胞起的重要作用。

3. 排泄

排泄是污染物质及其代谢物质向机体外的转运过程。排泄器官有肾、肝胆、肠、肺、外分泌腺等，而以肾和肝胆为主。

肾排泄是污染物质通过肾随尿而排出的过程。肾小球毛细血管壁有许多较大的膜孔，大部分污染物质都能从肾小球滤过；但是，相对分子质量过大的或与血浆蛋白结合的污染物质，不能滤过仍留在血液内。肾的近曲小管具有有机酸及有机碱的主动转运系统，能分别分泌有机酸和有机碱。通过这两个转运，使污染物质进入肾管腔从尿中排出。与之相反，肾的远曲小管对滤过肾小球溶液中的污染物质，可以被动扩散进行重吸收，使之在不同程度上又返回血液。肾小管膜的类脂特性与机体其他部位的生物膜相同，因此脂溶性污染物质容易被重吸收。另外，肾小管液的 pH 对重吸收也有影响。肾小管液呈酸性时，有机弱酸解离少易被重吸收，而有机弱碱解离多难被重吸收。肾小管液呈碱性时，恰好与前相反。总之，肾排泄污染物的效率是肾小球滤过、近曲小管主动分泌和远曲小管被动重吸收的综合效果。一般来说，肾的排泄是污染物的一个主要排泄途径。

污染物质的另一个重要排泄途径，是肝胆系统的胆汁排泄。胆汁排泄是指主要由消化管及其他途径吸收的污染物质，经血液到达肝脏后，以原物或其代谢物和胆汁一起分泌至十二指肠，经小肠至大肠内，再排出体外的过程。污染物质在肝脏的分泌主要是主动转运，被动扩散较少；其中，少数是原形物质，多数是原形物质在肝脏中代谢转化而形成的产物，所以胆汁排泄是原形污染物质排出体外的一个次要途径，但为污染物质代谢物的主要排出途径。一般地，相对分子质量在300以上、分子中具有强极性基团的化合物，即水溶性大、脂溶性小的化合物，胆汁排泄良好。

值得注意的是，有些物质由胆汁排泄，在肠道运行中又重新被吸收，该现象称为肠肝循环。这些物质呈高脂溶性，包含胆汁中的原形污染物或污染物代谢结合物在肠道经代谢转化而复得的原形污染物。能进行肠肝循环的污染物，通常在体内的停留时间较长。如高脂溶性甲基汞化合物主要通过胆汁从肠道排出，由于肠肝循环，使其生物半衰期平均达70天，排除甚慢。

4. 蓄积

机体长期接触某污染物质，若吸收超过排泄及其代谢转化，则会出现该污染物质在体内逐增的现象，称为生物蓄积。蓄积量是吸收、分布、代谢、转化和排泄各量的代数和。蓄积时，污染物在体内分布，常表现为相对集中的方式，主要集中在机体的某些部位。

机体的主要蓄积部位是血浆蛋白、脂肪组织和骨骼，污染物质、糖与血浆蛋白结合而蓄积。许多有机污染物质及其代谢脂溶性产物，通过分配作用，溶解集中于脂肪组织，经离子交换吸附，进入骨骼组织的无机羟磷灰盐中而蓄积。

有些污染物的蓄积部位与毒性作用部位相同。如百草枯在肺部及一氧化碳在红细胞中血红蛋白的集中就属于这种情形。但是有些污染物质的蓄积部位与毒性作用部位不相一致。如DDT在脂肪组织中蓄积，而毒性作用部位是神经系统及其他脏器；铅集中于骨骼，而毒性作用部位在造血系统、神经系统及胃肠道等。

蓄积部位中的污染物质，常同血浆中的游离型污染物质保持相对稳定的平衡。当污染物质从体内排出或机体不与之接触时，血浆中的污染物即减少，蓄积部位就会释放该物质，以维持上述平衡。因此，在污染物的蓄积和毒性作用的部位不相一致时，蓄积部位可成为污染物质内在的二次接触源，有可能引起机体慢性中毒。

污染物质的生物转化是指污染物在生物体内与生物体内物质（如蛋白质等）结合或在生物体内物质（如酶等）的作用下发生分子结构变化形成其他物质甚至生物体自身组织的过程。生物转化是指生物体对外源污染物处置的重要环节，是生物体抵抗污染物毒害作用并维持正常生理状态的主要机理。污染物通过生物转化可能形成比母体毒性更低甚至无毒的产物，如有机物可以被生物转化为CO_2和H_2O；也可能形成比母体毒性更大的产物，如Hg可以被生物转化为毒性更大的甲基汞。

污染物的生物转运和生物转化都是由生物的代谢过程引起的。生物体自身的内代谢过程可分为合成代谢和分解代谢两个方面，两者同时进行。合成代谢又称同化作用或生物合成，是从小的前体或构件分子（如氨基酸和核苷酸）合成较大的分子（如蛋白质和核酸）的过程。分解代谢指机体将来自环境或细胞自身储存的有机营养物质分子（如糖类、脂类、蛋白质等），通过反应降解成较小的、简单的终产物（如二氧化碳、乳酸、氨等）的过程，又称异化作用。内源呼吸是生物体分解代谢的重要机理，是细胞物质进行自身氧化，并放出能量的过程。当碳源等营养物质充足时，细胞物质大量合成，内源呼吸并不显著；当缺乏营养物质时，细胞则只能通过内源呼吸氧化自身的细胞物质而获得生命活动所需的能量。

污染物在生物体酶的催化作用下发生的代谢转化是有机污染物主要的生物转化过程和最重要的环境降解过程。有机物在生物体内的降解存在两种代谢模式：生长代谢和共代谢。在生长代谢中，有机污染物可以作为生物生长基质为生物生长提供能量和碳源，并在生物体内参与生物体细胞组分的合成过程，使生物生长、繁殖。在生长代谢过程中，生物可快速、彻底地降解和矿化有机物。因此，能被生长代谢的污染物通常对环境威胁较小。共代谢是指有机污染物不能作为唯一基质为生物生长提供所需的碳源和能量，但是它们能在其他物质提供碳源和能量的情况下，在生物生长过程中被生物利用或分解。共代谢在那些难降解的物质降解过程中起到重要作用。通过几种生物的一系列共代谢作用，可以使得某些特殊有机污染物彻底降解。生长代谢和共代谢具有截然不同的代谢特征和降解速率。以某个污染物作为唯一碳源培养生物，便可通过生物的生长情况鉴定其代谢是否处于生长代谢。此外，生长代谢存在一个滞后期，即一个物质在开始降解前必须使生物群落适应这种物质，这个滞后期一般需要 2～50d。但是，一旦生物群落适应了这种物质，其降解速率是相当快的。共代谢没有滞后期，降解速率一般比完全驯化的生长代谢慢。共代谢并不能为生物提供能量，也不影响种群多少，但其代谢的速率直接与生物种族的多少成正比。影响污染物增长代谢的主要因素包括有机物本身的化学结构和生物的种类。此外，这些环境因素如温度、pH、反应体系的溶解氧等也能影响生物代谢降解有机物的速率。

污染物在生物体内的浓度取决于生物体对污染物的摄取（吸收）和消除（排泄及代谢转化）这两个相反过程的速率，若摄取量大于消除量，就会出现该污染物在生物体内逐渐增加的现象，称为生物积累。生物体内污染物的积累量是污染物被吸收、分布、代谢转化和排泄各量的代数和。污染物在生物体内吸收积累的强度和部位与生物体的特性及污染物性质有关。难分解或难排泄的污染物及其转化产物通常容易在生物体内积累。例如，许多有机污染物如苯、多氯联苯及脂溶性代谢产物等，会通过分配作用，溶解积累于生物体的脂肪组织；污染物的生物积累常导致其在生物体内的富集和放大。

生物富集是指生物体从体外环境蓄积某种元素或难降解的物质，使其在体内浓度超过周围环境中浓度的现象。从动力学上来看，生物体对水中难降解污染物的富集速率，是生物对其吸收速率、消除速率及由生物机体质量增长引起的物质稀释速率的代数和。生物体对污染物的吸收速率越大，越容易富集；而消除速率及稀释速率越大，则越不易富集。生物放大是指在同一食物链上的高营养级生物，通过吞食低级生物蓄积某种元素或难降解物质，使其在机体内的浓度随营养级数提高而增大的现象。生物放大并不是在所有条件下都能发生，有些物质只能沿食物链传递，不能沿食物链放大；有些物质既不能沿食物链传递，也不能沿食物链放大。生物积累、富集和放大可在不同侧面为评估整体环境中污染物的迁移及可能造成的生态环境危害、利用生物对环境进行监测及净化、制定污染物环境排放标准等提供重要的科学理论依据。

8.1.2　污染物通过生物膜的方式

1. 生物膜的结构

为了研究天然水体的生物自净过程，我们首先要认识生物膜。污染物质在生物体内的各个过程大多数会涉及通过机体的各种生物膜。如图 8-1 所示，生物膜主要由磷脂双分子层和蛋白质镶嵌组成，厚度为 7.5～10nm 的流动变动复杂体。在磷脂双分子层中，亲水的极性基团排列于内外两面，疏水的烷链端伸向内侧，所以，双分子层中央存在一个疏水区，生物膜是类脂层屏障。膜上镶嵌的蛋白质，有附着在磷脂双分子层表面的表在蛋白，有深埋或贯穿磷脂双分子层的内在蛋白，但它们的亲水端也都露在双分子层的外表面。这些蛋白质各具有一定的生理功能，或是转运膜内外物质的载体，或是起催化作用的酶，或是能量转换器等。在生物膜中还间以带极性、常含有水的微小孔道，称为膜孔。

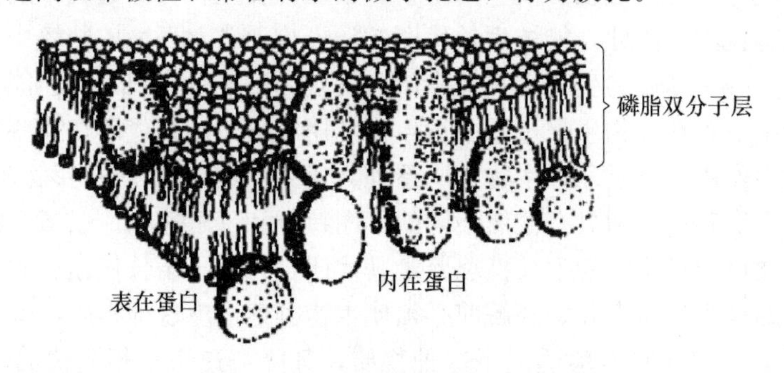

图 8-1　细胞膜脂质双层结构示意图

2. 物质通过生物膜的方式

物质通过生物膜的方式根据机制可分为以下五类：

（1）膜孔滤过

直径小于膜孔的水溶性物质，可借助膜两侧静水压及渗透压经膜孔滤过。

（2）被动扩散

脂溶性物质从高浓度侧向低浓度侧，即顺浓度梯度扩散通过有类脂层屏障的生物膜。扩散速率服从 Fick 定律即式（8-1）：

$$\frac{\mathrm{d}Q}{\mathrm{d}t}=-DA\frac{\Delta C}{\Delta x} \tag{8-1}$$

式中，$\frac{\mathrm{d}Q}{\mathrm{d}t}$为物质膜扩散速率，即 d$t$ 间隔时间内垂直向扩散通过膜的物质的量；Δx 为膜的厚度；ΔC 为膜两侧物质的浓度梯度；A 为扩散面积；D 为扩散系数；

扩散系数取决于通过物质和膜的性质。一般来说，脂/水分配系数越大，分子越小，或在体液 pH 条件下解离越少的物质，扩散系数也越大，而容易扩散通过生物膜。被动扩散不需耗能，不需载体参与。因而不会出现特异性选择、竞争性抑制及饱和现象。

（3）被动易化扩散

有些物质可在高浓度侧与膜上特异性蛋白质载体结合，通过生物膜至低浓度侧解离出原物质。这一转运称为被动易化扩散，它受到膜特异性载体及其数量的制约，因而呈现特异性选择，类似物质竞争性抑制和饱和现象。

（4）主动转运

在需消耗一定的代谢能量下，一些物质可在低浓度侧与膜上高浓度特异性蛋白载体结合，通过生物膜，至高浓度侧解离出原物质。这一转运称为主动转运。所需代谢能量来自膜的三磷酸腺苷酶分解三磷酸腺苷（ATP）成二磷酸腺苷（ADP）和磷酸时释放的能量（图 8-2）。这种转运还与膜的高度特异性载体及其数量有关，而具有特异性选择，类似物质竞争性抑制和饱和现象。如钾离子在细胞内外的分布为 $[K^+]_{细胞内} \gg [K^+]_{细胞外}$。这一奇特的浓度分布是由相应的主动转运造成的，即低浓度侧钾离子易与膜上磷酸蛋白 P（磷酸根与丝氨酸相结合的产物）结合为 KP，而后在膜中扩散并与膜的三磷酸腺苷发生磷化，将结合的钾离子释放至高浓度侧，如下列反应所示：

$$K^+ + P \longrightarrow KP \qquad \text{(膜外)}$$

$$KP + ATP \longrightarrow PP + ADP + K^+ \qquad \text{(膜内)}$$

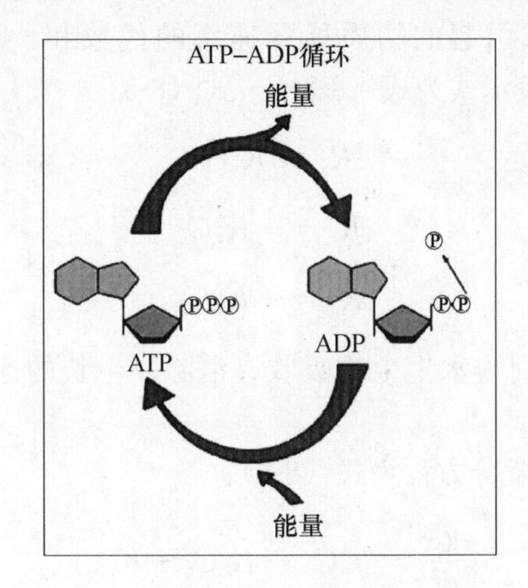

图 8-2　三磷酸腺苷、二磷酸腺苷转换图

（5）胞吞和胞饮

少数物质与膜上蛋白质有特殊亲和力，当其与膜接触后，可改变这部分膜的表面张力，引起膜的外包或内陷而被包围进入膜内，固体物质的这一转运称为胞吞，而液态物质的这一转运称为胞饮。

总之，物质以何种方式通过生物膜，主要取决于机体各组织生物膜的特性和物质的结构、理化性质。物质理化性质包括脂溶性、水溶性、解离度、分子大小等。被动易化扩散和主动转运，是正常的营养物质及其代谢物质通过生物膜的主要方式。除与前者类似的物质以这样方式通过膜外，大多数物质一般以被动易化扩散方式通过生物膜。膜孔滤过和胞吞、胞饮在一些物质通过膜的过程中发挥作用。

8.1.3　污染物质的生物富集、放大和积累

1. 生物富集

生物富集是指生物通过非吞食方式，从水环境中蓄积某种元素或难降解的物质，使其机体内的浓度超过水环境中的浓度的现象。生物富集用生物浓缩系数表示，即式（8-2）：

$$BCF = C_b / C_e \tag{8-2}$$

式中，BCF 为生物浓缩系数；C_b 为某种元素或难降解物质在机体中的浓度；C_e 为某种元素或难降解物质在机体水环境中的浓度。

生物浓缩系数可以是个位到万位级，甚至更高。其大小与下列三个方面的影响因素有关。（1）在物质性质方面的主要影响因素是降解性、脂溶性和水溶性。一般来说，降解性小、脂溶性高、水溶性低的物质，生物浓缩系数高；反之，则低。如虹鳟对 2,2′-四氯联苯和 4，4′-四氯联苯的浓缩系数为 12400，而对四氯化碳的浓缩系数是 17.7。（2）在生物特征方面的影响因素有生物种类、大小、性别、器官、生物发育阶段等。如金枪鱼和海绵对铜的

浓缩系数分别是100和1400。(3)在环境条件方面的影响因素包括温度、盐度、水硬度、pH、氧含量和光照状况等。如翻车鱼对多氯联苯浓缩系数在水温5℃时为6.0×10^3，而在15℃时为5.0×10^4。水温升高，相差显著。一般地，重金属元素和许多氯化碳氢化合物、稠环、杂环等有机化合物具有很高的生物浓缩系数。

从动力学观点来看，水憩生物对水中难降解物质的富集速率是生物对其吸收速率、消除速率及由生物机体质量增长引起的物质稀释速率的代数和。吸收速率(R_a)、消除速率(R_c)及稀释速率(R_g)的表示式为式(8-3)～式(8-5)：

$$R_a = K_a C_w \tag{8-3}$$

$$R_c = - K_e C_f \tag{8-4}$$

$$R_g = - K_g C_f \tag{8-5}$$

式中：K_a、K_e、K_g分别为水生生物吸收、消除、生长的速率常数；C_w、C_f分别为水及生物体内的瞬时物质浓度。

于是水生生物富集速率微分方程为式(8-6)：

$$\frac{dC_f}{dt} = f_a C_w - K_c C_f - K_g C_f \tag{8-6}$$

如果富集过程中生物质量增长不明显，则K_g可忽略不计，式(8-6)简化成式(8-7)：

$$\frac{dC_f}{dt} = K_a C_w - K_e C_f \tag{8-7}$$

通常水体足够大，水中物质浓度(C_w)可视为恒定，又设$t=0$时，C_f(0)=0。在此条件下求解式(8-6)和(8-7)，水生生物富集速率方程为式(8-8)、式(8-9)：

$$C_f = \frac{K_B C_w}{K_e + K_R}[1 - \exp(- K_c - K_g)t] \tag{8-8}$$

$$C_f = \frac{K_a C_w}{K_e}[1 - \exp(- K_e)t] \tag{8-9}$$

从式(8-8)和式(8-9)可看出，水生生物浓缩系数(C_f/C_w)随时间延续而增大，先期增大比后期迅速，当$t\to\infty$时，生物浓缩系数依次为式(8-10)、式(8-11)：

$$BCF = \frac{C_f}{C_w} = \frac{K_a}{K_e + K_g} \tag{8-10}$$

$$BCF = \frac{C_f}{C_w} = \frac{K_a}{K_c} \tag{8-11}$$

说明在一定条件下生物浓缩系数有一阈值。此时，水生生物富集达到动态平衡。生物浓缩系数常指生物富集到达平衡时的BCF值，并可由实验得到。在控制条件下的实验中，可用平衡方法测定水生生物体内及水中的物质浓度，也可用动力学方法测定K_a、K_c、K_g，然后用式(8-10)或式(8-11)算得BCF值。

水生生物对水中物质的富集是一个复杂过程。但是对于有较高脂溶性和较低水溶性的、以被动扩散通过生物膜的难降解有机物质，这一过程的机理可表示为该类物质在水和生物脂肪组织两相间的分配作用。如鱼类通过呼吸，在短时间内有大量的水流经鳃膜，水中溶解的该类有机物质易于被动扩散通过极薄的鳃膜，随血流转运，相继经过富含血管的组织，除少许被消除外，主要输至脂肪组织中蓄积，显示其在水-脂体系中的分配特征。人们以正辛醇作为水生生物脂肪组织代用品，发现这些有机物质在辛醇-水两相分配系数的对数（$\lg K_{ow}$）与其在水生生物体中浓缩系数的对数（$\lg BCF$）之间有良好的线性正相关关系。其通式为式(8-12)：

$$\lg BCF = a\lg K_{ow} + b \tag{8-12}$$

如 Neeley. W. B 等报道，8 种有机物质的 K_{ow} 和它们在虹鳟体中的 $\lg BCF$ 之间的相关系数为 0.948，回归方程为式（8-13）：

$$\lg BCF = 0.524\lg K_{ow} + 0.124 \tag{8-13}$$

这一可类比性为上述有机物质生物富集的分配机理提供了验证。式（8-12）中的回归系数 a、b 与有机物质和水生生物的种类及水体条件有关。据此选用已建立的回归方程，代入 K_{ow} 值，便可估算相应有机物质的 BCF 值。

2. 生物放大

生物放大是指在同一食物链上的高营养级生物，通过吞食低营养级生物蓄积某种元素或难降解物质，使其在机体内的浓度随着营养级别提高而增大的现象。生物放大的程度也用生物浓缩系数表示。生物放大的结果，可使得食物链上高营养级生物体内这种元素或物质的浓度超过周围环境中的浓度。

生物放大并不是在所有条件下都能发生，有些物质只能沿食物链传递，不能沿食物链放大；有些物质既不能沿食物链传递，也不能沿食物链放大。这是因为影响生物放大的因素是多方面的。不同食物链一般均较为复杂，相互交织成网状，同一生物在不同发育阶段或相同阶段有可能隶属于不同的营养级而具有多种食物来源，这就扰乱了生物放大。不同生物或同一生物在不同的条件下，对物质的吸收及消除等均有可能不同，也会影响其生物放大状况。

如 1966 年有人报道，美国图尔湖和克拉斯南部自然保护区内生物群落受到 DDT 的污染，在位于食物链顶级，以鱼类为食的水鸟体中的 DDT 浓度，比当地湖水高出约 $1.0\times10^3 \sim 1.2\times10^5$ 倍。但是，生物放大并不是在所有条件下都能发生。水环境中营养级分类如图 8-3 所示。

3. 生物积累

生物放大或生物富集是属于生物积累的一种情况。所谓生物积累，就是生物从水环境中和食物链蓄积某种元素或难降解物质，使其在机体中的浓度超过周围环境中的浓度的现象。生物积累也用生物浓缩系数表示。

综上所述，不难想到生物积累、放大和富集可在不同侧面为探讨环境中污染物的迁移、排放标准和可能造成的危害，以及利用生物对环境进行监测和净化，提供重要的科学依据。在研究生物积累时，应该首先弄清楚其与生物放大和生物富集之间的关系。生物积累是同一生物个体在整个代谢活跃期的不同阶段，机体内来自环境的元素或难降解化合物的生物富集系数不断增加的现象，其积累程度可用生物富集系数表示。任何生物体在任何时刻，其机体内某种元素或难降解化合物的浓度水平取决于摄取和消除两个相反过程的速率，当其摄取量大于消除量时，就会发生生物积累。

生物积累系数（bioaccumul ation factor，*BAF*）是来自水和食物链的生物体内的化学物质浓度与水中该化学物质浓度的平均比值，可表示为式（8-14）：

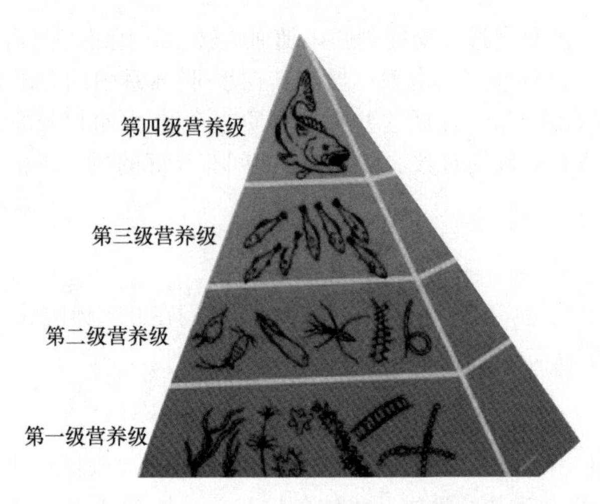

图 8-3 水中生物营养级分类

$$N = \frac{C_B}{C_w} \tag{8-14}$$

式中，N 为以类脂物为基础标化了的 *BAF*，μg/［kg（类脂物）］/（μg/L）；C_B 为以类脂物为基础标化了的生物体内化学物质的浓度，μg/［kg（类脂物）］；C_w 为该化学物质在水中的质量浓度，μg/L。

化学物质的生物积累系数 *BAF* 与该化学物质的辛醇-水分配系数 K_{ow} 具有很好的相关性，Veith 等人建立了两者的相关式如式（8-15）所示：

$$\lg BAF = 0.85\lg K_{ow} - 0.70 \tag{8-15}$$

在大多数情况下，式（8-15）中直线的斜率接近于 1。在少数情况下，影响化学物质 *BAF* 的因素被归结为除 K_{ow} 外该化学物质的某些类型，如 PCBs 的 *BAF* 取决于其同系物的形状和亲脂性。

应当指出，*BAF* 与 *BCF* 的意义是不同的。*BCF* 是生物体内仅来自于水的化学物质浓度与水中化学物质浓度的平衡比，可表示为式（8-16）：

$$N_w = \frac{C_{B,w}}{C_w} \tag{8-16}$$

式中，N_w 为以类脂物为基础的 *BCF*，μg/［kg（类脂物）］/（μg/L）；$C_{B,w}$ 为以类脂物为基础的生物体仅来自于水的化学物质浓度，μg/［kg（类脂物）］；C_w 为水中化学物质的质量浓度，μg/L。

N/N_w 是生物体分别从食物链和水中摄取的化学物质积累程度的度量。如果体系达到平衡（稳态）时 $N/N_w>1$，则说明该体系存在食物链的积累作用。

由于生物放大和生物积累作用，进入环境中的有毒化学物质，即使是极微量的也会使生物尤其是处于高营养级的生物受到危害，直至威胁到人体健康。因此，深入研究生物放大和生物积累作用，探讨化学物质在环境中的迁移转化，并确定化学物质在环境中的安全浓度具有重要的理论和现实意义。

8.2　有机污染物的生物降解

8.2.1　有机污染物的生物降解

生物降解是引起有机污染物分解的最重要的环境过程之一。水环境中化合物的生物降解依赖于微生物通过酶催化反应分解有机物。当微生物代谢时，一些有机污染物作为食物源提供能量和提供细胞生长所需的碳；另一些有机物不能作为微生物的唯一碳源和能源，必须由另外的化合物提供。因此，有机物生物降解存在两种代谢模式：生长代谢（growth metabolish）和共代谢模式（cometabolism）。这两种代谢特征和降解速率极不相同，下面分别进行讨论。

1. 生长代谢

许多有毒物质可以像天然有机污染物那样作为微生物的生长基质。只要用这些有毒物质作为微生物的唯一碳源便可以鉴定是否属于生长代谢。在生长代谢过程中微生物可对有毒物质进行彻底的降解和矿化，因而是解毒生长基质。去毒效应和相当快的生长基质代谢意味着与那些不能用这种方法降解的化合物相比，对环境威胁小。

一个化合物在开始使用之前，必须使微生物群落适应这种化学物质，在野外和室内试验证明，一般需要2～50d的滞后期，一旦微生物群体适应了它，生长基质的降解是非常快的。由于生长基质和生长浓度均随时间而变化，因而其动力学表达式相当复杂。Monod方程是用来描述当化合物作为唯一碳源时，化合物的降解速率，如式（8-17）所示：

$$-\frac{dC}{dt}=\frac{1}{Y}\cdot\frac{dB}{dt}=\frac{\mu_{max}}{Y}\cdot\frac{BC}{K_s+C} \tag{8-17}$$

式中，C为污染物浓度；B为细菌含量；Y为消耗一个单位碳所产生的生物量；μ_{max}为最大的比生长速率；K_s为半饱和常数，即在最大比生长速率μ_{max}一半时的基质浓度。

Monod方程在实验中已成功地应用于唯一碳源的基质转化速率，而不论细菌菌株是单一种还是天然的混合的种群。Paris等用不同来源的菌株，以马拉硫磷作唯一碳源进行生物降解（图8-4）。分析菌株生长的情况和马拉硫磷的转化速率，可以得到Monod方程中的各种参数：$\mu_{max}=0.37h^{-1}$，$K_s=2.17\mu mol/L$（0.716mg/L），$Y=4.1\times10^{10}$ cell/μmol（1.2×10^{11} cell）。

Monod方程是非线性的，但是在污染物浓度很低时，即$K_s\gg C$，则式（8-17）可简化为式（8-18）：

$$-\frac{dC}{dt}=K_{b2}\cdot B\cdot C \tag{8-18}$$

式中，K_{b2}为二级生物降解速率常数。

2. 共代谢

某些有机污染物不能作为微生物的唯一碳源与能源，必须有另外的化合物存在提供微生物碳源或能源时，该有机物才能被降解，这种现象称为共代谢。共代谢在那些难降解的化合物代谢过程中起着重要作用，展示了通过几种微生物的一系列共代谢作用，可使某些特殊有

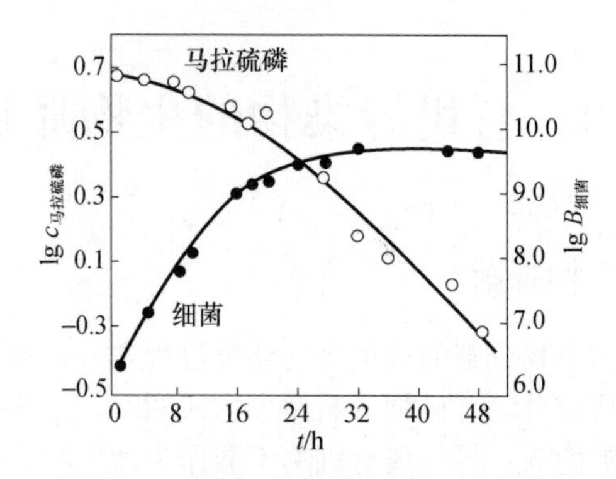

图 8-4　细菌生长与马拉硫磷浓度的降低

（$C_{马拉硫磷}$的单位是 μmol/L，$B_{细菌}$的单位是个/mg）

机污染物彻底降解的可能性。微生物共代谢的动力学明显不同于生长代谢的动力学，共代谢没有滞后期，降解速率一般比完全驯化的生长代谢慢。共代谢并不提供微生物体任何能量，不影响种群多少。然而，共代谢速率直接与微生物种群的多少成正比。

由于微生物种群不依赖于共代谢速率，因而生物降解速率常数可以用 $K_b = K_{b2} \cdot B$ 表示，从而使其简化为一级动力学方程。

用上述的二级生物降解的速率常数时，需要估计细菌种群的多少，不同技术的细菌计数可能使结果发生高达几个数量级的变化，因此根据用于计算 K_{b2} 的同一方法来估计 B 值是重要的。

总之，影响生物降解的主要因素是有机物本身的化学机构和微生物的种类。此外，一些环境因素如温度、pH、反应体系的溶解氧量等也能影响生物降解有机物的速率。

3. 生物降解

有机物在微生物的催化作用下发生降解的反应称为有机物的生物降解反应。水体中的生物，特别是微生物能使许多物质进行生化降解反应，绝大多数有机物因此而降解成为更简单的物质。水体中有很多有机物如糖类、脂肪、蛋白质等比较容易降解，一般经过醇、醛、酮、脂肪酸等生化氧化阶段，最后降解为二氧化碳和水。有机物生化降解的基本反应可分为两大类，即水解反应和氧化反应。对于有机氯农药、多氯联苯、多环芳烃等难降解有机污染物，降解过程中除上述两种基本反应外，还可能发生脱氯、脱烷基反应。

（1）生化水解反应

生化水解反应是指有机物在水解酶的作用下与水发生的反应。在反应中，有机物（RX）的官能团 X^- 和水分子中的 OH^- 发生交换，反应式可表示如下：

$$RX + H_2O \longrightarrow ROH + HX$$

水解是很多有机物发生分解的重要途径。能在环境中发生水解反应的有机物主要有烷基卤化物、酰胺类、脂类等。

多糖在水解酶的作用下逐渐水解成二糖、单糖、丙酮酸：

$$\underset{多糖}{(C_6H_5O_5)_n} \xrightarrow{水解酶} \underset{二糖}{C_{12}H_{22}O_{11}} \xrightarrow{水解酶} \underset{单糖}{C_6H_{12}O_6} \xrightarrow{水解酶} 丙酮酸$$

烯烃的水解反应如下：

$$RHC=CHR'+H_2O\xrightarrow{\text{烯水解酶}}RCH_2\underset{\substack{|\\OH}}{CHR'}$$

蛋白质在水解酶的作用下逐渐水解成多肽、氨基酸和有机酸：

$$\text{蛋白质}\xrightarrow{\text{水解酶}}\text{多肽}\xrightarrow{\text{水解酶}}\text{氨基酸}\xrightarrow{\text{水解酶}}NH_3+\text{有机酸}$$

其中氨基酸的水解脱氨反应如下：

$$CH_3\underset{\substack{|\\NH_2}}{CH}COOH+H_2O\xrightarrow{\text{肽水解酶}}CH_3\underset{\substack{|\\OH}}{CH}COOH+NH_3$$

（2）生化氧化反应

在微生物作用下发生的有机物的氧化反应称为生化氧化反应。有机物在水环境中的生化氧化降解，一部分是被生物同化，为生物提供碳源和能量，转化成生物代谢物质；另一部分则被生物活动产生的酶催化分解。微生物对有机物的生化氧化是由其呼吸作用导致。微生物的呼吸作用是微生物获取能量的生理功能。自然水体中能分解有机物的微生物种类很多，根据这些微生物的呼吸作用与氧气需要程度的关系，常分为好氧微生物和厌氧微生物。好氧微生物能利用氧气进行好氧呼吸，并氧化分解有机物；厌氧微生物能在缺氧条件下进行厌氧呼吸，并氧化分解有机物。由于呼吸作用是生物氧化和还原的过程，存在着电子、原子转移。在有机物的生物分解和合成过程中，都有氢原子的转移。因此，呼吸作用按受氢体的不同划分为好氧呼吸和厌氧呼吸。有机物的生化氧化大多数是脱氢氧化。脱氢氧化时可从-CHOH-或$-CH_2-CH_2-$基团上脱氢：

$$R\underset{\substack{|\\OH}}{CH}COOH\xrightarrow{-2H}R\underset{\substack{\|\\O}}{C}COOH$$

$$\underset{\text{饱和烃}}{RCH_2CH_2COOH}\xrightarrow{-2H}\underset{\text{不饱和烃}}{RCH=CHCOOH}$$

脱去氢转给受氢体，若以氧分子作为受氢体，则该脱氢氧化称好氧呼吸过程；若以化合氧（如 CO_2、$SO_4{}^{2-}$、NO^{3-} 等）作为受氢体，即为厌氧呼吸过程。在微生物作用下脱氢氧化时，从有机物分子中脱下来的氢原子往往不是直接交给受氢体，而是首先将氢原子传递给载氢体 NAD，形成 $NADH_2$，同时放出电子：

$$\text{有机物}+NAD\longrightarrow\text{有机氧化物}+NADH_2$$

在好氧呼吸过程中，生物氧化酶利用有机物放出的电子激活游离氧，而氢原子经过一系列载氢体的传递后，与激活的游离氧分子结合形成水分子。因此，好氧呼吸过程是脱氢和氧活化相结合的过程，是有分子氧参与的生化氧化，反应的最终受氢体是分子氧，在这个过程中同时放出能量。

在微生物好氧呼吸过程中，有机物通常能被彻底氧化为二氧化碳和水。除了有机物能为好氧呼吸提供电子外，无机物如 S^{2-} 和 NH^+ 等也可以作为电子供体发生好氧氧化（如硝化反应），生成 $SO_4{}^{2-}$ 和 $NO_3{}^-$ 等，同时放出能量。厌氧呼吸是无分子氧存在下发生的生化氧化。厌氧微生物只有脱氢酶系统，而没有氧化酶系统。在厌氧呼吸过程中，有机物中的氢被生物脱氢酶活化，并从有机物中脱出来交给辅酶（载氢体 NAD），然后传递给除氧以外的有机物或无机物，使其还原。厌氧呼吸的电子受体不是分子氧。

①好氧氧化

好氧微生物在生长过程中要大量消耗水中的溶解氧，因此，只有在溶解氧含量丰富的水体中才能生长繁殖。好氧微生物能以水中的有机物作为它们进行新陈代谢的营养物，并把有机物氧化为二氧化碳和水及少量 NO_3^- 等。例如，甲烷可以通过如下主要途径氧化为二氧化碳和水：

$$CH_4 \longrightarrow CH_3OH \longrightarrow HCHO \longrightarrow HCOOH \longrightarrow CO_2 + H_2O$$

较高级烷烃主要通过单端氧化、双端氧化或次末端氧化三条途径降解为脂肪酸，脂肪酸再经过其他有关生化反应，最后分解为二氧化碳和水。在有机废水的好氧生物处理中，约有⅔会被转化合成新的原生质（细胞质），实现微生物自身的生长繁殖；剩余的⅓被分解降解，并为微生物生理活动提供所需的能量。相对于厌氧生物处理，好氧生物处理具有反应速率快、氧化降解彻底、散发臭气少等优点。常见的好氧生物处理法有活性污泥法和生物膜法两大类。

②厌氧氧化

有机物的厌氧氧化包括发酵和厌氧呼吸两类。发酵是指供氢体和受氢体都是有机物的生化氧化作用。在厌氧氧化中，发酵通常不能使有机物彻底氧化，最终产物不是二氧化碳和水，而是一些较原来有机物简单的化合物。发酵包括酸性发酵和碱性发酵两类。酸性发酵主要由兼性微生物的厌氧呼吸导致，这类微生物可以在含微量分子氧的水中生长繁殖，并通过厌氧呼吸作用把大分子断裂成小分子有机物，并进一步使这些小分子有机物转化成有机酸。碱性发酵主要是由甲烷细菌的厌氧呼吸导致。甲烷细菌是专一性的绝对厌氧细菌，只能在完全没有分子氧的弱碱性（一般 pH 值为 7～8）水体中生长繁殖。它们能把有机物进一步分解成为 CH_4、CO_2 及 NH_4、H_2S 等气体产物。甲烷细菌对有机酸的碱性发酵反应过程可示意如下：

$$CH_3COOH \longrightarrow CH_4 + CO_2$$

$$CO_2 + 4NADH_2 \longrightarrow CH_4 + 2H_2O + 4NAD$$

产甲烷过程是自然水体中有机物生物处理和降解的主要过程。在有机废水的生物处理过程中，厌氧处理通常是高浓度有机废水生物处理的前端工艺，也被用来降解削减产生的活性污泥，有机废水厌氧生物处理的优点在于运行费用低，不需要曝气加氧费用，剩余污泥少及可回收能源（CH_4）等；其缺点在于会产生 H_2S 等有毒气体和反应速率慢，常导致工艺单元操作处理时间长、构筑物容积和占地面积大等问题。

除了有机物外，无机氧化物，如 SO_4^{2-} 和 NO^{3-} 等也可代替分子氧，作为最终受氢体发生生化氧化，如反硝化作用，这个过程称为厌氧呼吸。除了反硝化细菌能对有机物（如 $C_6H_{12}O_6$）产生厌氧氧化外，硫酸盐还原菌对有机物也能实行厌氧氧化，该反应把 SO_4^{2-} 作为受氢体，接受氢原子最终形成硫化氢：

$$C_6H_{12}O + 6H_2O \longrightarrow 6CO_2 + 24[H]$$

$$SO_4^{2-} + 10[H] \longrightarrow H_2S + 4H_2O + 2e^-$$

总的反应式如下：

$$5C_6H_{12}O_6 + 12SO_4^{2-} \longrightarrow 30CO_2 + 12H_2S + 18H_2O + 24e^- \text{ 能量}$$

反硝化作用对有机物厌氧氧化的总反应式可表示如下：

$$C_6H_{12}O_6 + 4NO_3^- \longrightarrow 6CO_2 + 2N_2 + 6H_2O + 4e^- \text{ 能量}$$

在厌氧呼吸中，供氢体和受氢体间也需要细胞色素等载氢体。

8.2.2　微生物降解污染物的方式

微生物可以通过以下几个方面降解与转化污染物：

1. 产生诱导酶

微生物能合成各种降解酶。酶具有专一性，又有诱导性，在正常代谢的情况下，许多酶以痕量存在于细胞内，但是在有特殊底物（诱导物）存在时，会诱导酶的大量合成，酶的数量至少会增加 10 倍。脂酶是微生物体内脂类物质转化过程中不可缺少的催化剂，其催化活性和存在量受到底物的诱导。石油开采过程中产生的石油泄漏、食品加工过程中产生的含脂废物及饮食业产生的废物，都可以用亲脂微生物进行处理。

另一种情况是底物的存在会诱导适应性的酶产生。这一过程最好的例证是乳糖酶的产生过程。将乳糖加入到大肠杆菌的培养基中可以诱导大肠杆菌产生出 β-半乳糖苷透性酶、β-半乳糖苷酶和半乳糖苷酶乙酰酶的合成。

2. 形成突变菌株

微生物在生长过程中偶尔会发生遗传物质变化，从而引起个体性状的改变，形成了突变菌株。可以通过定向驯化或诱变技术获得具有高效降解能力的变种，使得难降解的、不可降解的有机物得到转化。例如，印染废水的处理中所利用的微生物多数来自生活污水处理厂的活性污泥。

3. 利用降解性质粒

质粒是细菌等原核生物体内一种环状的 DNA 分子，是染色体以外的遗传物质。质粒上携带着某些染色体上所没有的基因，使细菌等原核生物拥有了不少特殊功能：接合、产毒、抗药、固氮、产特殊酶或降解性等。有些质粒能与染色体整合，这类质粒被称为附加体，如大肠杆菌的 F 因子（决定性别的因子）。常见的细菌质粒有如下几种：F 因子、R 质粒（抗药性质粒）、Col 因子（产大肠杆菌素因子）、Ti 质粒（诱癌质粒）、巨大质粒、降解性质粒等。

一般情况下，质粒的有无对原核生物的生存和生长繁殖并无影响。但在有毒物存在的情况下，质粒携带着具有选择优势的基因，对原核生物生存环境的选择具有极其重要的意义。质粒携带基因并能复制、转移，获得质粒的细胞同时获得供体细胞所具有的性状。

降解性质粒能编码生物降解过程中的一些关键酶类，从而能利用一般细菌难以分解的物质作为碳源。如假单胞菌属中存在降解某些特殊有机物的因子：恶臭假单胞菌有分解樟脑的质粒，食油假单胞菌有分解正辛烷的质粒，铜绿假单胞菌有分解萘的质粒等。金属的微生物转化，也是由质粒控制的，主要与质粒所携带的抗性因子有关。

降解性质粒被应用于基因工程中，其重组菌株在环境治理方面有着广阔的发展前景。质粒可以转移，因而可以作为基因工程的载体。美国的基因工程技术已将降解 2,4 -二氯苯氧乙酸的基因片段组建到质粒上，将质粒转移到快速增长的受体苗体内，构建具有快速高效降解能力的功能菌，减少土壤中 2,4 -二氯苯氧乙酸的积累量。有研究学者将自然界中可以分解尼龙的三种细菌的质粒提取出来，与大肠杆菌的质粒进行两次重组后，得到了生长繁殖快、高效降解尼龙寡聚物 6-氨基己酸环状二聚体质粒的大肠杆菌。中国科学院武汉病毒所分离到一株在好氧条件下能以农药六六六为唯一碳源和能源的菌株，经检测发现，该菌携带一个质粒。凡丧失了质粒的菌株，对六六六的降解能力即将消失；将该质粒转移到大肠杆菌细胞内，便获得了能降解六六六的大肠杆菌。

4. 组建超级菌

现代微生物学研究发现，许多有毒化合物，尤其是复杂芳烃类化合物的生物降解，往往需要多种质粒参与。将各供体细胞的不同降解性质粒转移到同一个受体细胞中，可构建多质粒超级菌株。有学者将降解芳烃、降解核烃和降解多环芳烃的质粒，分别移植到一株降解脂烃的假单胞菌体内，构成的新菌株只需几个小时就能降解原油中 40%的烃，而天然菌株需 1 年以上。

通过细胞融合技术构建环境工程超级菌已取得了可喜的成果。将两株脱氢双香草醛降解菌进行原生质体融合后，其降解纤维素的能力由混合培养时的 30%提高到 80%。将融合细胞原生质体与具有纤维素分解能力的革兰氏阳性白色瘤胃球菌进行融合，获得的革兰氏阳性超级菌株，具有分解纤维素和脱氢芳香草醛的能力。

产碱假单胞菌 Co 可以降解苯甲酸酯和 3-氯苯甲酸酯，但不能利用甲苯。恶臭假单胞菌 R5-3 可降解苯甲酸酯和甲苯，但不能利用 3-氯苯甲酸酯。将两种细胞原生质体融合，获得了可以降解以上四种化合物的融合体。

将乙二醇降解菌和甲醇降解菌的 DNA 转移至苯甲酸和苯的降解菌的原生质体中，获得的菌株可以降解苯甲酸、苯、甲醇和乙二醇，降解率分别为 100%、100%、84.2%、63.5%。这种超级菌株用于化纤废水的处理，对 COD 的去除率可以达到 67.0%，高于三组混合培养时的降解能力。以上结果表明经原生质融合基因工程技术产生的超级菌，可以高效地降解一些难以降解的、不可降解的有机物，为人类解决污染问题开辟了新的途径。

5. 利用共代谢方式

微生物在可用作碳源和能源的基质上生长时，能将另一种非生长基质有机物作为底物进行降解和转化。共代谢通常是由非专一性酶促反应完成的，与完全降解不同，共代谢的有机物本身不能促进微生物的生长，即微生物需要可作为能源和碳源的基质存在，以保证其生长和能量的需要。共代谢使得有机物得到转化，但不能使其分子完全降解。有学者通过观察靠石蜡烃生长的诺卡氏菌在加有芳香烃的培养液中对芳香烃的有限氧化作用发现，这种菌靠十六烷作为唯一碳源和能源时能长得很好，但却不一定能利用甲基萘。把甲基萘加进含十六烷的培养液中，氧化作用就使这两种芳香族化合物分别生成羧酸、萘酸和对异苯丙酸。目前对微生物共代谢的原理尚不是十分清楚。

在纯培养情况下，共代谢只是一种截止式转化，局部转化的产物会聚集起来。在混合培养和自然环境条件下，这种转化可以为其他微生物所进行的共代谢或其他生物降解铺平道路，共代谢产物可以继续降解。许多微生物都有共代谢能力，因此，如若微生物不能依靠某种有机污染物成长，并不一定意味着这种微生物能抗污染物攻击。因为在有合适的底物和环境条件时，该污染物就可通过共代谢作用而降解。一种酶或微生物的共代谢产物，也可以成为另一种酶或微生物的共代谢底物。

研究表明，微生物的共代谢作用对于难降解污染物的底物分解起着重要的作用。例如，甲烷氧化菌产生的单加氧酶是一种非特异性酶，可以通过共代谢降解多种污染物，包括对人体健康有严重威胁的三氯乙烯（TCE）和多氯联苯（PCBs）等。

给微生物生态系统添加可支持微生物生长的、化学结构与污染物类似的物质，可富集共代谢微生物，这种过程称为“同类物富集”。共代谢作用以及利用不同底物的微生物的合作转化，最终导致顽固性化合物再循环。环境中顽固化合物的主要来源是石油烃以及人工合成的多氯联苯、洗涤剂、塑料和农药等。

8.2.3　典型有机污染物的生化降解途径

有机物的生化降解是水体自净的最重要途径。水体中各类有机物生化降解通常按照某种固定的反应路径进行，不同有机物的生化降解路径有较大的差别。水体中有些物质如糖类、脂肪、蛋白质等比较容易降解，有机氯农药、多氯联苯、多环芳烃等难降解。总的来说，直链烃易被生化降解，支链烃降解较难，芳烃降解更难，环烷烃降解较为困难。下面以饱和烃、苯、有机酸的生化降解为例作一简单介绍。

饱和烃的氧化按醇、醛、酸的路径进行：

$$RCH_2CH_3 \xrightarrow{-2H} RHC{=\!=}CH_2 \xrightarrow{+H_2O} RCH_2CH_2OH \xrightarrow{-2H} RCH_2CHO \xrightarrow[-2H]{+H_2O} RCH_2COOH$$

苯环的分裂、芳香族化合物的氧化按酚、二酚、醌、环分裂的路径进行：

$$\text{C}_6\text{H}_6 \xrightarrow[-2H]{+H_2O} \text{C}_6\text{H}_5\text{—OH} \xrightarrow{+H_2O} \text{C}_6\text{H}_4(\text{OH})_2 \xrightarrow{-2H} \text{C}_6\text{H}_4(=\text{O})_2 \longrightarrow \text{C}_4\text{H}_4(\text{COOH})_2$$

有机酸在含巯基（-SH）的辅酶 A 作用下发生 β-氧化：

$$RCH_2CH_2COOH + HSCoA \xrightarrow{-H_2O} RCH_2CH_2COSCoA \xrightarrow[-2H]{+H_2O} RCH(OH)CH_2COSCoA$$

$$\xrightarrow{-2H} RCOCH_2COSCoA \xrightarrow{HSCoA} RCOSCoA + CH_3COSCoA$$

辅酶 A（RCOSCoA）可进一步发生 β-氧化使碳链不断缩短。若有机酸的碳原子总数为偶数，则最终产物为乙酸，若碳原子总数为奇数，则最终生成乙酸后，同时生成甲酰辅酶 A（HCOSCoA）。甲酰辅酶 A 立即水解成甲酸：

$$HCOSCoA + H_2O \longrightarrow HCOOH + HSCoA$$

酶催化剂 HSCoA 继续起催化作用。同样，反应中生成的乙酰辅酶 A 也可水解生成乙酸。在缺氧条件下，上述有机物生化反应生成的小分子有机酸如甲酸、乙酸和丙酮酸等是最终产物；而在有氧条件下，这些小分子有机酸会被好氧微生物进一步彻底氧化为二氧化碳和水。

值得指出的是，微生物虽然对大部分有机物有降解作用，但在有机物浓度很低的情况下不起主要作用，即可能存在一个“极限浓度”。所谓极限浓度是指维持微生物生长的最低有机物浓度。极限浓度的存在也可能是由于一些有机物在微量浓度下具有特别的稳定性，能够抵抗生物的降解。典型的有 2,4-D 和二氯苯酚。如 2,4-D 在天然水体中的质量浓度为

0.22～22mg/L 时，经过 8d 无机化率达 80%；当质量浓度为 022～22μg/L 时，经过相同时间的无机化率仅有 10%，故当以微量浓度存在时，2,4 -D 能在水体中稳定数年。除“极限浓度”外，还有以下几个因素不利于微生物对有机物的生化降解：①有机物沉积在一微小环境中，接触不到微生物；②微生物缺乏生长的基本条件（碳源及其必需营养物）③微生物受到环境毒害（不合适的 pH 等因素）；④在生化反应中起催化作用的酶被抑制或失去活性；⑤分子本身具有阻碍酶作用的化学结构，致使有机物难以被生化降解，甚至几乎不能进行生化反应。

8.2.4 水体中耗氧有机物分解与溶解氧平衡

有机物被耗氧微生物氧化分解时会消耗水中大量的溶解氧，这类有机物被称为耗氧有机物。在水体中，由于耗氧有机物的生化氧化降解会导致溶解氧降低，并破坏大气中的氧气浓度和水体中氧浓度间的平衡，使大气中的氧气补充到水体中。因此，对于一个天然水体，如湖泊或河流，水中耗氧有机物的浓度和溶解氧浓度有如图（8-5）所示的变化规律，该图称为耗氧有机物分解与溶解氧平衡模式图。

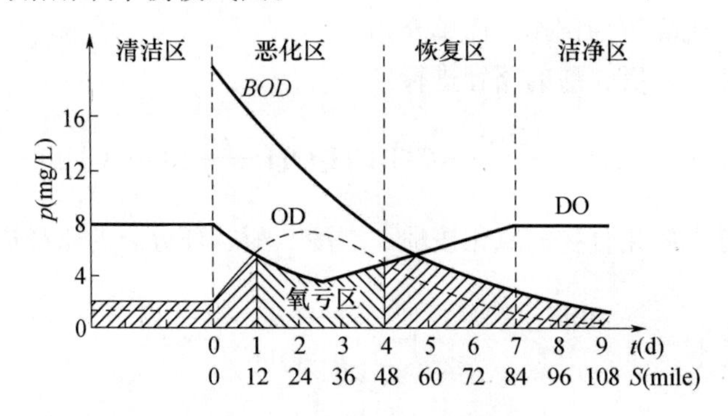

图 8-5 耗氧有机物分解与溶解氧平衡模式图

在图 8-5 中，纵坐标表示水体溶解氧量（DO）、好氧生物即时需氧量（OD）和总生化需氧量（BOD）；对于河流，横坐标表示流向及距离（以英里记），对于湖泊，横坐标表示时间（以天计）。根据好氧有机物分解与溶解氧平衡模式图，可以把河流分为清洁区、恶化区、恢复区和洁净区。

（1）在清洁区，水体没有受到污染，耗氧有机物的浓度非常低且水中含有丰富的溶解氧，好氧微生物生长繁殖由于缺乏有机营养物质而受到抑制。因此，好氧微生物生理活动耗氧的速率远低于大气向水体补充氧气的速率，只需要向水体补充少量的氧就能使水中溶解氧饱和（正常溶解氧量为 8mg/L）。

（2）在恶化区，当污水从 0 排入时，由于耗氧有机物大量排入水体，好氧微生物开始迅速生长繁殖，其生长繁殖所需的氧（OD）也迅速增加，有机物被好氧微生物分解，而且耗氧有机物被好氧微生物氧化降解耗氧的速率大于大气向水体补充氧的速率，导致水中实际溶解氧（DO）降低；但在这个初始阶段，由于水体含有丰富的 DO，尽管 DO 降低，仍然满足好氧微生物生长繁殖的需求；随着耗氧微生物继续生长繁殖，其生长繁殖所需氧量（OD）继续增加，水体 DO 进一步降低，从而不能满足好氧微生物生长繁殖的需氧量，出现水体溶解氧亏缺现象。此时，好氧微生物会继续利用水体中残余的溶解氧生长繁殖，使水体 DO 继续降低到最低点，同时微生物生物量由于水体 DO 的限制达到最大值，其生长繁殖的需氧量

(OD) 也达到最大值；此后，由于耗氧有机物氧化降解，有机物浓度降低，微生物的生物量及生长繁殖的需氧量（OD）开始降低，当好氧微生物生长的耗氧速率小于大气向水体补充氧的速率后，水中实际溶解氧（DO）开始缓慢回升。当水中实际溶解氧（DO）大于好氧微生物氧化有机物生长耗氧的需求量时，水体进入恢复区。

（3）在恢复区，由于有机物浓度继续降低，微生物生物量及生长繁殖的需氧量（OD）也继续降低，而水体实际溶解氧（DO）则由于大气中氧的补充继续增加，直至恢复到污水排入前的水平，即水体恢复到洁净状态。特别需要关注的是，好氧微生物生长有一个延滞期，因此，好氧微生物生长所需的最大需氧量（OD）并不是出现在耗氧有机污水刚排入浓度最大时，而是在排入一段时间以后才出现。其次，图中 *BOD* 表示的是某个时间点氧化所有耗氧有机物所需要的溶解氧，而不是该时间点微生物氧化降解耗氧有机物生长的实际需氧量。第三，由于微生物生长受水体溶解氧限制，微生物氧化降解耗氧有机物生长的实际需氧量（OD）的最大值不会超过水体的饱和溶解氧。

1. 耗氧作用定律

耗氧有机物的氧化降解速率符合 1994 年 Streeter 和 Phelps 提出的耗氧作用定律，即有机物的生物化学氧化速率与尚未被氧化的有机物的浓度成正比，如式（8-19）、式（8-20）所示。

$$-\mathrm{d}l/\mathrm{d}t = Kl \tag{8-19}$$

$$\lg(L_t/L) = -Kt \tag{8-20}$$

可以推得 $L_t/L=10^{-Kt}$ 或 $L_t=L\times10^{-Kt}$。

式中，L 为起始时的有机物浓度；L_t 为 t 时的有机物浓度；L_t/L 为剩余的有机物占起始有机物的比例；K 为耗氧速率常数，d^{-1}，普通生活污水在 20℃时，K 为 $0.1\mathrm{d}^{-1}$；t 为时间，d。

Streeter-Phelps 定律的另一表达形式为式（8-21）：

$$y = L(1-10^{-Kt}) \tag{8-21}$$

式中，y 为 t 时间内已分解的有机物量。

由 Streeter-Phelps 定律的表达式可知，有机物的正常生化氧化速率在 $K=0.1\mathrm{d}^{-1}$ 时，每天氧化前一天剩余的有机物的 20.6%。虽然有机物氧化速率不变，但每天氧化的量却逐渐减少。普通生活污水中有机物的氧化速率见表 8-1。

表 8-1　普通生活污水中有机物的氧化速率（20℃，$K=0.1\mathrm{d}^{-1}$）

时间（d）	剩余量（%）	当天氧化量（%）	积累氧化量（%）
0	100	0	0
1	79.4	20.6	20.6
2	63.1	16.3	36.9
3	50.0	13.1	50.0
4	39.8	10.2	60.2
5	31.6	8.2	68.4
6	25.0	6.6	75.0

续表

时间（d）	剩余量（%）	当天氧化量（%）	积累氧化量（%）
7	20.0	5.0	80.0
8	15.8	4.2	84.2
9	12.6	3.2	87.4
10	10.0	2.6	90.0
11	7.9	2.1	92.1
12	6.3	1.6	93.7
13	5.0	1.3	95.0
14	4.0	1.0	96.0
15	3.2	0.8	96.8
16	2.5	0.7	97.5
17	2.0	0.5	98
18	1.6	0.4	98.4
19	1.3	0.3	98.7
20	1.0	0.3	99.0

温度对耗氧速率常数 K 有很大的影响，其关系式为式（8-22）：

$$K_1 = K_2\theta^{(t_1-t_2)} \tag{8-22}$$

式中，K_1、K_2 为相应温度 t_1 和 t_2 时的耗氧速率常数；θ 为温度系数。

在河流温度范围内，实验所得温度系数 $\theta=1.047$，即得式（8-23）：

$$K_t = K_{20℃} \times 1.047^{(t-20)} \tag{8-23}$$

已知 20℃时，$K=0.1\text{d}^{-1}$，$t_{1/2}$为 3d，BOD_5 仅为 68.4%；当温度升高到 29℃时，K 为 0.15d^{-1}，$t_{1/2}$为 2d，BOD_5 为 82%；当温度下降到 14℃时，K 下降到 $0.075\ \text{d}^{-1}$，$t_{1/2}$为 4d，BOD_5 下降至 58%。

有机物生物降解的耗氧作用是一个复杂的生物化学过程，以上讨论的只是一般正常的耗氧情况。自然界中，由于影响因素较多，因而会出现很多偏离的情况，但 Streeter-Phelps 定律对河流中有机物耗氧作用的研究仍有实际应用价值。

2. 复氧作用定律

当耗氧使得水中溶解氧下降到饱和浓度以下时，大气中的氧便向水中补充，这种作用称为复氧作用，它受溶解定律和扩散定律所控制，即溶解氧速率与溶解氧低于饱和浓度的亏缺值成正比，以及在水中两点间的扩散速率与两点间的浓度差成正比。根据这两条定律，Phelps 确定了静水中的复氧作用的公式，即式（8-24）：

$$D = 100 - [(1 - B/100) \times 81.06(e^{-K} + e^{-9K}/9 + e^{-25K}/25 + \cdots)] \tag{8-24}$$

式中，D 为经复氧后的溶解氧含量（各深度的平均饱和度）；B 为复氧开始的溶解氧含量；K 为常数，由式（8-25）确定：

$$K = \pi^2 \cdot \alpha \cdot t/(4L^2) \tag{8-25}$$

式中，t 为复氧时间，h；L 为水深，cm；α 为某温度时的扩散系数，20℃时，α 的平均值为 1.42，温度改变时，α 可由式（8-26）确定：

$$\alpha_t = 1.42 \times 1.1(t-20) \tag{8-26}$$

3. 河流溶解氧下垂曲线及方程

当有机污染物进入清洁河流后，在耗氧与复氧的综合作用下，沿河流断面形成一条溶解氧下垂曲线（图 8-6），这对评价河流水体污染状况及控制污染有十分重要的意义。

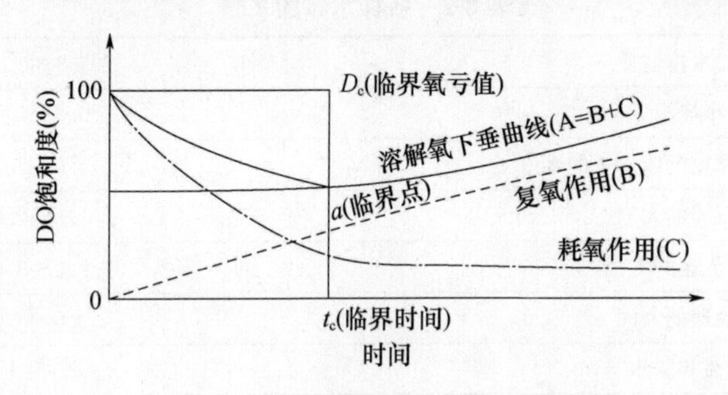

图 8-6　溶解氧（DO）下垂曲线

图 8-6 表明，耗氧速率开始最大，以后逐渐减小（趋于零）。复氧速率开始为零（水中溶解氧饱和），以后随溶解氧消耗的增大，复氧速率增大。当耗氧作用使水中溶解氧达到某一最低点以后，复氧作用开始占优势，水中溶解氧上升，这一溶解氧最低点称为“临界点”。

溶解氧下垂曲线方程为式（8-27）：

$$\mathrm{d}D/\mathrm{d}t = K_1 L - K_2 D \tag{8-27}$$

即水体中氧亏值增加的速率等于耗氧速率和复氧速率的代数和。式（8-27）积分得式（8-28）：

$$D = K_1 L_a/(K_2 - K_1) \times (10^{-K_1 t} - 10^{-K_2 t}) + D_a \cdot 10^{-K_2 t} \tag{8-28}$$

式中，D 为任一点的氧亏值；L_a、D_a 为河流中开始时的 BOD 的氧亏值；K_1 为耗氧系数（常用对数表示）；K_2 为复氧系数（常用对数表示）；t 为时间，d。

根据公式，可以计算出下游任意时间（或距离）的氧亏值。

K_1 可按照式（8-29）求得：

$$K_1 = 1/\Delta t \times \lg(L_a/L_b) \tag{8-29}$$

式中，L_a、L_b为 A、B 点 BOD 的平均值。

K_2 可按式（8-30）求得：

$$K_2 = K_1 \overline{L}/\overline{D} - \Delta D/(2.3\Delta t \cdot \overline{D}) \tag{8-30}$$

式中，$\overline{L}$为 A、B 两点间 BOD 的平均值；$\overline{D}$为 A、B 两点间的平均氧亏值；Δt 为流经时间；ΔD 为 A 点到 B 点的氧亏值变化。

临界时间 t_c：

$$t_c = 1/(K_2 - K_1) \times \lg\{K_2/K_1 \times [1 - D_a(K_2 - K_1)/(L_a K_1)]\} \tag{8-31}$$

临界氧亏值 D_c：

$$D_c = K_1/K_2 \times L_a \times 10^{-K_1 t_c} \tag{8-32}$$

自净速率 f：

$$f = K_2/K_1 \tag{8-33}$$

温度上升1℃，f 约下降3%；各种水体的 f 值见表8-2。

表8-2 各种水体的 f 值

受污水体性质	20℃时的 f 值
小池沼	0.5～1.0
滞缓的河流和大湖或静止的水库	1.0～2.0
低流速的大河	1.5～2.0
正常流速的大河	2.0～3.0
高流速的大河	3.0～5.0
急流和跌水	>5.0

8.3 氮、磷及硫的生物转化

8.3.1 无机氮污染物的生物转化

氮是构成生物有机体的基本元素之一，主要以分子态氮、有机氮化合物及无机氮化合物三种形态存在。无机氮化合物又分为硝酸盐氮、亚硝酸盐氮和氨氮。在水环境中，氮元素的各种形态可以通过生物的同化、氨化、硝化、反硝化等作用不断发生相互转化。植物和微生物可以吸收氨盐和硝酸盐等无机氮化合物，并将它们转化为有机体内的含氮有机物（这个过程称为同化作用）。含氮有机物也可以经过微生物分解产生铵根（即氨化作用）。铵盐中的铵根在有氧条件下，通过微生物作用，可以被氧化逐渐形成亚硝酸盐和硝酸盐（即硝化作用）。氨氮对于大多数植物是有毒害作用的。植物摄取的氮元素主要是以硝酸盐为主，只有一些能够适应缺氧条件的植物如水稻、湿地植物等能吸收氨氮。因此，硝化作用对植物生长具有很重要的作用。硝酸盐在缺氧条件下，可被微生物还原为亚硝酸盐、氮气和氨氮（即反硝化作用）。

氨氮在微生物的硝化作用下主要发生如下两阶段的氧化反应，生成亚硝酸盐和硝酸盐：

$$2NH_3 + 3O_2 \longrightarrow 2H^+ + 2NO^{2-} + 2H_2O + \text{能量}$$

$$2NO_2^- + O_2 \longrightarrow 2NO_3^- + \text{能量}$$

能够进行硝化反应的微生物大都是以二氧化碳为碳源的自养型细菌。它们从氨氮氧化转化生成亚硝酸盐和硝酸盐的过程中摄取反应产生的能量。硝化反应是微生物的好氧呼吸作用导致的耗氧反应，通常只有在合适的环境条件下才能进行，这些条件包括：①水体溶解氧含量高；②微生物最适宜生长的温度约为30℃，低于5℃或高于40℃时，硝化细菌和亚硝化细菌很难存活；③水体为中性或微碱性，在pH大于9.5时，硝化细菌活动受到抑制，而亚硝化细菌活动则非常活跃，会导致水体中亚硝酸盐的积累；在pH小于6.0时，亚硝化细菌活动被抑制，整个硝化反应很难发生。除自养型硝化细菌外，还有些异养型细菌、真菌和放线菌能将氨氮氧化成亚硝酸盐和硝酸盐。异养菌微生物对氨氮的氧化效率远不如自养型细菌高，但其耐酸，并对不良环境的抵抗能力较强，所以在自然界的硝化过程中也发挥着一定的作用。硝化反应是污水生物脱氮工艺中的核心反应之一。

在缺氧条件下，微生物对硝酸盐的还原作用有两种完全不同的途径。一是利用其中的硝酸盐氮作为氮源，将硝酸盐还原成氨，进而合成氨基酸、蛋白质和其他含氮有机高分子化合物，称为同化性硝酸盐还原作用：$NO_3^- \longrightarrow NH_4^+ \longrightarrow$含氮有机高分子化合物。许多细菌、放线菌和霉菌能利用硝酸盐作为氮源。另一途径是利用 NO_2^- 和 NO_3^- 为呼吸作用的最终电子受体，把硝酸盐还原成氮分子（N_2），发生反硝化作用（或脱氮作用）：$NO_3^- \longrightarrow NO_2^- \longrightarrow N_2$。能进行反硝化作用的只有少数细菌，这个生物群称为反硝化细菌。大部分反硝化细菌是异氧型细菌，例如，脱氮小球菌、反硝化假单胞菌等，它们以有机物为氮源和能源，进行厌氧呼吸，其生化过程可用下式表达：

$$C_6H_{12}O_6 + 12NO_3^- \longrightarrow 6H_2O + 6CO_2 + 12NO_2^- + \text{能量}$$

$$5CH_3COOH + 8NO_3^- \longrightarrow 6H_2O + 10CO_2 + 4N_2 + 8OH^- + \text{能量}$$

少数反硝化细菌为自养型细菌，如脱氮硫杆菌，它们通过氧化硫或硝酸盐获得能量，同化二氧化碳合成自身细胞物质，并以硝酸盐作为呼吸作用的最终电子受体。其生化过程可用下式表达：

$$5S + 6KNO_3 + 2H_2O \longrightarrow 3N_2 + K_2SO_4 + 4KHSO_4$$

在有机和含氮废水处理工程中的生物处理单元，常设置一个反硝化装置，以防止废水中的硝酸盐和亚硝酸盐排入水体造成富营养化等污染。微生物的反硝化作用只有在合适的厌氧条件下才能进行：首先，水体环境的氧分压越低，微生物反硝化能力越强；其次，水体必须存在有机物作为碳源和能源；第三，水体一般是中性或微碱性；第四，温度通常在 25℃左右。

8.3.2　硫的微生物转化

硫是生命所必需的元素。硫在环境中有单质硫、无机硫化合物和有机硫化合物三种存在形态。这些硫形态可在微生物及其他生物作用下进行相互转化。

环境中的含硫有机物质有含硫的氨基酸，在厌氧条件下是硫化氢。下面为微生物降解半胱氨酸的反应：

$$HS\text{—}CH_2\text{—}\underset{\underset{NH_2}{|}}{CH}\text{—}COOH \xrightarrow[\text{细菌(好氧条件)}]{4O,H^+,H_2O} CH_3\text{—}\underset{\underset{O}{\|}}{C}\text{—}COOH + H_3SO_4 + NH_4^+$$

$$HS\text{—}CH_2\text{—}\underset{\underset{NH_2}{|}}{CH}\text{—}COOH \xrightarrow[\text{细菌(厌氧条件)}]{H_2O} CH_3\text{—}\underset{\underset{O}{\|}}{C}\text{—}COOH + H_2S + NH_3$$

在含硫有机物质降解不彻底时，可形成硫醇（如硫甲醇）而被菌体暂时积累再转化为硫化氢。

硫化氢、单质硫等在微生物作用下进行氧化，最后生成硫酸的过程称为硫化。硫化可增加土壤中植物硫素营养，消除环境中的硫化氢危害，生成的硫酸可以促进土中矿物质的溶解。在硫化作用中以硫杆菌和硫磺菌最为重要。

硫杆菌广泛分布于土壤、天然水及矿山排水中，它们绝大多数是好氧菌，有的能氧化硫化氢至硫，有的能氧化硫至硫酸，反应式为：

$$2H_2S + O_2 \longrightarrow 2H_2O + 2S$$

$$2S + 3O_2 + 2H_2O \longrightarrow 2H_2SO_4$$

但是它们均可氧化硫代硫酸盐至硫酸，总反应式为

$$Na_2S_2O_3 + 2O_2 + H_2O \longrightarrow Na_2SO_4 + H_2SO_4$$

丝状硫磺菌广泛分布在深湖表面、污水池塘和矿泉水中，在生活污水和含硫工业废水生物处理过程中也会出现。它们是好氧或微量好氧菌，都能氧化硫化氢至单质硫，再至硫酸。

硫酸盐、亚硫酸盐等，在微生物作用下进行还原，最后生成硫化氢的过程称为反硫化。其中，以脱硫弧菌最重要。此菌适于生长在缺氧的水体和土壤淹水及污泥中，利用硫酸根作为氧化有机物质的受氢体，显示反硫化作用，其总式可以表示为：

$$\underset{\text{(葡萄糖)}}{C_6H_{12}O_6} + 3H_2SO_4 \longrightarrow 6CO_2 + 6H_2O + 3H_2S$$

$$\underset{\text{(乳酸)}}{2CH_3CH(OH)COOH} + H_2SO_4 \longrightarrow 2CH_3COOH + H_2S + 2H_2O + 2CO_2$$

由于海水中的硫酸盐浓度较高，所以由硫酸盐经细菌作用还原为硫化氢，是海水中硫化氢的主要来源。严重时，会在一些沿海地区引起硫化氢污染问题。而在淡水中的硫酸盐浓度低，反硫化不占重要地位，水中硫化氢主要来源于体系内含硫有机物质的厌氧降解。

含硫化合物在水体中是很常见的化合物，实际上在所有天然水体中都发现不同浓度的硫酸根离子。在天然水生态系统中，那些天然来源和来自人为污染物质的有机硫化合物都十分常见，这些化合物的降解是重要的微生物过程。有时候降解产物，例如具有臭味和毒性的 H_2S，也会造成严重的水质问题。

硫在生命体中主要以彻底的还原态存在，例如巯基-SH。当有机硫化合物被细菌分解时，最初的含硫产物一般是 H_2S。有些细菌能利用含硫化合物并储存硫元素。在有氧气存在的情况下，一些细菌可将还原态硫氧化为 SO_4^{2-}。

1. 细菌对硫化氢的氧化作用和对硫酸盐的还原作用

在有氧气存在的情况下，某些细菌能将硫化物（H_2S）氧化为硫酸根，在没有氧气的情况下，另外一些细菌能将硫酸根离子还原成硫化物。脱硫弧菌属能够将无机硫酸根离子还原为 H_2S。在还原过程中，它们利用硫酸根作为有机质氧化反应中的电子受体。由微生物引发的硫酸根参与的生物质氧化过程总反应式为：

$$SO_4^{2-} + \{CH_2O\} + 2H^+ \longrightarrow H_2S + 2CO_2 + H_2O$$

实际上，要将有机质彻底氧化成 CO_2，除了脱硫弧菌属外，还需要其他细菌的作用。由于海水中存在高浓度的硫酸根，由细菌引发生成的 H_2S 会造成某些沿海地区的污染问题，同时这也是大气中硫的主要来源。凡有硫化物生成的水体，底泥常常呈黑色，这是由于生成了 FeS 的结果。

某些细菌，如紫硫细菌和绿硫细菌能将硫化氢中的硫氧化成更高氧化态。嗜氧无色硫细

菌能利用氧分子将 H_2S 中的硫氧化成元素硫，同时也能将元素 S 和硫代硫酸根（$S_2O_3^{2-}$）氧化成硫酸根。

低氧化态硫被氧化成硫酸根离子的过程会产生硫酸，它是一种强酸。氧化硫硫杆菌是无色硫细菌之一，能耐受一定量的酸性溶液，具有明显的耐酸特性。将硫元素加入过度碱性的土壤时，由于微生物引发的反应，能生成硫酸而使土壤酸性增加。元素硫能以颗粒形式沉积在紫色硫细菌和无色硫细菌的细胞内。这一过程是元素硫沉积的重要来源。

2. 微生物引发的有机硫化合物的降解

硫可以存在于多种类型的生物化合物中。因此，在水体中天然的和外源污染物来源的有机硫化合物都十分常见。这些化合物的降解是一个对水质有巨大影响的重要的微生物过程。

在水生有机化合物中，一些常见的含硫官能团包括硫醇（—SH）、二硫（—SS—）、硫（—S—）、磺硫（$—SO_2OH$）、硫酮以及噻唑（含硫杂环）。蛋白质含有一些带硫官能团的氨基酸，例如半胱氨酸（图 8-7）、胱氨酸、蛋氨酸，它们的降解对于天然水体而言非常重要。氨基酸很容易被细菌和真菌降解。含硫氨基酸的生物降解作用能生成挥发性有机硫化合物，例如甲硫醇 CH_3SH 和二甲基二硫化物 CH_3SSCH_3，这些化合物具有强烈的、令人不愉快的气味。这些气体加之硫化氢的生成，都解释了为什么大量有臭味的气体的出现与有机硫化合物的降解有关。

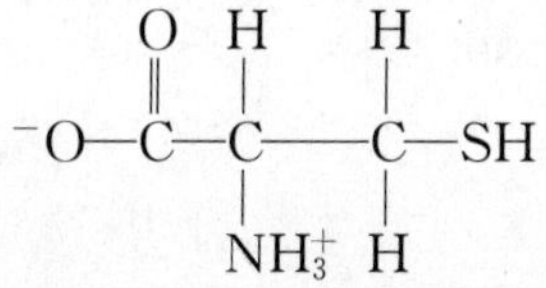

$$^{-}O—\overset{\overset{\large O}{\|}}{C}—\underset{\underset{\large NH_3^+}{|}}{\overset{\overset{\large H}{|}}{C}}—\underset{\underset{\large H}{|}}{\overset{\overset{\large H}{|}}{C}}—SH$$

图 8-7　半胱氨酸的分子结构式

硫化氢可以通过不同种类的微生物的作用，由大量的各种有机化合物反应产生。一个典型的 H_2S 生成反应是半胱氨酸通过细菌中半胱氨酸脱硫酶的作用转变为丙酮酸。

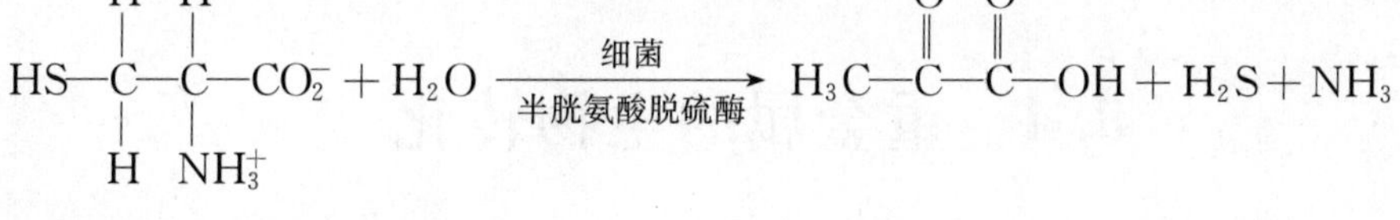

$$HS—\underset{\underset{\large H}{|}}{\overset{\overset{\large H}{|}}{C}}—\underset{\underset{\large NH_3^+}{|}}{\overset{\overset{\large H}{|}}{C}}—CO_2^- + H_2O \xrightarrow[\text{半胱氨酸脱硫酶}]{\text{细菌}} H_3C—\overset{\overset{\large O}{\|}}{C}—\overset{\overset{\large O}{\|}}{C}—OH + H_2S + NH_3$$

由于硫能以多种有机物形式存在，所以有机硫化合物的降解必然伴随着多种含硫产物以及生物化学反应途径。

8.3.3　含磷化合物

在环境中，含磷化合物的生物降解很重要，这基于以下两个原因：首先，通过聚磷酸盐水解产生的正磷酸盐是藻类营养物的来源；其次，生物降解过程可使有毒的有机磷化物，如有机磷杀虫剂的活性降低。

备受关注的有机磷化合物通常是含硫的硫代磷酸酯和二硫代磷酸酯类杀虫剂。图 8-8 列举了一些具有代表性的有机磷化合物的结构式。这些化合物的生物降解是重要的环境化学过程。有机磷大量替代有机卤化物杀虫剂直到毒性更小的替代品被广泛使用，幸运的是，有机磷酸酯化合物与有机卤化物杀虫剂不同，它们很容易被生物降解，并且不容易发生生物积累。

水解是硫代磷酸酯、二硫代磷酸酯和磷酸酯杀虫剂生物降解过程中重要的步骤，它们同时也导致这些物质的毒性和杀虫活性的降低。这些杀虫剂的水解过程，可用如下的总反应式表示：

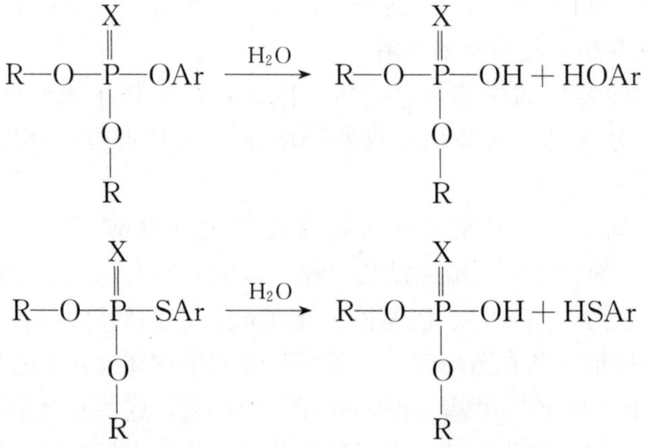

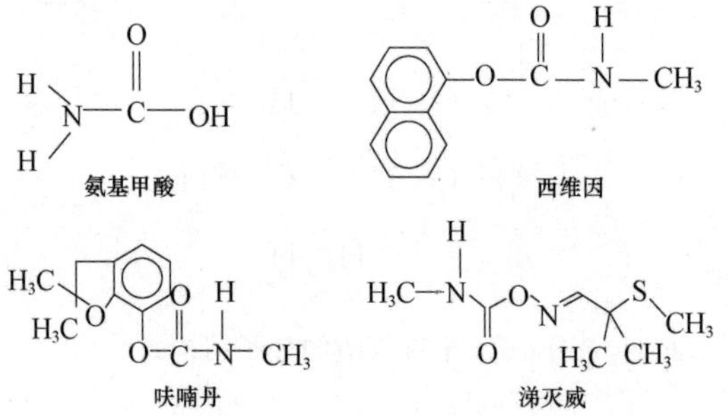

$$R-O-\overset{\overset{X}{\|}}{\underset{\underset{R}{|}}{\underset{O}{\underset{|}{P}}}}-OAr \xrightarrow{H_2O} R-O-\overset{\overset{X}{\|}}{\underset{\underset{R}{|}}{\underset{O}{\underset{|}{P}}}}-OH + HOAr$$

$$R-O-\overset{\overset{X}{\|}}{\underset{\underset{R}{|}}{\underset{O}{\underset{|}{P}}}}-SAr \xrightarrow{H_2O} R-O-\overset{\overset{X}{\|}}{\underset{\underset{R}{|}}{\underset{O}{\underset{|}{P}}}}-OH + HSAr$$

氨基甲酸　西维因

呋喃丹　涕灭威

图 8-8　氨基甲酸和 3 种氨基甲酸酯类杀虫剂

在反应式中，R 是烷基，Ar 是取代基团，通常具有芳香性，X 是 S 或者 O:。

8.4　重金属的生物转化

各种金属元素可由多种来源进入环境，包括燃烧燃料、施用农药、采矿、冶金等。金属也作为地壳的天然结构成分而以多种形式存在于环境中。当今人们关心的金属元素主要是：汞、砷、铅、锡、锑、硒、镉、铬、镍和钒等，这些元素相当大一部分以溶解形态存在于各种天然水环境中。

金属在一定浓度时对微生物有毒害作用。重金属在很低浓度时，对大多数微生物即有明显毒性。金属对微生物的毒性强度与其浓度有关，但更取决于其化学形态。例如，六价铬比三价铬毒得多；在各种汞化物中，甲基汞的毒性最强；有机锡比无机锡毒，烷基锡比芳基锡毒，三烷基锡比四烷基锡更毒。

微生物具有适应金属化合物而生长并代谢这些物质的活性。微生物的代谢活动可改变环境中金属的状态，从而改变它们的性质，包括生物效应。微生物质粒携带的抗性因子与金属的微生物转化有关。利用微生物对金属的转化，可处理含重金属的工业废水。例如，用抗汞的假单胞菌株处理含汞工业废水，可将废水中的汞转化成元素汞而回收利用。有的微生物还能将金属浓集于自身细胞内，这些对于减轻环境污染，维持生态平衡有着重要意义。

天然水环境中微生物对金属的转化，主要是氧化还原作用和甲基化作用。

8.4.1 铁的氧化和还原

铁通常以两种易变的价态存在，即 Fe^{2+} 和 Fe^{3+}。在自然界，铁的存在状态受环境酸碱度（pH）和氧化还原电位（*Eh*）影响。

1. 铁的氧化

pH＞4.5 时，Fe^{2+} 可自发氧化为 Fe^{3+} 并形成 $Fe(OH)_3$ 沉淀，当环境中 pH＜4.5 时，Fe^{2+} 的化学氧化极慢，在这种情况下，Fe^{2+} 的氧化主要是铁氧化菌的作用。

铁氧化菌按形态可分为三类：

（1）菌体单个的细菌　氧化亚铁硫杆菌是最重要的铁氧化菌。该菌从氧化亚铁转化为高价铁的过程中获得能量同化 CO_2，严格好氧，自养，嗜酸，在 pH 值为 1.4 甚至更低时仍能生长，从而溶浸出矿石中的金属。在含铁的酸性水中以及含铁矿砂的土壤中常可见此菌。

（2）具鞘细菌

①球衣菌。纤发菌类群。其鞘宽度均匀，最适生长的 pH 值为 5.8～8.5。在此 pH 范围内，铁进行快速化学氧化，所以生物氧化无多大生态学意义。球衣菌、纤毛菌有很多相似之处：细胞杆状，在鞘内排列成链，游离细胞以鞭毛运动，革兰氏阴性，严格好氧，化能异养，都含有聚-*β*-羟基丁酸颗粒作为细胞内储藏物质。

②泉发菌属。其鞘很薄，游离端可能膨大，细胞圆柱形到盘状，在正常丝状体中以横隔分裂。在膨大了的丝状体末端顶部以横隔和纵隔分裂，细胞较小并可能成为圆形。鞘的顶端可能无色，基部嵌以铁或锰的氧化物，化能异养，发现于积滞的或流动的含有机质和铁盐的水中。这种细菌大量生长时可使池塘变成红棕色。

（3）具柄细菌

①嘉利翁氏铁柄杆菌属。其细胞着生于丝状长柄的顶端，由两个丝状体的柄交织成螺旋状，长柄包裹厚厚的 $Fe(OH)_3$ 沉积物（可占细胞干重的 90%），不沉积锰化物。化能自养，从氧化 Fe^{2+} 为 Fe^{3+} 的反应中获得能量同化 CO_2，微需氧（氧浓度约 1mg/L）。在含氧量极低的环境中，铁的氧化作用是由这类细菌引起的。这类细菌可在营养贫乏的天然冷水中生长，其嗜热株也可分布在含亚铁的土壤和水中。常与赭色纤发菌联合在一起，并同大量氢氧化铁的沉淀有关。这些细菌的生长可引起水工程的问题。

②生金菌属。这是一类有柄而无明显细胞体的铁氧化菌，菌体形成扭曲在一起的丝状菌体团块，包有厚厚的高价铁。异养，在 pH 值为 3～5 的范围内氧化 Fe^{2+} 为 Fe^{3+}，也能氧化锰。

③生丝微菌属。其小柄生于细胞末端，能氧化铁、锰，有独特的营养特性，适宜的碳源是甲醇、甲醛、甲胺等一碳化合物。

2. 铁的还原

微生物引起铁的还原有两种情况：

(1) 微生物好氧代谢消耗 O_2，使生境中 *Eh* 下降。在缺氧 O_2 情况下，某些微生物以 Fe^{3+} 为电子受体，Fe^{3+} 被还原为 Fe^{2+}。故在缺 O_2 环境中，如沼泽、湖底或深井中，铁以可溶的还原态存在。

(2) 微生物生命活动所产生的 NO_3^-、CO_3^{2-}、SO_4^{2-} 以及有机酸，使 $Fe^{3+} \longrightarrow Fe^{2+}$。

另外，有些微生物可产生螯合剂，使铁变成可溶性，从而成为有效态的铁。

8.4.2 锰的氧化与还原

锰最常见的价态为二价和四价。Mn^{2+} 是水溶性的。pH 值较高时，Mn^{2+} 自发氧化为四价，形成不溶性的 MnO_2。在中性水体中，表层的可溶性 Mn^{2+} 氧化为不溶性的 MnO_2，由生长在表面的具柄细菌所催化，主要是生金菌属和生丝微菌属。真菌则对酸性土壤中锰的氧化起着重要作用。

8.4.3 汞的氧化、还原和甲基化

环境中的无机汞可以以下列三种形式存在：Hg_2^{2+}，Hg^{2+} 和 Hg^0。

1. 汞的氧化和还原

在有氧条件下，某些细菌，如柠檬酸细菌、枯草芽孢杆菌、巨大芽孢杆菌，可使元素 Hg 氧化（$Hg \longrightarrow Hg^{2+}$）。另外，自然界的一些微生物，如铜绿假单胞菌、大肠埃希氏菌、变形杆菌等，可使无机或有机汞化合物中的 Hg^{2+} 还原为元素 Hg，形成 Hg 蒸汽挥发至大气从而减轻 Hg 在环境中的毒性。这类微生物统称为抗汞微生物。其还原过程为

$$CH_3Hg^+ + 2H \longrightarrow Hg + CH_4 + H^+$$

$$HgCl_2 + 2H \longrightarrow Hg + 2HCl$$

酵母菌也有这种还原作用，在含 Hg 培养基上的酵母菌菌落表面呈现 Hg 的银色金属光泽。

2. 汞的甲基化

在微生物作用下，汞、砷、隔、碲、硒、锡和铅等重金属离子，均可被转化成毒性很强的甲基化合物，尤其是甲基汞化合物。震惊世界的日本水俣病以及瑞典马群的大量死亡，均为甲基汞中毒所致。

金属 Hg 和 Hg^{2+} 等无机汞在生物特别是微生物的作用下会转化成甲基汞和二甲基汞，这种转化称为生物甲基化作用。排入环境的汞大多为无机汞，经过微生物的甲基化作用后毒性增强，使汞的危害大大加剧。

因微生物的类群不同，汞的甲基化作用可在有氧或厌氧条件下进行，其转化机理主要有酶促反应和非酶促反应两种。非酶促反应是指在微生物体外发生的甲基化过程，即某些微生物如产甲烷菌，将环境中的钴胺素转化成甲基钴胺素，在有三磷酸腺苷（ATP）和中等还原剂存在的条件下，与无机汞转化成甲基汞或二甲基汞，同时甲基钴胺素转换成羟基钴胺素。由于是纯化学反应，在有氧和厌氧条件下，非酶促反应都能快速而定量地进行。

自然界中汞的生物甲基化过程基本都是在微生物的酶促作用下进行的。细菌利用培养基中丰富的维生素，在细胞内产生甲基转移酶，促使甲基钴胺素上的甲基转移给汞离子而形成甲基汞，但酶的种类还不清楚。从底泥、土壤和鱼的内脏、鱼的鳃中发现，能使汞甲基化的微生物种类很多，厌氧菌中有匙形梭状芽孢杆菌，需氧菌中有荧光极毛杆菌、草分支杆菌、大肠杆菌等，真菌中有粗糙链孢霉、黑曲霉、短柄帚霉以及酿酒酵母等。甲基化速度取决于酶的活性，并与营养环境以及半胱氨酸和维生素 B_{12} 等因素有关。厌氧条件下硫化物的存在

往往会抑制 Hg 的甲基化程度。水体中酶促甲基化的速率受 pH 值、通气和微生物种类的影响。

在自然界水体的淤积物中，甲基化和反甲基化过程保持动态平衡。因此，在一般情况下，甲基汞浓度维持在最低水平。但是，在有机污染严重、pH 值较低的水体中，容易形成和释放甲基汞，对水生生物的危害较大。一甲基汞易溶于水，易为鱼类吸收而浓缩；二甲基汞则逸出水体，进入大气，污染得到扩散。

利用微生物还原汞的功能，可使金属汞沉淀回收，挥发的汞可用活性炭吸附。微生物除汞方法主要有：①选育高效抗汞微生物处理含汞废水。如应用选育的高效抗汞菌——假单胞杆菌 K62 可处理含甲基汞、乙基汞、硝酸汞、乙酸汞、硫酸汞、氧化汞和氯化汞等废水，金属汞回收率达 80%以上，菌体能重复利用三次。②采用活性污泥法除汞。依靠活性污泥中的抗汞菌将汞还原为金属汞，活性污泥系统本身还可吸附汞。③采用滤池法除汞。用驯化活性污泥挂膜处理生化需氧量（BOD）低的含汞废水。④使用硫化氢沉淀汞。借助于其他微生物产生的硫化氢与水溶性汞结合成硫化汞，硫化汞溶度积很小，可以在沉淀后去除。汞的生物循环如图 8-9 所示。

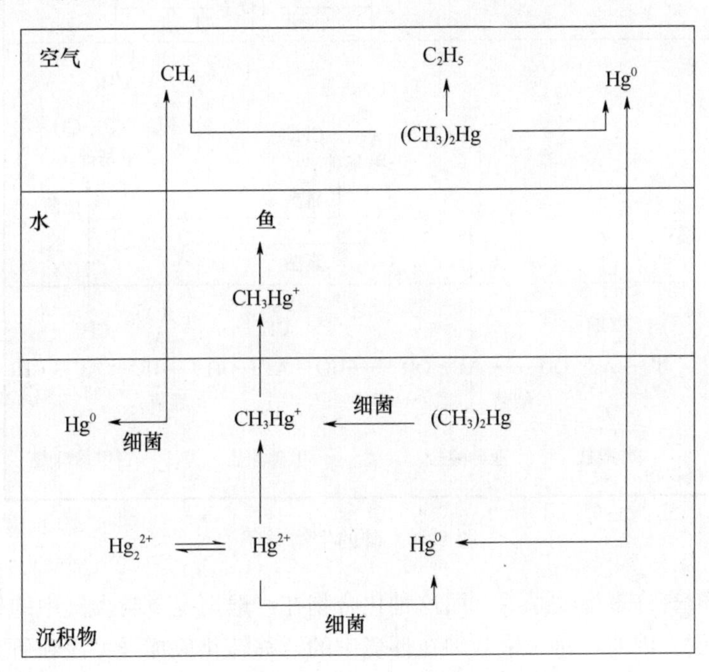

图 8-9　汞的生物循环

8.4.4　砷的氧化、还原和甲基化

砷是介于金属和非金属之间的两性元素，性质活泼，俗称类金属。它又是高等动物维持生命所必须的微量元素。与其他微量元素一样，砷有严格的剂量效应关系，低浓度砷有利于机体的生长和繁殖，过量则有毒性并致癌。元素砷不溶于水和强酸，因此几乎无毒。砷的有机、无机化合物有毒，As^{3+} 毒性比 As^{5+} 大，如砒霜 As_2O_3。

1. 砷的氧化和还原

假单胞菌、黄单胞菌、节杆菌、产碱菌等细菌氧化亚砷酸盐为砷酸盐，使之毒性减弱。

微生物的这种活性是湖泊中亚砷酸盐氧化为砷酸盐的主要原因。土壤中也进行砷的氧化作用。当土壤中施入亚砷酸盐后，As^{3+}逐渐消失而产生 As^{5+}。而另外有些细菌如微球菌以及某些酵母菌、小球藻等可使砷酸盐还原为更毒的亚砷酸盐，海洋细菌也有这种还原作用。所以尽管 As^{5+}被认为是热力学上最稳定的形式，实际上海水中 As^{3+}的氧化作用很缓慢。

2. 砷的甲基化

砷化物加到颜料中可使色彩特别鲜艳，因而很早就被采用。许多年前，在用含砷颜色纸糊墙壁的房间里，人会发生中毒。后经研究才弄清楚，致命因子不是颜料本身，而是墙纸上生长的霉菌的代谢产物——三甲基砷，一种挥发性的、有大蒜气味的剧毒物质。土壤里也会发生这种砷的转化和挥发作用，所以对于用砷化合物作为杀虫剂和除草剂的系统而言，那里的工作人员需预防潜在的危害。砷的生物循环如图 8-10 所示。

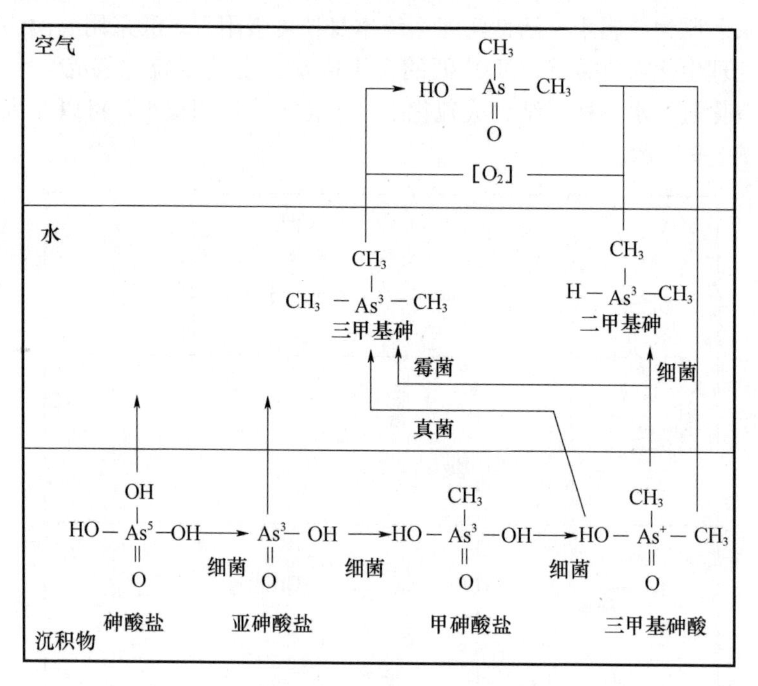

图 8-10　砷的生物循环

挥发性甲基砷有许多生物来源，而这种化合物在一般情况下与大气中的氧反应缓慢，容易累积到危险浓度。因此，对于甲基砷在环境中的迁移转化应加强关注和研究。

8.4.5　硒的氧化和还原

硒是细菌、温血动物及人体的必需元素，但它又是剧毒元素，需要量与中毒剂量之间的安全幅度很小。在植物含硒丰富的地方，牛、羊、猪、马等家畜常发生中毒，甚至死亡。微生物具有代谢硒化物的能力，因此而发生的转化作用可改变元素硒的毒性或利用价值。紫色硫细菌把元素硒氧化为硒酸盐，毒性增强。氧化亚铁硫杆菌代谢 CuSe，生成元素硒，毒性减弱。土壤中大部分细菌、放线菌和真菌都能还原硒酸盐和亚硒酸盐为元素态。

微生物还能把元素硒和无机或有机硒化合物转化成二甲基硒化物，毒性明显降低。有这种作用的真菌有：群交裂细菌、黑曲霉、短柄帚霉、青霉等，细菌有棒杆菌、气单胞菌、黄杆菌，还有假单胞菌等。

8.4.6　其他重金属的微生物转化

1. 铅

从铅矿表面可分离到在那里生长的节杆菌和生丝微菌，以及从煤渣中分离出来的一株梭状芽孢杆菌可溶解 PbO 和 $PbSO_4$，由 Pb 含量和细菌生物量的关系，可知 Pb 对该菌有生物活性。Pb 也可被细菌甲基化。从安大略湖分离到的假单胞菌、产碱杆菌、黄杆菌和气单胞菌的纯培养物，在化学成分限定的培养基中可使三甲基醋酸铅生成四甲基铅。湖泊的水-沉积物体系在厌氧条件下，也可由微生物生成四甲基铅。

2. 锡

锡与有机基团结合时，毒性会明显增强。微生物对 $(CH_3)_2SnCl_2$ 比对 $SnCl_4 \cdot 5H_2O$ 更为敏感。

锡能被生物甲基化。一株能由醋酸苯汞生成元素汞的假单胞菌，极能耐受 Sn^{4+} 而不耐 Sn^{2+}。存在 Sn^{4+} 时，生成挥发性的甲基锡。这些被生物甲基化了的锡，又能通过非生物途径使 Hg^{2+} 甲基化而生成甲基汞。在严重污染 Sn^{4+} 和 Hg^{2+} 的水环境中，存在这种交替形成甲基汞的机制。

3. 镉

某些细菌和真菌在有 Cd^{2+} 的情况下生长时，能积累大量镉。微生物也能使镉甲基化。一株能使锡甲基化的假单胞菌在有维生素 B_{12} 时，能把无机 Cd^{2+} 转化成微量挥发性的镉化物，后者把甲基非生物转移给 Hg^{2+}，生成甲基汞。

4. 锑

在锑矿中分离到一种能氧化锑并以此作为能源的专性好氧细菌。该菌在含锑的液体培养基中生成 Sb_2O_5 胶体；在含 Sb_2O_3 的固体培养基上形成不规则的菌落，菌落中央有 Sb（Ⅴ）的结晶。

此外，在研究钒的毒性时，发现其也能被微生物转化，纯培养的大肠杆菌等，以及土壤混合菌都能使五价钒转化成四价或三价。在转化过程中，培养液颜色发生明显的变化，由无色变为蓝色或绿色，最后变为黄色。以标准平板计数法测五价钒及其经微生物转化后的产物对细菌存活的影响，表明后者毒性明显大于前者。

习题

1. 试述天然水体中的生物自净过程。
2. 试述有机物的生物降解有哪几种方式？
3. 简述细菌对硫化氢的氧化作用。
4. 简述砷的甲基化过程。
5. 简述污染物的生物富集的表示方法。
6. 试述有机污染物的共代谢的机理。
7. 试描述硫的微生物转化过程。
8. 试述铁的去除方法。
9. 谈谈你对水中污染物的生物化学作用的认识与想法。

第9章 水环境修复化学

9.1 化学氧化技术

9.1.1 概述

水环境的化学氧化修复技术是利用氧化剂的氧化性能，使水体中的污染物氧化分解，转变成无毒或毒性较小的物质，从而消除水体环境中的污染。氧化剂能使污染物转化或分解成毒性、迁移性或环境有效性较低的形态。常用于修复的化学氧化剂包括：高锰酸钾、臭氧、过氧化氢和Fenton试剂等，它们已在修复工程中被广泛应用。几种氧化剂的氧化还原电位列于表9-1中。

表9-1 几种氧化剂的氧化还原电位

氧化剂	氧化还原电位（氢标）（V）	相对氯气氧化能力
氟气	3.06	2.25
羟基自由基	2.80	2.05
原子氧	2.42	1.78
臭氧	2.07	1.52
双氧水	0.87	0.64
氧气	0.40	0.29

在使用以上这些化学氧化技术的时候，其反应机理不完全相同，有的是氧化剂直接氧化有机污染物（如高锰酸钾氧化法），而有的是在反应过程中产生具有高度氧化性能的物质（如Fenton试剂氧化），其中优势更明显、更显示出良好应用前景的是深度氧化技术（advanced oxidation process，AOP）。

所谓深度氧化技术，是相对于常规氧化技术而言的，指在体系中能产生具有高度反应活性的自由基（如羟基自由基，OH·），充分利用自由基的活性，快速彻底地氧化有机污染物的处理技术。羟基自由基具有如下重要性质：

（1）OH·是一种很强的氧化剂，其氧化还原电位为2.80V，在已知的氧化剂中仅次于氟。

（2）OH·的能量为502kJ/mol。而构成有机物的主要化学键的能量分别为：C-C，347kJ/mol；C-H，414kJ/mol；C-N，305kJ/mol；C-O，351kJ/mol；O-H，464kJ/mol；N-H，389kJ/mol。因此从理论上讲，OH·可以彻底氧化（矿化）所有的有机污染物。

（3）具有较高的电负性或电子亲和能（569.3kJ），容易进攻高电子云密度点，同时，OH·的进攻具有高度活泼的碳氢键，否则，将在双键处发生加成反应。

（4）由于它是一种物理-化学处理过程，很容易加以控制，以满足处理需要，甚至可以

降解 10^{-9} 数量级的污染物。

(5) 既可以作为单独的处理过程，又可以与其他处理过程相匹配，如作为生化处理前的预处理，可降低处理成本。它以一种近似扩散的速率 $[K_{HO\cdot}>10^9 mol/(L\cdot s)]$，反应彻底，不产生副产物。

因此，深度氧化技术为解决以前传统化学和生物氧化法难以处理的污染问题开辟了一条新途径。

近年来，原位氧化化学技术受到青睐，原位氧化化学技术（in-situ chemical oxidation，ISCO）是指在处理污染水时不需开挖、运输受污染的地下水，在原来的位置就可以进行的氧化处理操作技术。它是一种简单易行的处理方式，由于不需要挖掘污染的地下水，操作相对简单，但通常需要由不同深度的垂直灌注井和加压平流的喷射点构成氧化剂的传输系统，把氧化剂迅速地运送到地下，均匀分散。

9.1.2　高锰酸钾氧化法

1. 性质简介

高锰酸钾是一种常用的氧化剂，高锰酸钾在酸性溶液中具有很强的氧化性，反应式见式(9-1)：

$$MnO_4^- + 8H^+ + 5e^- = Mn^{2+} + 4H_2O \tag{9-1}$$

其标准氧化还原电位为 $E^{\ominus}=1.51V$。高锰酸钾在中性溶液中的氧化性要比在酸性溶液中低得多，反应式见式(9-2)：

$$MnO_4^- + 2H_2O + 3e^- = MnO_2 + 4OH^- \tag{9-2}$$

其标准氧化还原电位为 $E^{\ominus}=0.588V$。高锰酸钾在碱性溶液中的氧化性也较弱，其标准氧化还原电位为 $E^{\ominus}=0.564V$。高锰酸钾在中性条件下的最大特点是反应生成二氧化锰，由于二氧化锰在水中的溶解度很低，便以水合二氧化锰胶体的形式由水中析出。正是由于水合二氧化锰胶体的作用，使高锰酸钾在中性条件下具有很高的去除水中污染物的效能。使用高锰酸钾作为氧化剂的优势是：

(1) 高锰酸钾反应产物为水合二氧化锰胶体，并从水中析出，故不会产生二次污染。

(2) 具有相对比较高的氧化还原电位。

(3) 由于具有很高的水溶性，故可以大量溶解于污染水源中，去除效率高。

(4) 常温下高锰酸钾作为固体，运输储存较为方便。

(5) 由于高锰酸钾在比较宽的 pH 范围内氧化性都较强，能破坏碳碳双键，所以它不仅对三氯乙烯、四氯乙烯等含氯溶液有很好的氧化效果，且对其他烯烃、酚类、硫化物和甲基叔丁基醚（MTBE）等污染物也很有效。

2. 氧化有机污染物机理

高锰酸钾参加的氧化反应机理相当复杂，且反应种类繁多，影响反应的因素也较多。对同一个反应，介质不同，其反应机理也可能不同。如高锰酸根离子与芳香醛的反应，在酸性介质中按氧原子转移机理，而在碱性介质中则按自由基机理进行；另外，对某一个反应有时也很难用单一的机理来说明，如锰酸钾根离子（MnO_4^-）与烃的反应，反应过程中发生了氢原子的转移，但产物却生成了自由基，故反应过程中又包含有自由基反应。

在酸性条件下，高锰酸钾与其他氧化剂不同，它是通过提供氧原子而不是通过生成羟基自由基进行氧化反应的。因此，当处理的污染土壤中含有大量碳酸根、碳酸氢根等羟基自由基的猝灭剂时，高锰酸钾的氧化作用也不会受到影响。高锰酸钾对微生物无毒，可与生物修复串联使用。然而高锰酸钾对柴油、汽油以及石油碳化氢（BTEX）类污染物的处理不是很有效。当土壤中有较多铁离子、锰离子或有机质时，只能加大药剂用量。高锰酸钾氧化乙烯的反应机理如图 9-1 所示。

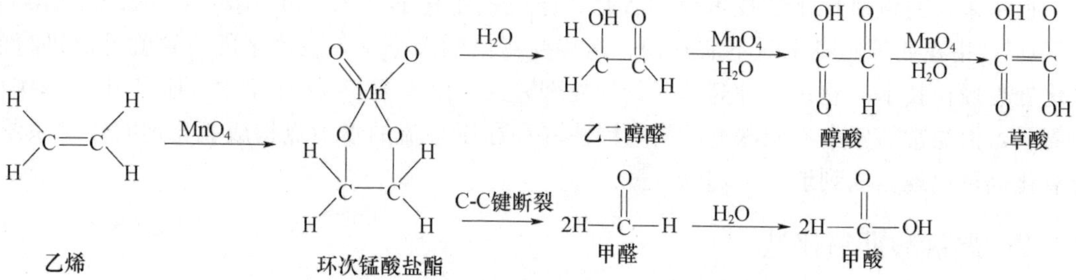

图 9-1　在弱酸性条件下高锰酸钾氧化乙烯的反应机理

从图中可以看出，在弱酸性的条件下，高锰酸钾和烯烃氧化形成环次锰酸盐酯，然后环酯在弱酸或中性条件下，锰氧键断裂，通过水解形成乙二醇醛，乙二醇醛能进一步发生氧化转变成醛酸和草酸。另一条可能的反应途径是烯烃和高锰酸钾反应形成环次锰酸盐酯，然后高锰酸钾打开环酯键，形成两个甲酸，在一定的条件下，所有的羧酸都可被进一步氧化成二氧化碳。

中性条件下，无论是对低相对分子质量、低沸点的有机污染物，还是对高相对分子质量、高沸点有机污染物，高锰酸钾的氧化去除率均很高，明显优于酸性或碱性条件下。大约50％以上的有机污染物在中性条件下经高锰酸钾氧化后全部去除，剩余的有机污染物浓度很低。在酸性或碱性条件下，高锰酸钾对低相对分子质量、低沸点类有机污染物有良好的去除效果，但对高相对分子质量、高沸点有机污染物，去除效果很差。

9.1.3　臭氧氧化技术

1. 性质简介

臭氧在常温常压下是一种不稳定、具有特殊刺激性气味的浅蓝色气体，臭氧具有极强的氧化性能，在酸性介质中氧化还原电位为 2.07V，在碱性介质中为 1.27V，其氧化能力仅次于氟，高于氯和高锰酸钾。基于臭氧的强氧化性，且在水中可短时间内自行分解，没有二次污染，因此是理想的绿色氧化药剂。臭氧的水溶解度比氧气大 12 倍，使之很容易溶解在水溶液中，有利于与污染物充分接触，有利于反应的进行；臭氧可现场生产，这样就避免了运输和储存过程中所遇到的问题；另外，臭氧分解产生氧气，从而提高水中的溶解氧浓度。

臭氧氧化能力很强，但也并非完美无缺。其中臭氧应用于污染处理还存在着一些问题，如臭氧的发生成本高，而利用效率偏低，使臭氧的处理费用高；臭氧与有机物的反应选择性较强，在低剂量和短时间内臭氧不可能完全矿化污染物，且分解生成的中间产物会阻止臭氧的进一步氧化。其他一些问题还包括：（1）由于臭氧在常温下呈气态，较难应用；（2）由于经济方面等原因，臭氧投加量不可能很大，将大分子有机物全部无机化，这将导致臭氧不可能将全部中间产物完全氧化，如甘油、乙醇、乙酸等。同时，臭氧不能有效地去除氨氮，对水中的有机氯化物无氧化效果；（3）臭氧氧化会产生诸如饱和醛类、环氧化合物、次溴酸（当水中含有较多的溴离子时）等副产物，对生物有不良影响。在臭氧修复中争议较大的是产物的毒性问题，这将影响臭氧修复的应用以及生物修复的结合。因此提高臭氧利用率和氧化能力就成为臭氧深度氧化技术的研究热点。

2. 臭氧氧化有机污染物的机理

（1）臭氧分子与水中有机物直接氧化反应

臭氧对水中有机物的氧化过程可分为直接氧化和间接氧化。直接氧化是臭氧与水中有机物直接反应生成羧酸等简单有机物或直接氧化生成二氧化碳和水的过程，这类反应一般发生在溶液呈酸性（尤其是 $pH<4$）的反应体系，或溶液中存在大量碳酸盐等自由基反应链终止剂的反应体系。在直接氧化反应的条件下，臭氧与含有双键等不饱和化合物以及带有供电子取代基（酚羟基）的芳香族化合物反应速度较快，属于传质控制的化学反应，臭氧与烯烃或苯酚的反应即属此类。但是，饱和的有机物及酚羟基以外的其他有机物与臭氧的直接反应速度却很慢，属于由反应速度控制的化学反应。臭氧分子结构呈三角形，中心氧原子与其他两个氧原子间的距离相等，在分子中有一个离域 π 键，臭氧分子的特殊结构使得它可以作为偶极试剂、亲电试剂和亲核试剂。在直接氧化过程中，臭氧分子直接加成到反应物分子上，形成过渡型中间产物，然后再转化成最终产物，臭氧与烯烃类物质的反应就属于此类型。臭氧能与许多有机物或官能团发生反应：如碳碳双键、碳碳三键、芳香化合物、碳环化合物、$=\!=N{-}N{=}S$、碳氮三键、C—Si、—OH、—SH、$-NH_2$、—CHO、氮氮双键等。臭氧与有机物的反应是选择性的，而且不能将有机物彻底分解为二氧化碳和水，臭氧氧化产物常常为羧酸类有机物，主要是一元酸、二元酸类有机小分子。臭氧与芳烃类化合物发生反应，生成不稳定的中间产物，这些不稳定的中间产物很快分解形成儿茶酚、苯酚和羧酸衍生物。苯酚能进一步氧化为有机酸和醛。

臭氧与有机物直接反应机理可以分成三类：

①打开双键发生加成反应。由于臭氧具有一种偶极结构，因此可以同有机物的不饱和键发生 1,3-偶极环加成反应，形成臭氧氧化的中间产物，并进一步分解形成醛、酮等羧基化合物和水，如式（9-3）所示：

$$CR_2R_1 = CR_3R_4 + O_3 \longrightarrow R_1COOR_2 + CR_4R_3 = O \tag{9-3}$$

式中，R 基团可以是羟基或氢。

②亲电反应。亲电反应发生在分子中电子云密度高的点。对于芳香族化合物，当取代基为供电子基团（—OH、$-NH_2$ 等）时，它与邻位或对位碳具有高的电子云密度，臭氧氧化反应发生在这些位置上；当取代基是吸电子基团（如—COOH，$-NO_2$ 等）时，臭氧氧化反应比较弱，反应发生在这类取代基的间位碳原子上，进一步与臭氧反应则形成醌打开芳环，形成带有羰基的脂肪族化合物。

③亲核反应。亲核反应只发生在带有吸电子基团的碳原子上。臭氧的反应具有极强的选择性，仅限于同不饱和芳香族化合物或脂肪族化合物或某些特殊基团发生反应。

（2）臭氧在自由基激发剂及促进剂条件下的氧化反应

当水中存在大量 OH^-、H_2O_2/HO_2^-、Fe^{2+}、紫外线等自由基激发剂或促进剂时，臭氧与水中有机物的氧化反应与臭氧的直接氧化反应机理截然不同。在自由基激发剂及促进剂的作用下，臭氧使反应体系中产生大量的羟基自由基，羟基自由基会发生链式反应产生更多的活性自由基，大量的活性自由基与有机物的反应速度接近于传质扩散速度，也属于传质控制的化学反应。臭氧的羟基自由基的引发、产生和反应机理如下：

①臭氧自由基引发反应

$$H_2O_2 \longrightarrow HO_2^- + H^+ \tag{9-4}$$

$$H_2O^- + 2O_3 \longrightarrow 2HO_2^0 + O_3^{0-} \tag{9-5}$$

$$O_3^{0-} + H^+ \longrightarrow HO_3^{0+} \tag{9-6}$$

$$HO_3^0 \longleftrightarrow OH^0 + O_2 \tag{9-7}$$

合并上式，可以写为：

$$H_2O_2 + 2O_3 \longrightarrow 2OH^- + O_2 \tag{9-8}$$

②自由基发生反应

$$O_3 + O_2^0 \longrightarrow O_3^0 + O_2 \tag{9-9}$$

$$HO_3^0 \longleftrightarrow O_3^{0-} + H^+ \tag{9-10}$$

$$OH^0 + O_3 \longrightarrow HO_4^0 \tag{9-11}$$

$$HO_4^0 \longrightarrow O_2^{0-} + HO_2^{0+} \tag{9-12}$$

③自由基与有机物的反应

$$H_2R + OH^0 \longrightarrow HR^0 + H_2O \tag{9-13}$$

$$HR^0 + O_2 \longrightarrow HRO_2^0 \tag{9-14}$$

$$HRO_2^0 \longrightarrow R + HO_2^0 \tag{9-15}$$

$$HRO_2^0 \longrightarrow RO + OH^0 \tag{9-16}$$

正是由于自由基激发剂或自由基促进剂的存在，使臭氧反应体系产生了大量的羟基自由基，羟基自由基的链式反应促使臭氧氧化体系对水中有机物有很强的去除能力。

3. 臭氧修复水体的应用

自从1785年发现臭氧以来，臭氧作为氧化剂、消毒剂、催化剂在世界范围内获得了广泛的应用，如利用臭氧消毒技术进行饮用水的处理；用于水产养殖用水上，既起杀菌作用，又达到增氧效果，为水产高密度养殖创造有利条件；用于环境消毒、食品保鲜（特别海产品）、储藏、去色、去味、防霉、海水淡化等方面。由于消毒效率高，对各种病毒、细菌均有很强的杀灭能力，还能除味、脱色、改善水质，而且没有二次污染，臭氧处理技术成为治理环境和水质污染的关键技术之一。

以深圳市荔枝湖为例，通过枯水期历时8个月的水质连续监测，分析臭氧技术在修复城市湖泊水质中的作用及效果。结果表明，监测期间湖水 $COD_{Mn} \leqslant 10mg/L$，氨氮$<0.6mg/L$，总磷$<0.08mg/L$，透明度在60～120cm间，水质满足景观水体要求，表明应用该技术可以取得较好的修复效果。

9.1.4 过氧化氢及 Fenton 氧化技术

1. 性质简介

过氧化氢分子式为 H_2O_2，它是一种弱酸性的无色透明液体，它的许多性质和水相似，可以与水任意比例混合，过氧化氢的水溶液也叫双氧水。当过氧化氢的质量分数达到 86% 时，要进行适当的安全处理，防止爆炸。在处理污染物时，一般使用质量分数为 35%的过氧化氢。过氧化氢分子中氧的价态是−1，它可以转化为−2 价，表现出氧化性，还可以转化成 0 价态，表现出还原性，因此过氧化氢具有氧化还原性。过氧化氢的氧化还原性在不同的酸、碱和中性条件下会有所不同。使用过氧化氢溶液作为氧化剂，由于其分解产物为水和二氧化碳，不产生二次污染，因此它也是一种绿色氧化剂。过氧化氢不论在酸性或碱性溶液中都是强氧化剂。只有遇到如高锰酸根等更强的氧化剂时，它才起还原作用。在酸性溶液中用过氧化氢进行氧化反应，往往很慢；而在碱性溶液中氧化反应是快速的。过氧化氢在水溶液中的氧化还原性由下列电位决定：

$$H_2O_2 + 2H^+ + 2e^- = 2H_2O \qquad E = 1.77V \tag{9-17}$$

$$O_2 + 2H^+ + 2e^- = H_2O_2 \qquad E = 0.68V \tag{9-18}$$

$$HO_2^- + H_2O + 2e^- = 3OH^- \qquad E = 0.87V \tag{9-19}$$

溶液中微量存在的杂质，如金属离子（Fe^{3+}、Cu^{2+}）、非金属、金属氧化物等都能催化过氧化氢的均相和非均相分解。

Fenton 试剂实际是指在天然或人为添加亚铁离子（Fe^{2+}）时，与过氧化氢发生作用，能够产生高反应活性的羟基自由基（OH·）的试剂。过氧化氢还可以在其他催化剂（如 Fe、UV254 等）以及其他氧化剂（O_3）的作用下，产生氧化性强的羟基自由基（OH·），使水中的有机物得以氧化而降解。Fenton 氧化修复技术具有以下特点：

（1）Fenton 试剂反应中能产生大量的羟基自由基，具有很强的氧化能力，和污染物反应时具有快速、无选择性的特点。

（2）Fenton 氧化是一种物理-化学处理过程，很容易加以控制，以满足处理需要，对操作设备要求不是太高。

（3）它既可以作为单独处理单元，又可以与其他处理过程相匹配，如作为生化处理的前处理。

（4）由于典型的 Fenton 氧化反应要在酸性条件下才能顺利进行，这样会对环境带来一定的危害。

（5）Fenton 氧化对生物难降解的污染物具有极强的氧化能力，而对于一些生物易降解的小分子反而不具备优势。

2. 反应路径及影响因素

Fenton 反应体系中，过氧化氢产生羟基自由基的路径可由图 9-2 表示：

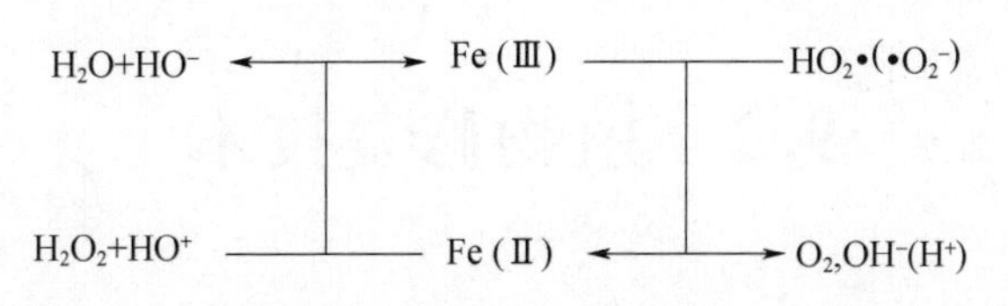

图 9-2　Fenton 反应体系中过氧化氢产生自由基反应

总方程式为式（9-20）

$$Fe^{3+} + H_2O_2 \xrightarrow{H^+} Fe^{3+} + O_2 + HO\cdot \tag{9-20}$$

在水溶液中的主要反应路径是生成具有高度氧化性和反应活性的 OH·；但在过氧化氢过量情况下，还可生成 HO_2·（·O_2^-）等具有还原活性的自由基；另外，过氧化氢还可自行分解或直接发生氧化作用，哪种路径占主导取决于环境条件。

Fenton 反应生成的 OH·能快速降解多种有机化合物。

$$RH + OH\cdot \longrightarrow H_2O + R\cdot \tag{9-21}$$

$$R\cdot + Fe^{3+} \longrightarrow Fe^{3+} + 产物 \tag{9-22}$$

这种氧化反应速率极快，遵循二级动力学，在酸性 pH 条件下效率最高，在中性到强碱性条件下效率较低。

Fenton 试剂反应需要在酸性条件下才能进行，因此对环境条件的要求比较苛刻，下面是影响 Fenton 反应的主要条件：

（1）pH 的影响。Fenton 试剂是在酸性条件下发生作用的，在中性和碱性的环境中，Fe^{2+}不能催化 H_2O_2 产生 OH·，因为 Fe^{2+} 在溶液中的存在形式受制于溶液的 pH 影响。按照经典的 Fenton 试剂反应理论，pH 升高不仅抑制了 OH·的产生，而且溶液中的 Fe^{2+} 以氢氧化物的形式沉淀而失去了催化能力。当 pH 低于 3 时，溶液中的 H^+ 浓度过高，Fe^{3+} 不能顺利地被还原为 Fe^{2+}，催化反应受阻。

（2）H_2O_2 浓度的影响。随着 H_2O_2 用量的增加，COD 的去除首先增大，而后出现下降。这种现象被理解为 H_2O_2 的浓度较低时，随着 H_2O_2 的浓度增加，产生的 OH·量增加；当 H_2O_2 的浓度过高时，过量的 H_2O_2 不但不能通过分解产生过多的自由基，反而在反应一开始就把 Fe^{2+} 迅速氧化为 Fe^{3+}，并且过量的 H_2O_2 自身会分解。

（3）催化剂（Fe^{2+}）浓度的影响。Fe^{2+} 是催化产生自由基的必要条件，在无 Fe^{2+} 条件下，H_2O_2 难以分解产生自由基，当 Fe^{2+} 浓度过低时，自由基的产生量和产生速率都很小，降解过程受到抑制；当 Fe^{2+} 过量时，它还原 H_2O_2 且自身氧化为 Fe^{3+}，消耗药剂的同时增加出水色度。因此，当 Fe^{2+} 浓度过高时，随着 Fe^{2+} 的浓度增加，COD 去除率不再增加反而有减小的趋势。

（4）反应温度的影响。对于一般的化学反应随温度的升高，反应物分子平均动能增大，反应速率加快；对于一个复杂的反应体系，温度升高不仅加速主反应的进行，同时也加速副反应和相关逆反应的进行，但其量化研究非常困难。反应温度对 COD 降解率的影响由实验结果可知：当温度低于 80℃时，温度对降解 COD 有正效应；当温度超过 80℃以后，则不利于成分的降解。针对 Fenton 试剂反应体系，适当的温度激活了自由基，而过高温度就会出现 H_2O_2 分解为 O_2 和 H_2O。

9.2 植物修复技术

9.2.1 概述

植物作为生物圈生态系统的重要成员，既是环境的受害者，又是环境的改造者。由于植物在维系生态平衡中的特殊地位，人们对于植物与环境的关系格外关注，试图充分认识环境对植物的影响及植物对环境变化的反应，以达到利用植物修复受污染的生态系统、改善生存条件的目的。

水生植物在水生生态系统中处于初级生产者的地位，通过自身的生长代谢可以大量吸收氮、磷等水体中的营养物质，吸附悬浮颗粒物，抑制低等藻类生长，富集重金属等。一般来说，几乎所有的水生维管束植物（简称“水生植物”）都能净化污水。水体污染物主要有金属污染，农药污染，有机物污染，非金属如氮、磷、砷、硼等污染及放射性元素如锶、镭、铀等污染。水生植物对这些污染物的净化包括附着、吸收、积累和降解几个环节。

水生高等植物芦苇是国际上公认的处理污水的首选植物。100 g的芦苇一天可将8 mg的酚分解为二氧化碳。目前，芦苇床人工湿地在我国已用于处理乳制品废水、铁矿排放的酸性重金属废水等。另外，水生植物对富营养化水体的治理也取得了很大的成就。植物的皮、壳等对重金属废水也有净化的效果。棉秆皮、棉铃壳对重金属离子铜、镉、锌有明显的吸附作用；谷子谷壳黄原酸酯对重金属离子Hg、Pb、Ca、Cu、Co、Cr、Bi等有良好的捕集效果；松木对Cu有脱出作用等。

植物修复技术具有投资和维护成本低、操作简单、不造成二次污染、保护表土、减少侵蚀和水土流失等作用。它能有效地去除有机物、氮、磷等多种元素，可吸收、富集水中的营养物质及其他元素，增加水体中的氧气含量，抑制有害藻类繁殖和遏制底泥营养盐向水中再释放的能力，利于水体的生态平衡。高等植物能有效地用于富营养化湖水、河道生活污水等方面的净化，是一项既行之有效又保护生态环境、避免二次污染的治理污染水体的好方法。

9.2.2　植物修复污染水源机理

水生植物对污染物的净化作用原理主要在植物的根、茎和叶对污染物的吸收。

1. 水溶态污染物到达水生植物根、茎和叶表面

水溶态的污染物到达水生植物根表面，主要有两个途径：一条是质体流途径，即污染物随蒸腾拉力，在植物吸收水分时与水一起到达植物根部；另一条是扩散途径，即通过扩散而到达根表面。到达根表面的污染物不一定被植物根所吸收。水生植物吸收河湖底泥中污染物的种类和数量除受底泥特性、污染物种类和浓度影响外，还取决于植物的特性。水溶态污染物到达水生植物茎和叶表面主要也有两个途径：一条是茎和叶的气孔吸收途径，即水体污染物吸附在气孔而进入植物体内；另一条是角质层途径，水体污染物在水生植物茎和叶表面，表面活性剂能显著降低水溶液的表面张力而进入植物体。

2. 水溶态污染物进入细胞的过程

植物的细胞壁是污染物进入植物细胞的第一道屏障。在细胞壁中的果胶质成分为结合污染物提供了大量的交换位点。细胞膜调节着物质进出细胞的过程，它与细胞壁一起构成了细胞的防卫体系。污染物通过植物细胞进入细胞的过程，目前认为有两种方式：一种是被动扩散，物质顺着本身的浓度梯度或细胞壁的电化学势流动；另一种是物质的主动传递过程，这种传递需要能量。这两种过程都与细胞膜的结构有关。生物膜是非极性的类脂双层膜，在脂质双分子层内外表面镶嵌着蛋白质特异载体分子，正常情况下对物质的吸收具有选择性。把细胞膜透过机理归纳为以下几个主要方面：

（1）流动输送。生物膜有许多孔隙和细孔，水溶性的化学物质和难脂溶性的微粒子化合物随水流通过细胞膜。如果水溶性和难脂溶性的粒子直径在8.4nm以上就不能通过膜。

（2）脂质层受控扩散。脂溶性化合物受这类扩散的影响。脂溶性化合物在水中扩散是以乳液状态存在，当与生物体膜接触，部分脂溶性化合物溶解在细胞膜中，借助于扩散作用而进入细胞内。

（3）媒介输送与动能载体输送。担任化合物输送任务的是生物膜内的载体，它使化合物在生物体内得以输送。促使媒介输送的能量为浓度比，促使能动载体输送的能量来自生物化学作用。

常用于水环境生态修复的植物见表 9-2。

表 9-2　几种常用水生植物介绍

名称	简介	品种、类似种	应用
黄花鸢尾 尾科鸢尾属的植物，也称黄菖蒲，多年生挺水或湿生草本植物	黄花鸢尾耐寒性极强，在我国南方地区全年常绿；在中东部地区冬季半常绿。适宜在水深 0.1m 左右的浅水中生长，具有较强耐旱性；叶片翠绿；剑形挺立，花色鲜艳，株高 0.6～1.0m	常绿鸢尾，常见为西伯利亚鸢尾；耐寒但不适宜夏季高温，南方地区慎用；花菖蒲：植株矮小、叶片柔软易折断，长期耐水性差，不宜在工程上大量使用	黄花鸢尾是水生鸢尾类中最适宜水生、最高大、性能最稳定的品种，是少有的冬季常绿或半常绿的水生植物之一。 但黄花鸢尾植株矮小、根系不深等劣势，在碎石基质人工湿地中不宜大面积配置
菖蒲 天南星科菖蒲属，多年生挺水草本植物，在各地野外自然分布较多，栽培应用也多	菖蒲耐寒性强，在我国南北地区均可自然露天过冬；适宜在 0.1m 左右的浅水中生长，可适宜短期干旱；在长江流域 3 月下旬根茎发芽，6～9 月花期，10 月后进入休眠期。菖蒲株型挺拔，具有香气，株高 0.6～0.8m，是常用的乡土型水体景观植物之一	花叶菖蒲：景观变种，叶片有白金色条纹，景观效果有优势，但生物性能不稳定，自繁能力及抗逆性较差，在多年生长过程中，整株易退化消失；可用于景观点缀，不可大面积使用。石菖蒲：植株比菖蒲矮小、蓬散，耐寒性极强，在长江流域冬季常绿，具有耐阴性	菖蒲与黄花鸢尾外形相似；在应用上，黄花鸢尾优势明显：黄花鸢尾花大，菖蒲花小不明显；黄花鸢尾具有很强耐寒性，冬季常绿，菖蒲冬季地上部枯萎；黄花鸢尾耐旱，不仅能水生也能适应旱生，菖蒲不耐旱。在实践应用中，尤其是碎石基质的人工湿地，应优选黄花鸢尾
美人蕉 美人蕉科美人蕉，多年生湿生或陆生草本植物	美人蕉耐寒性一般，在我国长江流域及以南地区可自然露天过冬；在北方过冬需采用保温措施，或将球茎挖起储存；适宜湿生地环境，在生长期可浅水生长，耐旱性极强，也是陆生植物。植株高大，高 1～1.8m；播种、分株繁殖	美人蕉品种众多，以绿叶红花和绿叶黄花品种最为常见；其他还有花叶橙花美人蕉、紫叶红花美人蕉、窄叶黄花或粉花美人蕉等；窄叶美人蕉对水分需求较大，不耐旱，但耐水，枯萎期和发芽期不适宜泡水；在碎石基质中表现一般	美人蕉适应性强，根系发达、去污能力强，是各类水生态修复、生态浮岛、人工湿地等项目的常用品种之一。 普通美人蕉在生长期内一定程度上可适应浅水生长；枯萎休眠期和发芽期，其根部不得淹水；成苗移栽在浅水中时，应保持叶片在水面之上
再力花 竹芋科再力花属，多年生挺水草本植物	再力花属喜热忌寒植物，在我国长江流域及以南地区可自然露天过冬；在北方过冬需采取保温措施；适宜浅水和沼泽生长，不耐旱；植株高大挺拔，株高 1.5～2.5m；分株、播种繁殖	—	再力花生长迅速、分蘖快、丛生性强、植株高大，根系粗壮发达，具有很强的耐污性，抗杂草能力强；是碎石基质人工湿地常用品种之一；再力花在生态浮岛上长势一般

9.2.3　水生植物的净化作用

水生植物主要包括三大类：水生维管束植物、水生藓类和高等藻类。全球在污水治理中应用较多的是水生维管束植物，它具有发达的机械组织，植物个体比较高大，通常可分为挺水、浮水、漂浮和沉水 4 种类型，见表 9-3。

表 9-3　水生植物类型及生长特点

类型	生长特点	代表种类
挺水植物	根茎生于泥中，植物体上部挺出水面	芦苇、香蒲
浮叶植物	根茎生于底泥中，叶漂浮于水面	睡莲、荇菜
漂浮植物	植物体完全漂浮于水面，具有特殊的适应漂浮生活组织结构	凤眼莲、浮萍
沉水植物	植物体完全沉于水气界面以下，根扎于底泥或漂浮于水中	狐尾藻、金鱼藻

植物对水体的净化具有非常重要的作用，其对污染物的净化作用主要表现在：

1. 物理作用

水生植物的存在减小了水中的风浪扰动，降低了水流速度，并减小了水面风速，这为悬浮固体的沉淀去除创造了更好的条件，并减小了固体重新悬浮的可能性。植物的另一重要作用是它的隔热性。在冬季，当人工湿地中的水生植物死亡并被雪覆盖后，它就为人工湿地提供了一个隔热层，这样有利于防止人工湿地土壤冻结。

2. 植物的吸收作用

水生植物能直接吸收利用污水中的营养物质，供其生长发育。有根的植物通过根部摄取营养物质，某些浸没在水中的茎叶也从周围的水中摄取营养物质。水中植物产量高，大量的营养物质被固定在其生物体内。当收割后，营养物就能从系统中被除去。废水中的有机氮就能被微生物分解与转化，而无机氮作为植物生长过程中不可缺少的物质被植物直接摄取，再通过植物的收割而从废水中除去。

3. 植物的富集作用

许多水生植物有较高的耐污能力，能富集水中的金属离子和有机物质。如凤眼莲，由于其线粒体中含有多酚氧化酶，可以通过多酚氧化酶对外源苯酚的羟化及氧化作用而解除酚对植物的毒害，所以对重金属和含酚有机物有很强的吸收富集能力。

水生植物还能吸附、富集一些有毒有害物质，如重金属铅、镉、汞、砷、铬、镍、铜等，其吸收积累能力为：沉水植物＞漂浮植物＞挺水植物，不同部位浓缩作用也不同，一般为根＞茎＞叶，各器官的累积系数随污水浓度的上升而下降。

4. 氧的传输作用

一般来讲，缺氧条件下，生物不能进行正常的有氧呼吸，还原态的某些元素和有机物的浓度可达到有毒的水平。河道水体中的污染物需要的氧主要来自大气自然复氧和植物输氧。有研究表明，水生植物的输氧速率远比依靠空气向液面扩散的速率大，植物的输氧功能对水体的降解污染物好氧的补充量远大于由空气扩散所得氧量。植物输氧是植物将光合作用产生的氧气通过气道输送至根区，在植物根区的还原态介质中形成氧化态的微环境。

5. 为微生物提供栖息地

微生物是水体净化污水的主要“执行者”，水体中微生物的种类和数量很丰富，因为水生植物的根系常形成一个网络状的结构，并在植物根系附近形成好氧、缺氧和厌氧的不同环境，为各种不同微生物的吸附和代谢提供了良好的生存环境，也为水体污水处理系统提供了足够的分解者。大型挺水植物在水中部分能吸附大量的藻类，这也为微生物提供了更大的接触表面积。研究表明，有植物的水体系统，细菌数量显著高于无植物系统，且植物根部的分泌物还可以促进某些嗜磷、氮细菌的生长，促进氮、磷释放、转化，从而间接提高净化率。

6. 维持系统的稳定

维持水体系统稳定运行的首要条件就是保证系统的水力传输，水生植物在这方面起了重要作用。植物根和根系对介质具有穿透作用，从而在介质中形成了许多微小的气室或间隙，减小了介质的封闭性，增强了介质的疏松度，使得介质的水力传输得到加强和维持。植物的生长能加快天然土壤的水力传输程度，且当植物成熟时，根区系统的水容量增大。当植物的根和根系腐烂时，剩下许多的空隙和通道，也有利于土壤的水力传输。有人认为植物根系可维持底质的疏松状态，也有研究表明，植物根的生长和扩展，会在其上层建立一个较密集的根区，从而使孔隙度下降。

另外，水生植物还有美观可欣赏性，可以通过收割回收以达到一定经济效益，也可作为介质所受污染程度的指示物，有助于酶在水体系统的扩展等作用。

7. 对藻类的生化他感作用

生化他感作用一方面表现在水生植物个体大，吸收、储存营养物质和利用光能的能力强，能与藻类形成竞争，从而抑制浮游藻类的生长。另一方面，水生植物向水中分泌化学物质，如萜类化合物、类固醇等来抑制藻类的生长。试验表明，水花生、菱、金鱼藻和浮萍均能不同程度地减少水体中藻细胞数量，促进藻细胞内叶绿素 a 的破坏与脂质过氧化物含量升高，抑制超氧化物歧化酶的活性，从而抑制了藻类的生长。

8. 其他作用

水生植物还有一些不直接与水处理过程相关的作用。例如，它为动物（如鱼类、鸟类、爬行动物）提供食物；在处理系统中采用荷花、睡莲等有较高的观赏性的水生植物，可以使系统更加美观。

9.2.4 植物修复技术方法

1. 挺水植物修复技术

挺水植物可通过对水流的阻尼作用和减小风浪扰动使悬移物质沉降，并通过与其共生的生物群落起到净化水质的作用。同时，它还可以通过其庞大的根系从深层底泥中吸取营养元素，降低底泥中营养元素的含量。挺水植物一般具有很广的适应性和很强的抗逆性，生长快，产量高，还能带来一定的经济效益。因此，沿岸种植挺水植物已成为水体净化的重要方法。试验研究证明，河道沿岸的挺水植物（芦苇等）对氨氮具有很强的削减作用，氨氮通过河道两岸的芦苇带时，浓度显著降低，模拟模型的衰减系数是无芦苇生长的混凝土护坡河段的 3 倍左右，氨氮的削减量也达无芦苇生长河段的 2 倍左右。但利用沿岸挺水植物净化水体，需注意水生植物要定期收割，防止其死亡后沉积水底，造成二次污染。

2. 沉水植物修复技术

沉水植物生长过程中吸收水体中的 N、P 等营养盐，分泌他感物质抑制浮游植物的生长，沉水植被在水体中还能起到减波消浪，减轻底泥再悬浮，减少水体中的悬浮物的作用，从而净化水体，提高透明度，保持水体清水态。沉水植物是健康水域的指示性植物，它对水质具有很强的净化作用，而且四季常绿，是水体净化最理想的水生植物。在大型实验围隔系统中，沉水植物的水质净化作用实验证明，重建后的沉水植物可以显著改善水质，水体透明度显著提高，水色降低。水生植物围隔 COD_{cr} 和 BOD_5 一般分别为 20mg/L 和 5mg/L 左右，对照围隔和大湖水体则分别约为 40mg/L 和 10mg/L。水生植物围隔水体中可检出的有机污染种类也较对照围隔和大湖水体低。实验结果表明恢复以沉水植物为主的水生植被是改善富营养化水质和重建生态系统的有效措施。

3. 植物浮岛技术

河、湖中的天然岛屿是许多水生生物的主要栖息场所，在天然岛屿上形成了植物-微生物-动物供受体，它们对水体的净化起着非常重要的作用。但由于河湖的开发、渠化、硬化工程，以及底泥疏浚等，使许多天然生态岛消失，河流的自净能力下降，河流生态系统遭到破坏。植物浮岛的建立就是对水域生态系统自净能力的一种强化。植物浮岛是绿化技术和漂浮技术的结合体，植物生长的扶梯一般是采用聚氨酯涂装的发泡聚苯乙烯制成的，质量轻，材料耐用。岛上的植物可供鸟类等休息和筑巢，下部植物形成鱼类和水生昆虫等生息环境，同时能吸收引起富营养化的氮和磷。日本为进一步净化渡良濑蓄水池的水体，曾在蓄水池中部建了一批植物生态浮岛，在岛上种植芦苇等植物，其根系附着微生物。浮岛还设置了鱼类产卵用的产卵床，也为小鱼及底栖动物设有栖息地，形成稳定的植物-微生物-动物净化系统。

4. 植物浮床技术

植物浮床是充分模拟植物生存所需要的土壤环境而采用特殊材料制成的、能使植物生长并能浮在水中的床体。目前，研究最多的就是沉水植物浮床和陆生植物浮床。

（1）沉水植物浮床

沉水植物浮床技术是利用沉水植物对营养物质含量高的水体有显著的净化作用，对水体进行净化。水体高浓度的氮、磷营养盐一直被认为是导致沉水植物消失的直接原因，但水深和水下光照强度对沉水植物的生存有限制作用。由于水体透明度下降，处于光补偿点光照强度以下的沉水植物逐渐萎缩死亡，若仅依靠自然光，水下光照随水深增加呈负指数衰减，污染水体的平均种群光补偿深度显著下降，沉水植物无法存活，会导致水质进一步恶化。结合河道水质的特点，可根据不同河段的光补偿深度，利用植物浮床来处理水营养物质，使得水下光照强度维持在植物所需光补偿点之上。光补偿种植浮床能使沉水植物维持在其光合作用与呼吸作用平衡的水层深度以上，加快植物生长，从而净化水质。

（2）陆生植物浮床

陆生植物浮床是采用生物调控法，利用水上种植技术，在以富营养化为主体的污染水域水面种植粮食、蔬菜、花卉或绿色植物等各种适宜的陆生植物。在收获农产品，美化绿化水域景观的同时，通过根系的吸收和吸附作用，富集氮、磷等元素，同时降解、富集其他有害、有毒物质，并以收获植物体的形式将其搬离水体，从而达到变废为宝、净化水质、保护水域的目的。它类似于陆域植物的种植办法，而不同于直接水面放养水葫芦等技术，开拓了水面经济作物种植的前景。

中国水稻研究所在人工模拟池、工厂氧化塘、鱼塘及太湖水系污染水域一系列的可行性和有效性研究基础上，在五里湖建立了 $3600m^2$ 独立于大水域水体的实验基地，并将其分为四个均等的 $900m^2$ 实验小区，设计了 15%、30%、45%三种不同的水上覆盖率的陆生植物处理区和空白对照区。试验结果显示，45%处理区的水体、TP、NH_3-N、COD_{Mn}、BOD_5、DO、pH 等水质指标均达到地表水三类水质标准。其中，美人蕉和旱伞草干物质产量分别达到 $5223.48g/m^2$ 和 $7560g/m^2$，均较一般陆地种植增长 50%以上，从而为大量吸收去除水体中的氮、磷元素以及其他有害物质，加速水质净化进程奠定了基础。

5. 人工湿地技术

人工湿地（Constructed Wetlands）是 20 世纪 70 年代发展起来的一种废水处理新技术，与传统的污水二级生化处理工艺相比，具有净化效果好、去除氮磷能力强、工艺设备简单、运转维护管理方便、能耗低、对负荷变化适应性强、工程建设和运行费用低、出水具有一定的生物安全性、生态环境效益显著、可实现废水资源化等特点。人工湿地是人工建造的、可控制和工程化的湿地系统，其基本原理是通过湿地自然生态系统中的物理、化学和生物作用来达到废水处理的目的。

加拿大潜流芦苇床湿地系统在植物生长旺季中的TN平均去除率为60%，TKN为53%，TP为73%，磷酸盐平均去除率为94%。英国芦苇床垂直流中试系统用于处理高氨氮污水，平均去除率可达93.4%。靖元孝等利用种植风车草的潜流型人工湿地对生活污水进行净化，TN、TP、COD和BOD的去除率分别为64%、47%、74%和74%。崔理华等在垂直流人工湿地中采用煤渣、草炭混合基质代替砂砾基质，以风车草为湿地植物构成垂直流人工湿地系统，以观察其对化粪池出水中氮、磷和有机物的净化效果。结果表明，其对化粪池出水中的COD、BOD_5、NH_4^+-N和总P的去除率分别为76%～87%、88%～92%、75%～85%和77%～91%。

6. 水生植被的组建及恢复

在湖泊、水库组建常绿型人工水生植被，使之形成生长期和净化功能的季节性交替互补，不仅可以净化湖泊、水库内的水质，而且可以阻止大量的外来污染物进入水体。对水生植物构成的水陆交错带对陆源营养物质截流作用的研究，如在白洋淀进行的野外实验，表明其湖周水陆交错带中的芦苇群落和群落间的小沟都能有效地截流陆源营养物质。多种植物组合比单种植物能更好地对水体净化，目前有越来越多的试验研究采用多种植物的组合。这可能是因为：不同水生植物的净化优势不同，有的可以高效地吸收氮，有的却能更好地富集磷；每种植物在不同时期的生长速率及代谢功能各不相同，由此导致不同时期对氮、磷等营养元素的吸收量也不同，而且随着植物发育阶段不同，附着于植物体的微型生物群落也会发生变化。微型生物群落的变化会直接影响植物对水体的净化率，当多种植物搭配使用时就有利于植物间的取长补短，保持较为稳定的净化效果；多种植物的组合具有合理的物种多样性，从而更容易保持长期的稳定性，而且也会减少病虫害。

7. 消落带植物修复

消落带是指水利工程因运行需要调节水位消涨或自然水系最高水位线与最低水位线之间形成的消落区域，一般包括河道堤岸型、湖泊堤岸型和水库岸坡型3种。水库消落带在库区水体与陆岸之间形成的巨大环库生态隔离带，是一种特殊的水陆交错湿地生态系统。消落带植被能拦截陆岸水土流失带来的大量泥砂并吸收非点源污染物质，减少水库与河道的淤积与污染；以消落带植被为主体的消落带湿地生态系统能分解吸收库区水体中的营养物质，减少库区的富营养化水平；消落带生态系统是河流生态系统的重要组成部分，其健康状况直接影响到大量生物的生存；消落带植被有固定河岸的作用，能防止堤坡因河水的冲刷而崩垮。

9.2.5 水生植物的资源化利用

所有水生植物体都可以作为能源，即产生沼气加以利用。有些水生植物还可以食用，如莲藕、菱角等。眼子菜、芦苇、荇菜等可以入药，芦苇可以编制苇席。水生植物是良好的绿肥，又是好的饲草，它们营养丰富，生长很快，水中的氮、磷被它们吸收后转化成蛋白质等营养物质。如果用这些草来养鱼、养鸭、养鹅又能产生一定的经济效益。

在种植水生植物时，可有目的地挑选一些利用价值较高的水生植物如绿萍、浮莲、水花生、水葫芦等。再在水中放养适量鱼虾和水禽，适时收获水产品，使水体保持一个较为稳定的生态环境，从而获得环境效益和经济效益双丰收。在实际应用中，尽量采用后期有较大经济价值的水生植物是非常必要的。

9.3　微生物修复技术

9.3.1　概述

微生物修复技术是指通过微生物的作用清除水体中的污染物，或是使污染物无害化的过程。它包括自然和人为控制条件下的污染物降解或无害化过程。微生物修复的基本原理是利用微生物对污染物的生物代谢作用。在自然修复过程中，利用水体中天然微生物的降解能力来处理水中的污染物质。大多数水环境中都存在着天然微生物降解净化有毒有害有机物质的过程，只是自然条件下的微生物净化速度很缓慢，因此能够被广泛应用到环境保护实践中的微生物修复，都是在人为促进条件下进行的，如通过提供氧气、添加氮磷营养盐和接种经过驯化培养的高效微生物等工程化手段来强化这一过程，加速生物修复的进程，迅速去除污染物质，这种在受控条件下进行的微生物修复水体过程又称强化微生物修复或工程化微生物修复。微生物修复在水体修复方面有着很广泛的应用，它不仅可以独立地应用于多种类型的水体修复，还可以联合植物修复，起到相互促进的作用。研究人员在唐山市南湖公园进行了植物浮床——微生物修复富营养水体的研究，研究表明，当植物单独存在时，对 COD、TN、NH_4^+-N 和 TP 的最大去除率只有 33%左右，而植物浮床-微生物组合对有机物的去除率可高达 62.7%。

9.3.2　水体微生物生态

1. 水体生态环境

水体生态环境比空气优越，但不如土壤。对好氧微生物而言，水体中的溶解氧往往较少；对于藻类而言，深水处光质与光量都有了较大的变化。由于雨水冲刷，将土壤中各种有机物及无机物和动、植物残体带至水体，工业废水和生活污水源源不断排入，水生动、植物死亡等为水体中的微生物提供了丰富的有机营养。

2. 水体中的微生物来源

（1）水体中固有的微生物

主要是荧光杆菌、产红色和产紫色的灵杆菌、不产色的好氧芽孢杆菌、产色和不产色的球菌、丝状硫细菌、球衣菌及铁细菌等。

（2）来自土壤的微生物

主要是由雨水冲刷到水体中，有枯草杆菌、巨大芽孢杆菌、氨化细菌、硝化细菌、硫酸还原菌、霉菌等。

（3）来自生产和生活的微生物

各种工业废水、生活污水和牲畜的排泄物夹带各种微生物进入水体，主要是大肠杆菌、肠球菌、产气荚膜杆菌、各种腐生性细菌、致病微生物（如霍乱杆菌、伤寒杆菌、痢疾杆菌病毒）等。

9.3.3 微生物修复的主要类型

水体微生物修复技术主要有 3 种：原位生物修复、异位生物修复、原位-异位联合生物修复。

1. 原位生物修复

原位生物修复技术不需要搬运或输送污染水体（包括底泥和岸边受污染的土壤），而是在受污染区域直接进行水体的修复。污染物降解的微生物一般采用经过人为驯化和培养的微生物以及商品化的适宜微生物菌剂，也可以通过向水体中投加营养物质、无毒表面活性剂、电子受体等来激活水环境中本身存在的具有降解污染物能力的土著微生物，通过以上两种手段强化污染物的微生物降解，从而达到水体原位修复的目的。原位修复技术包括投放微生物或微生物促进剂法、人工复氧法。

（1）投放微生物或微生物促进剂法

水体修复的微生物主要包括土著微生物、外来微生物和基因工程菌等。土著微生物对环境的适应性强且污染过程中经历了一段自然驯化期，是生物降解的首选菌种。当土著微生物由于生长速度过慢、代谢活性低或者由于污染物的存在而造成土著微生物数量下降时，需要接种一些外来微生物。但外来菌种可能与土著微生物之间存在竞争关系，会导致菌种生物量和降解活性的降低，依靠环境中土著微生物的激活技术对污染水体进行修复则更具现实意义。

所谓基因工程菌法就是采用遗传工程的手段将降解多种污染物的基因转入到一种微生物细胞中，使之具有广谱降解能力；或者增加细胞内降解基因的拷贝数来增加降解酶的数量，以提高其降解污染物的能力。

（2）人工复氧法

微生物修复的效果很大程度上取决于污染水体中溶解氧的浓度，当污染物的浓度高时，污染水体中的氧很可能消耗殆尽，因此人工向水体中充入空气或氧气，提高溶解氧浓度，有助于恢复和增强水体中好氧微生物的活力，使水体中的污染物质得以净化。

2. 异位生物修复

异位生物修复是指被污染介质（土壤、水体）搬动或转移至它处进行的生物修复过程。相对于原位生物修复而言，更强调控制和创造更适宜的生物降解环境和条件。异位生物修复的工程措施和根本方法与一般概念上的污染治理工程类似，即构建一个污染治理设施，如厌氧生物反应器等，然后将被污染的介质导入该设施中，经过一个完整的工艺过程后，被污染的介质得到净化，并将其导出反应器。

（1）生物膜修复技术

生物膜在水环境中普遍存在，在河流、湖泊和湿地中的所有表面上都有生物膜形成。在适宜载体，如天然材料（例如卵石）、合成材料（例如纤维）表面附着生长的微生物细胞和一些非生物物质镶嵌在微生物分泌的胞外聚合物基质中形成一种纤维状的缠结结构，这种微生物繁殖系统即称作生物膜。生物膜的表面积大，可为微生物提供较大的附着表面，有利于加强对污染物的降解作用。其反应过程是：①基质向生物膜表面扩散；②在生物膜内部扩散；③微生物分泌的酶发生化学反应；④代谢生成物排出生物膜。生物膜法处理效率较高，有机负荷高，接触停留时间短，占地少，省投资，目前主要应用于异位修复。

（2）人工湿地修复技术

人工湿地修复技术的原理是利用自然生态系统中物理、化学和生物的三重协同作用，通过过滤、吸附、共沉、离子交换、植物吸收和微生物分解来实现对污水的高效净化。这种湿地系统是在一定长宽比及底面有坡度的洼地中，由土壤和填料（如卵石等）混合组成填料床，污染水可以在床体的填料缝隙中曲折地流动，或在床体表面流动。在床体的表面种植具有处理性能好、成活率高的水生植物（如芦苇等），形成一个独特的动植物生态环境，对污染水进行处理。

3. 原位-异位联合生物修复

原位-异位联合生物修复是指在实施原位生物修复时，若估计仅仅在原位进行修复有较大的困难，或者目标场所中污染物的浓度过高，甚至可能对引入生物产生一定的毒害作用，这时可采用工程辅助手段，将实施修复场所中的部分污染物引出，然后将其转移到生物反应器或其他净化设施进行净化的技术，但是整个过程必须保持原位修复的基本特征，即无须搬运污染介质，无须在实施修复的场所营造大型的工程结构物。

9.3.4　影响微生物修复效率的因素

1. 营养物质

微生物的生长需要保持碳、氮、磷营养物质及某些微量营养元素在一定浓度，在生物修复过程中经常会出现缺乏氮、磷等营养时降解速度变慢的情形。为了达到良好的修复效果，必须保证营养物质的充足，有时候需要适当添加一些营养物质。

2. 溶解氧浓度

大多数微生物在降解污染物时需耗氧，因此污染物浓度高时，水体或土壤中的溶解氧往往消耗殆尽，造成污染场所的食物链中断，污染物质的降解也随之终止，因此溶解氧水平也是生物修复中的重大影响因素之一。

3. pH 值

微生物对环境 pH 值非常敏感，pH 值的变化会对微生物降解污染物的速率和活性产生很大影响。接近中性的 pH 对于大多数微生物都是合适的，一般不需要进行调节，只有在特定地区才需要对环境的 pH 进行调节。

4. 温度

微生物可生长的温度范围较广，一般而言，微生物生长的最佳温度为 25～30℃。通常随着温度的下降，生物的活性也降低，接近 0℃时活动基本停止。

5. 污染物性质

对于微生物修复技术，污染物的可降解性是关键。污染物对生物的毒性以及其降解中间产物的毒性，也是决定微生物修复技术是否适用的关键。

9.3.5　微生物修复技术的优缺点

与化学、物理修复技术相比，生物修复技术具有下列优点：

（1）原位修复可使污染物在原地被降解清除，可使污染场所的干扰和破坏达到最小。

（2）修复时间较短。

（3）操作简便，对周围环境干扰较小。

（4）设施简单，降解过程迅速，费用低，仅为物理化学修复的一半一以下。

（5）操作者与污染物直接接触机会减少，不会对人产生危害。

（6）不产生二次污染。

当然微生物修复技术并不是十全十美，它也存在不足：

（1）条件苛刻。微生物修复是一种科技含量较高的处理方法，其运作必须符合污染场地的特殊条件，微生物修复易受环境条件变化的影响。酸碱度、温度以及其他因素等都会影响微生物修复的进程。

（2）由于微生物的专一性，导致对水体修复的宏观效果不佳。

（3）需要对污染环境进行详细和周密的调查研究，前期工作时间较长，花费高。

（4）微生物对污染物的降解存在极限浓度。

（5）修复过程中可能产生有毒物质。

习题

1. 高锰酸钾作为水体修复氧化剂的优势是什么？
2. 植物修复水体的原理是什么？
3. 常用的植物修复技术有哪些？
4. 试述 Fenton 技术修复水体的原理。
5. 影响微生物修复效率的因素有哪些？
6. 微生物修复有哪些优缺点？

参考文献

[1] 许新宜，金传良，石玉波．中国水环境现状与问题[J]．水政水资源，1997(12)：19-20.
[2] 葛竞天，孙郁葱．中国水环境问题及其对策研究[J]．东北财经大学学报，2005，40(4)：64-67.
[3] 张强，赵映东，张存杰，等．西北干旱区水循环与水资源问题[J]．干旱气象，2008，26(2)：1-8.
[4] 刘淼．我国近海海水污染现状及评价[J]．河北渔业，2017，273(9)：12-31.
[5] 王浩，龙爱华，于福亮，等．社会水循环理论基础探析Ⅰ：定义内涵与动力机制[J]．水利学报，2011，24(4)：378-387.
[6] 陆桂华，何海．全球水循环研究进展[J]．水科学进展，2006，17(3)：419-424.
[7] 秦大庸，陆垂裕，刘家宏，等．流域"自然-社会"二元水循环理论框架[J]．中国科学，2014，59(4)：419-427.
[8] 廖晶新，施泽明，黄鹄飞等．水体富营养化的来源、危害及治理研究[J]．四川有色金属，2012(3)：46-48.
[9] 赵天，关晓梅，杨春生．水体污染物的种类、来源及对人体的危害[J]．黑龙江水利科技，2004，10(2)：99.
[10] 刘兆荣，陈忠明，赵广英，等．环境化学教程[M]．北京：化学工业出版社，2003.
[11] 高宗军，张兆香．水科学概论[M]．北京：海洋出版社，2003.
[12] 邵敏，赵美萍．环境化学[M]．北京：中国环境科学出版社，2001.
[13] 何燧源，金云云，何方．环境化学(第 2 版)[M]．上海：华东理工大学出版社，1996.
[14] 陈佳荣，藏维玲，金送笛，等．水化学[M]．北京：中国农业出版社，1996.
[15] 何燧源．环境化学．(第 4 版)[M]．华东理工大学出版社，2005.
[16] 戴树桂．环境化学[M]．北京：高等教育出版社，2006.
[17] 吴吉春张景飞．水环境化学[M]．水利水电出版社，2009.
[18] 汪群慧，王雨泽，姚杰．环境化学[M]．哈尔滨：哈尔滨工业大学出版社，2004.
[19] 中国环境监测总站．全国地表水水质月报[2016-11-21]．http：//www.zhb.gov.cn/hjzl/shj/dbsszyb/
[20] W. Stumm，J. J. Morgan. Aquatic Chemistry [M]. John Wiley&Son. Inc，1981.
[21] 李玉明，赵倩，曾小龙，等．TiO_2 光电催化中光生电子降解对苯醌的行为研究[J]．中国环境科学，2015，35(5)：1394-1402.
[22] 项国梁，喻泽斌，陈颖，等．掺铁 TiO_2 纳米管阵列模拟太阳光光电催化降解双酚 A 的研究[J]．环境科学，2015，36(2)：568-575.
[23] Zhai C，Zhu M，Bin D，et al. Visible-light-assisted electrocatalytic oxidation ofmeth-

anol using reduced graphene oxide modified Pt nanoflowers-TiO_2 nanotube arrays [J]. Applied Materials & Interfaces，2014，6 (20)：173-176.

[24] Fu F，Wang Q. Removal of heavy metal ions from wastewaters：a review[J]. Journal of environmental management，2011，92：407-418.

[25] Horton H. R. Principles of biochemistry (3rd ed) [M]. Upper Saddle River，NJ：Prentice Hall，2002.

[26] Volesky B. Biosorption and me [J]. Water research，2007，41 (18)：4017-4029.

[27] 赵天，关晓梅，杨春生．水体污染物的种类、来源及对人体的危害[J]. 黑龙江水利科技，2004，10(2)：99-99.

[28] 葛竞天，孙郁葱．中国水环境问题及其对策研究[J]. 东北财经大学学报，2005，40 (4)：64-67.

[29] 张自杰主编．排水工程(下册)(第四版)[M]. 中国建筑工业出版社，2000.

[30] Eugene R. Weiner. Applications of environmental aquatic chemistry，A practical guide (Second Edition)[M]. CRC Press，2008.

[31] 曹笑笑，吕宪国，张仲胜，等．人工湿地设计研究进展[J]. 湿地科学，2013，11 (1)：121-128.

[32] 何勇凤，王亚龙，王旭歌．生物浮岛对长湖水质和浮游植物的影响[J]. 环境工程，2016，12：58-63.

[33] 张锡辉．高等环境化学与微生物学原理及应用[M]. 北京：化学工业出版社，2001.

[34] 马文漪，杨柳燕．环境微生物工程[M]. 南京大学出版社，2001.

[35] 杨柳燕，肖琳．环境微生物技术[J]. 2003.

[36] 李铁民，马溪平，刘宏生．环境科学与技术应用系列丛书：环境微生物资源原理与应用[M]. 化学工业出版社，2005.

[37] 吴吉春，张景飞．水环境化学[M]. 水利水电出版社，2009.

[38] 张珊．水生植物修复污染水体的研究进展[J]. 商品与质量，2016，32：318-319.

[39] 梁国辉．城市水体微生物修复技术研究现状及进展[J]. 黑龙江环境通报，2007，3 (3)：58-60.

[40] 张晓斌．植物修复在水环境污染治理中的研究[D]. 浙江师范大学，2007.

[41] 王慰娟．大型水生植物修复技术在水污染治理中的应用研究[J]. 福建广播电视大学学报，2012，(3)：88-91.

我们提供

图书出版　广告宣传　企业/个人定向出版　图文设计　编辑印刷　创意写作　会议培训　其他文化宣传

编 辑 部　010-88364778
出版咨询　010-68343948
市场销售　010-68001605
门市销售　010-88386906
邮箱　jccbs-zbs@163.com
网址　www.jccbs.com

发展出版传媒　服务经济建设
传播科技进步　满足社会需求